M .F.

D1729687

NOUVEAU
DICTIONNAIRE
DES HUILES VÉGÉTALES

—— Compositions en acides gras ——

EUGÈNE UCCIANI

Directeur de Recherche au CNRS
Université de Droit, d'Économie et des Sciences, Marseille

NOUVEAU
DICTIONNAIRE
DES HUILES VÉGÉTALES

—————— Compositions en acides gras ——————

Préface de
JEAN-PAUL HELME
Président de l'Institut des Corps Gras
Membre du Comité des Applications de l'Académie des sciences

LONDRES   NEW YORK

PARIS
11, rue Lavoisier
F 75384 Paris Cedex 08

NIL ACTUM CREDIT, DUM QUID SUPERESSET AGENDUM. *
d'après Lucain dans la Pharsale

* Il y a tant à faire, qu'on croirait que rien n'a été fait.

© **TECHNIQUE & DOCUMENTATION - LAVOISIER, 1995**
11, rue Lavoisier - F 75384 Paris Cedex 08
ISBN : 2-7430-0009-0

PRÉFACE

C'est bien volontiers que j'ai accepté de préfacer ce « Nouveau dictionnaire des huiles végétales » de Eugène Ucciani. Nous nous connaissons depuis plus de 25 ans, et j'ai pu apprécier, en tant que Directeur Général, puis comme Président de l'Iterg, sa grande rigueur scientifique et son approche des grands problèmes de la lipochimie fondamentale.

Docteur ès sciences, chimiste de talent, il s'est intéressé, depuis plus d'une dizaine d'années, à l'édification de ce magistral ouvrage. Son avant-propos rappelle le « pourquoi » de ce dictionnaire. Nous indiquerons seulement que la création d'« oleagin » (base de données factuelle sur les acides gras et leurs sources) a amené, logiquement, l'auteur au dictionnaire, en le dotant d'entrées supplémentaires.

A notre connaissance, les deux seuls ouvrages disponibles et à la disposition des chercheurs de la Science des lipides, étaient ceux de E. PERROT (1) et de P.H. MENSIER (2). Depuis le classique et incontournable « Mensier », presque quatre décennies se sont écoulées, et il était grand temps de moderniser le « dictionnaire des huiles végétales ». C'est maintenant chose faite.

Nous avons cependant voulu savoir ce que pensaient de cet ouvrage et de son intérêt, plusieurs responsables des services Documentation de la Recherche Publique, Parapublique et de l'Industrie française (3-5). L'avis général est qu'il apporte un complément et une actualisation de certaines données, notamment dans la composition en acides gras. En effet, cette composition en acides gras des extraits lipidiques a été établie en bénéficiant des immenses progrès des techniques analytiques, en particulier de la chromatographie en phase gazeuse pour le fractionnement, et de la spectrométrie de masse pour l'identification. Il y a aussi possibilité de se reporter aux travaux originaux en tant qu'auteurs, revues, volumes, pages et années.

Le « plus » par rapport au Mensier, réside principalement dans le nombre d'espèces, la juste composition en acides gras, mais également dans la mise à disposition pour le lecteur de fourchettes de composition.

Nous continuerons en indiquant que P.H. MENSIER et E. UCCIANI avaient une passion commune : la Botanique. Et pourtant, leurs cursus universitaires étaient différents : MENSIER était ingénieur des Arts et Manufactures, et E. UCCIANI est Docteur ès sciences en Chimie.

Nous sommes persuadés que cet ouvrage sera reconnu comme la nécessaire actualisation du Mensier, et qu'il connaîtra le succès de diffusion qu'il mérite. Nous l'avons testé à propos de certains acides gras biologiquement actifs (et peu connus des non spécialistes) des séries n-6 et n-3. Nous y avons immédiatement trouvé les données botaniques correspondantes (famille, genre, espèce, variété, nom commun, origine géographique) E. Ucciani a du reste bénéficié dans ce domaine, d'un environnement porteur et particulièrement compétent à l'Université de Droit, d'Economie et des Sciences d'Aix-Marseille.

Si nous faisons enfin référence à la maxime de LUCAIN citée par l'auteur, nous recommanderons aux suiveurs éventuels du dictionnaire d'Eugène UCCIANI, d'approfondir les applications « pointues » de la lipochimie « fine », qui utilise déjà bon nombre de ces acides gras biologiquement actifs, provenant d'espèces botaniques aux noms latins, souvent inconnues. Nous pensons en particulier à certaines industries agro-alimentaires, de la cosmétique, de la dermopharmacie et de la pharmacie « active » en général, de la « Nutraceutique » (contraction de nutrition et thérapeutique) et aux autres débouchés pour les extraits lipidiques rares ou peu connus, provenant de graines oléagineuses ou fruits tropicaux récoltés dans les cinq continents de notre planète.

Jean-Paul HELME
Président de l'Institut des Corps Gras
Membre du Comité des Applications de l'Académie des Sciences
(CADAS)

Références

(1) « Matières premières usuelles du règne végétal »
    E. PERROT, MASSON et Cie, 1943-1944, 2 tomes, 2255 pages.
(2) « Dictionnaire des huiles végétales »
    P.H. MENSIER, Editions P. Lechevalier, 1957, 764 pages.
(3) Laboratoire de lipotechnie
    CIRAD-CP (Ex IRHO Montpellier) Direction J. GRAILLE.
(4) Institut des Corps Gras, Service de Documentation
    (O. MORIN) et Direction des laboratoires (F. MORDRET).
(5) Service de Documentation, Société Gattefossé, Saint-Priest (Françoise DUROUSSET).

AVANT-PROPOS

Chez les végétaux les lipides sont présents des racines aux feuilles, mais ils sont plus particulièrement concentrés dans l'amande et la pulpe des fruits où ils servent de réserve d'énergie à l'embryon.

Quelle que soit la nature des lipides, les acides gras occupent une place privilégiée, tant par leur abondance que par les propriétés qu'ils induisent. De ce fait l'analyse des acides gras est pratiquée depuis longtemps, dans le but d'identifier ceux qui entrent dans la composition et dans quelle proportion.

C'est ainsi que s'est dessiné, au fil des années et de l'évolution des outils analytiques, un axe de recherche qui est encore loin d'être arrivé à son terme. En une trentaine d'années, soit depuis l'implantation dans les laboratoires de la Chromatographie en Phase Gazeuse, un millier d'articles ont été publiés sur le sujet, couvrant près de 3 000 espèces végétales. Si on rapproche ce dernier nombre de celui — supposé — des végétaux supérieurs, de l'ordre de 500 000, on réalise ce qui reste à faire.

Pour les besoins de la connaissance pour la recherche, comme pour la documentation agronomique et industrielle, il est apparu nécessaire de rassembler toutes les informations accessibles. Il a ensuite fallu les vérifier, les classer et les interconnecter. Cette démarche a conduit à la création d'OLEAGIN, base de données factuelle sur les acides gras et leurs sources.

Trois catégories de données ont ainsi été retenues :
— des données botaniques (famille, genre, espèce et variété, nom commun, origine géographique),
— des données chimiques (teneur en huile et en insaponifiable, composition en acides gras),
— des données bibliographiques (auteurs, revue, volume, pages, année).

De la base de données au dictionnaire il n'y a qu'un pas, qui consiste à doter ce dernier d'entrées supplémentaires. C'est ce qui a été réalisé ici. L'ouvrage comporte deux parties et deux index. La première partie est le corps du dictionnaire, dans lequel les espèces, accompagnées de leur composition en acides gras, sont classées par ordre alphabétique. Dans la deuxième partie sont rassemblés les acides gras rencontrés dans la première partie, avec leurs principales sources. Les deux index contiennent respectivement la liste des familles et espèces figurant dans le corps principal, et la liste alphabétique des auteurs avec les références des articles.

Le « Nouveau dictionnaire des huiles végétales » est loin d'être à l'abri des critiques, ne serait-ce qu'à cause des erreurs et des éventuelles lacunes qu'il comporte. Le lecteur voudra bien être indulgent, et admettre que la manipulation d'une masse pareille de données peut parfois échapper à la rigueur.

Ce travail n'a pas été réalisé avec l'objectif de faire table rase des œuvres de mes prédécesseurs. Je retiendrai parmi eux P.H. MENSIER, auteur du remarquable et irremplaçable « Dictionnaire des huiles végétales ». Si le « Nouveau Dictionnaire » pouvait être reconnu comme la suite et le complément du « Mensier », j'en retirerais une légitime fierté.

Sans la compréhension de mon épouse, Micheline UCCIANI-HENRIOT, la tâche m'aurait paru plus lourde. Ma gratitude va également à Alain DEBAL, chargé de recherche au CNRS, pour son aide ponctuelle et ses encouragements. Je dois une part non négligeable des 500 articles retenus, au Service Documentation de l'Institut des Corps Gras, aussi tiens-je à remercier Odile MORIN et ses collaboratrices. Ma reconnaissance va enfin à Jacques GAMISANS et à Michel GRUBER, maîtres de Conférences à l'Université de Droit, d'Economie et des Sciences, pour leur disponibilité et l'initiation à la Botanique qu'ils m'ont dispensée.

SOMMAIRE

Première partie

ESPÈCES VÉGÉTALES ET COMPOSITIONS EN ACIDES GRAS

ABRUS precatorius *(Fabaceae)*

origine : Afrique, Inde
2 - 2,5 % huile/graine
1,1 % insaponifiable/huile
acides gras (% poids) :

laurique	0,4 - 7,1
myristique	0,5 - 2,2
palmitique	11,7 - 11,9
stéarique	4,2 - 4,4
oléique	38,7 - 56,3
linoléique	5,4 - 9,2
linolénique	7,2 - 21,0
arachidique	0,5 - 5,5
béhénique	4,4 - 9,0

références : DERBESY M. *et al*, 1968
CHOWDHURY A.R. *et al*, 1986 a

ABUTILON amplum *(Malvaceae)*

origine : Australie
15,6 % huile/graine
acides gras (% poids) :

myristique	0,3
palmitique	19,1
palmitoléique	1,5
stéarique	3,0
oléique	14,0
linoléique	57,6
linolénique	0,5
malvalique	2,1
dihydrosterculique	0,2
sterculique	1,0
arachidique	0,3
gondoïque	0,2
autres	0,2

référence : RAO K.S. *et al*, 1989

ABUTILON auritum *(Malvaceae)*

origine : Australie
13,7 % huile/graine
acides gras (% poids) :

myristique	0,1
palmitique	13,4
palmitoléique	0,4
heptadécanoïque	0,1
stéarique	2,6

oléique	16,0
linoléique	49,3
linolénique	0,7
éicosadiénoïque	0,4
érucique	1,3
malvalique	1,5
dihydrosterculique	1,3
sterculique	1,2
arachidique	1,0
gordoïque	10,6

référence : VICKERY J.R., 1980

ABUTILON avicennae   *(Malvaceae)*

> 10 % huile/graine
acides gras (% poids) :

myristique	0,2
palmitique	14,0
palmitoléique	0,6
stéarique	3,5
oléique	15,0
linoléique	63,3
béhénique	0,7
malvalique } sterculique	1,3
arachidique	0,7
gondoïque	0,8

référence : LERCKER G. *et al*, 1983

ABUTILON crispum   *(Malvaceae)*

origine : Inde
12,5 % huile/graine
4,0 % insaponifiable/huile
acides gras (% poids) :

myristique	0,2
palmitique	15,7
stéarique	2,7
oléique	12,2
linoléique	61,2
malvalique	4,5
dihydrosterculique	0,4
sterculique	0,8
arachidique	1,0

référence : RAO K.S. *et al*, 1984

ABUTILON indicum   *(Malvaceae)*

origine : Inde
10 % huile/graine
acides gras (% poids) :

palmitique	26,8
stéarique	4,9
oléique	12,8
linoléique	50,7
malvalique	2,3
sterculique	0,9
vernolique	1,6

référence : BABU M. *et al*, 1980

ABUTILON muticum   *(Malvaceae)*

voir *Abutilon pannosum*

ABUTILON pannosum   *(Malvaceae)*

origine : Inde
13,4 % huile/graine
1,3 % insaponifiable/huile
acides gras (% poids) :

palmitique	21,3
stéarique	2,8
oléique	11,7
linoléique	60,7
malvalique	2,2
dihydrosterculique	1,3

référence : KITTUR M.H. *et al*, 1982

ABUTILON pseudocleitoganum   *(Malvaceae)*

origine : Madagascar
10 % huile/graine
acides gras (% poids) :

laurique	0,5
myristique	0,9
palmitique	13,5
palmitoléique	0,7
stéarique	5,1
oléique	13,1
asclépique	1,5
linoléique	45,0

malvalique	2,0
dihydrosterculique	2,2
sterculique	1,5
arachidique	2,4
érucique	1,9
autres	9,7

référence : GAYDOU E.M. *et al*, 1984

ABUTILON ramosum   *(Malvaceae)*

origine : Inde
15,8 % huile/graine
2,5 % insaponifiable/huile
acides gras (% poids) :

myristique	1,0
pentadécanoïque	1,8
palmitique	19,1
palmitoléique	0,5
stéarique	6,5
oléique	23,7
linoléique	42,5
linolénique	0,9
malvalique	2,5
sterculique	1,3

référence : FAROOQI J.A., 1986 b

ACACIA   *(Mimosaceae)*

origine : Australie

	A.acradenia	A.adsurgens	A.adsurgens	A.aneura
% huile :	8 /graine	22 /graine	37 /arille	12 /graine
acides gras (% poids) :				
palmitique	8	17	23	9
palmitoléique	-	2	3	-
stéarique	2	4	3	1
oléique	13	38,5	62	17
asclépique	-	-	0,5	-
linoléique	66	32	4	65
linolénique	1	-	1	-
arachidique	2	1	-	1
gondoïque	-	-	-	1
béhénique	7	1	-	3
lignocérique	1	-	-	1

référence : BROWN A.J. *et al*, 1987

ACACIA arabica (*Mimosaceae*)

origine : Inde, Pakistan
4 - 5 % huile/graine
2,4 % insaponifiable/huile
acides gras (% poids) :

myristique	0 - 1,1
palmitique	14,6 - 18,9
stéarique	6,2 - 12,4
oléique	32,2 - 40,2
linoléique	27,4 - 39,2
linolénique	0 - 3,1
autres	0 - 5,1

références : Zaka S. *et al*, 1986
Maity C.R. *et al*, 1990

ACACIA auriculaeformis (*Mimosaceae*)

origine : Inde
26 % huile/graine
1 % insaponifiable/huile
acides gras (% poids) :

myristique	0,9
palmitique	10,1
stéarique	31,1
oléique	40,5
linoléique	8,4
linolénique	2,5
arachidique	2,0
béhénique	4,5

référence : Mandal B. *et al*, 1984

ACACIA caesia (*Mimosaceae*)

origine : Inde
8,8 % huile/graine
acides gras (% poids) :

palmitique	9,5
stéarique	7,5
oléique	13,3
linoléique	69,7

référence : Rao K.S. *et al*, 1983

ACACIA cavenia   *(Mimosaceae)*

origine : Chili
3 % huile/graine
acides gras (% poids) :

palmitique	14
stéarique	6
oléique	24
linoléique	54
arachidique	1

référence : BROWN A.J. *et al*, 1987

ACACIA concinna   *(Mimosaceae)*

origine : Inde
3,4 % huile/graine
acides gras (% poids) :

myristique	0,1
palmitique	18,0
stéarique	8,2
oléique	29,5
linoléique	36,8
linolénique	3,4
époxy-oléique	3,8

référence : BANERJI R. *et al*, 1988

ACACIA   *(Mimosaceae)*

origine : Australie

| | **A.concurrens** | **A.coriacea** | | **A.cowleana** | | **A.crassicarpa** |
	graine	graine	arille	graine	arille	arille
% huile :	19	10	31	15	50	3
ac.gras (% poids) :						
palmitique	16	19	24	20	35	35
palmitoléique	-	-	-	1	4	2
stéarique	2	4	5	3	2	2
oléique	21	53	61	40	49	43,5
linoléique	53	17	4	30	6	12
linolénique	1	-	1	1	1	-
arachidique	1	1	-	1	-	-
gondoique	-	1	-	-	-	-
béhénique	5	2	-	-	-	-

référence : BROWN A.J. *et al*, 1987

ACACIA *(Mimosaceae)*

origine : Inde

	A.dealbata	**A.decurrens**
% huile/graine :	10,2	7,9
acides gras (% poids) :		
myristique	1,9	-
pentadécanoïque	0,2	-
palmitique	18,0	21,2
stéarique	1,9	4,9
oléique	30,9	30,7
linoléique	39,9	41,9
linolénique	5,8	0,9
époxy-oléique	1,2	1,1

référence : BANERJI R. *et al*, 1988

ACACIA dictyophleba *(Mimosaceae)*

origine : Australie
9 % huile/graine
acides gras (% poids) :

palmitique	7
stéarique	3
oléique	14
linoléique	70
arachidique	1
béhénique	3

référence : BROWN A.J. *et al*, 1987

ACACIA farnesiana *(Mimosaceae)*

origine : Inde, Pakistan, Australie
2 - 4 % huile/graine
0,2 % insaponifiable/huile
acides gras (% poids) :

myristique	0 - 4,2
palmitique	14,0 - 19,6
palmitoléique	0 - 1,9
stéarique	4,3 - 5,0
oléique	19,0 - 23,0
linoléique	35,6 - 54,0
linolénique	0 - 0,6
arachidique	2,0 - 3,5
béhénique	3,0 - 5,1
lignocérique	0 - 1,0

références : BADAMI R.C. *et al*, 1984 a
ZAKA S. *et al*, 1986
BROWN A.J. *et al*, 1987

ACACIA   *(Mimosaceae)*

origine : Inde et Australie

	A.holoserica	A.kempeana
% huile/graine :	12	11
acides gras (% poids) :		
palmitique	7	8
stéarique	2	3
oléique	12	14
linoléique	71	70
linolénique	1	-
arachidique	1	1
béhénique	5	3
lignocérique	1	-

référence : BROWN A.J. *et al*, 1987

ACACIA latronum   *(Mimosaceae)*

origine : Inde
9,2 % huile/graine
acides gras (% poids) :

laurique	0,4
palmitique	16,9
stéarique	2,7
oléique	19,8
linoléique	31,9
linolénique	26,0
arachidique	0,9
gondoïque	0,3
époxy-oléique	1,0

référence : BANERJI R. *et al*, 1988

ACACIA lenticularis   *(Mimosaceae)*

origine : Inde
5,1 % huile/graine
acides gras (% poids) :

laurique	0,9
myristique	1,1
palmitique	20,5
palmitoléique	1,3
stéarique	0,8
oléique	25,6
linoléique	39,6
linolénique	5,4
époxy-oléique	4,7

référence : JAMAL S. *et al*, 1987

ACACIA leucophloea   *(Mimosaceae)*

origine : Inde
8,1 % huile/graine
acides gras (% poids) :

myristique	0,4
palmitique	23,7
stéarique	3,7
oléique	31,6
linoléique	38,6
arachidique	1,4
époxy-oléique	0,6

référence : BANERJI R. *et al*, 1988

ACACIA   *(Mimosaceae)*

origine : Australie

	A.ligulata	A.longifolia	A.lysiphloia
% huile/graine :	11	11	10
acides gras (% poids) :			
palmitique	16	12	15
palmitoléique	1	1	-
stéarique	3	4	4
oléique	36,5	29	24
linoléique	36	49	46
linolénique	1	1	1
arachidique	1	1	2
béhénique	1	2	4
lignocérique	-	-	1

référence : BROWN A.J. *et al*, 1987

ACACIA modesta   *(Mimosaceae)*

origine : Inde
7,9 % huile/graine
acides gras (% poids) :

myristique	0,1
palmitique	14,5
stéarique	24,1
oléique	26,6
linoléique	26,3
linolénique	6,9
époxy-oléique	1,5

référence : BANERJI R. *et al*, 1988

ACACIA mollissima   *(Mimosaceae)*

origine : Inde
6,4 - 8,0 % huile/graine
acides gras (% poids) :

myristique	0,1 - 1,1
palmitique	10,5 - 26,1
palmitoléique	0 - 1,1
stéarique	0,8 - 1,9
oléique	16,6 - 22,8
linoléique	32,6 - 68,1
linolénique	0,8 - 1,8
arachidique	0,6 - 3,5
béhénique	0,1 - 2,9
époxy-oléique	2,2 - 6,2

références : JAMAL S. *et al*, 1987
BANERJI R. *et al*, 1988

ACACIA   *(Mimosaceae)*

origine : Australie

	A.montana	A.murayana
% huile/graine :	4	6
acides gras (% poids) :		
palmitique	9	7
stéarique	6	4
oléique	19	18
linoléique	54	62
linolénique	-	1
arachidique	4	1
béhénique	5	3
lignocérique	2	1

référence : BROWN A.J. *et al*, 1987

ACACIA nilotica   *(Mimosaceae)*

origine : Inde
4,2 % huile/graine
acides gras (% poids) :

palmitique	24,1
stéarique	5,8
oléique	25,4
linoléique	40,3
linolénique	0,4
gondoïque	0,9
époxy-oléique	3,1

référence : JAMAL S. *et al*, 1987

ACACIA oswaldii   *(Mimosaceae)*

origine : Australie
12 % huile/graine
acides gras (% poids) :

palmitique	10
stéarique	2
oléique	34
linoléique	43
arachidique	2
gondoïque	1
béhénique	6
lignocérique	1

référence : BROWN A.J. *et al*, 1987

ACACIA   *(Mimosaceae)*

origine : Inde

	A.planifrens	A.senegal
% huile/graine :	2,5	4,9
acides gras (% poids) :		
laurique	0,9	0,1
myristique	0,4	0,1
pentadécanoïque	0,1	-
palmitique	31,3	36,4
stéarique	3,2	10,3
oléique	33,7	42,5
linoléique	22,8	2,4
linolénique	4,9	3,0
arachidique	0,5	2,5
époxy-oléique	2,1	2,5

référence : BANERJI R. *et al*, 1988

ACACIA stipuligera   *(Mimosaceae)*

origine : Australie
14 % huile/graine
acides gras (% poids) :

palmitique	10
stéarique	3
oléique	19
linoléique	59
arachidique	1
béhénique	4
lignocérique	1

référence : BROWN A.J. *et al*, 1987

ACACIA suma   *(Mimosaceae)*

origine : Inde
5 % huile/graine
acides gras (% poids) :

laurique	2,2
myristique	0,7
palmitique	26,4
oléique	35,1
linoléique	16,3
linolénique	1,2
béhénique	4,5
lignocérique	3,0
coronarique	0,6

référence : ANSARI M.H. *et al*, 1986

ACACIA   *(Mimosaceae)*

origine : Australie

	A.tenuissima		A.tetragonophylla
	graine	arille	graine
% huile :	16	52	22
acides gras (% poids) :			
palmitique	15	27	17
palmitoléique	2	4	1
stéarique	3	3	3
oléique	32	57	56,5
asclépique	-	0,5	-
linoléique	41	2	16
linolénique		1	-
arachidique	1	-	1
béhénique	2	-	1

référence : BROWN A.J. *et al*, 1987

ACACIA torta   *(Mimosaceae)*

origine : Inde
5,2 % huile/graine
acides gras (% poids) :

myristique	1,2
palmitique	36,7
stéarique	7,0
oléique	30,3
linoléique	17,6
linolénique	1,8
époxy-oléique	5,3

référence : JAMAL S. *et al*, 1987

ACACIA tortilis   *(Mimosaceae)*

origine : Inde
3,3 % huile/graine
acides gras (% poids) :

laurique	2,5
tridécanoïque	2,5
myristique	0,1
myristoléique	0,1
pentadécanoïque	0,3
palmitique	9,5
palmitoléique	0,1
stéarique	2,4
oléique	6,1
linoléique	2,0
linolénique	71,7
arachidique	1,1
gondoïque	0,2
époxy-oléique	2,1

référence : BANERJI R. *et al*, 1988

ACACIA victoriae   *(Mimosaceae)*

origine : Australie
4 % huile/graine
acides gras (% poids) :

palmitique	8
stéarique	2
oléique	27
linoléique	52
linolénique	1
arachidique	2
gondoïque	1
béhénique	4
lignocérique	2

référence : BROWN A.J. *et al*, 1987

ACANTHOPANAX spinosus   *(Araliaceae)*

36,6 % huile/graine
acides gras (% poids) :

palmitique	3,3
stéarique	1,4
oléique	8,0
pétrosélinique	70,2
linoléique	16,4
autres	0,4

référence: KLEIMAN R. *et al*, 1982

ACER   *(Aceraceae)*

origine : Amérique du Nord

	Acer buergerianum	Acer ginnala	Acer heldreichii	Acer hyrcanum	Acer monspessulanum
% huile/graine	15	15	13,2	16	34,7
ac.gras (% poids) :					
palmitique	5,0	4,0	6,0	7,0	5,0
stéarique	3,0	2,3	2,0	2,0	3,0
oléique	27,0	23,9	26,0	26,0	29,0
linoléique	34,0	37,4	34,6	35,0	34,0
linolénique	0,3	1,0	2,3	0,2	0,5
γ - linolénique	1,0	3,5	2,3	1,5	1,5
arachidique	0,3	0,2	0,2	0,1	0,2
gondoïque	5,1	5,8	5,5	5,6	7,0
béhénique	2,6	0,7	0,6	0,6	0,7
érucique	12,7	14,0	11,5	12,0	13,0
docosadiénoïque	0,7	-	-	0,7	-
lignocérique	2,5	0,3	0,2	0,6	0,5
nervonique	5,2	6,0	4,4	6,0	5,3

référence : BOHANNON M. *et al*, 1976

ACER negundo   (Aceraceae)

origine : Inde, Amérique du Nord
3,0 - 9,0 % huile/graine
acides gras (% poids) :

caprique	0 - 7,4
laurique	0 - 1,5
myristique	0 - 1,4
palmitique	4,0 - 8,5
palmitoléique	0 - 1,4
stéarique	0,6 - 1,0
oléique	5,0 - 21,0
linoléique	23,6 - 34,0
linolénique	1,0 - 15,3
γ - linolénique	0 - 7,0
arachidique	0,3 - 6,2
gondoïque	7,0 - 9,4
béhénique	0,9 - 6,8
lignocérique	0,3 - 12,8
nervonique	0 - 6,8

références : BOHANNON M. *et al*, 1976
AHMAD R. *et al*, 1986 a

ACER   *(Aceraceae)*

origine : Amérique du nord

	1	2	3	4	5
% huile/graine :	8,1	17,4	17,0	21,3	18,0
acides gras (% poids) :					
palmitique	10,0	10,0	6,4	3,0	5,0
stéarique	2,0	2,0	3,2	2,0	3,0
oléique	25,0	28,0	28,2	18,0	27,0
linoléique	35,0	30,0	36,6	35,0	38,0
linolénique	0,8	1,0	0,5	0,8	0,4
γ - linolénique	1,6	1,4	1,8	6,0	1,0
arachidique	0,2	0,2	0,6	0,2	0,2
gondoique	5,0	4,0	6,6	4,6	7,5
eicosadiènoïque	0,5	0,2	-	0,2	0,2
béhénique	1,0	0,7	0,7	0,8	0,9
érucique	11,0	12,0	10,3	18,0	11,8
docosadiènoïque	0,5	-	0,3	0,5	0,6
lignocérique	1,0	0,6	-	0,6	0,8
nervonique	4,7	6,4	3,8	10,3	3,6

1 = ACER platanoides
2 = ACER pseudoplantinus
3 = ACER saccharum
4 = ACER tataricum
5 = ACER truncatum

référence : BOHANNON M. *et al*, 1976

ACINOS   *(Lamiaceae)*

origine : Yougoslavie

	A.hungaricus	A.suaveolens
% huile/graine :	18,8	8,5
acides gras (% poids) :		
palmitique	5,9	5,0
stéarique	0,7	1,5
oléique	6,9	6,6
linoléique	15,8	20,5
inolénique	70,7	66,4

référence : MARIN P.D. *et al*, 1991

ACIOA edulis   *(Chrysobalanaceae)*

origine : Brésil
acides gras (% poids) :

palmitique	28,3
palmitoléique	1,3
stéarique	6,8
oléique	26,4
asclépique	1,3
linoléique	8,8
arachidique	0,7
α - éléostéarique	7,3
licanique	19,0

référence : SPITZER V. *et al*, 1991 a

ACROCOMIA sclerocarpa   *(Arecaceae)*

origine : Afrique
40 % huile/amande
acides gras (% poids) :

caprylique	7,8
caprique	5,6
laurique	44,9
myristique	13,4
palmitique	7,6
stéarique	2,6
oléique	16,5

référence : BANERJI R. *et al*, 1984

ACROCOMIA totai   *(Arecaceae)*

origine : Afrique

	amande	pulpe
% insaponifiable/huile :	0,35	0,55
acides gras (% poids) :		
caprylique	6,0	0,6
caprique	5,5	0,2
laurique	36,6	1
myristique	7,8	0,7
palmitique	6,9	16,6
palmitoléique	-	3,6
stéarique	3,1	1,1
oléique	29,1	73,0
linoléique	4,8	3,1

référence : LANDMANN W. *et al*, 1968

ACTINIDIA chinensis   *(Dilleniaceae)*

nom commun : kiwi
origine : France
32 % huile/graine
acides gras (% poids) :

palmitique	5,9
stéarique	2,3
oléique	13,0
linoléique	15,8
linolénique	62,9
arachidique	0,1
gondoïque	0,2

référence : BEKAERT A. *et al*, 1987

ACTINODAPHNE   *(Lauraceae)*

origine : Inde

	A.angustifolia	A.hookeri
% huile/graine :	37	48
acides gras (% poids) :		
laurique	90	96
oléique	10	4

référence : BANERJI R. *et al*, 1984

ACTINOLEMA   *(Apiaceae)*

	A.eryngioides	A.macrolema
% huile/graine :	40,4	34,6
acides gras (% poids) :		
palmitique	3,8	6,6
stéarique	0,6	1,7
oléique	21,5	26,9
pétrosélinique	59,6	43,7
linoléique	13,8	18,9
autres	0,5	1,3

référence : KLEIMAN R. *et al*, 1982

ADANSONIA digitata   *(Bombacaceae)*

nom commun : baobab
origine : Afrique, Madagascar, La Réunion
9,8 - 31,4 % huile/graine
acides gras (% poids) :

myristique	0,2 - 0,3
palmitique	23,4 - 27,2
palmitoléique	0,1 - 0,2
heptadécanoïque	0 - 0,2
heptadécénoïque	0 - 0,2
stéarique	3,1 - 9,0
oléique	33,0 - 41,9
linoléique	20,6 - 32,1
linolénique	0 - 1,5
malvalique	0 - 3,2
dihydrosterculique	0 - 1,6
sterculique	0 - 1,9
arachidique	0,3 - 1,0
gondoïque	0 - 0,2
béhénique	0 - 0,6
érucique	0 - 0,4
autres	0 - 0,4

références : DERBESY M. *et al*, 1968
GAYDOU E.M. *et al*, 1979
RALAIMANARIVO A. *et al*, 1982
GUERERE M. *et al*, 1985

ADANSONIA fony   *(Bombacaceae)*

nom commun : baobab
origine : Madagascar
10,5 % huile/graine
acides gras (% poids) :

myristique	0,1
pentadécanoïque	0,1
palmitique	27,5
palmitoléique	0,5
heptadécanoïque	0,2
heptadécénoïque	0,6
stéarique	3,8
oléique	29,9
asclépique	2,0
linoléique	24,1
malvalique	4,3
dihydrosterculique	3,9
sterculique	1,5
arachidique	0,8
gondoique	0,1
béhénique	0,2

référence : RALAIMANARIVO A. *et al*, 1982

ADANSONIA grandidieri   *(Bombacaceae)*

origine : Madagascar
35 - 37 % huile/graine
acides gras (% poids) :

myristique	0 - 0,1
pentadécanoïque	0 - 0,1
palmitique	39,9 - 42,8
palmitoléique	0 - 0,7
heptadécanoïque	0 - 0,1
heptadécénoïque	0 - 0,4
stéarique	2,8 - 3,7
oléique	20,9 - 22,8
asclépique	0 - 1,5
linoléique	12,2 - 14,5
linolénique	0,1 - 0,2
malvalique	0,6 - 0,9
dihydrosterculique	1,8 - 4,4
sterculique	7,4 - 7,6
arachidique	0,6 - 0,9
autres	1,5 - 1,9

référence : RALAIMANARIVO A. *et al*, 1981

ADANSONIA gregorii   *(Bombacaceae)*

origine : Australie
20,7 % huile/graine
acides gras (% poids) :

myristique	0,4
palmitique	29,2
palmitoléique	0,4
heptadécénoïque	0,9
stéarique	2,1
oléique	33,6
asclépique	1,3
linoléique	24,7
linolénique	0,2
malvalique	3,2
dihydrosterculique	2,0
sterculique	0,5
autres	1,5

référence : RALAIMANARIVO A. *et al*, 1983

ADANSONIA madagascariensis   *(Bombacaceae)*

origine : Madagascar
13,8 % huile/graine
acides gras (% poids) :

myristique	0,1
palmitique	26,2
palmitoléique	0,3
heptadécanoïque	0,1
heptadécénoïque	0,5
stéarique	2,8
oléique	26,5
asclépique	1,7
linoléique	29,0
malvalique	5,1
dihydrosterculique	4,7
sterculique	2,1
arachidique	0,4

référence : RALAIMANARIVO A. *et al*, 1982

ADANSONIA suarezensis   *(Bombacaceae)*

origine : Madagascar
45 - 47 % huile/graine
acides gras (% poids) :

myristique	0 - 0,1
pentadécanoïque	0 - 0,1
palmitique	45,9 - 46,7
palmitoléique	0 - 0,4
heptadécanoïque	0 - 0,3
heptadécénoïque	0 - 0,7
stéarique	3,2 - 3,9
oléique	21,2 - 22,1
asclépique	0 - 1,3
linoléique	12,1
linolénique	0 - 0,5
malvalique	6,4 - 7,7
dihydrosterculique	2,2 - 1,7
sterculique	3,9 - 4,3
arachidique	0,4 - 0,5
autres	0 - 2,0

références : RALAIMANARIVO A. *et al*, 1981
RALAIMANARIVO A. *et al*, 1982

ADANSONIA   *(Bombacaceae)*

origine : Madagascar

	A.za	**A.za (var.Boinensis)**
% huile/graine :	10,9	13,4
acides gras (% poids) :		
myristique	0,1	-
pentadécanoïque	0,1	-
palmitique	26,3	19,7
palmitoléique	0,2	0,1
heptadécanoïque	0,2	0,2
heptadécénoïque	0,6	0,4
oléique	29,1	27,6
asclépique	1,1	1,4
linoléique	23,5	32,8
malvalique	5,7	4,9
dihydrosterculique	6,5	5,9
sterculique	2,6	2,4
arachidique	0,6	0,4
gondoique	0,2	0,1
béhénique	-	0,1

référence : RALAIMANARIVO A. *et al*, 1982

ADELOCARYUM coelestinum   *(Boraginaceae)*

21,5 % huile/graine
acides gras (% poids) :

palmitique	11,0
palmitoléique	0,2
stéarique	3,1
oléique	31,2
linoléique	14,1
linolénique	4,7
γ -linolénique	12,4
stéaridonique	3,7
arachidique	0,7
gondoique	4,6

référence : WOLF R.B. *et al*, 1983 b

ADENANTHERA pavonina   *(Mimosaceae)*

origine : Afrique
23- 25 % huile/graine
0,7 % insaponifiable/huile
acides gras (% poids) :

palmitique	7,0 - 8,3
palmitoléique	0 - 0,6

stéarique	1,4 - 2,1
oléique	12,0 - 15,1
linoléique	45,0
linolénique	0 - 1,0
arachidique	0,8 - 2,6
gondoïque	0 - 2,9
eicosadiénoïque	0 - 0,3
béhénique	2,8 - 4,0
docosadiénoïque	0 - 2,1
lignocérique	17,5 - 27,0
cérotique	0 - 2,4

références : DERBESY M. *et al*, 1968
KABELE-NGIEFU *et al*, 1977 b

AESCULUS assamica   *(Hippocastanaceae)*

origine : Viet Nam
39,8 % huile/graine
0,6 % insaponifiable/huile
acides gras (% poids) :

palmitique	9,5
palmitoléique	10,4
stéarique	2,1
oléique	37,1
linoléique	5,5
linolénique	1,0
arachidique	14,7
gondoïque	16,5
béhénique	1,3
érucique	1,7

référence : FRANZKE C. *et al*, 1971

AETHIONEMA pulchellum   *(Brassicaceae)*

20 % huile/graine
acides gras (% poids) :

palmitique	7,0
palmitoléique	0,5
stéarique	1,3
oléique	11,1
linoléique	12,9
linolénique	67,2

référence : SCRIMGEOUR C.M., 1976

AFRAMOMUM angustifolium   *(Zingiberaceae)*

origine : Madagascar
14,8 % huile/graine
acides gras (% poids) :

laurique	0,4
myristique	0,8
palmitique	19,3
palmitoléique	1,8
stéarique	2,5
oléique	63,9
linoléique	5,8
linolénique	2,5
arachidique	0,7
gondoïque	0,8
autres	1,5

référence : GAYDOU E.M. *et al*, 1983 a

AFROSERSALISIA   *(Sapotaceae)*

origine : Afrique

	A.afzelii	A.cerasifera
% huile/graine :	6,2	7,5
% insaponifiable/huile :	1,5	1,4
acides gras (% poids) :		
myristique	0,3	-
myristoléique	0,4	-
palmitique	19,0	9,5
palmitoléique	0,7	0,5
stéarique	16,3	17,8
oléique	13,4	16,1
linoléique	41,1	48,0
linolénique	2,7	5,3
arachidique	0,8	-
gondoïque	0,5	1,8
non-identifié	3,8	0,7

référence : DERBESY M. *et al*, 1968

AFZELIA africana (= A.bella)   *(Caesalpiniaceae)*

origine : Afrique
21 - 25 % huile/graine
acides gras (% poids) :

myristique	0 - 0,1
palmitique	3,0 - 4,3
palmitoléique	0 - 0,2

stéarique	3,0 - 3,4
oléique	9,8 - 11,8
linoléique	27,0 - 28,4
linolénique	0,2 - 2,0
crépénynique	19,0 - 20,8
déhydrocrépénynique	18,1 - 22,0
arachidique	1,0 - 2,0
gondoique	0 - 1,1
béhénique	1,0 - 4,3
lignocérique	6,6 - 8,0
autres	0 - 0,2

références : GUNSTONE F.D. *et al*, 1972
KABELE-NGIEFU C. *et al*, 1977 a
KABELE-NGIEFU C. *et al*, 1977 b

AFZELIA   *(Caesalpiniaceae)*

origine : Afrique

	A.bipindensis	A.cuanzensis
% huile/graine :	26	22
acides gras (% poids) :		
palmitique	2	3
stéarique	1	2
oléique	6	6
linoléique	21	22
linolénique	0,5	0,5
crépénynique	20	31
déhydrocrépénynique	36	29
arachidique	0,5	0,5
béhénique	3	1
lignocérique	10	3

référence : GUNSTONE F.D. *et al*, 1972

AGASTACHE urticifolia   *(Lamiaceae)*

origine : Amérique du Nord
32 % huile/graine
acides gras (% poids) :

palmitique	4
stéarique	1,3
oléique	16
linoléique	24
linolénique	55
autres	0,9

référence : HAGEMANN J.M. *et al*, 1967

AGLAIA   *(Meliaceae)*

origine : Thaïlande

	A.cordata	**A.odoratissima**
% huile/graine :	0,6	3,2
acides gras (% poids) :		
laurique	6,4	-
myristique	8,7	0,2
palmitique	23,5	22,3
palmitoléique	-	0,4
stéarique	7,7	7,4
oléique	30,2	10,4
asclépique	0,8	1,0
linoléique	20,0	46,0
linolénique	1,0	6,7
arachidique	-	1,5
gondoïque	-	2,4
béhénique	-	0,4
érucique	1,4	-
autres	-	1,2

référence : KLEIMAN R. *et al*, 1984

AILANTHUS excelsa   *(Simarubaceae)*

origine : Inde
18 % huile/graine
acides gras (% poids) :

palmitique	15,3
stéarique	8,9
oléique	65,0
linoléique	10,9

référence : DEVI Y.U. *et al*, 1984

AINSWORTHIA trachycarpa   *(Apiaceae)*

origine : Israël, Turquie
7,8-27,7 % huile/graine
acides gras (% poids) :

palmitique	4,9 - 5,3
stéarique	1,3 - 1,6
oléique	6,5 - 9,4
pétrosélinique	74,2 - 75,8
linoléique	9,6
autres	1,3 - 4,2

référence : KLEIMAN R. *et al*, 1982

AJUGA chia   *(Lamiaceae)*

origine : Amérique du Nord, Yougoslavie
12,0 - 21,0 % huile/graine
acides gras (% poids) :

palmitique	4,9 - 5,8
stéarique	2,3 - 2,4
oléique	16,3 - 22
linoléique	54,0 - 58
linolénique	11 - 22,5

références : HAGEMANN J.M. *et al*, 1967
MARIN P.D. *et al*, 1991

AJUGA iva   *(Lamiaceae)*

origine : Amérique du Nord
18 % huile/graine
acides gras (% poids) :

palmitique	7,2
stéarique	3,1
oléique	24
linoléique	53
linolénique	12
autres	0,4

référence : HAGEMANN J.M. *et al*, 1967

AJUGA   *(Lamiaceae)*

origine : Yougoslavie

	A.genevensis	**A.reptans**
% huile/graine	10,2	13,1
acides gras (% poids) :		
palmitique	4,8	5,3
stéarique	2,2	2,5
oléique	15,7	14,2
linoléique	49,2	51,7
linolénique	28,1	26,3

référence : MARIN P.D. *et al*, 1991

ALANGIUM javanicum   *(Alangiaceae)*

origine : Malaisie
25,5 % huile/graine
acides gras (% poids) :

pentadécanoïque	0,3
palmitique	16,4

stéarique	7,5
oléique	18,1
asclépique	0,8
linoléique	52,4
linolénique	0,3
arachidique	0,3
gondoïque	0,2
béhénique	1,6
érucique	1,9
11 - docosènoïque	0,2

référence : SHUKLA V.K.S. *et al*, 1993

ALANGIUM salviifolium   *(Alangiaceae)*

origine : Inde
7 % huile/graine
acides gras (% poids) :

palmitique	18,1
stéarique	6,6
oléique	25,2
linoléique	42,4
linolénique	5,4

référence : KLEIMAN R. *et al*, 1982

ALBIZZIA lebbeck   *(Mimosaceae)*

origine : Afrique, Inde, La Réunion
0,6 - 6 % huile/graine
acides gras (% poids) :

myristique	0 - 0,3
palmitique	12,0 - 14,6
palmitoléique	0,5
stéarique	2,5 - 6,2
oléique	8,9 - 21,4
linoléique	52,9 - 57,1
linolénique	1,4 - 4,0
arachidique	1,8 - 2,5
gondoïque	0 - 0,8
éicosatriénoïque	0 - 7,4
béhénique	2,9 - 5,7
lignocérique	0 - 0,9

références : KABELE-NGIEFU C. *et al*, 1977 b
CHOWDHURY A.R. *et al*, 1984 a
GUERERE M. *et al*, 1984

ALBIZZIA   *(Mimosaceae)*

origine : Inde

	A.lucida	A.richardiana
% huile/graine :	12,7	2,8
acides gras (% poids) :		
myristique	0,5	-
palmitique	20,6	15,0
palmitoléique	0,3	-
stéarique	4,4	13,7
oléique	20,3	30,9
linoléique	49,0	36,2
arachidique	2,9	3,7
béhénique	1,4	0,5

référence : CHOWDHURY A.R. *et al,* 1984 a

ALCHORNEA cordifolia   *(Euphorbiaceae)*

origine : Ghana
46 % huile/graine
acides gras (% poids) :

myristique	0,1
pentadécanoïque	0,2
palmitique	12,8
heptadécanoïque	0,1
stéarique	1,2
oléique	15,7
linoléique	13,2
linolénique	0,8
arachidique	0,1
gondoïque	0,2
éicosadiénoïque	0,1
vernolique	2,3
alchornéique	51,2
non-identifié	1,7

référence : KLEIMAN R. *et al,* 1977

ALEURITES fordii   *(Euphorbiaceae)*

nom commun : tung ou bois de Chine
origine : Madagascar
56,4 % huile/graine
acides gras (% poids) :

palmitique	3,6
stéarique	2,7
oléique	8,0
linoléique	10,9
α - éléostéarique	85,7

référence : GAYDOU E.M. *et al,* 1983 a

ALEURITES moluccana   *(Euphorbiaceae)*

origine : Viet Nam, Zaïre, Madagascar
57,3 - 62,4 % huile/graine
acides gras (% poids) :

palmitique	6,5 - 8,4
stéarique	2,3 - 5,1
oléique	23,6 - 29,2
linoléique	33,4 - 39,1
linolénique	20,8 - 30,5
autres	0 - 2,3

références : FRANZKE C. *et al*, 1971
KABELE-NGIEFU C. *et al*, 1977 b
GAYDOU E.M. *et al*, 1983 a

ALEURITES montana   *(Euphorbiaceae)*

nom commun : abrasin
origine : Madagascar
65,9 % huile/graine
acides gras (% poids) :

palmitique	0,4
stéarique	2,9
oléique	14,4
linoléique	14,9
linolénique	0,3
α - éléostéarique	67,1

référence : GAYDOU E.M. *et al*, 1983 a

ALKANNA   *(Boraginaceae)*

	A.froedinii	A.orientalis
% huile/graine :	47,0	22,9
acides gras (% poids) :		
palmitique	7,4	5,8
palmitoléique	0,1	0,1
stéarique	2,7	2,6
oléique	20,6	15,3
linoléique	26,3	26,1
linolénique	27,1	31,7
γ -linolénique	9,9	12,4
stéaridonique	5,9	4,9

référence : WOLF R.B. *et al*, 1983 b

ALLANBLACKIA floribunda   *(Hypericaceae)*

origine : Afrique
45 - 67,6 % huile/graine
acides gras (% poids) :

palmitique	0,8 - 2,9
stéarique	52,9 - 57,1
oléique	39,4 - 43,3
linoléique	0,4 - 0,6
arachidique	0,2 - 0,7

références : KABELE-NGIEFU C. *et al*, 1976 a
BANERJI R. *et al*, 1984
FOMA M. *et al*, 1985

ALLANBLACKIA   *(Hypericaceae)*

origine : Afrique

	A.parviflora	**A.stuhlmanii**
% huile/graine :	62	67
acides gras (% poids) :		
myristique	1,5	-
palmitique	2,3	3,1
stéarique	52,0	52,6
oléique	43,9	44,1
arachidique	0,3	-

référence : BANERJI R. *et al*, 1984

ALLIARIA petiolata   *(Brassicaceae)*

nom commun : ail-moutarde
origine : Allemagne, Norvège
23,2-45,5 % huile/graine
acides gras (% poids) :

palmitique	2,7 - 5,9
oléique	5,4 - 13,5
linoléique	21,2 - 32,8
linolénique	4,4 - 12,3
gondoïque	2,9 - 9,9
érucique	29,5 - 50,1
nervonique	2,2 - 8,9

référence : HONDELMAN W. *et al*, 1984

ALLIUM cepa   *(Liliaceae)*

nom commun : oignon
origine : Inde
22,7 % huile/graine
1,4 % insaponifiable/huile
acides gras (% poids) :

palmitique	7,2
stéarique	1,2
oléique	33,5
linoléique	58,1

référence : REDDY P.N. *et al*, 1989

ALSTONIA verticillosa   *(Apocynaceae)*

origine : Inde
25,5 % huile/graine
acides gras (% poids) :

palmitique	16,6
stéarique	2,8
oléique	53,8
linoléique	19,9
arachidique	0,9
lignocérique	5,9

référence : AHMAD R. *et al*, 1986 a

ALTHAEA hirsuta   *(Malvaceae)*

12,2 % huile/graine
acides gras (% poids) :

palmitique	13,0
palmitoléique	0,5
heptadécanoïque	0,3
heptadécénoïque	0,4
stéarique	4,4
oléique	7,5
linoléique	52,8
dihydromalvalique	0,4
malvalique	16,5
dihydrosterculique	0,2
sterculique	1,6
arachidique	0,8

référence : BOHANNON M. *et al*, 1976

ALTHAEA   *(Malvaceae)*

acides gras (% poids) :

	A.officinalis	A.rosea
palmitique	11,9	12,1
palmitoléique	0,3	0,3
stéarique	1,7	1,5
oléique	7,1	5,6
asclépique	1,0	0,5
linoléique	63,7	67,7
linolénique	1,8	1,2
arachidique	0,3	0,6
gondoïque	0,1	-

référence : SEHER A. *et al*, 1982

ALVARADOA amorphoides   *(Simarubaceae)*

origine : Mexique
acides gras (% poids) :

myristique	0,1
palmitique	0,8
palmitoléique	1,7
heptadécénoïque	0,1
stéarique	5,1
oléique	2,4
pétrosélinique	12,3
taririque	57,6
linoléique	1,7
6,9 - octadécadiènoïque	0,2
alvaradique	15,3
linolénique	0,1
γ - linolénique	0,4
nonadécénoïque	0,1
arachidique	0,4
gondoïque	1,4

référence : PEARL M.B. *et al*, 1973

ALYOGINE   *(Malvaceae)*

origine : Ouest-australien

	A.hakeifolia	A.huegelii
% huile/graine :	13,5	18,6
acides gras (% poids) :		
myristique	0,1	-
palmitique	11,4	12,9
palmitoléique	0,1	0,3

heptadécénoïque	0,5	0,3
stéarique	3,0	2,4
oléique	12,6	15,5
linoléique	62,1	60,0
linolénique	2,4	1,6
malvalique	4,4	2,5
dihydrosterculique	2,1	1,8
sterculique	0,4	0,7
arachidique	0,3	0,6
autres	0,5	1,3

référence : RAO K.S., 1991 a

ALYSICARPUS longifolius   *(Fabaceae)*

origine : Inde
8,4 % huile/graine
acides gras (% poids) :

laurique	4,7
myristique	3,3
palmitique	49,1
stéarique	9,3
oléique	12,3
linoléique	17,7
linolénique	3,6

référence : JAIN R. *et al*, 1985

ALYSSOIDES utriculatum   *(Brassicaceae)*

18 % huile/graine
acides gras (% poids) :

palmitique	7
stéarique	3
oléique	17
linoléique	11
linolénique	61
arachidique	0,1
autres	0,4

référence : MILLER R.W. *et al*, 1965

ALYSSUM   *(Brassicaceae)*

	1	**2**	**3**	**4**	**5**
% huile/graine :	20	18	10	29	22
ac.gras (% poids) :					
myristique	-	6	-	-	7
palmitique	8	9	11	6	7

stéarique	3	2	2	2	2
oléique	24	15	14	10	11
linoléique	24	10	18	12	11
linolénique	39	56	51	66	61
arachidique	0,3	0,4	0,8	-	-
gondoïque	0,2	0,2	0,1	0,3	-
autres	2,8	1,1	3	2,4	0,6

1 = ALYSSUM argenteum
2 = ALYSSUM campestre
3 = ALYSSUM constellatum
4 = ALYSSUM dasycarpum
5 = ALYSSUM desertorum

référence : MILLER R.W. *et al*, 1965

ALYSSUM maritimum   *(Brassicaceae)*

origine : Amérique du Nord
31 % huile/graine
acides gras (% poids) :

palmitique	3,9
stéarique	5,8
oléique	30,2
linoléique	6,7
linolénique	10,2
arachidique	0,6
gondoïque	41,8
éicosadiénoïque	0,3
béhénique	0,5

référence : MIKOLAJCZAK K.L. *et al*, 1963 b

ALYSSUM minimum   *(Brassicaceae)*

21 % huile/graine
acides gras (% poids) :

palmitique	9
stéarique	3
oléique	12
linoléique	9
linolénique	62
arachidique	0,5
autres	3,8

référence : MILLER R.W. *et al*, 1965

ALYSSUM montanum   *(Brassicaceae)*

origine : Ecosse
11 % huile/graine
acides gras (% poids) :

myristique	3,7
palmitique	9,8
stéarique	1,6
oléique	10,3
linoléique	16,9
linolénique	57,6

référence : SCRIMGEOUR C.M., 1976

ALYSSUM murale   *(Brassicaceae)*

25 % huile/graine
acides gras (% poids) :

palmitique	6
stéarique	2
oléique	18
linoléique	24
linolénique	47
arachidique	0,3
gondoïque	0,3
béhénique	0,4
autres	1,8

référence : MILLER R.W. *et al*, 1965

ALYSSUM saxatile   *(Brassicaceae)*

origine : Amérique du Nord
18 % huile/graine
acides gras (% poids) :

myristique	2
palmitique	5
palmitoléique	0,4
stéarique	1
oléique	12
linoléique	20
linolénique	58

référence : MIKOLAJCZAK K.L. *et al*, 1961

ALYSSUM tortuosum   *(Brassicaceae)*

25 % huile/graine
acides gras (% poids) :

palmitique	6
stéarique	2

oléique	12
linoléique	17
linolénique	62
autres	1,3

référence : MILLER R.W. *et al,* 1965

AMARANTHUS caudatus   *(Amaranthaceae)*

origine : Nigeria
3 % huile/graine
acides gras (% poids) :

palmitique	18,0
stéarique	2,8
oléique	36,6
linoléique	42,0
arachidique	0,6

référence : AYORINDE R.O. *et al,* 1989

AMARANTHUS cruentus   *(Amaranthaceae)*

origine : Amérique du Nord, Afrique, Inde
2,5 - 8 % huile/graine
acides gras (% poids) :

myristique	0 - 1
palmitique	13,4 - 21,1
palmitoléique	0 - 1,0
stéarique	1,6 - 4
oléique	20,4 - 33,2
linoléique	44,0 - 62,4
linolénique	1,0 - 2,0
arachidique	0,7 - 1
lignocérique	0 - 1

références : FERNANDO T. *et al,* 1985
LYON C.K. *et al,* 1987
AYORINDE R.O. *et al,* 1989
SINGHAI R.S. *et al,* 1990

AMARANTHUS dubius   *(Amaranthaceae)*

origine : Amérique du Nord
ac.gras (% poids) :

myristique	1
palmitique	25

stéarique	3
oléique	21
linoléique	47
linolénique	1
arachidique	1
lignocérique	1

référence : FERNANDO T. *et al*, 1985

AMARANTHUS hybridus   *(Amaranthaceae)*

origine : Amérique du Nord, Afrique
3 % huile/graine
acides gras (% poids) :

myristique	0 - 1
palmitique	14,3 - 21
stéarique	2 - 3,9
oléique	23 - 31,0
linoléique	50 - 50,7
linolénique	0 - 1
arachidique	0 - 1
lignocérique	0 - 1

références : FERNANDO T. *et al*, 1985
AYORINDE F.O. *et al*, 1989

AMARANTHUS hypochondriacus   *(Amaranthaceae)*

origine : Nigeria
3 % huile/graine
acides gras (% poids) :

palmitique	19,5
stéarique	3,9
oléique	31,0
linoléique	50,7

référence : AYORINDE F.O. *et al*, 1989

AMARANTHUS paniculatus   *(Amaranthaceae)*

voir AMARANTHUS cruentus

AMARANTHUS retroflexus   *(Amaranthaceae)*

origine : Amérique du Nord
7,2 % huile/graine
acides gras (% poids) :

myristique	0,5 - 1
myristoléique	0 - 0,2
palmitique	9,7 - 21

palmitoléique	0 - 0,3
stéarique	2,0 - 3
oléique	20 - 23,3
linoléique	51 - 61,5
linolénique	1 - 1,1
arachidique	0 - 0,5
gondoïque	0,3 - 1
éicosadiénoïque	0 - 0,5
lignocérique	0 - 1

références : DAUN J. *et al*, 1976
FERNANDO T. *et al*, 1985

AMARANTHUS tricolor   *(Amaranthaceae)*

origine : Inde
5,9 % huile/graine
0,4 % insaponifiable/huile
acides gras (% poids) :

myristique	1
palmitique	18
stéarique	4
oléique	25
linoléique	51
linolénique	1
gondoïque	1
lignocérique	1

référence : FERNANDO T. *et al*, 1985

AMETHYSTEA caerulea   *(Lamiaceae)*

origine : Amérique du Nord
23 % huile/graine
acides gras (% poids) :

palmitique	5,3
stéarique	2
oléique	13
linoléique	35
linolénique	44
autres	0,8

référence : HAGEMANN J.M. *et al*, 1967

AMMI   *(Apiaceae)*

	A.majus	A.topalii	A.visnaga
% huile/graine :	19,4	19,5	15,3
ac.gras (% poids) :			
palmitique	4,0	4,8	3,8
stéarique	1,1	0,3	0,4

oléique	28,2	29,5	9,7
pétrosélinique	57,8	47,5	69,4
linoléique	7,6	10,1	15,8
linolénique	-	1,3	-
autres	0,4	6,3	0,8

référence : KLEIMAN R. *et al*, 1982

AMMOSELINUM   *(Apiaceae)*

	A.giganteum	A.popei
% huile/graine :	27,7	7,8
acides gras (% poids) :		
palmitique	4,2	4,4
stéarique	0,4	1,4
oléique	7,6	6,4
pétrosélinique	62,2	60,8
linoléique	25,7	26,4
autres	0,3	0,5

référence : KLEIMAN R. *et al*, 1982

AMOORA rohitura   *(Meliaceae)*

origine : Zaïre
47 - 50 % huile/graine
acides gras (% poids) :

palmitique	21,8 - 24,8
stéarique	11,8 - 12,8
oléique	20,2 - 20,9
linoléique	26,2 - 28,5
linolénique	20,0 - 13,4

références : KABELE-NGIEFU C. *et al*, 1976
SENGUPTA A. *et al*, 1976

AMSINCKIA   *(Boraginaceae)*

	A.intermedia	A.lunaris
% huile/graine :	27,7	26,5
acides gras (% poids) :		
palmitique	11,5	11,2
stéarique	3,8	3,4
oléique	31,7	38,5
linoléique	13,3	13,4
linolénique	17,4	12,2
γ -linolénique	8,2	8,9

stéaridonique	9,5	5,8
arachidique	0,3	0,8
gondoïque	2,9	3,7

référence : WOLF R.B. *et al*, 1983 b

AMSINCKIA tessellata   *(Boraginaceae)*

origine : Amérique du Nord
26 % huile/graine
acides gras (% poids) :

palmitique	12
stéarique	3
oléique	29
linoléique	18
linolénique	15
γ -linolénique	10
stéaridonique	9
gondoique	1
érucique	0,4
autres	0,6

référence : MILLER R.W. *et al*, 1968

AMYGDALUS communis   *(Rosaceae)*

voir PRUNUS amygdalus

ANACARDIUM occidentale   *(Anacardiaceae)*

nom commun : noix de cajou
origine : Inde, Indonésie, Thaïlande, Brésil
43 - 50 % huile/graine
0,9 - 1,8 % insaponifiable/huile
acides gras (% poids) :

palmitique	9,0 - 14,2
palmitoléique	0,3 - 0,4
heptadécanoïque	0,1 - 0,2
stéarique	6,3 - 11,6
oléique	57,3 - 65,1
linoléique	15,6 - 18,6
linolénique	tr - 0,2
arachidique	0,3 - 0,8

référence : GALLINA TOSCHI T. *et al*, 1993

ANAXAGOREA javanica   *(Annonaceae)*

origine : Singapour
19 % huile/graine
acides gras (% poids) :

palmitique	17
stéarique	15
oléique	26
linoléique	40

référence : GUNSTONE F.D. *et al*, 1972

ANCHUSA angustifolia   *(Boraginaceae)*

origine : Amérique du Nord
16 % huile/graine
acides gras (% poids) :

palmitique	10
stéarique	2
oléique	32
linoléique	24
linolénique	13
γ -linolénique	11
stéaridonique	3
gondoïque	2
érucique	2
autres	0,6

référence : MILLER R.W. *et al*, 1968

ANCHUSA azurea   *(Boraginaceae)*

21 - 25 % huile/graine
acides gras (% poids) :

palmitique	7,9 - 9
palmitoléique	0 - 0,4
stéarique	1,5 - 2
oléique	22,4 - 24
linoléique	25 - 31,8
linolénique	0 - 17,9
γ -linolénique	9,1 - 13
stéaridonique	0 - 3,5
gondoique	3 - 3,3
érucique	2,2 - 4

références : CRAIG B.M. *et al*, 1964
MILLER R.W. *et al*, 1968

ANCHUSA   *(Boraginaceae)*

	A.capensis	A.hybrida
% huile/graine :	29	20
acides gras (% poids) :		
palmitique	9	10
stéarique	2	2

oléique	24	28
linoléique	31	24
linolénique	17	13
γ -linolénique	10	13
stéaridonique	3	3
gondoïque	2	4
érucique	2	4
autres	0,3	0,2

référence : KLEIMAN R. *et al*, 1964

ANCHUSA   *(Boraginaceae)*

origine : Amérique du Nord

	A.leptophylla	**A.officinalis**
% huile/graine :	21	23
acides gras (% poids) :		
palmitique	10	8
stéarique	2	3
oléique	31	22
linoléique	25	26
linolénique	9	20
γ -linolénique	14	11
stéaridonique	3	5
gondoïque	3	2
érucique	2	1
autres	1	0,5

référence : MILLER R.W. *et al*, 1968

ANCHUSA strigosa   *(Boraginaceae)*

22,2 % huile/graine
acides gras (% poids) :

palmitique	10,0
stéarique	2,1
oléique	38,0
linoléique	38,0
γ -linolénique	7,4
gondoïque	2,2

référence : WOLF R.B. *et al*, 1983 b

ANDROGRAPHIS paniculata   *(Acanthaceae)*

origine : Inde
39,4 % huile/graine
1,3 % insaponifiable/huile
acides gras (% poids) :

laurique	1,4
myristique	2,2
palmitique	25,2
stéarique	5,4
oléique	4,8
linoléique	58,9
arachidique	1,1
béhénique	1,0

référence : BADAMI R.C. *et al*, 1983

ANEMONE *(Ranunculaceae)*

origine : Mongolie

	A.altaica	**A.crinita**
% huile/graine :	19,5	17,8
acides gras (% poids) :		
myristique	0,2	-
palmitique	10,2	5,0
palmitoléique	0,2	-
heptadécanoïque	0,1	0,1
stéarique	2,2	2,2
oléique	6,9	13,5
asclépique	0,6	0,5
linoléique	58,1	56,0
linolénique	0,3	0,7
γ -linolénique	19,3	19,5
arachidique	0,3	0,3
gondoïque	0,1	0,2
éicosadiénoïque	0,1	-
béhénique	0,1	0,2
autres	1,2	1,6

référence : TSEVEGSUREN N. *et al*, 1993

ANEMONE cylindrica *(Ranunculaceae)*

20 - 30 % huile/graine
acides gras (% poids) :

myristique	0,1 - 0,2
palmitique	9,0 - 8,8
palmitoléique	0,1 - 0,2
heptadécanoïque	0 - 0,1
stéarique	2,8
oléique	8,5 - 8,9
asclépique	0 - 0,6
linoléique	59,0 - 59,4
linolénique	0 - 0,3
γ -linolénique	17,1 - 20,0
arachidique	0,3 - 0,4

gondoique	0 - 0,2
béhénique	0 - 0,1
autres	0 - 1,0

références : SPENGER G.F. *et al,* 1970 a
TSEVEGSUREN N. *et al*, 1993

ANEMONE decapetala   *(Ranunculaceae)*

20 - 30 % huile/graine
acides gras (% poids) :

myristique	0,1
palmitique	13
palmitoléique	0,2
stéarique	2,3
oléique	9,2
linoléique	75

référence : SPENGER G.F. *et al*, 1970 a

ANEMONE   *(Ranunculaceae)*

	A.narcissifolia	A.nemorosa	A.ranunculoides	A.rivularis
% huile/graine : ac.gras (% poids) :	15	28	26,7	13,1
myristique	-	0,1	0,1	0,1
palmitique	4,5	8,3	7,5	10,6
palmitoléique	0,1	0,1	0,1	0,1
heptadécanoïque	0,1	0,1	0,1	0,1
stéarique	2,1	2,2	2,1	1,4
oléique	19,0	13,6	12,9	9,0
asclépique	0,4	0,5	0,4	0,5
linoléique	64,7	73,0	74,6	56,0
linolénique	0,8	1,0	0,8	0,7
γ -linolénique	6,3	-	0,2	19,8
arachidique	0,3	0,2	0,2	0,2
gondoïque	0,2	0,1	0,1	0,2
éicosadiénoïque	-	-	-	7,5
béhénique	0,3	0,1	0,1	0,2
érucique	-	-	-	0,3
docosadiénoïque	-	-	-	0,3
lignocérique	0,1	0,1	0,1	0,1
non-identifiés	-	-	-	13,0
autres	0,9	0,5	0,6	1,7

référence : TSEVEGSUREN N. *et al*, 1993

ANETHUM graveolens   *(Apiaceae)*

nom commun : aneth
origine : Etats-Unis, Yougoslavie
17,8 - 19 % huile/graine
acides gras (% poids) :

palmitique	3,3 - 4,0
stéarique	0,5 - 0,6
oléique	7,8 - 8,6
pétrosélinique	78,0 - 81,6
linoléique	5,8 - 8,4
linolénique	0,1
autres	0,2 - 0,6

référence : KLEIMAN R. *et al*, 1982

ANGELICA   *(Apiaceae)*

	1	2	3	4	5	6
origine :	Etats-Unis	Etats-Unis	Corée	Corée	Corée	Etats-Unis
% huile/graine :	26	28,4	28,7	22,2	21,8	18,2
ac.gras (% poids) :						
palmitique	4,1	4,5	3,6	3,7	3,8	3,5
stéarique	3,3	1,5	0,6	0,3	0,8	0,4
oléique	16,8	13,3	19,0	16,6	18,8	13,0
pétrosélinique	38,0	42,7	43,3	39,1	39,9	40,8
linoléique	37,1	35,0	33,1	40,0	34,9	42,1
linolénique	-	2,7	-	-	-	-
autres	0,9	0,3	0,3	0,3	1,8	0,1

1 = ANGELICA ampla   **4 = ANGELICA dahurica**
2 = ANGELICA archangelica   **5 = ANGELICA decursiva**
3 = ANGELICA cartilaginomarginata   **6 = ANGELICA lucida**

référence : KLEIMAN R. *et al*, 1982

ANGELICA sylvestris   *(Apiaceae)*

nom commun : angelique des bois
origine : Turquie, Yougoslavie, France
8,5 - 32,2 % huile/graine
acides gras (% poids) :

palmitique	4,6 - 5,7
stéarique	0,8 - 1,8
oléique	9,0 - 18,6
asclépique	0 - 1,6
pétrosélinique	42,1 - 44,9
linoléique	33,2 - 38,3
linolénique	0 - 1,4
arachidique	0 - 0,5
gondoïque	0 - 0,2
autres	0 - 0,4

références : KLEIMAN R. *et al*, 1982
UCCIANI E. *et al*, 1991

ANGELICA takeshimana   *(Apiaceae)*

origine : Corée
19 % huile/graine
acides gras (% poids) :

palmitique	5,6
stéarique	0,9
oléique	4,0
pétrosélinique	64,8
linoléique	23,6
autres	0,6

référence : KLEIMAN R. *et al*, 1982

ANISOMELES indica   *(Lamiaceae)*

origine : Etats-Unis
28 % huile/graine
acides gras (% poids) :

palmitique	10
stéarique	4
oléique	16
linoléique	68
linolénique	0,8
autres	0,5

référence : HAGEMANN J.M. *et al*, 1967

ANISOMELES ovata   *(Lamiaceae)*

origine : Inde
19 % huile/graine
acides gras (% poids) :

palmitique	14,7
stéarique	3,0
oléique	20,8
linoléique	61,5

référence : HUSAIN S.K. *et al*, 1978

ANNONA   *(Annonaceae)*

origine : Zaïre

	A.manii	A.muricata	A.senegalensis
% huile/graine :	8	25	28
acides gras (% poids) :			
caprique	-	-	0,8
laurique	-	-	1,7

myristique	-	0,2	0,5
myristoléique	-	-	0,6
palmitique	5,5	19,7	17,4
palmitoléique	0,2	1,5	1,4
stéarique	1,5	4,8	4,7
oléique	28,5	38,7	45,2
linoléique	61,7	33,4	27,6
linolénique	2,7	0,3	-
arachidique	-	1,3	-

référence : KABELE NGIEFU C. *et al*, 1976 b

ANNONA squamosa *(Annonaceae)*

nom commun : pomme cannelle
23 % huile/graine
1,6 % insaponifiable/huile
acides gras (% poids) :

myristique	1,5
palmitique	25,1
palmitoléique	3,1
stéarique	9,3
oléique	37,0
linoléique	10,9
arachidique	3,3
isoricinoléique	9,8

référence : ANSARI M.H. *et al*, 1985

ANTHRISCUS *(Apiaceae)*

	A.caucalis	A.cerefolium	A.nemorosa	A.sylvestris
origine :	Turquie	Yougoslavie	Corée	Yougoslavie
% huile/graine :	20,8	25,5	17,6	21,8
acides gras (% poids) :				
palmitique	4,2	4,0	3,1	3,3
stéarique	0,6	1,5	0,1	0,9
oléique	6,4	9,6	4,7	11,7
pétrosélinique	68,9	70,2	66,8	55,7
linoléique	19,3	14,0	24,8	28,0
linolénique	-	-	0,2	0,1
autres	0,4	0,7	0,1	0,3

référence : KLEIMAN R. *et al*, 1982

APHANANTHE aspera *(Ulmaceae)*

origine : Japon
50,8 % huile/amande
acides gras (% poids) :

palmitique	5,3
palmitoléique	0,1
stéarique	3,0
oléique	6,1
linoléique	85,1
linolénique	0,4

référence : TANAKA T. *et al*, 1977

APHYLLANTES monspeliensis   *(Liliaceae)*

origine : France
32,5 % huile/graine
6,7 % insaponifiable/huile
acides gras (% poids) :

myristique	0,1
palmitique	8,9
palmitoléique	0,5
stéarique	2,3
oléique	21,0
asclépique	0,8
linoléique	65,0
linolénique	0,4
arachidique	0,2

référence : VIANO J. *et al*, 1984

APIUM   *(Apiaceae)*

	A.graveolens	A.leptophyllum	A.sellowianum
% huile/graine :	30,4	32,4	25,6
acides gras (% poids) :			
palmitique	6,1	2,5	6,0
stéarique	0,5	0,9	1,1
oléique	7,7	1,3	7,1
pétrosélinique	65,7	86,5	66,7
linoléique	17,8	7,9	18,8
linolénique	0,2	-	-
autres	2,0	0,4	0,2

référence : KLEIMAN R. *et al*, 1982

APODANTHERA undulata   *(Cucurbitaceae)*

nom commun : citrouille sauvage
origine : Etats Unis, Mexique
30 % huile/graine
acides gras (% poids) :

palmitique	13
stéarique	4

oléique	11
linoléique	42
linolénique	tr
punicique	30

référence : BEMIS W.P. *et al*, 1967 b

APORUSA granularis   *(Euphorbiaceae)*

origine : Malaisie
25 % huile/graine
acides gras (% poids) :

palmitique	17,5
palmitoléique	1,0
stéarique	10,7
asclépique	3,1
linoléique	14,0
linolénique	37,7

référence : SHUKLA V.K.S. *et al*, 1993

AQUILEGIA longissima   *(Ranunculaceae)*

origine : Japon
22,5 % huile/graine
acides gras (% poids) :

myristique	0,3
palmitique	7,9
stéarique	1,7
oléique	3,7
asclépique	0,4
linoléique	24,9
5,9-octadécadiènoïque	0,1
linolénique	0,4
columbinique	58,9
stéaridonique	0,5
autres	0,3

référence : TAKAGI T. *et al*, 1983

AQUILEGIA vulgaris   *(Ranunculaceae)*

nom commun : ancolie des jardins
origine : Japon, Suède
15,5 - 21 % huile/graine
acides gras (% poids) :

caprique	0 - 0,1
laurique	0 - 0,1
myristique	0 - 0,1
palmitique	7,3 - 8

palmitoléique	0 - 0,3
stéarique	2 - 2,8
oléique	5,1 - 6
asclépique	0 - 0,4
linoléique	24 - 25,3
5,9-octadécadiènoïque	0 - 1,6
linolénique	0,1 - 0,2
columbinique	56,1 - 60
stéaridonique	0 - 0,2
arachidique	0 - 0,1
gondoïque	0 - 0,1
autres	0 - 1

références : KAUFMANN H.P. et al, 1965
TAKAGI T. et al, 1983
DEMIRBUKER M. et al, 1992

ARABIDOPSIS thaliana   *(Brassicaceae)*

origine : Etats-Unis
43 % huile/graine
acides gras (% poids) :

palmitique	6
stéarique	4
oléique	14
linoléique	27
linolénique	18
arachidique	3
gondoïque	22
éicosadiénoïque	2
béhénique	0,3
érucique	2
autres	2,6

référence : MILLER R.W. et al, 1965

ARABIS alpina   *(Brassicaceae)*

origine : Etats-Unis
31 % huile/graine
acides gras (% poids) :

palmitique	6
palmitoléique	0,3
stéarique	2
oléique	12
linoléique	24
linolénique	53

référence : MIKOLAJCZAK K.L. et al, 1961

ARABIS blepharophylla   *(Brassicaceae)*

20 % huile/graine
acides gras (% poids) :

palmitique	11,2
stéarique	3,2
oléique	9,8
linoléique	32,5
linolénique	43,3

référence : SCRIMGEOUR C.M., 1976

ARABIS   *(Brassicaceae)*

origine : Etats-Unis

	A.glabra	A.hirsuta	A.laevigata
% huile/graine :	38	34	39
acides gras (% poids) :			
palmitique	5	7	4
stéarique	2	3	2
oléique	8	8	9
linoléique	24	28	29
linolénique	30	52	22
arachidique	1	0,4	2
gondoïque	13	-	12
éicosadiénoïque	1	-	2
béhénique	0,7	-	1
érucique	15	-	14
autres	-	0,8	2,6

référence : MILLER R.W. *et al*, 1965

ARABIS virginica   *(Brassicaceae)*

origine : Etats-Unis
31 % huile/graine
acides gras (% poids) :

palmitique	6
stéarique	0,6
oléique	17
linoléique	15
linolénique	5
arachidique	0,4
gondoïque	12
éicosadiénoïque	0,7
érucique	44

référence : MIKOLAJCZAK K.L. *et al*, 1961

ARACHIS hypogea   *(Fabaceae)*

nom commun : arachide, cacahuète
origine : Afrique, Turquie, Madagascar
35 - 47 % huile/graine
acides gras (% poids) :

palmitique	11,2 - 16,1
palmitoléique	0,1 - 0,2
heptadécanïque	0,1
heptadécènoïque	0,1
stéarique	3,0 - 4,1
oléique	32,3 - 58,7
asclépique	0 - 0,2
linoléique	20,7 - 37,3
linolénique	0 - 0,9
arachidique	1,2 - 2,5
gondoïque	0,8 - 1,1
béhénique	1,9 - 3,3
érucique	0 - 0,1
lignocérique	0 - 3,4
autres	0 - 1,1

références : SEHER A. *et al*, 1982
YAZICIOGLU T. *et al*, 1983
GAYDOU E.M. *et al*, 1983 b
VAN NIEKERK P.J. *et al*, 1985

ARALIA   *(Araliaceae)*

	A.cachemirica	A.elata	A.hispida	A.spinosa
origine :	Pakistan	-	Etats-Unis	-
% huile/fruit :	22	29	15,6	46,3
ac.gras (% poids) :				
palmitique	13,8	2,8	2,4	2,8
stéarique	0,5	0,9	0,6	1,1
oléique	22,8	7,6	11,3	10,2
pétrosélinique	39,5	70,0	45,4	71,1
linoléique	22,5	18,0	38,7	14,3
linolénique	0,6	-	0,4	-
autres	0,2	0,4	1,2	0,5

référence : KLEIMAN R. *et al*, 1982

ARCTIUM minus   *(Asteraceae)*

origine : Grande-Bretagne
acides gras (% poids) :

palmitique	7,0
stéarique	1,2
oléique	7,9

linoléique 74,0
caléique   9,9

référence : MORRIS L.J. *et al*, 1968

ARECASTRUM romanzoffianum *(Arecaceae)*

origine : Uruguay

	amande	pulpe
% huile :	50,7	2,3
% insaponifiable/huile :	0,7	-
acides gras (% poids) :		
caprylique	9,1	-
caprique	8,7	-
laurique	39,6	-
myristique	10,2	-
palmitique	6,8	29,0
palmitoléique	-	4,4
stéarique	3,4	1,9
oléique	18,4	38,6
linoléique	3,8	22,5
linolénique	-	3,7

référence : GROMPONE M.A. *et al*, 1985

ARGANIA spinosa *(Sapotaceae)*

nom commun : argan
origine : Maroc
50 % huile/amande
0,8 % insaponifiable/huile
acides gras (% poids) :

myristique	0,2
palmitique	13,9 - 14,3
palmitoléique	0 - 0,2
stéarique	5,6 - 5,9
oléique	46,9 - 48,1
linoléique	31,5 - 31,6
arachidique	0 - 0,4
gondoïque	0 - 0,5
autres	0,5

référence : HUYGHEBAERT A. *et al*, 1974
FARINES M. *et al*, 1984

ARGEMONE mexicana *(Papaveraceae)*

origine : Jamaïque, Inde
39 % huile/graine
acides gras (% poids) :

myristique	0 - 0,5
palmitique	12,3 - 14,9
palmitoléique	0 - 0,3
stéarique	0 - 4,2
oléique	28,1 - 29,2
linoléique	55,1 - 55,4
argémonique	1 - 2

références : GUNSTONE F.D. *et al*, 1965
MANI V.V.S. *et al*, 1972

ARGYREIA aggregata   *(Convolvulaceae)*

origine : Inde
13,5 % huile/graine
1,9 % insaponifiable/huile
acides gras (% poids) :

palmitique	23,8
palmitoléique	0,5
heptadécanoïque	0,5
stéarique	10,9
oléique	20,1
linoléique	34,3
linolénique	5,8
arachidique	3,2
béhénique	0,9

référence : KITTUR M.H. *et al*, 1987

ARGYREIA cuneata   *(Convolvulaceae)*

origine : Inde
6 % huile/graine
2,4 % insaponifiable/huile
acides gras (% poids) :

myristique	0,5
palmitique	18,6
stéarique	8,1
oléique	12,9
linoléique	40,2
linolénique	6,6
malvalique	2,4
sterculique	0,7
ricinoléique	10,0

référence : DAULATABAD C.D. *et al*, 1987 a

ARISTOLOCHIA elegans   (Aristolochiaceae)

origine : Sénégal
25 % huile/graine
2,0 % insaponifiable/huile
acides gras (% poids) :

myristique	0,4
palmitique	17,6
palmitoléique	1,8
stéarique	2,2
oléique	71,4
linoléique	5,2
linolénique	0,2
arachidique	0,5
gondoïque	0,5
béhénique	0,2

référence : MIRALLES J. *et al*, 1980

ARISTOLOCHIA indica   *(Aristolochiaceae)*

origine : Inde
4,5 % huile/graine
1,5 % insaponifiable/huile
acides gras (% poids) :

myristique	0,7
palmitique	18,2
stéarique	4,3
oléique	66,6
linoléique	4,3
arachidique	3,3
béhénique	2,6

référence : DAULATABAD C.D. *et al*, 1983

ARNEBIA griffithii   *(Boraginaceae)*

origine : Etats-Unis
15 % huile/graine
acides gras (% poids) :

palmitique	7
stéarique	3
oléique	14
linoléique	23
linolénique	45
γ -linolénique	3
stéaridonique	4
autres	0,6

référence : MILLER R.W. *et al*, 1968

ARTEDIA squamata   (Apiaceae)

origine : Turquie
9,5 % huile/graine
acides gras (% poids) :

palmitique	3,8
stéarique	0,6
oléique	11,3
pétrosélinique	72,4
linoléique	11,7
autres	0,1

référence : KLEIMAN R. *et al*, 1982

ARTEMISIA biennis   *(Asteraceae)*

origine : Canada
28 % huile/graine
5,3 % insaponifiable/huile
acides gras (% poids) :

palmitique	5,6
palmitoléique	0,2
stéarique	1,1
oléique	16,0
linoléique	74,4
linolénique	0,7
arachidique	1,5
gondoïque	0,3
béhénique	0,5

référence : COXWORTH E.C.M., 1965

ARTEMISIA caerulescens   *(Asteraceae)*

nom commun : encens de mer
origine : France
40,5 % huile/graine
1,7 % insaponifiable/huile
acides gras (% poids) :

myristique	0,5
palmitique	10,2
palmitoléique	0,3
heptadécanoïque	0,4
stéarique	3,1
oléique	26,5
asclépique	0,8
linoléique	58,2

référence : FERLAY V. *et al*, 1993

ARTOCARPUS   *(Moraceae)*

origine : Zaïre

	A.communis	A.heterophylla
% huile/graine :	29	35
acides gras (% poids) :		
caprique	2,8	9,0
laurique	-	5,8
myristique	0,7	0,4
palmitique	32,8	26,9
stéarique	4,1	1,6
oléique	13,2	22,9
linoléique	44,2	33,4
arachidique	0,9	-

référence : KABELE NGIEFU C. *et al*, 1976 a

ARTOCARPUS integrifolia   *(Moraceae)*

origine : Inde
6,1 % huile/graine
2,1 % insaponifiable/huile
acides gras (% poids) :

myristique	3,3
palmitique	30,2
stéarique	3,3
oléique	6,4
linoléique	40,2
linolénique	9,4
ricinoléique	7,2

référence : DAULATABAD C.D. *et al*, 1989 c

ASCLEPIAS syriaca   *(Asclepiadaceae)*

20 % huile/graine
acides gras (% poids) :

palmitique	4
palmitoléique	10
hexadécadiénoïque	2
stéarique	0,5
oléique	15
asclépique	15
linoléique	53
linolénique	0,5

référence : CHISHOLM M.J. *et al*, 1960

ASPARAGUS adescender   *(Liliaceae)*

origine : Inde
5,9 % huile/graine
acides gras (% poids) :

palmitique	11,9
stéarique	4,4
oléique	33,5
linoléique	50,2

référence : AHMAD M.S. *et al*, 1978

ASPHODELUS fistulosus   *(Liliaceae)*

origine : Pakistan
21 % huile/graine
1,9 % insaponifiable/huile
acides gras (% poids) :

myristique	0,5
palmitique	5,7
stéarique	3,6
oléique	33,1
linoléique	54,9

référence : KHAN S.A. *et al*, 1961

ASPILLIA africana   *(Asteraceae)*

origine : Nigeria
75 % huile/graine
0,5 % insaponifiable
acides gras (% poids) :

myristique	1,8
myristoléique	1,4
palmitique	5,8
palmitoléique	0,4
oléique	26,1
linoléique	61,0
linolénique	1,6
arachidique	0,3
gondoïque	0,5
béhénique	0,7

référence : EGUAVOEN O.I. *et al*, 1990

ASTER alpinus   *(Asteraceae)*

origine : Grande-Bretagne
acides gras (% poids) :

palmitique	5,2
3-hexadécènoïque	7,1
stéarique	1,5
oléique	9,1
3-octadécènoïque	1,9
linoléique	56,2
3,9-octadécadiènoïque	3,0
caléique	13,7
époxyoléique	2,0

référence : MORRIS L.J. *et al*, 1968

ASTERACANTHA longifolia   *(Acanthaceae)*

origine : Inde
15,3 % huile/graine
acides gras (% poids) :

palmitique	20,6
palmitoléique	0,4
stéarique	4,3
oléique	6,4
linoléique	67,7
linolénique	0,6

référence : MANNAN A. *et al*, 1986

ASTRANTIA maxima   *(Apiaceae)*

origine : Turquie
39,2 % huile/graine
acides gras (% poids) :

palmitique	5,6
stéarique	0,6
oléique	16,1
pétrosélinique	63,3
linoléique	13,9
autres	0,4

référence : KLEIMAN R. *et al*, 1982

ASTROCARYUM vulgare   *(Arecaceae)*

origine : Singapour
16 % huile/graine
acides gras (% poids) :

laurique	47
myristique	26
stéarique	4
oléique	12
linoléique	3

référence : GUNSTONE F.D. *et al*, 1972

ASTRODAUCUS orientalis   *(Apiaceae)*

origine : Turquie
15,8 % huile/graine
acides gras (% poids) :

palmitique	3,1
stéarique	0,3
oléique	21,1
pétrosélinique	56,9
linoléique	17,9
autres	0,3

référence : KLEIMAN R. *et al*, 1982

ASYSTASIA coromandeliana   *(Acanthaceae)*

origine : Singapour
16 % huile/graine
acides gras (% poids) :

palmitique	3
stéarique	3
oléique	47
linoléique	14
arachidique	10
gondoïque	9
béhénique	5
lignocérique	9

référence : GUNSTONE F.D. *et al*, 1972

ATHAMANTA cretensis   *(Apiaceae)*

origine : Yougoslavie
25,8 % huile/graine
acides gras (% poids) :

palmitique	5,8
stéarique	0,8
oléique	20,1
pétrosélinique	33,5
linoléique	24,3
linolénique	15,0
autres	0,3

référence : KLEIMAN R. *et al*, 1982

ATHROTAXIS   *(Taxodiaceae)*

origine : Australie

	A.cupressoides	**A.selaginoides**
% huile/graine :	7,4	13,5
acides gras (% poids) :		
myristique	0,1	0,4
palmitique	6,5	6,8
palmitoléique	1,9	0,2
stéarique	2,4	2,7
oléique	12,7	16,0
linoléique	31,5	32,2
linolénique	32,7	34,3
dihydrosterculique	0,7	-
arachidique	0,9	-
gondoïque	0,9	0,7
éicosadiénoïque	3,1	1,4
éicosatriénoïque	-	0,5
éicosatetraénoïque	5,5	4,8
érucique	0,1	-
docosadiénoïque	0,2	-
docosatriénoïque	0,7	-
dihydrosterculique	0,7	-

référence : VICKERY J.R. *et al*, 1984 a

ATROXIMA afzeliana   *(Polygalaceae)*

origine : Côte d'Ivoire
1,5 % huile/graine
acides gras (% poids) :

laurique	0,5
myristique	0,9
palmitique	19,8
stéarique	11,0
oléique	48,5
linoléique	17,6
linolénique	1,0
arachidique	0,7

référence : DERBESY M. *et al*, 1968

ATTALEA cohune   *(Arecaceae)*

origine : Nigeria
65,8 % huile/amande
acides gras (% poids) :

caprylique	4,0
caprique	6,0
laurique	42,4
myristique	18,7
palmitique	8,3
stéarique	2,1
oléique	14,9
linoléique	3,6

référence : OBOH F.O.J. *et al*, 1988

ATTALEA macrocarpa   *(Arecaceae)*

origine : Zaïre
65 % huile/amande
acides gras (% poids) :

caprylique	2,7
caprique	3,8
laurique	35,2
myristique	16,7
palmitique	9,7
stéarique	2,0
oléique	27,0
linoléique	2,7
linolénique	2,7

référence : KABELE NGIEFU C. *et al*, 1976 a

AUCUBA japonica   *(Cornaceae)*

0,8 % huile/fruit
acides gras (% poids) :

palmitique	17,7
stéarique	1,0
oléique	13,8
pétrosélinique	33,3
linoléique	10,2
linolénique	11,5
autres	12,2

référence : KLEIMAN R. *et al*, 1982

AVENA fatus   *(Poaceae)*

origine : Canada
1,4 % huile/graine
acides gras (% poids) :

myristique	0,6
palmitique	23,4
stéarique	3,3
oléique	40,9
linoléique	29,5
linolénique	0,9
arachidique	0,8

référence : DAUN J.K. *et al*, 1976

AVERRHOA carambola   *(Oxalidaceae)*

nom commun : carambolier
origine : Malaisie
74 % huile/amande
acides gras (% poids) :

myristique	0,7
palmitique	21,3
stéarique	8,1
oléique	45,8
linoléique	22,3
arachidique	1,1
gondoïque	0,3
béhénique	0,3

référence : BERRY S.K., 1978

AZADIRACHTA indica   *(Meliaceae)*

nom commun : neem
origine : Inde
42,9 % huile/graine
acides gras (% poids) :

myristique	0,1
palmitique	18,1
palmitoléique	0,2
stéarique	14,2
oléique	50,4
asclépique	0,8
linoléique	13,3
linolénique	0,5
arachidique	1,4
gondoïque	0,1
béhénique	0,2
autres	0,7

référence : KLEIMAN R. *et al*, 1984

AZIMA tetracantha   *(Salvadoraceae)*

origine : Inde
4,5 - 12 % huile/graine
acides gras (% poids) :

laurique	0 - 3,5
myristique	0,2 - 4,2
palmitique	5,0 - 5,2
stéarique	1,6 - 14,8
oléique	15,3 - 31,8
linoléique	18,0 - 28,8
linolénique	0 - 22,0
béhénique	0 - 2,4
malvalique	0 - 4,0
sterculique	0 - 5,6
ricinoléique	0 - 9,8
arachidique	0 - 6,7
gondoïque	0 - 21,1

références : DAULATABAD C.D. *et al*, 1982 a
DAULATABAD C.D. *et al*, 1991 b

BACCAUREA motleyana   *(Euphorbiaceae)*

origine : Singapour
16 % huile/graine
acides gras (% poids) :

palmitique	13
stéarique	7
oléique	22
linoléique	19
linolénique	39

référence : GUNSTONE F.D. *et al*, 1972

BACTRIS gasipaes   *(Arecaceae)*

origine : Costa Rica

	pulpe	amande
% huile :	19	25
acides gras (% poids) :		
laurique	-	33,3
myristique	-	28,4
palmitique	29,6	10,4
palmitoléique	5,3	-
stéarique	tr	3,1
oléique	50,3	18,2
linoléique	12,5	5,1
linolénique	1,8	-

référence : HAMMOND E.G. *et al*, 1982

BAILLONELLA toxisperma   *(Sapotaceae)*

origine : Gabon
70 % huile/graine
acides gras (% poids) :

palmitique	19
stéarique	22
oléique	55
linoléique	4

référence : PAMBOU-TCHIVOUNDA H. *et al*, 1992

BALANITES aegyptiaca   *(Zygophyllaceae)*

nom commun : datte du désert
origine : Burkina Faso
46,3 % huile/amande
acides gras (% poids) :

palmitique	16,4
stéarique	11,3
oléique	33,7
linoléique	38,6

référence : CHANTEGREL P. *et al*, 1963

BALANITES orbicularis   *(Zygophyllaceae)*

origine : Afrique de l'ESt
31% huile/amande
acides gras (% poids) :

myristique	1,0
palmitique	12,7
stéarique	13,9
oléique	44,3
linoléique	28,1

référence : RADUNZ A. *et al*, 1985

BALLOTA   *(Lamiaceae)*

origine : Etats-Unis

	B.acetabulosa	B.hispanica	B.nigra ssp. ruderalis
% huile/graine :	38	37	35
acides gras (% poids) :			
palmitique	7,0	7,7	6,5
stéarique	3,6	3,2	2,8

oléique	34	32	24
linoléique	43	41	48
linolénique	0,8	0,8	1,2
allène-non identifié	10	13	15
autres	0,8	1,6	1,7

référence : HAGEMANN J.M. *et al*, 1967

BANKSIA   *(Proteaceae)*

origine : Australie

acides gras (% poids) :

	B.collina	**B.ericifolia**	**B.integrifolia**
myristique	0,2	0,2	0,2
palmitique	10,4	10,6	5,7
palmitoléique	2,0	0,8	0,7
stéarique	1,9	2,2	3,5
oléique	68,1	81,0	71,5
linoléique	1,3	0,4	0,6
arachidique	2,5	2,5	3,8
gondoïque	13,2	2,3	13,2

référence : VICKERY J.R., 1971

BARBAREA stricta   *(Brassicaceae)*

acides gras (% poids) :

palmitique	2,7
stéarique	0,8
oléique	21,1
linoléique	25,5
linolénique	8,0
gondoïque	10,4
érucique	26,1
nervonique	2,1
autres	3,3

référence : APPLEQVIST L.A., 1971

BARBAREA vulgaris   *(Brassicaceae)*

origine : Etats-Unis
31 % huile/graine
acides gras (% poids) :

palmitique	3
stéarique	0,8
oléique	27
linoléique	24

linolénique	8
gondoïque	11
éicosadiénoïque	0,6
érucique	24
nervonique	0,9
autres	0,4

référence : MILLER R.W. *et al*, 1965

BARRINGTONIA edulis   *(Lecythidaceae)*

origine : Fidji
3 % huile/graine
acides gras (% poids) :

palmitique	39,8 - 47,6
palmitoléique	1,6 - 2,0
stéarique	22,7 - 26,9
oléique	19,7 - 21,1
asclépique	0,2 - 0,4
linoléique	0,5 - 0,7
arachidique	3,1 - 3,5

référence : SOTHEESWARAN S. *et al*, 1994

BASELLA alba   *(Basellaceae)*

origine : Inde
24 % huile/graine
1,5 % insaponifiable/huile
acides gras (% poids) :

myristique	2,1
palmitique	19,4
stéarique	7,4
oléique	46,4
linoléique	19,7
arachidique	3,2
béhénique	1,8

référence : DAULATABAD C.D. *et al*, 1983

BASSIA hyssopifolia   *(Chenopodiaceae)*

acides gras (% poids) :

palmitique	10,0
palmitoléique	0,2
5 - hexadécènoïque	5,2
stéarique	2,2
oléique	17,0
5 - octadécènoïque	1,2
linoléique	57,0

5,9 - octadécadiènoïque	0,5
linolénique	4,5
columbinique	0,4
autres	1,8

référence : KLEIMAN R. *et al*, 1972 a

BASSIA latifolia   *(Sapotaceae)*

voir MADHUCA latifolia

BAUHINIA acuminata   *(Caesalpiniaceae)*

origine : Singapour, Inde
5,4 - 12 % huile/graine
acides gras (% poids) :

laurique	0 - 0,1
myristique	0 - 0,1
palmitique	12 - 12,5
stéarique	9,1 - 11
oléique	11 - 26,3
linoléique	49,9 - 63
arachidique	0 - 1,0
gondoïque	0 - 0,9

références : GUNSTONE F.D. *et al*, 1972
CHOWDHURY A.R. e*t al*, 1984 b

BAUHINIA malabarica   *(Caesalpiniaceae)*

origine : Inde
16 % huile/graine
acides gras (% poids) :

myristique	0,2
palmitique	17,2
stéarique	19,3
oléique	15,3
linoléique	47,3
linolénique	0,8

référence : ZAKA S. *et al*, 1983

BAUHINIA megalandra   *(Caesalpiniaceae)*

origine : Singapour
18 % huile/graine
acides gras (% poids) :

palmitique	23
stéarique	12

oléique   15
linoléique   48

référence : GUNSTONE F.D. *et al*, 1972

BAUHINIA picta   *(Caesalpiniaceae)*

origine : Zaïre
5 % huile/graine
acides gras (% poids) :

laurique	0,8
myristique	0,5
palmitique	14,8
stéarique	4,8
oléique	45,8
linoléique	30,8
arachidique	1,2
gondoïque	0,7
béhénique	0,6

référence : KABELE NGIEFU C. *et al*, 1977 b

BAUHINIA   *(Caesalpiniaceae)*

origine : Inde

	B.racemosa	B.retusa	B.tomentosa	B.triandra
% huile/graine :	2,4	18,9	4,2	14,8
ac.gras (% poids) :				
caprylique	1,8	-	-	-
caprique	1,2	-	-	-
laurique	1,5	-	-	-
myristique	0,5	0,2	0,3	0,2
palmitique	18,7	21,9	15,4	23,7
stéarique	11,6	10,7	8,5	10,1
oléique	23,9	28,3	23,9	18,8
linoléique	36,5	34,2	51,9	44,9
arachidique	1,5	4,6	-	2,2
autres	2,8	-	-	-

référence : CHOWDHURY A.R. *et al*, 1984 b

BAUHINIA vahlii   *(Caesalpiniaceae)*

origine : Inde
8,4 % huile/graine
1,8 % insaponifiable/huile
acides gras (% poids) :

palmitique	20,0
stéarique	15,3

oléique   33,4
linoléique   31,0

référence : KITTUR M.H. *et al,* 1987

BAUHINIA variegata   *(Caesalpiniaceae)*

Origine : Sénégal, Inde
16 - 22,7 % huile/graine
acides gras (% poids) :

myristique	0 - 0,3
palmitique	19,5 - 22,7
palmitoléique	0 - 2,2
stéarique	10,5 - 17,9
oléique	14,1 - 26,1
linoléique	36,8 - 46,6
linolénique	0 - 0,8
arachidique	0 - 2,2
gondoïque	0 - 1,0
béhénique	0 - 0,2

références : MIRALLES J. *et al*, 1980
ZAKA S. *et al*, 1983
CHOWDHURY A.R. *et al*, 1984 b

BEAUPREA   *(Proteaceae)*

origine : Australie

	B.balansae	**B.neglecta**
acides gras (% poids) :		
myristique	0,6	0,2
myristoléique	-	0,1
palmitique	25,6	15,0
palmitoléique	5,7	10,5
stéarique	5,3	3,4
oléique	33,8	43,3
linoléique	27,2	27,5
arachidique	1,8	-

référence : VICKERY J.R., 1971

BECCARIOPHOENIX madagascariensis   *(Arecaceae)*

origine : Madagascar

	pulpe	**amande**
% huile :	-	46
acides gras (% poids) :		
caprylique	-	0,7
caprique	-	0,9

laurique	1,3	46,0
myristique	0,8	25,4
palmitique	25,3	5,8
stéarique	5,9	3,0
oléique	48,9	13,5
linoléique	8,6	5,5
linolénique	2,5	-
autres	6,7	0,2

référence : RABARISOA I. *et al*, 1993

BELLENDA montana   *(Proteaceae)*

origine : Australie
acides gras (% poids) :

myristique	0,2
palmitique	13,0
palmitoléique	0,3
stéarique	0,7
oléique	52,1
linoléique	30,5
linolénique	3,1

référence : VICKERY J.R., 1971

BERTHEROA incana   *(Brassicaceae)*

origine : Suède
acides gras (% poids) :

myristique	3,7
palmitique	5,7
stéarique	2,4
oléique	15,2
linoléique	23,5
linolénique	47,7
gondoïque	0,4
autres	1,4

référence : APPLEQVIST L.A., 1971

BERTHOLLETIA excelsa   *(Lecythidiaceae)*

nom commun : noix du Brésil
origine : Brésil
70 % huile/amande
acides gras (% poids) :

palmitique	12,0
stéarique	10,4

oléique	41,2
linoléique	36,1

référence : ASSUNCAO F.P. *et al*, 1984

BERULA erecta   *(Apiaceae)*

origine : Etats-Unis
21,8 % huile/graine
acides gras (% poids) :

palmitique	4,7
stéarique	1,3
oléique	18,0
pétrosélinique	48,7
linoléique	24,5
linolénique	0,7
autres	1,9

référence : KLEIMAN R. *et al*, 1982

BETA vulgaris   *(Chenopodiaceae)*

nom commun : betterave à sucre
origine : Allemagne
5,6 % huile/graine
acides gras (% poids) :

myristique	0,1
palmitique	15,7
palmitoléique	0,5
stéarique	1,3
oléique	31,3
linoléique	43,2
linolénique	0,5
arachidique	0,9
gondoïque	0,8
béhénique	0,5
érucique	0,3
lignocérique	0,5
nervonique	4,3

référence : NASIRULLAH *et al*, 1987

BETONICA alopecuros   *(Lamiaceae)*

origine : Etats-Unis
26 % huile/graine
acides gras (% poids) :

palmitique	5,7
stéarique	3,0
oléique	26

linoléique	55	
linolénique	1,7	
allène-non identifié	8,6	
autres	0,3	

référence : Hageman J.M. *et al*, 1967

BETULA platyphylla   *(Betulaceae)*

origine : Japon
19 - 28 % huile/graine
1,9 - 3,5 % insaponifiable/huile
acides gras (% poids) :

palmitique	1,3 - 1,6
palmitoléique	0,2
stéarique	0,3 - 0,5
oléique	8,5 - 9,1
linoléique	87,2 - 87,8
linolénique	1,4
arachidique	0,1
béhénique	0,2
lignocérique	0,1

référence : Ihara S. *et al*, 1980

BIDENS engleri   *(Asteraceae)*

origine : Sénégal
15,5 % huile/graine
acides gras (% poids) :

laurique	0,3
myristique	1,2
palmitique	29,2
palmitoléique	3,6
stéarique	4,4
oléique	14,8
linoléique	44,2
linolénique	0,9
arachidique	1,0
gondoïque	0,4

référence : Miralles J. *et al*, 1980

BIFORA   *(Apiaceae)*

	B.americana	B.radians
origine :	Etats-Unis	Yougoslavie
% huile/graine :	17,9	49,5
acides gras (% poids) :		
palmitique	3,0	4,4
stéarique	-	0,7

oléique	6,1	7,9
pétrosélinique	72,0	74,9
linoléique	11,6	7,8
linolénique	-	12,0
autres	6,0	0,2

référence : KLEIMAN R. *et al*, 1982

BIFORA testiculata   *(Apiaceae)*

origine : Yougoslavie, France
37 - 41,5 % huile/graine
acides gras (% poids) :

palmitique	3,4 - 3,6
stéarique	0,8 - 1,1
oléique	5,7 - 5,9
pétrosélinique	78,7 - 81,1
asclépique	0 - 0,6
linoléique	8,2 - 9,8
linolénique	0 - 0,1
arachidique	0 - 0,1
gondoïque	0 - 0,1
autres	0,2

références : KLEIMAN R. *et al*, 1982
UCCIANI E. *et al*, 1991

BIGNONIA capreolata   *(Bignoniaceae)*

11,5 % huile/graine
acides gras (% poids) :

palmitique	7
stéarique	3
oléique	24
linoléique	50
linolénique	16

référence : CHISHOLM M.J. *et al*, 1965 b

BIGNONIA tweediana   *(Bignoniaceae)*

voir DOXANTHA unguis-cati

BIOTA orientalis   *(Cupressaceae)*

origine : Chine
35 % huile/graine
acides gras (% poids) :

palmitique	5,1
stéarique	3,4
oléique	15,3
linoléique	25,6
linolénique	34,7
11,14,17 - éicosatriénoïque	4,9
5,11,14,17 - éicosatetraénoïque	10,5

référence : LIE KEN JIE M.S.F. *et al,* 1988

BISMARKIA nobilis

voir MEDEMIA nobilis

BIXA orellana   *(Bixaceae)*

nom commun : rocouyer
origine : Inde
8,5 % huile/graine
1,2 % insaponifiable/huile
acides gras (% poids) :

laurique	0,3
myristique	1,2
palmitique	1,6
stéarique	26,9
oléique	48,0
linoléique	1,5
linolénique	2,1
arachidique	11,9
béhénique	7,3

référence : BADAMI R.C. *et al,* 1984 a

BLIGHIA sapida   *(Sapindaceae)*

origine : Côte d'Ivoire

	graine	arille
% huile :	8	54
acides gras (% poids) :		

palmitique	1,8	30,0
stéarique	2,7	13,6
oléique	14,1	51,3
linoléique	1,2	4,5
arachidique	27,1	0,7
gondoïque	52,4	-
béhénique	0,3	-

référence : UCCIANI E. *et al,* 1964

BOEHMERIA   *(Urticaceae)*

origine : Japon

	B.longispica	B.nivea var.concolor	B.spicata
% huile/graine :	12	17,5	11
% insaponifiable/huile :	3,1	3,6	3,9
acides gras (% poids) :			
myristique	-	-	0,2
palmitique	5,2	6,2	5,2
stéarique	2,3	2,7	1,5
oléique	7,9	9,4	7,8
linoléique	82,7	80,4	83,5
linolénique	0,9	1,2	1,5
arachidique	0,6	-	-
béhénique	0,4	0,1	0,3

référence : KATO M.Y. *et al*, 1981

BOMBACOPSIS glabra   *(Bombacaceae)*

origine :
45 % huile/graine
acides gras (% poids) :

palmitique	43,0
stéarique	2,8
oléique	12,0
linoléique	7,8
sterculique	34,5

référence : CORNELIUS J.A. *et al*, 1965

BOMBAX malabaricum   *(Bombacaceae)*

nom commun : kapok indien
origine : Inde, Pakistan
17,2 - 20 % huile/graine
acides gras (% poids) :

myristique	0 - 3,4
palmitique	4,7 - 28,3
palmitoléique	0 - 7,2
stéarique	7,3 - 9,2
oléique	44,3 - 49,9
linoléique	14,5 - 26,6
béhénique	0 - 3,7

références : BANERJI R. *et al*, 1984
RAFIQUE M. *et al*, 1987

BOMBAX munguba   *(Bombacaceae)*

origine : Brésil
60 % huile/graine
acides gras (% poids) :

palmitique	51,8
stéarique	3,1
oléique	6,7
linoléique	6,6
malvalique	0,9
sterculique	27,5
arachidique	1,5
autres	1,6

référence : Schuch R. *et al*, 1986

BORAGO officinalis   *(Boraginaceae)*

origine : Etats-Unis, France, Espagne
29,8 - 38,0 % huile/graine
1,2 - 1,9 % insaponifiable/huile
acides gras (% poids) :

myristique	0 - 0,1
palmitique	10,2 - 12,0
palmitoléique	0,1 - 0,4
stéarique	2,8 - 5,7
oléique	14,5 - 21,3
linoléique	34,5 - 39,0
linolénique	0,1 - 1,0
γ -linolénique	17,6 - 25,0
arachidique	0 - 0,4
gondoïque	2,0 - 4,1
érucique	1,5 - 2,8
nervonique	1,0 - 1,9

références : Craig B.M. *et al*, 1964
Kleiman R. *et al*, 1964
Whipkey A. *et al*, 1988
Ucciani E. *et al*, 1992

BORAGO pygmea   *(Boraginaceae)*

origine : France
20 % huile/graine
1 % insaponifiable/huile
acides gras (% poids) :

myristique	0,1
palmitique	10,8
palmitoléique	0,1
stéarique	3,8
oléique	15,3

asclépique	0,6
linoléique	34,0
linolénique	0,9
γ -linolénique	27,9
arachidique	0,4
gondoïque	2,9
béhénique	0,1
érucique	0,6
nervonique	1,4

référence : Ucciani E. *et al*, 1992

BORASSUS madagascariensis   *(Arecaceae)*

origine : Madagascar
acides gras (% poids) :

laurique	0,7
myristique	1,0
palmitique	24,5
stéarique	8,0
oléique	40,2
linoléique	16,0
linolénique	3,6
autres	6,0

référence : Rabarisoa I. *et al*, 1993

BOREAVA orientalis   *(Brassicaceae)*

origine : Etats-Unis
41 % huile/graine
acides gras (% poids) :

palmitique	4
stéarique	2
oléique	14
linoléique	21
linolénique	28
arachidique	1
gondoïque	11
éicosadiénoïque	2
béhénique	0,2
érucique	14
nervonique	2
autres	1

référence : Miller R.W. *et al*, 1965

BOWLESIA incana   *(Apiaceae)*

origine : Pakistan
9,9 % huile/graine
acides gras (% poids) :

palmitique	18,3
stéarique	2,7
oléique	25,2
linoléique	53,3
linolénique	0,1
autres	0,2

référence : KLEIMAN R. *et al*, 1982

BRACHYCHITON gregorii   *(Sterculiaceae)*

origine : Australie, Madagascar
18,3 - 42,3 % huile/graine
acides gras (% poids) :

myristique	0,1
palmitique	18,7 - 22,1
palmitoléique	0,3 - 1,1
heptadécénoïque	0 - 0,8
stéarique	2,8 - 3,0
oléique	19,9 - 28,1
linoléique	42,6 - 43,8
linolénique	0,2 - 0,3
dihydromalvalique	0 - 2,1
malvalique	5,3 - 6,5
dihydrosterculique	0 - 0,3
sterculique	0,4 - 1,0
arachidique	0 - 0,2

références : VICKERY J.R., 1980
GAYDOU E.M. *et al*, 1993

BRACHYSTEGIA nigerica   *(Caesalpiniaceae)*

origine : Nigeria
7,3 % huile/graine
14,4 % insaponifiable/huile
acides gras (% poids) :

laurique	0,2
myristique	0,5
palmitique	13,2
stéarique	19,8
oléique	20,8
linoléique	43,7
arachidique	1,1
autres	0,9

référence : OBASI N.B.B. *et al*, 1991

BRASSICA adpressa   *(Brassicaceae)*

origine : Etats-Unis, Algérie
22,6 - 32 % huile/graine
acides gras (% poids) :

palmitique	6 - 7,5
stéarique	1 - 3,0
oléique	10,2 - 13
linoléique	11,8 - 13
linolénique	23 - 26,4
arachidique	0 - 0,5
gondoïque	5,9 - 6
béhénique	0 - 0,7
érucique	32 - 33,5
nervonique	0 - 1
autres	0 - 1,6

références : MILLER R.W. *et al*, 1965
KUMAR P.R. *et al*, 1978

BRASSICA   (*Brassicaceae*)

	B.amplexicaulis	B.barrelieri
origine :	Maroc	Espagne
% huile/graine :	29,7	43,5
acides gras (% poids) :		
palmitique	6,0	6,0
stéarique	2,1	3,9
oléique	13,0	15,6
linoléique	11,7	12,9
linolénique	23,0	20,1
gondoïque	10,8	7,4
érucique	33,4	34,1

référence : KUMAR P.R. *et al*, 1978

BRASSICA carinata   (*Brassicaceae)*

nom commun : moutarde d'Abyssinie
origine : Etats-Unis
26 % huile/graine
cides gras (% poids) :

palmitique	4
palmitoléique	0,4
stéarique	1
oléique	8
linoléique	19
linolénique	14
arachidique	1
gondoïque	8
éicosadiénoïque	0,5
béhénique	0,6
érucique	42
nervonique	2

référence : MIKOLAJCZAK K.L. *et al*, 1961

BRASSICA chinensis   *(Brassicaceae)*

origine : Allemagne
35,8 % huile/graine
acides gras (% poids) :

palmitique	2,3
palmitoléique	0,2
stéarique	0,8
oléique	13,4
asclépique	1,1
linoléique	13,4
linolénique	8,7
arachidique	0,7
gondoïque	5,9
béhénique	0,9
érucique	46,6
autres	5,6

référence : NASIRULLAH *et al*, 1984

BRASSICA cossoneana   *(Brassicaceae)*

origine : Espagne
32,4 % huile/graine
acides gras (% poids) :

palmitique	3,9
stéarique	1,3
oléique	10,8
linoléique	13,1
linolénique	13,9
gondoïque	11,8
érucique	43,4
autres	1,6

référence : KUMAR P.R. *et al*, 1978

BRASSICA cretica   *(Brassicaceae)*

origine : zone méditerranéenne
acides gras (% poids) :

palmitique	2,9 - 5,2
stéarique	0,1 - 0,9
oléique	9,3 - 23,3
linoléique	8,4 - 14,7
linolénique	7,7 - 12,1
gondoïque	3,6 - 9,7
érucique	31,4 - 56,7
nervonique	1,3 - 2,1
autres	1,9 - 5,9

référence : APPELQVIST L.A., 1971

BRASSICA   *(Brassicaceae)*

	B.fruticulosa	**B.gravinae**
origine :	Maroc	Algérie
% huile/graine :	26,2	33,4
acides gras (% poids) :		
palmitique	7,0	5,0
stéarique	1,3	2,3
oléique	12,8	11,9
linoléique	19,7	14,8
linolénique	10,4	14,8
gondoïque	6,5	10,2
érucique	39,8	37,3
autres	2,3	3,4

référence : KUMAR P.R. *et al*, 1978

BRASSICA juncea   *(Brassicaceae)*

nom commun : moutarde brune
origine : Etats-Unis, Allemagne
11 - 46 % huile/graine
acides gras (% poids) :

palmitique	1,6 - 11,7
palmitoléique	0 - 0,4
stéarique	2 - 8,4
oléique	2,2 - 37,1
linoléique	4,0 - 32,7
linolénique	10 - 23,4
arachidique	0,8
gondoïque	1,7 - 15,8
béhénique	0,3
érucique	17,2 - 68,8
nervonique	0 - 0,5

références : MIKOLAJCZAK K.L. *et al*, 1961
DAMBROTH M. *et al*, 1982

BRASSICA maurorum   *(Brassicaceae)*

origine : Algérie
23,9 % huile/graine
acides gras (% poids) :

palmitique	4,2
stéarique	1,9
oléique	13,9
linoléique	17,1
linolénique	15,5
gondoïque	8,5

érucique	37,3
autres	1,5

référence : KUMAR P.R. *et al*, 1978

BRASSICA napus ssp.napus   *(Brassicaceae)*

nom commun : colza
origine : Etats-Unis, Allemagne, Corée
25 - 52 % huile/graine
acides gras (% huile/graine) :

palmitique	2,0 - 6,3
palmitoléique	0,2 - 0,4
stéarique	0,7 - 2,4
oléique	7,0 - 70,0
linoléique	10,0 - 40,0
linolénique	4,0 - 25,0
arachidique	0,3 - 0,9
gondoïque	6,4 - 20,0
éicosadiénoïque	0,3 - 1,0
béhénique	0,2 - 0,6
érucique	0 - 60,0
docosadiénoïque	0 - 0,8
lignocérique	0,5 - 0,9
nervonique	0,3 - 2,0
autres	0 - 0,3

références : MIKOLAJCZAK K.L. *et al*, 1961
SIETZ F.G., 1972
SEHER A. *et al*, 1977
DAMBROTH M. *et al*, 1982

BRASSICA nigra   *(Brassicaceae)*

nom commun : moutarde noire
origine : Etats-Unis, Inde, Danemark, Chine, Ethiopie, Algérie,
13 - 38 % huile/graine
acides gras (% poids) :

palmitique	3,0 - 11,6
palmitoléique	0,3 - 0,4
stéarique	1,0 - 1,7
oléique	8,0 - 28,4
linoléique	4,7 - 24,1
linolénique	13,7 - 28,0
arachidique	0,8 - 1,2
gondoïque	1,4 - 12,8
éicosadiénoïque	1,0 - 1,8
béhénique	0,2 - 0,8
érucique	17,4 - 65,0
docosadiénoïque	0,1 - 0,5

lignocérique	0,1 - 0,4
nervonique	1,0 - 1,9

références : MIKOLAJCZAK K.L. *et al*, 1961
SIETZ F.G., 1972
KUMAR P.R. *et al*, 1978
DAMBROTH M. *et al*, 1982

BRASSICA oxyrrhina   *(Brassicaceae)*

origine : Maroc
26,4 % huile/graine
acides gras (% poids) :

palmitique	3,4
stéarique	1,5
oléique	10,5
linoléique	12,6
linolénique	14,4
gondoïque	9,1
érucique	47,3
autres	1,1

référence : KUMAR P.R. *et al*, 1978

BRASSICA rapa ssp.oleifera   *(Brassicaceae)*

nom commun : navette
origine : Etats-Unis, Allemagne
24 - 48 % huile/graine
acides gras (% poids) :

palmitique	1,8 - 5,7
palmitoléique	0,1 - 0,5
stéarique	0,1 - 1,7
oléique	11,7 - 57,9
linoléique	10,5 - 24,9
linolénique	6,2 - 13,4
arachidique	0,3 - 0,8
gondoïque	8,6 - 12,3
éicosadiénoïque	0,4 - 0,7
béhénique	0,2 - 0,7
érucique	27,9 - 67,0
docosadiénoïque	0,1 - 0,5
lignocérique	0,1 - 0,2
nervonique	1,0 - 1,6

références : MIKOLAJCZAK K.L. *et al*, 1961
SIETZ F.G., 1972
DAMBROTH M. *et al*, 1982

BRASSICA rapa var. esculenta   *(Brassicaceae)*

origine : Allemagne
40 % huile/graine
acides gras (% poids) :

myristique	0,1
palmitique	2,2
palmitoléique	0,2
stéarique	0,9
oléique	13,6
linoléique	13,5
linolénique	8,6
arachidique	0,8
gondoïque	10,0
béhénique	0,9
érucique	46,1
docosadiénoïque	0,7
docosatriénoïque	0,1
lignocérique	0,3
nervonique	1,3

référence : NASIRULLAH et al, 1987

BRASSICA   *(Brassicaceae)*

	B.repanda	B.spinescens
origine :	Espagne	Algérie
% huile/graine :	17,2	35
acides gras (% poids) :		

palmitique	6,8	4,0
stéarique	1,4	2,5
oléique	15,9	11,2
linoléique	9,1	14,9
linolénique	18,9	12,7
gondoïque	20,9	9,2
érucique	24,0	44,6
autres	3,0	1,0

référence : KUMAR P.R. et al, 1978

BRASSICA tournefortii   *(Brassicaceae)*

origine : Etats-Unis, Algérie
28 - 28,9 % huile/graine
acides gras (% poids) :

palmitique	3,9 - 4
stéarique	1 - 1,1
oléique	8 - 9,2
linoléique	11 - 12,2
linolénique	12,9 - 15
arachidique	0 - 1
gondoïque	7,6 - 8
éicosadiénoïque	0 - 0,5
érucique	46 - 47,8

nervonique	0 - 0,4
autres	3 - 5,2

références : MILLER R.W. *et al*, 1965
KUMAR P.R. *et al*, 1978

BRASSICELLA erucastrum   *(Brassicaceae)*

acides gras (% poids) :

palmitique	3,5
stéarique	2,4
oléique	22,5
linoléique	15,5
linolénique	20,7
gondoïque	7,1
érucique	26,6
autres	2,5

référence : APPLEQVIST L.A., 1971

BRAZORIA scutellarioides   *(Lamiaceae)*

origine : Etats-Unis
36 % huile/graine
acides gras (% poids) :

palmitique	6,7
stéarique	2,0
oléique	30
linoléique	14
linolénique	27
allène-non identifié	19
autres	1,6

référence : HAGEMANN J.M. *et al*, 1972

BREYNIA rhamnoides   *(Euphorbiaceae)*

27 % huile/graine
acides gras (% huile/graine) :

palmitique	15
stéarique	11
oléique	14
linoléique	21
linolénique	33
gondoïque	0,8
autres	5

référence : KLEIMAN R. *et al*, 1965

BRIDELIA stipularis   *(Euphorbiaceae)*

18 % huile/graine
acides gras (% poids) :

palmitique	11
stéarique	10
oléique	20
linoléique	26
linolénique	32
gondoïque	0,5
autres	1

référence : KLEIMAN R. *et al*, 1965

BROCHONEURA acuminata *(Myristicaceae)*

voir BROCHONEURA freneii

BROCHONEURA freneii *(Myristicaceae)*

origine : Madagascar
64,5 % huile/graine
6 % insaponifiable/huile
acides gras (% poids) :

laurique	0,2
myristique	54,4
palmitique	5,3
stéarique	1,7
oléique	30,9
linoléique	3,6
linolénique	0,2
arachidique	0,2
gondoïque	3,5

référence : BIANCHINI J.P. *et al*, 1981

BRUNFELSIA americana *(Solanaceae)*

origine : Inde
30 % huile/graine
2,2 % insaponifiable/huile
acides gras (% poids) :

myristique	2,1
palmitique	9,7
stéarique	5,0
oléique	16,9
linoléique	58,8
malvalique	1,1
sterculique	1,4
ricinoléique	5,0

référence : DAULATABAD C.D. *et al*, 1991 a

BRUNNERIA orientalis   *(Boraginaceae)*

27,2 % huile/graine
acides gras (% poids) :

palmitique	9,6
palmitoléique	0,1
stéarique	2,8
oléique	28,9
linoléique	27,1
linolénique	8,8
γ -linolénique	15,4
stéaridonique	2,5
arachidique	0,1
gondoïque	2,6

référence : WOLF R.B. *et al*, 1983 b

BUCHANANIA lanzan   *(Anacardiaceae)*

origine : Inde
33,5 % huile/graine
1,9 % insaponifiable/huile
acides gras (% poids) :

myristique	4,9
palmitique	44,0
palmitoléique	2,1
stéarique	23,5
linoléique	20,0

référence : BANERJEE A. *et al*, 1988

BUNIUM   *(Apiaceae)*

	B.paucifolium	B.persicum
% huile/graine :	22,2	13,6
acides gras (% poids) :		
palmitique	3,8	6,0
stéarique	0,3	1,0
oléique	5,8	13,9
pétrosélinique	73,2	56,0
linoléique	15,1	23,0
linolénique	0,5	0,4
autres	1,1	0,2

référence : KLEIMAN R. *et al*, 1982

BUPLEURUM   *(Apiaceae)*

	1	2	3	4	5	6	7
origine : Turquie							
% huile/graine :	9,5	8,2	21,4	8,8	27,9	11,6	17,5
ac.gras (% poids) :							
palmitique	5,4	5,8	5,2	7,3	2,5	6,9	5,9
stéarique	0,6	0,9	0,3	2,0	0,2	0,5	1,1
oléique	33,7	19,1	18,5	33,4	4,0	11,4	16,8
pétrosélinique	44,6	50,0	57,2	48,2	59,7	63,5	54,5
linoléique	13,2	23,3	18,1	8,2	33,2	13,1	20,8
linolénique	0,4	0,3	0	0	0,1	3,6	0,6
autres	1,2	0,5	0,5	0,4	0,2	0,9	0,2

1 = BUPLEURUM croceum   **5 = BUPLEURUM longiradiatum**
2 = BUPLEURUM heldreichii   **6 = BUPLEURUM odontites**
3 = BUPLEURUM lanceolatum   **7 = BUPLEURUM tenue**
4 = BUPLEURUM lancifolium

référence : KLEIMAN R. *et al*, 1982

BUTEA frondosa   *(Fabaceae)*

voir BUTEA monosperma

BUTEA monosperma   *(Fabaceae)*

origine : Inde
15,5 - 16,6 % huile/graine
acides gras (% poids) :

myristique	0 - 0,2
palmitique	19,3 - 24,2
stéarique	5,5 - 7,4
oléique	21,8 - 30,5
linoléique	27,8 - 35,0
linolénique	0 - 1,7
arachidique	0 - 1,6
béhénique	4,8 - 14,0
lignocérique	0 - 6,2

références : SENGUPTA A. *et al*, 1978 a
CHOWDHURY A.R. *et al*, 1986 a

BUTIA capitata   *(Arecaceae)*

origine : Uruguay
43,7 % huile/amande
acides gras (% poids) :

caprylique	13,0
caprique	14,8

laurique	39,6
myristique	8,3
palmitique	4,4
stéarique	2,4
oléique	14,3
linoléique	3,2

référence : GROMPONE M.A., 1985

BUTYROSPERMUM parkii   *(Sapotaceae)*

nom commun : karité
origine : Inde, Afrique
50 % huile/amande
3 - 17 % insaponifiable
acides gras (% poids) :

caprylique	0,2 - 0,3
caprique	0,2 - 0,3
laurique	0,4 - 2,4
myristique	0,2 - 1,0
palmitique	0,5 - 7,0
stéarique	35,9 - 47,4
oléique	33,3 - 49,9
élaïdique	0,1 - 12,5
linoléique	3,4 - 7,6
linolénique	0,1 - 1,6
arachidique	0,1 - 1,5
gondoïque	0,1 - 0,5
béhénique	0,1
autres	0,3 - 1,2

références : MISRA G. *et al*, 1974
BANERJI R. *et al*, 1984
GASPARRI F. *et al*, 1992

BUXUS sempervirens   *(Buxaceae)*

nom commun : buis
origine : France
25,2 % huile/graine
2,1 % insaponifiable/huile
acides gras (% poids) :

palmitique	11,4
palmitoléique	0,9
heptadécanoïque	0,2
stéarique	2,6
oléique	27,9
asclépique	1,0
linoléique	54,4
linolénique	1,2
arachidique	0,4

référence : FERLAY V. *et al*, 1993

BYRSOCARPUS coccineus   *(Connaraceae)*

origine : Ghana
19 % huile/graine
acides gras (% poids) :

laurique	0,2
myristique	0,7
myristoléique	0,2
palmitique	42,0
palmitoléique	5,5
heptadécénoïque	0,2
stéarique	3,0
oléique	17,0
asclépique	12,0
linoléique	2,4
linolénique	1,0
dihydromalvalique	13,0
arachidique	0,2
gondoïque	0,3
béhénique	0,3
autres	0,1

référence : SPENGER G.F. *et al*, 1979

BYRSOCARPUS poggeanus   *(Connaraceae)*

origine : Zaïre
20 % huile/graine
acides gras (% poids) :

caprique	0,4
laurique	0,5
myristique	0,7
palmitique	20,0
palmitoléique	8,4
heptadécanoïque	0,8
stéarique	2,8
oléique	25,0
linoléique	39,1
arachidique	2,3

référence : KABELE NGIEFU C. *et al*, 1976 b

CAESALPINIA bonduc   *(Caesalpiniaceae)*

origine : Madagascar
20,4 % huile/graine
acides gras (% poids) :

myristique	0,1
palmitique	9,7
palmitoléique	0,4

stéarique	3,2
oléique	15,0
asclépique	2,3
linoléique	68,1
arachidique	0,6
gondoïque	0,6

référence : GAYDOU E.M. *et al*, 1983 a

CAESALPINIA decapetala   *(Caesalpiniaceae)*

origine : Inde
8 % huile/graine
acides gras (% poids) :

myristique	0,7
palmitique	11,7
stéarique	4,4
oléique	12,8
linoléique	70,2

référence : CHOWDHURY A.R. *et al*, 1986 b

CAESALPINIA pulcherrima   *(Caesalpiniaceae)*

origine : Afrique, Inde
6-12 % huile/graine
acides gras (% poids) :

palmitique	13,7 - 21,7
palmitoléique	0 - 1,1
stéarique	10,2 - 13,5
oléique	12,6 - 15,5
linoléique	49,8 - 54,0
linolénique	0 - 1,9
arachidique	1,8 - 2,2
gondoïque	0 - 0,5
béhénique	0 - 1,3

références : KABELE NGIEFU C. *et al*, 1977 b
CHOWDHURY A.R. *et al*, 1986 b

CAESALPINIA sappan   *(Caesalpiniaceae)*

origine : Afrique, Inde
9-18 % huile/graine
acides gras (% poids) :

caprylique	1,7 - 2,2
caprique	0,5 - 1,0
laurique	0,4 - 0,5
myristique	1,1 - 1,6
pentadécanoïque	0 - 0,6

plamitique	12,5 - 18,8
palmitoléique	1,6 - 1,7
stéarique	0 - 5,9
oléique	15,9 - 27,3
linoléique	31,6 - 57,0
linolénique	0,8 - 14,7
arachidique	0,1 - 0,9

références : KABELE NGIEFU C. *et al*, 1977 b
OSWAL V.B. *et al*, 1984

CAESALPINIA spinosa   *(Caesalpiniaceae)*

nom commun : tara
origine : Pérou
23,9-25,5 % huile/germe
2,4-2,7 % insaponifiable/huile
acides gras (% poids) :

palmitique	14,6 - 19,2
palmitoléique	0,6 - 0,8
heptadécanoïque	0,1
stéarique	4,9 - 5,3
oléique	12,1 - 15,2
asclépique	5,5 - 5,7
linoléique	52,4 - 54,0
linolénique	0,4 - 0,6
arachidique	0,8
gondoïque	0,1
béhénique	1,9 - 2,5
autres	0,6 - 0,8

référence : RAHANITRINIAINA D. *et al*, 1984

CAKILE edentula   *(Brassicaceae)*

origine : Etats-Unis
49 % huile/graine
acides gras (% poids) :

palmitique	4
palmitoléique	0,2
stéarique	2
oléique	23
linoléique	26
linolénique	18
arachidique	1
gondoïque	7
éicosadiénoïque	0,6
béhénique	1
érucique	17

référence : MIKOLAJCZAK K.L. *et al*, 1961

CAKILE maritima   *(Brassicaceae)*

origine : Maroc
44-49 % huile/graine
acides gras (% poids) :

palmitique	5,4 - 6
stéarique	2 - 2,1
oléique	13,1 - 17
linoléique	19 - 20,7
linolénique	16 - 20,6
arachidique	0 - 1
gondoïque	5 - 7,9
béhénique	0 - 5
érucique	26 - 27,6
nervonique	0 - 1
autres	0,9 - 2,5

références : MILLER R.W. *et al*, 1965
KUMAR P.R. *et al*, 1978

CALAMINTHA clinopodium   *(Lamiaceae)*

origine : Etats-Unis
28 % huile/graine
acides gras (% poids) :

palmitique	4,6
stéarique	2,6
oléique	7,3
linoléique	25
linolénique	60
autres	0,7

référence : HAGEMANN J.M. *et al*, 1967

CALAMINTHA glandulosa   *(Lamiaceae)*

origine : Yougoslavie
27,6 % huile/graine
acides gras (% poids) :

palmitique	5,1
stéarique	1,0
oléique	7,9
linoléique	17,6
linolénique	68,4

référence : MARIN P.D. *et al*, 1991

CALAMINTHA nepetoides   *(Lamiaceae)*

origine : Etats-Unis
38 % huile/graine
acides gras (% poids) :

palmitique	4,5
stéarique	2,3
oléique	13
linoléique	20
linolénique	61
autres	0,2

référence : HAGEMANN J.M. *et al*, 1967

CALAMINTHA   *(Lamiaceae)*

origine : Yougoslavie

	C.silvatica	C.vardarensis
acides gras (% poids) :		
palmitique	3,2	3,9
stéarique	1,7	1,3
oléique	9,4	10,4
linoléique	28,9	22,4
linolénique	56,8	62,0

référence : MARIN P.D. *et al*, 1991

CALEA urticaefolia   *(Asteraceae)*

acides gras (% poids) :

myristique	0,1
palmitique	9,3
stéarique	2,9
oléique	5,3
linoléique	48,9
caléique	31,2
non-identifié	2,2

référence : BAGBY M.O. *et al*, 1965

CALENDULA officinalis   *(Asteraceae)*

nom commun : faux safran
origine : Etats-Unis, Japon
20-44% huile/graine
acides gras (% poids) :

palmitique	2,4 - 5

stéarique	1,2 - 2
oléique	4,0 - 5,5
linoléique	28,0 - 34
linolénique	0 - 0,7
calendique	53 - 62,2
arachidique	0 - 0,2
gondoïque	0 - 0,3
autres	0,5 - 1,0

références : EARLE F.R. *et al*, 1964
TAKAGI T. *et al*, 1981

CALLISTEPHUS chinensis   *(Asteraceae)*

origine : Inde
20 % huile/graine
acides gras (% poids) :

palmitique	4,5
(3E) - hexadécénoïque	10,6
stéarique	2,0
(3E) - octadécénoïque	3,0
oléique	15,4
linoléique	52,6
linolénique	11,9

référence : KANNAN R. *et al*, 1969

CALLIOPSIS elegans   *(Asteraceae)*

origine : Inde
7,2 % huile/graine
0,5 % insaponifiable/huile
acides gras (% poids) :

laurique	2,8
myristique	6,2
palmitique	11,1
stéarique	4,7
oléique	21,2
linoléique	48,3
arachidique	2,0
béhénique	3,7

référence : BADAMI R.C. *et al*, 1983

CALLITRIS   *(Cupressaceae)*

origine : Australie

	C.collumeralis	C.endlicheri	C.oblonga	C.rhomboides
% huile/graine :	3,2	2,9	7,6	4,7
ac.gras (% poids) :				
myristique	0,2	-	-	0,2
palmitique	8,1	6,2	4,6	5,6

palmitoléique	0,4	0,5	0,8	0,5
stéarique	3,8	3,2	2,5	2,4
oléique	12,7	15,7	10,4	9,9
linoléique	20,8	25,8	21,6	29,9
linolénique	36,1	27,6	34,0	25,4
dihydromalvalique	0,1	0,2	0,6	0,2
malvalique	-	-	-	6,8
nonadécanoïque	-	0,9	-	0,5
dihydrosterculique	0,6	1,4	2,1	1,6
sterculique	-	-	-	12,3
arachidique	0,5	0,9	1,8	0,4
gondoïque	0,4	0,5	2,8	0,6
éicosadiénoïque	1,7	1,2	1,5	1,9
éicosatriénoïque	2,5	4,6	4,0	0,3
éicosatetraénoïque	10,2	9,3	11,9	-
éicosapentaénoïque	0,2	-	-	-
béhénique	0,4	-	-	0,8
érucique	1,3	2,0	1,2	0,5

référence : VICKERY J.R. *et al*, 1984 a

CALOCARPUM mammosum   *(Sapotaceae)*

origine : Brésil
55-57 % huile/graine
acides gras (% poids) :

palmitique	9,4 - 10,0
stéarique	21,0 - 22,3
oléique	52,1 - 54,3
linoléique	12,9 - 13,4

références : MISRA G. *et al*, 1974
SCHUCH R. *et al*, 1984

CALODENDRON capense   *(Rutaceae)*

origine : Kenya
60 % huile/amande
0,9 % insaponifiable/huile
acides gras (% poids) :

palmitique	23,6
stéarique	4,5
oléique	33,7
linoléique	35,6
linolénique	1,4
arachidique	1,0

référence : MUNAVU R.M., 1983

CALONCOBA echinata   *(Flacourtiaceae)*

origine : Inde
acides gras (% poids) :

palmitique	0 - 8,2
palmitoléique	0 - 0,9
hydnocarpique	0 - 1,2
stéarique	0 - 0,2
oléique	0 - 0,8
linoléique	0 - 1,3
chaulmoogrique	63,1 - 74,9
isogorlique	14,7 - 23,3
autres	1,0 - 10,4

références : ABDEL-MOETY E.M., 1981
CHRISTIE W.W. *et al*, 1989

CALOPHYLLUM inophyllum   *(Hypericaceae)*

origine : Singapour, Sénégal, Inde, Nigeria
60-77 % huile/amande
acides gras (% poids) :

palmitique	12,0 - 20,8
palmitoléique	0 - 1,0
stéarique	8,0 - 20
oléique	30,1 - 60,2
linoléique	11,0 - 38,4
arachidique	0 - 0,8
gondoïque	0 - 0,5

références : GUNSTONE F.D. *et al*, 1972
MIRALLES J. *et al*, 1980
HEMAVATHY J. *et al*, 1990
ADEYEYE A., 1991

CALOPOGONIUM coeruleum   *(Fabaceae)*

origine : Malaisie
11 % huile/graine
acides gras (% poids) :

palmitique	250
stéarique	7
oléique	23
linoléique	42

référence : GUNSTONE F.D. *et al*, 1972

CALOPYRIS   *(Combretaceae)*

origine : Madagascar

	C.bernieriana	C.coursiana
% huile/graine :	29,4	35,4
acides gras (% poids) :		
laurique	-	0,4
myristique	29,9	32,0
palmitique	24,6	21,1
stéarique	1,7	1,7
oléique	34,3	34,2
linoléique	7,0	7,9
gondoïque	-	1,2
autres	2,5	1,5

référence : GAYDOU E.M. *et al,* 1983 a

CALOTROPIS gigantea   *(Asclepiadaceae)*

origine : Inde
30,8 % huile/graine
1,2 % insaponifable/huile
acides gras (% poids) :

palmitique	16,7
stéarique	9,0
oléique	47,2
linoléique	27,1

référence : RAO K.S. *et al,* 1983

CALOTROPIS procera   *(Asclepiadaceae)*

origine : Nigeria
23 % huile/graine
acides gras (% poids) :

palmitique	16
stéarique	12
oléique	37
linoléique	33

référence : GUNSTONE F.D. *et al,* 1972

CALTHA palustris   *(Ranunculaceae)*

origine : Amérique du Nord
29,6 % huile/graine
acides gras (% poids) :

palmitique	6,5
stéarique	3,7
oléique	14,6
(5Z) - octadécénoïque	7,5

linoléique	26,3
linolénique	5,2
arachidique	0,9
gondoïque	8,5
(5Z) - éicosénoïque	3,0
(5Z,11Z,14Z) - éicosatriénoïque	22,6
(5Z,11Z,14Z,17Z) - éicosatétraénoïque	1,2

référence : SMITH C.R. *et al*, 1968

CAMELINA   *(Brassicaceae)*

	C.microcarpa	C.rumelica
% huile/graine :	34	35
acides gras (% poids) :		
palmitique	6	8
stéarique	3	3
oléique	14	13
linoléique	18	15
linolénique	33	37
arachidique	0,8	1
gondoïque	16	18
éicosadiénoïque	1	2
érucique	2	1
nervonique	0,6	0,3
autres	4,9	2,3

référence : MILLE R.W. *et al*, 1965

CAMELINA sativa   *(Brassicaceae)*

nom commun : cameline
origine : Etats-Unis, Allemagne, Pakistan
23-42,3 % huile/graine
0,5 % insaponifiable
acides gras (% poids) :

myristique	0 - 0,5
palmitique	4,5 - 7,1
stéarique	1,0 - 3,0
oléique	9,0 - 24,0
linoléique	12 - 22,9
linolénique	33,0 - 43,1
arachidique	0,4 - 2,0
gondoïque	7,8 - 18,9
éicosadiénoïque	0 - 4
éicosatriénoïque	0 - 2
béhénique	0 - 2
érucique	0 - 4,5
nervonique	0 - 1

références : MIKOLAJCZAK K.L. *et al*, 1961
DAMBROTH M. *et al*, 1982
RAIE M.Y. *et al*, 1983 a
SEEHUBER R., 1984

CAMELLIA (Theaceae)

	1	2	3	4	5
origine :	Chine	Chine	Chine	Viet Nam	Chine
ac.gras (% poids) :					
myristique	-	-	-	0,1	-
palmitique	13,0	9,8	8,1 - 11,7	15,5	12,8
stéarique	4,3	1,9	1,8 - 3,3	3,0	4,1
oléique	68,8	76,6	75,1 - 81,4	72,3	66,8
linoléique	12,4	10,3	6,6 - 10,5	7,3	14,9
linolénique	1,5	1,4	0,4 - 0,9	0,8	1,5
arachidique	-	-	-	0,2	-

1 = CAMELLIA chekiangoleosa   **4 = CAMELLIA sasanqua**
2 = CAMELLIA meirocarpa   **5 = CAMELLIA semiserrata**
3 = CAMELLIA oleifera

référence : TANG L. *et al*, 1993

CAMELLIA sinensis var.assamica (Theaceae)

origine : Turquie
22 % huile/graine
acides gras (% poids) :

myristique	0,1
palmitique	16,2
stéarique	1,3
oléique	61,4
linoléique	19,9
arachidique	1,1

référence : YAZICIOGLU T. *et al*, 1983

CAMELLIA (Theaceae)

origine : Chine

acides gras (% poids) :	C.vietnamensis	C.yuhsinensis
palmitique	12,9	8,3
stéarique	3,1	1,6
oléique	74,4	81,3
linoléique	8,6	8,5
linolénique	1,0	0,4

référence : TANG L. *et al*, 1993

CAMPANULA ranunculoïdes   *(Campanulaceae)*

origine : Canada
28 % huile/graine
1,5 % insaponifiable/huile
acides gras (% poids) :

myristique	0,1
palmitique	5,7
palmitoléique	0,2
stéarique	2,9
oléique	9,2
linoléique	67,8
linolénique	14,1

référence : Coxworth E.C.M., 1965

CAMPSIS   *(Bignoniaceae)*

	C.grandiflora	**C.radicans**
% huile/graine : 7,6	14,0	

acides gras (% poids) :

	C.grandiflora	C.radicans
palmitique	9	8
stéarique	3	1
oléique	22	24
linoléique	57	55
linolénique	9	12

référence : Chisholm M.J. *et al*, 1965 b

CAMPTOTHECA acuminata   *(Nyssaceae)*

14 % huile/graine
acides gras (% poids) :

palmitique	9,1
stéarique	3,9
oléique	14,0
linoléique	21,0
linolénique	53,0

référence : Kleiman R. *et al*, 1982

CANARIUM commune   *(Burseraceae)*

nom commun : amande de Java
origine : Inde
68 % huile/amande
acides gras (% poids) :

palmitique	30,5
stéarique	10,2

oléique	39,9
linoléique	18,7
linolénique	0,7

référence : BANERJI R. *et al*, 1984

CANARIUM ovatum   *(Burseraceae)*

origine : Inde, Philippines
73-78 % huile/amande
acides gras (% poids) :

caprylique	0 - 0,3
caprique	0 - 0,2
laurique	0 - 1,9
myristique	0 - 1,0
palmitique	32,6 - 38,2
heptadécanoïque	0 - 0,2
stéarique	1,8 - 8,6
oléique	44,4 - 59,6
linoléique	0 - 9,7
linolénique	0 - 0,7
arachidique	0 - 0,2
gondoïque	0 - 0,2
lignocérique	0 - 1,0

références : BANERJI R. *et al*, 1984
MOHR E. *et al*, 1987

CANARIUM patentinervium   *(Burseraceae)*

origine : Malaisie
63,9 % huile/fruit
acides gras (% poids) :

palmitique	33,4
palmitoléique	0,2
heptadécanoïque	0,1
stéarique	9,8
oléique	26,8
asclépique	0,6
linoléique	28,4
linolénique	0,4
arachidique	0,3

référence : SHUKLA V.K.S. *et al*, 1993

CANARIUM schweinfurthii   *(Burseraceae)*

origine : Côte d'Ivoire
40 % huile/pulpe
acides gras (% poids) :

palmitique	1,3
stéarique	84,0
linoléique	14,7

référence : GEORGES A.N. *et al*, 1992

CANARIUM vulgare   *(Burseraceae)*

origine : Singapour
63 % huile/fruit
acides gras (% poids) :

palmitique	29
stéarique	12
oléique	49
linoléique	10

référence : GUNSTONE F.D. *et al*, 1972

CANAVALIA ensiformis   *(Fabaceae)*

origine : Rép.Dominicaine
2,2 % huile/graine
7,9 % insaponifiable/huile
acides gras (% poids) :

laurique	0,2
myristique	0,4
palmitique	14,8
palmitoléique	2,2
stéarique	1,4
oléique	54,2
linoléique	7,4
linolénique	7,8
arachidique	0,7
gondoïque	2,4
béhénique	0,3
érucique	3,0
lignocérique	1,6
autres	3,6

référence : GAYDOU E.M. *et al*, 1992

CANNABIS sativa   *(Moraceae)*

origine : Turquie
35-38 % huile/graine
acides gras (% poids) :

palmitique	7 - 9,4
stéarique	3 - 3,2
oléique	15,0 - 17

linoléique	49,3 - 59
linolénique	14 - 23,1

références : ROBERTS J.B. *et al*, 1963
YAZICIOGLU T. *et al*, 1983

CAPSELLA bursa-pastoris   *(Brassicaceae)*

nom commun : bourse-à-pasteur
origine : Etats-Unis
26 % huile/graine
acides gras (% poids) :

palmitique	9
palmitoléique	0,3
stéarique	6
oléique	11
linoléique	18
linolénique	35
arachidique	3
gondoïque	13
éicosadiénoïque	1
éicosatriénoïque	2

référence : MIKOLAJCZAK K.L. *et al*, 1961

CAPSICUM annuum   *(Solanaceae)*

nom commun : piment
origine : Etats-Unis, Inde
20-20,6 % huile/graine
acides gras (% poids) :

myristique	0 - 0,2
palmitique	11,3 - 16,4
palmitoléique	0 - 0,5
hexadécadiénoïque	0 - 0,2
stéarique	2,1 - 4,4
oléique	10,9 - 14,8
linoléique	67,4 - 70,6
linolénique	0 - 0,2
arachidique	0 - 0,5
béhénique	0 - 0,2

références : MARION J.E. *et al*, 1964
REDDY B.S. *et al*, 1987

CAPSICUM frutescens   *(Solanaceae)*

origine : Hong-Kong
12 % huile/graine
acides gras (% poids) :

palmitique	17
stéarique	4
oléique	15
linoléique	64

référence : GUNSTONE F.D. *et al*, 1972

CARAPA guianensis   *(Meliaceae)*

origine : Zaïre
57 % huile/graine
acides gras (% poids) :

palmitique	20,9
palmitoléique	1,0
stéarique	12,1
oléique	51,2
linoléique	13,0
linolénique	0,5
arachidique	1,3

référence : KABELE NGIEFU C. *et al*, 1976 a

CARAPA procera   *(Meliaceae)*

origine : Sénégal, Ghana
48-68,9 % huile/graine
0,8-3,4 % insaponifiable/huile
acides gras (% poids) :

myristique	0 - 0,6
palmitique	22,6 - 25,6
palmitoléique	0,5 - 2,4
stéarique	6,2 - 11,9
oléique	37,1 - 47,6
asclépique	0 - 0,4
linoléique	16,4 - 25,4
linolénique	0 - 0,8
arachidique	1,5 - 2,9
gondoïque	0 - 0,2
béhénique	0 - 0,5

références : DERBESY M. *et al*, 1968
MIRALLES J. *et al*, 1980
KLEIMAN R. *et al*, 1984

CARDAMINE amare   *(Brassicaceae)*

origine : Danemark
29 % huile/graine
acides gras (% poids) :

palmitique	5,2
stéarique	1,9

oléique	25
linoléique	31
linolénique	2,6
arachidique	1,7
gondoïque	15
éicosadiénoïque	1,1
érucique	14
nervonique	1,3

référence : JART A., 1978

CARDAMINE bellidiflora   *(Brassicaceae)*

origine : Suède
acides gras (% poids) :

palmitique	1,4
stéarique	tr
oléique	13,2
linoléique	36,1
linolénique	15,8
gondoïque	16,9
érucique	12,1
nervonique	1,7
autres	2,8

référence : APPLEQVIST L.A., 1971

CARDAMINE graeca   *(Brassicaceae)*

12 % huile/graine
acides gras (% poids) :

palmitique	1,9
oléique	13
linoléique	14
linolénique	1,4
gondoïque	3,1
érucique	9,3
nervonique	54

référence : JART A., 1978

CARDAMINE hirsuta   *(Brassicaceae)*

25 % huile/graine
acides gras (% poids) :

palmitique	4
stéarique	1
oléique	15
linoléique	18
linolénique	4

arachidique	2
gondoïque	15
éicosadiénoïque	0,7
béhénique	1
érucique	31
nervonique	6
autres	2,4

référence : MILLER R.W. *et al*, 1965

CARDAMINE impatiens   *(Brassicaceae)*

origine : Etats-Unis
33,2 % huile/graine
acides gras (% poids) :

palmitique	3,3
stéarique	0,3
oléique	11,0
linoléique	20,0
linolénique	3,0
arachidique	0,6
gondoïque	5,2
éicosadiénoïque	0,6
béhénique	1,0
érucique	26,0
docosadiénoïque	0,5
lignocérique	0,2
nervonique	4,2
9,10 - dihydroxystéarique	1,2
11,12 - dihydroxyarachidique	1,2
13,14 - dihydroxybéhénique	6,0
15,16 - dihydroxylignocérique	16,5

référence : MIKOLAJCZAK K.L. *et al*, 1965

CARDAMINE pratensis   *(Brassicaceae)*

origine : Suède
acides gras (% poids) :

palmitique	4,3
stéarique	1,9
oléique	14,9
linoléique	36,6
linolénique	7,6
gondoïque	11,1
érucique	14,0
nervonique	3,7
autres	5,9

référence : APPLEQVIST L.A., 1971

CARDIOSPERMUM canescens   *(Sapindaceae)*

34,6-55 % huile/graine
acides gras (% poids) :

palmitique	1,9 - 3
palmitoléique	0 - 1,2
stéarique	0,8 - 1
oléique	18 - 31,9
linoléique	5,0 - 7
linolénique	0,9 - 12
arachidique	2,5 - 11
gondoïque	44 - 55,7
béhénique	0 - 4

références : HOPKINS C.Y. *et al*, 1967
CHARLES D. *et al*, 1977

CARDIOSPERMUM grandiflorum   *(Sapindaceae)*

37,5 % huile/graine
acides gras (% poids) :

palmitique	4
stéarique	1
oléique	27
linoléique	7
linolénique	3
arachidique	10
gondoïque	48

référence : HOPKINS C.Y. *et al*, 1967

CARDIOSPERMUM halicacabum   *(Sapindaceae)*

28 % huile/graine
acides gras (% poids) :

palmitique	7
stéarique	2
oléique	22
linoléique	8
linolénique	8
arachidique	10
gondoïque	42
autres	5

référence : CHISHOLM M.J. *et al*, 1958

CARDUUS acanthioides   *(Asteraceae)*

origine : Argentine
29,2 % huile/graine
1,9 % insaponifiable/huile
acides gras (% poids) :

laurique	0,1
myristique	0,4
palmitique	7,9
palmitoléique	0,3
stéarique	2,5
oléique	17,5
linoléique	70,9
linolénique	0,1
arachidique	0,3

référence : Nolasco S.N. *et al*, 1987

CARDWELLIA sublimis   *(Proteaceae)*

origine : Australie
acides gras (% poids) :

palmitique	2,0
palmitoléique	19,4
stéarique	1,6
oléique	55,5
linoléique	4,9
arachidique	1,7
gondoïque	2,7
béhénique	4,0
érucique	8,2

référence : Vickery J.R., 1971

CAREX fedia   *(Cyperaceae)*

origine : Inde
5,5 % huile/graine
acides gras (% poids) :

laurique	0,3
myristique	0,4
palmitique	10,0
stéarique	3,1
oléique	28,3
linoléique	57,7

référence : Ahmad S. *et al*, 1987

CARICA papaya   *(Caricaceae)*

nom commun : papaye
origine : Zaïre, Sénégal, Réunion
21,7-28,8 % huile/graine
acides gras (% poids) :

caprylique	0 - 0,3
caprique	0 - 0,6
laurique	1,0 - 1,2
myristique	0 - 0,8
myristoléique	0 - 0,1
palmitique	13,1 - 17,4
palmitoléique	0,5 - 0,8
stéarique	3,1 - 4,6
oléique	69,3 - 71,4
linoléique	3,9 - 5,3
linolénique	0,4 - 0,5
arachidique	0 - 0,8
gondoïque	0 - 1,0
béhénique	0 - 5,4

références : KABELE NGIEFU C. *et al*, 1976 a
MIRALLES J. *et al*, 1980
GUERERE M. *et al*, 1985

CARISSA spinarum   *(Apocynaceae)*

origine : Inde
22,4 % huile/graine
5,2 % insaponifiable/huile
acides gras (% poids) :

palmitique	12,5
stéarique	7,6
oléique	72,7
linoléique	5,2
linolénique	0,9
arachidique	1,0

référence : RAO T.C. *et al*, 1984

CARLINA   *(Asteraceae)*

nom commun : carline

	C.acaulis	C.corymbosa
% huile/graine :	19	27
acides gras (% poids) :		
myristique	-	0,1
palmitique	8	8
stéarique	4	9
oléique	10	8
(5Z) - octadécénoïque	24	21
linoléique	52	50
linolénique	-	0,4
arachidique	0,1	0,5
autres	-	3

référence : SPENCER G.F. *et al*, 1969

CARLUDOVICA palmata   *(Cyclanthaceae)*

origine : Singapour
24 % huile/graine
acides gras (% poids) :

palmitique	13
stéarique	16
oléique	45
linoléique	22

référence : GUNSTONE F.D. *et al*, 1972

CARPOTROCHE brasiliensis   *(Flacourtiaceae)*

acides gras (% poids) :

hydnocarpique	45,5
chaulmoogrique	24,4
gorlique	15,4
autres	14,7

référence : ABDEL-MOETY E.M., 1981

CARRICHTERA annua   *(Brassicaceae)*

origine : Espagne
11,8-19 % huile/graine
acides gras (% poids) :

palmitique	8 - 10,1
stéarique	1 - 3,4
oléique	5 - 7,9
linoléique	15 - 19,7
linolénique	15 - 19,4
arachidique	0 - 0,9
gondoïque	1,7 - 3
éicosadiénoïque	0 - 0,9
béhénique	0 - 2
érucique	37,7 - 46
nervonique	0 - 1
autres	0 - 2,6

références : MILLER R.W. *et al*, 1965
KUMAR P.R. *et al*, 1978

CARTHAMUS tinctorius   *(Asteraceae)*

nom commun : carthame
17-50 % huile/graine
acides gras (% poids) :

myristique	0,9 - 3,1
palmitique	4,1 - 12,0

stéarique	0,9 - 9,5
oléique	7,1 - 79,0
linoléique	8,7 - 80,5
linolénique	0 - 0,1
arachidique	0 - 0,5
gondoïque	0 - 0,3
béhénique	0 - 0,5
érucique	0 - 0,2

références : DAMBROTH M. *et al*, 1982
RAIE M.Y. *et al*, 1985 a

CARUM bulbocastrum   *(Apiaceae)*

11,7 % huile/graine
acides gras (% poids) :

palmitique	5,7
stéarique	1,6
oléique	14,8
pétrosélinique	52,3
linoléique	24,0
linolénique	0,7
autres	0,9

référence : KLEIMAN R. *et al*, 1982

CARUM carvi   *(Apiaceae)*

nom commun : carvi
19,4 % huile/graine
acides gras (% poids) :

palmitique	4,5 - 5,2
palmitoléique	0 - 0,4
stéarique	1,1 - 1,2
oléique	15,7 - 24,1
pétrosélinique	35,4 - 42,5
linoléique	33,1 - 33,9
linolénique	0 - 0,6
arachidique	0 - 0,2
gondoïque	0 - 0,2
béhénique	0 - 0,2
autres	0 - 0,2

références : SEHER A. *et al*, 1982
KLEIMAN R. *et al*, 1982

CARYA olivaeformis   *(Juglandaceae)*

nom commun : noix de pecan
origine : Etats-Unis
65,5-75,2 % huile/amande
acides gras (% poids) :

palmitique	4,9 - 11,3
stéarique	0,9 - 5,8
oléique	48,7 - 68,5
linoléique	19,1 - 39,6
linolénique	tr - 2,7

référence : PYRIADI T.M. *et al*, 1968

CARYOCAR coriaceum   *(Caryocaraceae)*

origine : Brésil
47,4 % huile/pulpe
acides gras (% poids) :

palmitique	48,0
stéarique	2,7
oléique	49,0

référence : ALENCAR J.W. *et al*, 1983

CARYOCAR villosum   *(Caryocaraceae)*

nom commun : piqui
origine : Pérou
70 % huile/pulpe
acides gras (% poids) :

myristique	1,4
palmitique	48,4
stéarique	0,9
oléique	46,0
linoléique	3,3

référence : BANERJI R. *et al*, 1984

CARYOTA urens   *(Arecaceae)*

origine : Madagascar
acides gras (% poids) :

laurique	20,0
myristique	11,0
palmitique	20,7
stéarique	3,4
oléique	28,9
linoléique	10,4
autres	5,6

référence : RABARISOA I. *et al*, 1993

CASSIA alata   *(Caesalpiniaceae)*

nom commun : dartrier
origine : Sénégal
3,8 % huile/graine
5,5 % insaponifiable/huile
acides gras (% poids) :

laurique	0,8
myristique	2,4
palmitique	19,6
palmitoléique	0,8
stéarique	5,3
oléique	18,4
asclépique	0,5
linoléique	46,8
linolénique	1,2
arachidique	2,1
béhénique	1,3
lignocérique	0,6

référence : MIRALLES J. *et al,* 1986

CASSIA auriculata   *(Caesalpiniaceae)*

origine : Inde
2,5 % huile/graine
O,7 % insaponifiable/huile
acides gras (% poids) :

laurique	3,5
myristique	4,3
palmitique	3,0
stéarique	7,0
oléique	43,7
linoléique	31,7
linolénique	0,9
arachidique	4,0
béhénique	2,2

référence : BADAMI R.C. *et al,* 1984 a

CASSIA grandis   *(Caesalpiniaceae)*

origine : Inde
5 % huile/graine
1,5 % insaponifiable/huile
acides gras (% poids) :

myristique	2,0
palmitique	22,7
stéarique	5,9
oléique	25,8

linoléique	37,8
malvalique	3,6
sterculique	2,2

référence : DAULATABAD C.D. *et al*, 1987 b

CASSIA hirsuta   *(Caesalpiniaceae)*

origine : Sénégal
3 % huile/graine
5,4 % insaponifiable/huile
acides gras (% poids) :

laurique	0,4
myristique	0,3
palmitique	16,9
palmitoléique	0,6
stéarique	2,9
oléique	13,3
linoléique	58,0
linolénique	3,3
malvalique	0,4
sterculique	0,6
arachidique	0,8
gondoïque	0,4
béhénique	1,1
lignocérique	0,8

référence : MIRALLES J. *et al*, 1989

CASSIA occidentalis   *(Caesalpiniaceae)*

origine : Zaïre, Sénégal
3-3,4 % huile/graine
8,1 % insaponifiable/huile
acides gras (% poids) :

laurique	0 - 0,7
myristique	0,3 - 0,9
palmitique	18,3 - 20,1
palmitoléique	0,2 - 1,0
stéarique	1,6 - 4,1
oléique	16,5 - 24,3
asclépique	0 - 0,3
linoléique	40,9 - 43,0
linolénique	1,3 - 5,3
arachidique	0,5 - 6,4
béhénique	0 - 0,7
lignocérique	0 - 0,3

références : KABELE NGIEFU C. *et al*, 1977 b
MIRALLES J. *et al*, 1986

CASSIA siamea   *(Caesalpiniaceae)*

origine : Zaïre, Réunion, Inde
3-7 % huile/graine
acides gras (% poids) :

palmitique	16,4 - 19,5
palmitoléique	0 - 0,3
stéarique	5,8 - 7,6
oléique	11,6 - 13,9
linoléique	42,7 - 55,9
linolénique	0,7 - 3,4
malvalique	0 - 2,0
sterculique	0 - 3,1
arachidique	0 - 2,6
béhénique	0 - 2,5
vernolique	0 - 14,0

références : Kabele Ngiefu C. *et al*, 1977 b
Guerere M. *et al*, 1984
Daulatabad C.D. *et al*, 1988 a

CASSIA siberiana   *(Caesalpiniaceae)*

origine : Sénégal
2 % huile/graine
8,2 % insaponifiable/huile
acides gras (% poids) :

laurique	0,7
myristique	1,0
palmitique	16,4
palmitoléique	0,5
stéarique	4,3
oléique	31,6
asclépique	0,3
linoléique	40,9
linolénique	1,0
arachidique	1,6
gondoïque	0,8
béhénique	0,8
lignocérique	0,4

référence : Miralles J. *et al*, 1986

CASSIA surattensis   *(Caesalpiniaceae)*

origine : Singapour
11 % huile/graine
acides gras (% poids) :

palmitique	19
stéarique	7

oléique	26
linoléique	43

référence : GUNSTONE F.D. *et al*, 1972

CASSIA tora   *(Caesalpiniaceae)*

origine : Sénégal
5,4 % huile/graine
2,6 % insaponifiable/huile
acides gras (% poids) :

myristique	0,2
palmitique	22,8
palmitoléique	0,7
stéarique	6,7
oléique	21,4
linoléique	44,6
linolénique	1,1
sterculique	0,2
arachidique	1,3
gondoïque	0,2
béhénique	0,6

référence : MIRALLES J. *et al*, 1989

CASUARINA nobile   *(Casuarinaceae)*

origine : Singapour
27 % huile/graine
acides gras (% poids) :

palmitique	7
stéarique	5
oléique	17
linoléique	71

référence : GUNSTONE F.D. *et al*, 1972

CATALPA bignionioides   *(Bignoniaceae)*

15,5-23 % huile/graine
acides gras (% poids) :

palmitique	5 - 7
stéarique	1 - 3
oléique	5 - 8
linoléique	45 - 55
catalpique	31

références : CHISHOLM M.J. *et al*, 1965 b
TULLOCH A.P., 1982

CATALPA ovata   *(Bignoniaceae)*

origine : Japon
40 % huile/graine
acides gras (% poids) :

palmitique	2,8
stéarique	2,7
oléique	7,7
linoléique	40,0
linolénique	0,6
catalpique	42,2
ß - éléostéarique	0,5
arachidique	0,2
gondoïque	0,4
autres	1,9

référence : TAKAGI T. *et al*, 1981

CATHORMIUM leptophyllum   *(Mimosaceae)*

origine : Zaïre
2 % huile/graine
acides gras (% poids) :

laurique	1,0
myristique	1,0
myristoléique	0,5
palmitique	22,1
stéarique	3,2
oléique	13,3
linoléique	50,5
linolénique	0,9
arachidique	3,7
béhénique	2,6

référence : KABELE NGIEFU C. *et al*, 1977 b

CAUCALIS   *(Apiaceae)*

	C.incognita	C.platycarpos
origine :	Tanzanie	Yougoslavie
% huile/graine :	19,1	16,0
acides gras (% poids) :		
palmitique	3,6	3,0
stéarique	0,4	0,5
oléique	4,2	11,8
pétrosélinique	79,8	69,2
linoléique	10,0	15,3
linolénique	0,2	-
autres	1,8	0,1

référence : KLEIMAN R. *et al*, 1982

CAULANTHUS inflatus   *(Brassicaceae)*

30 % huile/graine
acides gras (% poids) :

palmitique	9
stéarique	2
oléique	31
linoléique	7
linolénique	20
arachidique	0,4
gondoïque	17
éicosadiénoïque	0,9
béhénique	0,4
érucique	7
nervonique	3
autres	2,4

référence : MILLER R.W. *et al*, 1965

CEDRELA odorata   *(Meliaceae)*

origine : Etats-Unis, Nigeria
18-21,4 % huile/graine
acides gras (% poids) :

myristique	0 - 0,1
palmitique	9,3 - 12,5
palmitoléique	0,3 - 0,5
stéarique	4,8 - 4,9
oléique	5,6 - 11,6
asclépique	0 - 0,7
linoléique	42,7 - 51,4
linolénique	19,0 - 29,1

référence : BALOGUN A.M. *et al*, 1985

CEDRELA toona   *(Meliaceae)*

origine : Inde
1 % huile/graine
acides gras (% poids) :

myristique	0,3
palmitique	11,7
palmitoléique	0,5
stéarique	4,3
oléique	10,1
asclépique	0,9
linoléique	38,5
linolénique	24,6
arachidique	0,9
gondoïque	0,1
béhénique	1,1
autres	7,0

référence : KLEIMAN R. *et al*, 1984

CEDRUS deodra   *(Pinaceae)*

origine : Japon
45,3-51,5 % huile/graine
acides gras (% poids) :

palmitique	3,8
palmitoléique	0 - 0,3
hexadécadiénoïque	0 - O,3
hexadécatriénoïque	0 - 1,0
heptadécanoïque	0 - 1,0
stéarique	1,5
oléique	45,8
asclépique	0 - 0,5
linoléique	29,3
(5Z,9Z) - octadécadiénoïque	3,9
linolénique	2,4
pinoléique	9,5
arachidique	0 - 0,2
gondoïque	0 - 1,0
éicosadiénoïque	0,7 - 1,0
(9Z,11Z,14Z) - éicosatriénoïque	0,6 - 0,7
autres	0 - 0,7

références : TAKAGI T. *et al*, 1982
ITABASHI Y. *et al*, 1982

CELASTRUS orbiculatus   *(Celastraceae)*

acides gras (% poids) :

myristique	0,2
palmitique	21,1
palmitoléique	0,2
heptadécanoïque	0,1
stéarique	4,1
oléique	8,8
linoléique	31,4
linolénique	29,5
arachidique	0,5
gondoïque	0,6
érucique	1,6
lignocérique	0,2

référence : MILLER R.W. *et al*, 1974

CELASTRUS paniculatus   *(Celastraceae)*

origine : Inde
52 % huile/graine
acides gras (% poids) :

laurique	2,2
myristique	1,7
palmitique	32,8
stéarique	7,3
oléique	20,2
linoléique	16,3
linolénique	19,5

référence : SENGUPTA A. *et al*, 1987

CELOSIA cristata   *(Amaranthaceae)*

23 % huile/graine
0,2 % insaponifiable/huile
acides gras (% poids) :

myristique	0,4
palmitique	14,7
stéarique	8,7
oléique	64,4
linoléique	8,7
arachidique	2,2
béhénique	0,8

référence : BADAMI R.C. *et al*, 1984 a

CELOSIA pyramidalis   *(Amaranthaceae)*

22,5 % huile/graine
0,3 % insaponifiable/huile
acides gras (% poids) :

myristique	0,6
palmitique	17,2
stéarique	6,5
oléique	64,4
linoléique	8,7
arachidique	1,9
béhénique	0,7

référence : BADAMI R.C. *et al*, 1984 b

CELTIS australis   *(Ulmaceae)*

origine : Turquie
48 % huile/amande
0,9 % insaponifiable/huile
acides gras (% poids) :

palmitique	6,8
stéarique	5,1

oléique 13,5
linoléique 74,6

référence : ERCIYES A.T. *et al*, 1989

CELTIS sinensis var.japonica   *(Ulmaceae)*

origine : Japon
13 % huile/graine
1,3 % insaponifable/huile
acides gras (% poids) :

myristique	0,1
palmitique	6,8
stéarique	3,5
oléique	7,5
linoléique	80,0
linolénique	2,1

référence : IHARA S. *et al*, 1978

CENARRHENE nitida   *(Proteaceae)*

origine : Australie
acides gras (% poids) :

palmitique	7,5
palmitoléique	32,9
stéarique	0,7
oléique	51,7
linoléique	7,2

référence : VICKERY J.R., 1971

CENTRANTHUS ruber   *(Valerianaceae)*

nom commun : fausse valeriane
17 % huile/graine
acides gras (% poids) :

palmitique	12
stéarique	6
oléique	4
linoléique	36
α - éléostéarique	25
ß - éléostéarique	17

référence : TULLOCH A.P., 1982

CENTRATHERUM anthelminticum   *(Asteraceae)*

origine : Inde
10,2 % huile/graine
acides gras (% poids) :

palmitique	30,4
palmitoléique	2,3
stéarique	11,9
oléique	23,7
linoléique	19,9
linolénique	1,1
arachidique	1,3
béhénique	1,1
lignocérique	0,9
non-identifiés	7,2

référence : BATRA A. *et al*, 1983

CENTRATHERUM ritchiei   *(Asteraceae)*

origine : Inde
19,1 % huile/graine
acides gras (% poids) ;

caprique	1,3
laurique	1,0
myristique	1,8
palmitique	16,3
palmitoléique	1,3
stéarique	6,3
oléique	14,1
linoléique	10,8
linolénique	1,9
arachidique	3,6
gondoïque	11,3
vernolique	30,1

référence : AHMAD R. *et al*, 1989

CEPHALARIA syriaca   *(Dipsacaceae)*

origine : Turquie
24 % huile/graine
acides gras (% poids) :

laurique	1,3
myristiqu	18,4
palmitique	8,8
stéarique	1,9
oléique	33,3
linoléique	36,3

référence : YAZICIOGLU T. *et al*, 1983

CEPHALOMAPPA beccariana *(Euphorbiaceae)*

origine : Malaisie
46,8 % huile/graine
acides gras (% poids) :

myristique	0,2
palmitique	3,7
stéarique	3,0
oléique	18,0
asclépique	0,5
linoléique	11,6
linolénique	62,5

référence : SHUKLA V.K.S. *et al*, 1993

CERCIS siliquastrum *(Fabaceae)*

nom commun : arbre de Judée
5,7 % huile/graine
acides gras (% poids) :

palmitique	7,4
plamitoléique	0,2
stéarique	3,0
oléique	25,9
asclépique	1,6
linoléique	61,1
linolénique	0,4
arachidique	0,2
gondoïque	0,2

référence : UCCIANI E. *et al*, 1985

CERINTHE *(Boraginaceae)*

	C.major	C.minor
% huile/graine :	25	10
acides gras (% poids) :		
palmitique	10	7
stéarique	5	2
oléique	41	14
linoléique	14	21
linolénique	24	36
γ -linolénique	0,4	10
stéaridonique	0,3	8
gondoïque	2	0,9

référence : KLEIMAN R. *et al*, 1964

CHAEROPHYLLUM *(Apiaceae)*

	1	2	3	4	5	6	7	8
% huile/ graine :	12	10,7	15,2	14,2	13,2	14,8	9,1	5,6
ac.gras (% poids) :								
palmitique	12,2	9,0	9,4	12,4	6,7	12,1	7,2	8,5
stéarique	2,0	1,7	1,9	3,0	0,9	2,3	0,8	1,9
oléique	51,1	37,9	25,6	21,8	37,4	48,5	29,4	61,0
pétrosélinique	-	-	-	-	18,1	-	34,1	-
linoléique	34,2	51,0	61,5	62,7	36,2	36,6	27,6	26,7
linolénique	0,2	0,3	0,3	-	0,1	0,1	-	1,6
autres	-	0,1	0,7	-	0,5	0,4	0,8	0,1

1 = CHAEROPHYLLUM aromaticum   **5 = CHAEROPHYLLUM crinitum**
2 = CHAEROPHYLLUM aureum   **6 = CHAEROPHYLLUM reflexum**
3 = CHAEROPHYLLUM bulbosum   **7 = CHAEROPHYLLUM tainturieri**
4 = CHAEROPHYLLUM coloratum   **8 = CHAEROPHYLLUM villosum**

référence : KLEIMAN R. *et al*, 1982

CHAMAECYPARIS pisifera *(Cupressaceae)*

origine : Japon
12 % huile/graine
acides gras (% poids) :

palmitique	5,6
palmitoléique	0,2
stéarique	3,1
oléique	11,9
linoléique	28,4
linolénique	35,1
stéaridonique	0,3
arachidique	0,2
gondoïque	1,0
éicosadiénoïque	2,1
éicosatriénoïque	1,3
(5Z,11Z,14Z) - éicosatriénoïque	3,0
(5Z,11Z,14Z,17Z) - éicosatetraénoïque	7,1
autres	0,7

référence : TAKAGI T. *et al*, 1982

CHAMAEPEUCE afra *(Asteraceae)*

24,4 % huile/graine
acides gras (% poids) :

caprique	1,2
laurique	6,9

myristique	0,4
palmitique	9,4
stéarique	1,2
oléique	13,6
linoléique	52,5
trihydroxy - 9, 10, 18 - stéarique	14,0

référence : MIKOLAJCZ K.L. *et al*, 1967 a

CHEIRANTHUS alpinus   *(Brassicaceae)*

origine : Allemagne
31 % huile/graine
acides gras (% poids)

palmitique	4,2
stéarique	1,0
oléique	7,4
linoléique	20
linolénique	26
gondoïque	7,2
éicosadiénoïque	1,5
érucique	28

référence : JART A., 1978

CHEIRANTHUS cheiri   *(Brassicaceae)*

nom commun : giroflée
origine : Etats Unis, Allemagne
23-30 % huile/graine
acides gras (% poids) :

palmitique	3,0 - 3,3
palmitoléique	0 - 0,3
stéarique	0 - 0,8
oléique	10 - 11
linoléique	17 - 19
linolénique	19 - 23
arachidique	0 - 0,5
gondoïque	8,1 - 10
éicosadiénoïque	2 - 2,3
béhénique	0 - 0,7
érucique	31 - 32
nervonique	0,5 - 1,8

références : MIKOLAJCZ K.L. *et al*, 1961
JART A., 1978

CHEIRANTHUS maritimus   *(Brassicaceae)*

origine : Danemark
19 % huile/graine
acides gras (% poids) :

palmitique	6,9
stéarique	1,9
oléique	7,4
linoléique	15
linolénique	13
arachidique	1,5
gondoïque	31
éicosadiénoïque	4,4
béhénique	1,0
érucique	15
nervonique	1,0

référence : JART A., 1978

CHENOPODIUM album   *(Chenopodiaceae)*

origine : Canada, Inde
3-9,1 % huile/graine
acides gras (% poids) :

caprylique	0 - 1,1
caprique	0 - 0,4
laurique	0 - 0,8
myristique	0,2 - 0,3
palmitique	8,4 - 17,4
palmitoléique	0,3 - 2,2
stéarique	0 - 1,7
oléique	20,7 - 37,9
linoléique	26,1 - 56,3
linolénique	2,9 - 6,5
arachidique	0 - 2,1
gondoïque	0 - 3,9
éicosadiénoïque	0 - 0,5
béhénique	0 - 1,5
érucique	0 - 3,6
lignocérique	0 - 1,1

références : DAUN J.K. *et al*, 1976
HUSAIN S.K. *et al*, 1978
AHMAD R. *et al*, 1986 a

CHENOPODIUM quinoa   *(Chenopodiaceae)*

acides gras (% poids)

palmitique	11,0
5 - hexadécénoïque	0,2
stéarique	1,0
oléique	31,0
linoléique	45,0
linolénique	2,7
autres	9,3

référence : KLEIMAN R. *et al*, 1972 a

CHILOPSIS linearis   *(Bignoniaceae)*

origine : Etats-Unis
28 % huile/graine
acides gras (% poids) :

palmitique	5
stéarique	2
oléique	17
linoléique	28
linélaidique	16
(10E,12E) - octadécadiénoïque	10
catalpique	22

référence : TULLOCH A.P., 1982

CHICKRASSIA tabularis   *(Meliaceae)*

origine : Inde
45,9 % huile/graine
acides gras (% poids) :

palmitique	9,6
stéarique	4,9
oléique	10,0
asclépique	1,0
linoléique	45,9
linolénique	28,2
autres	0,3

référence : KLEIMAN R. *et al*, 1985

CHORISIA speciaea   *(Bombacaceae)*

21,7 % huile/graine
acides gras (% poids) :

palmitique	18,7
palmitoléique	0,5
heptadécanoïque	0,2
heptadécénoïque	0,2
stéarique	2,8
oléique	8,4
linoléique	44,7
dihydromalvalique	0,1
malvalique	12,4
dihydrosterculique	0,5
sterculique	10,0
arachidique	0,7
époxy-oléique	0,8

référence : BOHANNON M.B. *et al*, 1978

CHROZOPHORA hierosolymitana   *(Euphorbiaceae)*

28 % huile/graine
acides gras (% poids) :

palmitique	5
stéarique	5
oléique	12
linoléique	77
linolénique	0,8
autres	0,5

référence : KLEIMAN R. *et al*, 1965

CHROZOPHORA plicata   *(Euphorbiaceae)*

origine : Inde
26 % huile/graine
acides gras (% poids) :

palmitique	4,1
stéarique	21,4
oléique	13,4
linoléique	59,3
linolénique	1,3

référence : HASAN S.Q. *et al*, 1980

CHROZOPHORA tinctoria   *(Euphorbiaceae)*

56 % huile/graine
acides gras (% poids) :

palmitique	6
stéarique	5
oléique	12
linoléique	75
linolénique	1
gondoïque	0,2
autres	0,3

référence : KLEIMAN R. *et al*, 1965

CHRYSALIDOCARPUS   *(Arecaceae)*

origine : Madagascar

	C.decipiens (amande)	C.fibrosus (pulpe)
acides gras (% poids) :		
caprylique	0,3	-
caprique	1,4	-

laurique	44,2	1,2
myristique	16,0	1,0
palmitique	2,2	22,3
stéarique	-	6,5
oléique	21,6	26,6
linoléique	5,3	27,7
linolénique	-	8,9
autres	0,8	5,8

référence : RABARISOA I. *et al*, 1993

CHRYSALIDOCARPUS lutescens *(Arecaceae)*

origine : Inde

	pulpe	**amande**
% huile :	-	2,3
% insaponifiable/huile :	-	1,5
acides gras (% poids) :		

caprique	-	0,5 - 0,8
laurique	30,7	41,2 - 43,3
myristique	14,7	26,1 - 26,8
palmitique	19,4	9,6 - 11,8
stéarique	4,1	1,4 - 1,7
oléique	20,6	9,7 - 10,5
linoléique	6,4	7,5 - 8,4
linolénique	0,4	-
autres	3,7	0 - 0,7

références : DAULATABAD C.D. *et al*, 1983
RABARISOA I. *et al*, 1993

CHRYSALIDOCARPUS madagascariensis var.lucubensis
(Arecaceae)

origine : Madagascar

	pulpe	**amande**
acides gras (% poids) :		

caprylique	-	3,0
caprique	-	4,8
laurique	17,4	38,6
myristique	1,6	10,8
palmitique	28,4	7,9
stéarique	1,6	1,8
oléique	15,7	26,6
linoléique	12,7	6,1
linolénique	12,3	-
autres	10,3	0,4

référence : RABARISOA I. *et al*, 1993

CHRYSANTHEMOIDES   *(Asteraceae)*

origine : Etats-Unis

	C.incana	C.monilifera
% huile/graine :	35	50
acides gras (% poids) :		
palmitique	10	6
stéarique	5	7
oléique	17	16
linoléique	56	37
octadécadiénoïque conjugué	11	33
autre	1	2

référence : EARLE F.R. *et al*, 1964

CICUTA   *(Apiaceae)*

	C.douglasii	C.maculata	C.mexicana
% huile/graine :	16,9	15,9	32,6
acides gras (% poids) :			
palmitique	4,6	4,6	4,7
stéarique	-	0,4	1,2
oléique	14,8	18,2	18,0
pétrosélinique	39,3	58,1	52,9
linoléique	39,5	18,9	22,0
linolénique	0,7	-	0,8
autres	-	0,4	0,4

référence : KLEIMAN R. *et al*, 1982

CINNAMOMUM camphora   *(Lauraceae)*

nom commun : camphrier
origine : Inde
39-42 % huile/graine
acides gras (% poids) :

caprique	0 - 47
laurique	47 - 95
myristique	0 - 1
oléique	3 - 5
linoléique	0 - 2

références : HOPKINS C.Y. *et al*, 1966
BANERJI R. *et al*, 1984

CINNAMOMUM iners   *(Lauraceae)*

origine : Singapour
40 % huile/graine
acides gras (% poids) :

laurique	96
autres	4

référence : GUNSTONE F.D. *et al*, 1972

CIRSIUM vulgare   *(Asteraceae)*

origine : Argentine
20,1 % huile/graine
2,2 % insaponifiable/huile
acides gras (% poids) :

myristique	0,1
palmitique	7,9
stéarique	2,4
oléique	20,9
linoléique	58,9
linolénique	9,8

référence : NOLASCO S.N. *et al*, 1987

CISTERNUM divernum   *(Solanaceae)*

origine : Inde
25 % huile/graine
acides gras (% poids) :

myristique	19,3
palmitique	28,0
stéarique	6,2
oléique	6,4
linoléique	40,0

référence : NASIRULLAH *et al*, 1980

CISTUS albidus   *(Cistaceae)*

nom commun : ciste cotonneux
origine : France
5 % huile/graine
0,8 % insaponifiable/huile
acides gras (% poids) :

palmitique	20,3
palmitoléique	0,7
heptadécanoïque	0,1

stéarique	4,6
oléique	10,7
asclépique	0,3
linoléique	47,3
linolénique	15,6
arachidique	0,2
gondoïque	0,2

référence : FERLAY V. *et al*, 1993

CITRULLUS colocynthis   *(Cucurbitaceae)*

nom commun : coloquinte
origine : Inde, Nigeria
18,6-26 % huile/graine
2,1 % insaponifiable/huile
acides gras (% poids) :

myristique	0,1 - 0,4
palmitique	11,9 - 13,5
palmitoléique	0 - 0,3
stéarique	6,0 - 10,6
oléique	13,5 - 25
linoléique	50,6 - 63,4
linolénique	0 - 0,7
arachidique	0 - 0,3

références : SAWAYA W.N. *et al*, 1983
MANNAN A. *et al*, 1986
AKOH C.C. *et al*, 1992

CITRULLUS lanatus   *(Cucurbitaceae)*

origine : Nigeria, Zaïre
40,4-46,3 % huile/graine
acides gras (% poids) :

caprique	0 - 0,5
laurique	0 - O,7
myristique	0 - 0,1
palmitique	10,8 - 11,0
stéarique	5,3 - 6,6
oléique	14,7 - 24,8
linoléique	57,6 - 67,9

références : GIRGIS P. *et al*, 1972
KABELE NGIEFU C. *et al*, 1976 b

CITRULLUS vulgaris   *(Cucurbitaceae)*

nom commun : pastèque
origine : Etats Unis, Nigeria
23-55 % huile/graine
1,1 % insaponifiable/huile
acides gras (% poids) :

myristique	0,1 - 0,5
palmitique	11,2 - 12,2
palmitoléique	0,1
stéarique	6,7 - 11,2
oléique	10,2 - 11,1
linoléique	64,7 - 71,3
linolénique	0,2
arachidique	0 - 0,2
gondoïque	0 - 0,1

références : KAMEL B.S. *et al*, 1985
AKOH C.C. *et al*, 1992

CITRUS *(Rutaceae)*

origine : Viet Nam

	C.aurantium	C.decumana	C.deliciosa	C.medica
nom commun :	orange	pamplemousse	mandarine	citron
% huile/graine :	55-60	60-65	48-50	40-46
acides gras (% poids) :				
myristique	1,2	0,5	-	-
palmitique	29,8	26,8	23,3	25,7
palmitoléique	0,7	-	5,0	1,0
stéarique	4,8	3,0	6,0	3,7
oléique	20,1	26,0	28,2	21,0
linoléique	37,8	38,6	29,6	39,6
linolénique	5,4	5,1	7,9	9,0
arachidique	0,2	-	-	-

référence : TARANDJIISKA R. *et al*, 1989

CLEISTOPHOLIS glauca *(Annonaceae)*

origine : Zaïre
8 % huile/graine
acides gras (% poids) :

laurique	1,1
myristique	0,8
palmitique	14,3
stéarique	1,7
oléique	32,0
linoléique	48,0
linolénique	2,1

référence : KABELE NGIEFU C. *et al*, 1976 b

CLEMATIS vitalba   *(Ranunculaceae)*

nom commun : clématite des haies
7,3 % huile/graine
0,9 % insaponifiable/huile
acides gras (% poids) :

palmitique	10,6
palmitoléique	0,4
stéarique	3,5
oléique	15,5
asclépique	0,3
linoléique	64,4
linolénique	2,6
γ -linolénique	0,2
arachidique	0,3
gondoïque	0,3
béhénique	0,3
érucique	1,2
lignocérique	0,2

référence : FERLAY V. *et al*, 1993

CLEOME viscosa   *(Capparidaceae)*

origine : Inde
26,5 % huile/graine
2 % insaponifiable/huile
acides gras (% poids) :

myristique	0 - 1,1
palmitique	10,6 - 13,6
stéarique	4,9 - 13,6
oléique	12,5 - 14,4
linoléique	65,5 - 68,6
autres	0 - 1,5

références : DEVI Y.U. *et al*, 1977
RAO R.P. *et al*, 1980

CLEONIA lusitanica   *(Lamiaceae)*

origine : Etats-Unis
24 % huile/graine
acides gras (% poids) :

palmitique	5,4
stéarique	2,3
oléique	15
linoléique	9,7
linolénique	67
autres	1,1

référence : HAGEMANN J.M. *et al*, 1967

CLINOPODIUM vulgare   *(Lamiaceae)*

origine : Yougoslavie
25,6 % huile/graine
acides gras (% poids) :

palmitique	4,7
stéarique	1,4
oléique	6,2
linoléique	26,9
linolénique	61,1

référence : MARIN P.D. *et al*, 1991

CLITORIA rubiginosa   *(Fabaceae)*

19 % huile/graine
acides gras (% poids) :

palmitique	8
stéarique	4
oléique	55
linoléique	4
gondoïque	12
béhénique	8

référence : GUNSTONE F.D. *et al*, 1972

CLITORIA ternatea   *(Fabaceae)*

origine : Inde
10,2 % huile/graine
1,8 % insaponifiable/huile
acides gras (% poids) :

palmitique	18,5
stéarique	9,5
oléique	51,4
linoléique	16,8
linolénique	3,8

référence : JOSHI S.S. *et al*, 1981

CLUYTIA affinis   *(Euphorbiaceae)*

42 % huile/graine
acides gras (% poids) :

palmitique	8
stéarique	3
oléique	15
linoléique	22

linolénique	50
gondoïque	2
autres	0,1

référence : KLEIMAN R. *et al*, 1965

CNIDIUM monnieri   *(Apiaceae)*

origine : Corée
39,2 % huile/graine
acides gras (% poids) :

palmitique	2,1
stéarique	0,8
oléique	4,5
pétrosélinique	58,2
linoléique	32,6
linolénique	0,5
autres	0,4

référence : KLEIMAN R. *et al*, 1982

CNIDOSCOLUS   *(Euphorbiaceae)*

	C.angustifolius	C.elasticus
% huile/graine :	44	26
acides gras (% poids) :		
palmitique	19	17
stéarique	6	6
oléique	13	16
linoléique	59	59
linolénique	0,8	1
gondoïque	0,3	0,3
autres	1	0,2

référence : KLEIMAN R. *et al*, 1965

CNIDOSCOLUS phyllacanthus   *(Euphorbiaceae)*

origine : Brésil
54,3 % huile/amande
acides gras (% poids) :

palmitique	17,4
stéarique	9,4
oléique	15,1
linoléique	55,4
linolénique	1,0
arachidique	0,4

gondoïque	0,2
béhénique	0,4
autres	0,7

référence : DAUN J.K. *et al*, 1987

CNIDOSCOLUS tepiquensis   *(Euphorbiaceae)*

20 % huile/graine
acides gras (% poids) :

palmitique	13
stéarique	8
oléique	23
linoléique	54
linolénique	0,9
gondoïque	0,4
autres	0,6

référence : KLEIMAN R. *et al*, 1965

COCOS nucifera   *(Arecaceae)*

nom commun : cocotier
origine : Inde
50 % huile/amande
acides gras (% poids) :

laurique	50
myristique	16
palmitique	6,5
stéarique	1
oléique	16,5
linoléique	1

référence : BANERJI R. *et al*, 1984

COGNIAUXERA podolaena   *(Cucurbitaceae)*

origine : Zaïre
19,3 % huile/graine
acides gras (% poids) :

laurique	0,2
myristique	0,1
palmitique	16,2
palmitoléique	0,3
stéarique	7,3
oléique	38,7
linoléique	37,5

référence : KABELE NGIEFU C. *et al*, 1976 b

COINCYA   *(Brassicaceae)*

origine : Espagne

	1	**2**	**3**	**4**
% huile/graine : ac.gras (% poids) :	18,9 - 22,9	10,9 - 21,1	17,2 - 26,6	6,7 - 15,5
palmitique	3,3 - 4,3	3,9 - 4,3	2,8 - 4,2	3,5 - 5,1
palmitoléique	0,2 - 0,4	0,3 - 0,5	0,2 - 0,8	0,2 - 0,6
stéarique	1,3 - 1,5	1,5 - 2,1	1,6 - 2,2	1,6 - 2,0
oléique	13,4 - 15,0	14,9 - 19,5	18,1 - 25,5	13,8 - 18,2
linoléique	13,2 - 16,4	13,8 - 17,6	13,1 - 14,7	14,1 - 17,1
linolénique	25,3 - 30,1	20,4 - 27,6	17,4 - 24,8	21,4 - 25,6
arachidique	0,9 - 1,3	1,0 - 1,4	0,9 - 1,3	1,1 - 1,3
gondoïque	5,8 - 6,2	5,2 - 7,4	8,3 - 9,1	5,1 - 7,3
éicosadiénoïque	1,1 - 1,3	0,7 - 1,1	0,6 - 1,0	0,8 - 1,0
henéicosénoïque	0,4 - 0,8	0,3 - 0,5	0,3 - 0,5	0,3 - 0,5
béhénique	0,5 - 1,3	0,5 - 0,9	0,3 - 0,7	0,6 - 1,0
érucique	24,8 - 30,4	23,9 - 30,1	23,7 - 27,3	25,1 - 32,1
docosadiénoïque	0,4 - 1,4	0,3 - 0,5	0,1 - 0,9	0,4 - 0,6

1 = COINCYA longirostra   **2 = COINCYA monensis, ssp.hispida**
3 = COINCYA monensis, ssp.nevadensis   **4 = COINCYA monensis, ssp.recurvata**

	5	**6**	**7**
% huile/graine : ac.gras (% poids) :	12,8 - 13,2	21,7 - 22,1	12,0 - 19,6
palmitique	2,9 - 3,1	3,7 - 4,7	3,9 - 6,1
palmitoléique	0,3 - 1,1	0,3 - 0,5	0,2 - 0,6
stéarique	1,2 - 1,8	1,5 - 1,7	1,3 - 1,5
oléique	10,6 - 16,4	14,1 - 14,7	10,3 - 14,3
linoléique	11,0 - 21,6	13,1 - 15,5	15,2 - 14,3
linolénique	21,4 - 27,8	25,0 - 26,4	22,8 - 28,0
arachidique	0,8 - 1,0	1,0 - 1,2	0,8 - 1,0
gondoïque	5,1 - 6,7	6,0 - 6,2	4,6 - 5,8
éicosadiénoïque	0,6 - 1,8	0,4 - 0,6	0,7 - 1,3
henéicosénoïque	0,5 - 1,1	0,4 - 0,6	0,5 - 0,7
béhénique	0,5 - 1,3	0,7	0,6 - 1,0
érucique	26,0 - 33,6	30,4 - 30,6	21,6 - 35,6
docosadiénoïque	0,5 - 1,3	0,3 - 0,5	0,6 - 1,0

5 = COINCYA rupestris, ssp.leptocarpa
6 = COINCYA rupestris, ssp.rupestris
7 = COINCYA transtagana

référence : VIOCQUE J. *et al*, 1993

COMANDRA pallida   *(Santalaceae)*

24 % huile/graine
acides gras (% poids) :

palmitique	2,3
palmitoléique	0,4
stéarique	0,8
oléique	40,8
linoléique	1,5
linolénique	5,8
xyméninique	43,0
non-identifié	5,3

référence : MIKOLAJCZAK K.L. *et al,* 1963 a

COMBRETUM grandiflorum   *(Combretaceae)*

origine : Singapour
23 % huile/graine
acides gras (% poids) :

myristique	31
palmitique	19
stéarique	2
oléique	32
linoléique	16

référence : GUNSTONE F.D. *et al,* 1972

COMBRETUM ovalifolium   *(Combretaceae)*

origine : Inde
4,8 % huile/graine
2,8 % insaponifiable/huile
acides gras (% poids) :

laurique	0,2
myristique	16,4
palmitique	35,4
stéarique	2,1
oléique	24,1
linoléique	17,1
arachidique	2,2
béhénique	2,5

référence : DAULATABAD C.D. *et al,* 1983

CONIUM maculatum   *(Apiaceae)*

nom commun : grande ciguë
origine : Turquie
17,5 % huile/graine
acides gras (% poids) :

palmitique	4,0
stéarique	0,7
oléique	15,1

pétrosélinique	56,3
linoléique	23,0
linolénique	0,1
autres	0,6

référence : KLEIMAN R. *et al*, 1982

CONVOLVULUS arvensis   *(Convolvulaceae)*

nom commun : liseron des champs
origine : Inde, France
9 - 12,7 % huile/graine
0,5 - 1,8 % insaponifiable/huile
acides gras (% poids) :

palmitique	7,6 - 11,2
palmitoléique	0 - 0,7
heptadécanoïque	0 - 0,2
stéarique	9,6 - 12,1
oléique	22,4 - 25,1
asclépique	0 - 0,4
linoléique	40,6 - 47,9
linolénique	2,4 - 9,2
γ -linolénique	0 - 0,6
arachidique	1,4 - 5,3
béhénique	0,5 - 2,8

références : BADAMI R.C. *et al*, 1984 c
FERLAY V. *et al*, 1993

CONVOLVULUS tricolor   *(Convolvulaceae)*

6,1 - 11,6 % huile/graine
acides gras (% poids) :

caprylique	0 - 0,4
caprique	0 - 0,8
laurique	0 - 1,2
myristique	0,4 - 1,8
pentadécanoïque	0 - 0,3
palmitique	18,4 - 20,1
palmitoléique	0,4 - 0,5
stéarique	2,0 - 8,0
oléique	16,8 - 20,1
linoléique	46,8 - 48,7
linolénique	1,2 - 1,3
nonadécanoïque	1,1 - 2,1
arachidique	0,8 - 1,4
gondoïque	0 - 0,1
béhénique	0,3 - 0,7
lignocérique	0 - 0,2

référence : SAHASRABUDHE M.R. *et al*, 1965

CORCHORUS *(Tiliaceae)*

origine : Inde

	C.acutangulus	**C.capsularis**
% huile/graine : 10	12	
acides gras (% poids) :		
myristique	1,5	-
palmitique	60,2	21,4
palmitoléique	3,4	-
stéarique	4,1	1,9
oléique	5,9	8,6
linoléique	24,8	67,9

référence : AHMAD F. *et al*, 1978

CORCHORUS olitorius *(Tiliaceae)*

nom commun : jute
origine : Inde
18 % huile/graine
acides gras (% poids) :

palmitique	49,4
stéarique	13,1
oléique	17,0
linoléique	12,9
linolénique	7,4

référence : NASIRULLAH *et al*, 1980

CORCHORUS trilocularis *(Tiliaceae)*

origine : Inde
8,1 % huile/graine
1,0 % insaponifiable/huile
acides gras (% poids) :

laurique	8,7
myristique	2,1
palmitique	22,0
stéarique	7,0
oléique	12,1
linoléique	36,6
linolénique	3,6
arachidique	4,7
béhénique	2,2

référence : BADAMI R.C. *et al*, 1983

CORDIA myxa   *(Boraginaceae)*

origine : Inde
3 % huile/graine
acides gras (% poids) :

myristique	4,4
palmitique	7,6
stéarique	11,0
oléique	13,1
linoléique	13,5
linolénique	24,1
arachidique	8,7
gondoïque	17,5

référence : MUKARRAM M. *et al*, 1986

CORDIA obliqua   *(Boraginaceae)*

origine : Etats-Unis
4 % huile/graine
acides gras (% poids) :

palmitique	18
stéarique	7
oléique	45
linoléique	27
linolénique	0,5
γ -linolénique	0,1
gondoïque	0,1
érucique	0,3
autres	2

référence : KLEIMAN *et al*, 1964

CORDIA   *(Boraginaceae)*

origine : Etats-Unis

	C.salicifolia	C.verbenaceae
% huile/graine :	58	38
acides gras (% poids) :		
palmitique	13	4
stéarique	4	1
oléique	62	40
linoléique	18	5
linolénique	0,1	0,7
arachidique	-	12
gondoïque	0,2	31
érucique	-	2
autres	1	4

référence : MILLER R.W. *et al*, 1968

CORDYLOCARPUS muricatus   *(Brassicaceae)*

origine : Maroc
22,8 % huile/graine
acides gras (% poids) :

palmitique	7,0
stéarique	1,1
oléique	8,3
linolénique	12,4
linolénique	23,1
gondoïque	8,3
éructique	39,9

référence : KUMAR P.R. *et al*, 1978

COREOPSIS   *(Asteraceae)*

origine : Canada

	C.drummondii	C.tinctoria
% huile/graine :	17	24
acides gras (% poids) :		
myristoléique	-	0,1
palmitique	9,6	9,4
palmitoléique	0,3	0,3
stéarique	1,2	1,4
oléique	15,5	10,0
linoléique	68,9	77,8
arachidique	0,5	0,3
béhénique	-	0,4
autres	3,9	-

référence : COXWORTH E.C.M., 1965

CORIANDRUM sativum   *(Apiaceae)*

nom commun : coriandre
origine : Inde, Turquie, Allemagne, France
14 - 22 % huile/graine
acides gras (% poids) :

myristique	0 - 0,4
palmitique	3,9 - 4,4
palmitoléique	0 - 0,8
stéarique	0,5 - 1,2
oléique	4,6 - 45,5
pétrosélinique	31,3 - 75,1
asclépique	0 - 0,7
linoléique	13,2 - 15,4
linolénique	0 - 0,7
arachidique	0 - 0,2

gondoïque	0 - 0,4
béhénique	0 - 0,1
autres	0 - 0,5

références : LAKSHMINARAYANA G. *et al*, 1981
KLEIMAN R. *et al*, 1982
SEHER A. *et al*, 1982
UCCIANI E. *et al*, 1991

CORINGIA orientalis   *(Brassicaceae)*

origine : Etats-Unis, Algérie
15 - 27 % huile/graine
acides gras (% poids) :

palmitique	2 - 4,4
stéarique	0,3
oléique	7 - 9,2
linoléique	24,8 - 29
linolénique	2 - 3,7
gondoïque	27 - 28,8
éicosadiénoïque	0 - 3
érucique	23,3 - 26
nervonique	0 - 3
autres	1,2 - 5,7

références : MILLER R.W. *et al*, 1965
KUMAR P.R. *et al*, 1978

CORINGIA planisiliqua   *(Brassicaceae)*

34 % huile/graine
acides gras (% poids) :

palmitique	5
stéarique	1
oléique	10
linoléique	10
linolénique	44
arachidique	1
gondoïque	5
érucique	21
nervonique	0,6
autres	2

référence : MILLER R.W. *et al*, 1965

CORNUS   *(Cornaceae)*

	1	2	3	4	5
origine :	-	-	Pakistan	Turquie	Corée
% huile/graine :	7,6	43,0	6,6	7,3	7,6
ac.gras (% poids) :					
palmitique	1,5	7,1	12,8	7,6	6,4

stéarique	0,7	2,4	3,4	3,5	2,1
oléique	16,9	17,4	27,9	16,0	17,6
linoléique	78,3	72,6	52,5	68,7	71,5
linolénique	1,0	0,4	2,0	1,5	1,1
autres	1,6	0,1	1,4	2,6	1,3

1 = CORNUS canadensis　　**4 = CORNUS mas**
2 = CORNUS florida　　**5 = CORNUS officinalis**
3 = CORNUS macrophylla

référence : KLEIMAN R. *et al*, 1982

CORNUS sanguinea　　*(Cornaceae)*

nom commun : cornouiller
origine : Yougoslavie, France
18 - 27 % huile/graine
acides gras (% poids) :

myristique	0 - 0,1
palmitique	14,1 - 23,9
palmitoléique	0 - 1,5
stéarique	1,4 - 1,8
oléique	34,6 - 37,4
linoléique	13,4 - 47,2
linolénique	0,1 - 2,1
arachidique	0 - 0,3
non-identifiés	0 - 1,7
autres	0 - 0,6

références : KLEIMAN R. *et al*, 1982
VIANO J. *et al*, 1984

CORONOPUS didymus　　*(Brassicaceae)*

41 % huile/graine
acides gras (% poids) :

palmitique	8
stéarique	3
oléique	17
linoléique	14
linolénique	37
arachidique	3
gondoïque	13
éicosadiénoïque	2
béhénique	0,1
érucique	0,3
autres	2,6

référence : MILLER R.W. *et al*, 1965

CORYLUS avellana   *(Betulaceae)*

nom commun : noisette
origine : Allemagne, Turquie
61,2 - 64,7 % huile/amande
acides gras (% poids) :

palmitique	4,5 - 5,5
oléique	82,0 - 86,2
linoléique	9,3 - 10,4

références : BERINGER H. *et al*, 1976
YAZICIOGLU T. *et al*, 1983

CORYNOCARPUS laevigatus   *(Corynocarpaceae)*

origine : Nouvelle-Zélande
9,6 % huile/graine
acides gras (% poids) :

myristique	0,1
palmitique	13,1
stéarique	7,2
oléique	27,2
linoléique	45,3
linolénique	1,1
arachidique	4,2
béhénique	1,4
lignocérique	0,4

référence : BODY D.R., 1983

COSMOS   *(Asteraceae)*

origine : Inde

	C.bipinnapus	C.sulphureus
% huile/graine :	18	16
acides gras (% poids) :		

palmitique	25,7	17,6
stéarique	21,8	21,0
oléique	15,6	26,8
linoléique	35,1	31,3
linolénique	0,9	1,0
arachidique	0,9	2,8

référence : NIGAM S.K. *et al*, 1968

COUEPIA edulis   *(Chrysobalanaceae)*

voir ACIOA edulis

COUEPIA longipendula *(Chrysobalanaceae)*

origine : Brésil
74,2 % huile/graine
acides gras (% poids) :

palmitique	25,2
palmitoléique	0,9
stéarique	6,2
oléique	26,5
asclépique	0,4
linoléique	7,4
α - éléostéarique	11,3
arachidique	0,3
licanique	21,8

référence : SPITZER V. *et al*, 1991 b

COUMARONA odorata *(Fabaceae)*

origine : Zaïre
25 % huile/graine
acides gras (% poids) :

laurique	0,3
myristique	0,2
palmitique	9,9
palmitoléique	0,3
stéarique	3,5
oléique	59,6
linoléique	15,5
linolénique	1,0
arachidique	3,3
béhénique	4,1
érucique	0,7
lignocérique	1,6

référence : KABELE NGIEFU C. *et al*, 1976 b

COUROUPITA guianensis *(Lecythidiaceae)*

origine : Inde
32 % huile/graine
acides gras (% poids) :

caprylique	0,3
caprique	1,5
laurique	0,6
myristique	1,2
myristoléique	0,9
palmitique	6,3
palmitoléique	1,0
stéarique	3,4

oléique	3,3
inoléique	81,5

référence : DAVE G.R. *et al*, 1985

CRAMBE abyssinica *(Brassicaceae)*

nom commun : crambé
origine : Etats-Unis, Europe
25 - 50 % huile/graine
acides gras (% poids) :

myristique	0 - 0,1
palmitique	1,6 - 9,7
palmitoléique	0 - 0,9
stéarique	0,5 - 1,0
oléique	16,7 - 18,7
linoléique	6,9 - 12,7
linolénique	4,0 - 6,9
arachidique	1,0 - 2,7
gondoïque	2,0 - 2,9
béhénique	0,1 - 2,7
érucique	47,4 - 58,6
docosadiénoïque	0 - 1,0

références : MIKOLAJCZAK K.L. *et al*, 1961
DAMBROTH M. *et al*, 1982

CRAMBE   *(Brassicaceae)*

	C.cordifolia	C.hispanica
% huile/graine :	26	45
acides gras (% poids) :		
palmitique	4	0,3
stéarique	1	0,5
oléique	22	17
linoléique	14	9
linolénique	6	7
arachidique	0,6	0,6
gondoïque	12	4
éicosadiénoïque	0,6	0,9
béhénique	0,7	0,8
érucique	36	55
nervonique	0,3	0,8
autres	2,7	2,3

référence : MILLER R.W. *et al*, 1965

CRAMBE kralikii   *(Brassicaceae)*

origine : Maroc
19 % huile/graine
acides gras (% poids) :

palmitique	4,0
stéarique	1,2
oléique	22,2
linoléique	8,4
linolénique	7,5
gondoïque	11,2
érucique	45,5

référence : KUMAR R.P. *et al*, 1978

CRAMBE maritima   *(Brassicaceae)*

origine : Suède
acides gras (% poids) :

palmitique	1,8 - 2,0
stéarique	0,3 - 0,5
oléique	18,8 - 25,3
linoléique	21,2 - 24,7
linolénique	5,8 - 8,6
gondoïque	13,9 - 18,5
érucique	26,3 - 32,6
nervonique	0,1 - 0,2
autres	1,2 - 1,3

référence : APPELQVIST L.A., 1971

CRAMBE orientalis   *(Brassicaceae)*

43 % huile/graine
acides gras (% poids) :

palmitique	2
stéarique	0,5
oléique	18
linoléique	11
linolénique	10
arachidique	0,2
gondoïque	20
éicosadiénoïque	0,4
érucique	36
nervonique	0,7
autres	0,9

référence : MILLER R.W. *et al*, 1965

CRAMBE scaberrina   *(Brassicaceae)*

origine : Canaries
11 % huile/graine
acides gras (% poids) :

palmitique	3,2

stéarique	1,0
oléique	14,1
linoléique	12,2
linolénique	13,0
gondoïque	1,5
érucique	55,1

référence : KUMAR P.R. *et al*, 1978

CRAMBE tatarica   *(Brassicaceae)*

33 % huile/graine
acides gras (% poids) :

palmitique	2
stéarique	0,8
oléique	21
linoléique	15
linolénique	11
arachidique	0,5
gondoïque	21
éicosadiénoïque	1
érucique	27
autres	0,3

référence : MILLER R.W. *et al*, 1965

CRATAEGUS monogyna   *(Rosaceae)*

nom commun : aubépine
origine : France
4,5 % huile/graine
1,0 % insaponifiable/huile
acides gras (% poids) :

palmitique	6,4
palmitoléique	0,5
stéarique	1,4
oléique	34,9
asclépique	1,0
linoléique	51,9
linolénique	0,9
arachidique	1,0
gondoïque	1,0
béhénique	0,4
érucique	0,3
lignocérique	0,3

référence : FERLAY V. *et al*, 1993

CREPIS   *(Asteraceae)*

	1	2	3	4	5
origine :	Yougosl.	Yougosl.	Turquie	Turquie	Etats-Unis
% huile/graine :	31	34	13	24	19
ac.gras (% poids) :					
palmitique	3,7	3,1	5,3	4,0	4,4
stéarique	1,7	2,6	2,8	2,9	1,7
oléique	11	11	5,3	5,6	15
linoléique	22	15	32	27	34
crépénynique	2,4	0,1	51	60	10
vernolique	54	68	-	-	35
autres	5,1	-	3,6	0,9	1,0

1 = CREPIS aurea, ssp.aurea   **4 = CREPIS foetida, ssp.rhoeadifolia**
2 = CREPIS biennis   **5 = CREPIS intermedia**
3 = CREPIS foetida

	6	7	8	9
origine :	Etats-Unis	Etats-Unis	Pakistan	Espagne
% huile/graine :	22	22	16	20
ac.gras (% poids) :				
palmitique	3,6	4,6	4,6	5,6
stéarique	2,1	2,8	1,7	2,6
oléique	19	4,5	3,7	11
linoléique	34	28	24	31
crépénynique	11	55	65	1,1
vernolique	30	-	-	47
autres	0,4	5,5	1,	1,8

5 = CREPIS occidentalis   **7 = CREPIS thomsonii**
6 = CREPIS rubra   **8 = CREPIS vesicaria, ssp.taraxacifolia**

référence : EARLE F.R. *et al*, 1966

CRESCENTIA alata   *(Bignoniaceae)*

origine : Salvador
31 % huile/graine
acides gras (% poids) :

saturés	16,6
oléique	61,8
linoléique	15,0
linolénique	2,3
octadécadiénoïque	
conjugué	0,2

référence : VAN SEVEREN M.L., 1960

CRITHMUM maritimum   *(Apiaceae)*

nom commun : perce-pierre
origine : Yougoslavie, France
29-37 % huile/graine
acides gras (% poids) :

palmitique	5,4 - 5,8
stéarique	1,3 - 1,4
oléique	9,2 - 9,9
pétrosélinique	67,3 - 68,6
asclépique	0 - 1,0
linoléique	13,7 - 14,6
linolénique	0 - 0,1
arachidique	0 - 0,1
autres	0,2 - 1,0

références : KLEIMAN R. *et al*, 1982
UCCIANI E. *et al*, 1991

CROTALARIA   heyneana *(Fabaceae)*

origine : Inde
3,4 % huile/graine
1,4 % insaponifiable/huile
acides gras (% poids) :

caprique	1,3
laurique	0,8
myristique	1,5
palmitique	16,8
stéarique	8,0
oléique	7,4
linoléique	60,5
arachidique	1,6
béhénique	2,1

référence : BADAMI R.C. *et al*, 1983

CROTON   *(Euphorbiaceae)*

	C.capitatus	C.corymbulosus	C.fragilis	C.gracilis
% huile/graine :	15	24	25	29
ac.gras (% poids) :				
palmitique	7	6	8	6
stéarique	3	3	4	2
oléique	13	12	9	9
linoléique	41	37	70	50
linolénique	35	39	6	30
gondoïque	0,4	1	1	1
autres	-	1	2	2

référence : KLEIMAN R. *et al*, 1965

CROTON sparciflorus   *(Euphorbiaceae)*

origine : Inde
20,4 % huile/graine
acides gras (% poids) :

palmitique	5,3
stéarique	2,9
oléique	11,9
linoléique	22,6
linolénique	56,6

référence : RAO K.S. *et al*, 1987

CROTON texensis   *(Euphorbiaceae)*

26 % huile/graine
acides gras (% poids) :

palmitique	4
stéarique	2
oléique	10
linoléique	49
linolénique	30
gondoïque	4
autres	1

référence : KLEIMAN R. *et al*, 1965

CRYPTANTHA angustifolia   *(Boraginaceae)*

33 % huile/graine
acides gras (% poids) :

palmitique	9
stéarique	3
oléique	17
linoléique	23
linolénique	36
γ - linolénique	5
stéaridonique	6
gondoïque	1

référence : KLEIMAN R. *et al*, 1964

CRYPTANTHA barbigera   *(Boraginaceae)*

origine : Etats-Unis
33 % huile/graine
acides gras (% poids) :

palmitique	9

stéarique	3
oléique	19
linoléique	24
linolénique	36
γ - linolénique	4
stéaridonique	4
gondoïque	0,1
autres	2

référence : MILLER R.W. *et al*, 1968

CRYPTANTHA bradburiana   *(Boraginaceae)*

27 % huile/graine
acides gras (% poids) :

palmitique	8
stéarique	2
oléique	33
linoléique	13
linolénique	21
γ - linolénique	8
stéaridonique	10
gondoïque	3
érucique	2

référence : KLEIMAN R. *et al*, 1964

CRYPTANTHA grayi   *(Boraginaceae)*

29,2 % huile/graine
acides gras (% poids) :

palmitique	7,9
palmitoléique	0,2
stéarique	3,4
oléique	15,9
linoléique	21,4
linolénique	33,8
γ - linolénique	6,2
stéaridonique	9,6
arachidique	0,2
gondoïque	0,2

référence : WOLF R.B. *et al*, 1983 b

CRYPTOLEPSIS buchnani   *(Asclepiadaceae)*

origine : Inde
8,5 % huile/graine
1,7 % insaponifiable/huile
acides gras (% poids) :

palmitique	30,9
stéarique	6,5
oléique	5,5
linoléique	7,4
béhénique	0,8
lignocérique	3,0
9-oxo-12(Z) - octadécénoïque	45,9

référence : DAULATABAD C.D. *et al*, 1992 b

CRYPTOMERIA japonica   *(Taxodiaceae)*

origine : Japon
9,3 % huile/graine
acides gras (% poids) :

palmitique	6,1
heptadécanoïque	0,2
stéarique	2,6
oléique	9,6
asclépique	0,1
linoléique	22,4
pinoléique	0,3
linolénique	49,6
arachidique	0,3
gondoïque	0,5
éicosadiénoïque	0,9
éicosatriénoïque	2,0
(5Z,11Z,14Z,17Z) - éicosatetraénoïque	4,8
autres	0,6

référence : TAKAGI T. *et al*, 1982

CRYPTOSTEGIA grandiflora   *(Asclepiadaceae)*

origine : Inde
9,3 % huile/graine
0,9 % insaponifiable/huile
acides gras (% poids) :

palmitique	5,9
stéarique	4,1
oléique	52,3
linoléique	34,4
linolénique	1,8
arachidique	0,6
béhénique	0,9

référence : BADAMI R.C. *et al*, 1984 b

CUBEBA officinalis   *(Piperaceae)*

3,8 % huile/graine
acides gras (% poids) :

myristique	0,3
palmitique	16,5
palmitoléique	3,4
stéarique	1,7
oléique	41,5
linoléique	19,9
linolénique	16,6

référence : MANNAN A. *et al*, 1986

CUCUMEROPSIS edulis *(Cucurbitaceae)*

origine : Nigeria
34,3 % huile/graine
acides gras (% poids) :

palmitique	15,2
stéarique	10,6
oléique	21,0
linoléique	53,2

référence : GIRGIS P. *et al*, 1972

CUCUMEROPSIS manii   *(Cucurbitaceae)*

origine : Nigeria
33-40 % huile/graine
acides gras (% poids) :

palmitique	16,2 - 19,4
stéarique	10,9 - 12,3
oléique	0 - 12,9
linoléique	50,1 - 58,5
linolénique	0 - 19,7

références : ODERINDER R. *et al*, 1990 b
BADIFU G.I.O., 1991

CUCUMIS africanus   *(Cucurbitaceae)*

origine : Zambie
13 % huile/graine
acides gras (% poids) :

palmitique	9
stéarique	8
oléique	9
linoléique	74

référence : GUNSTONE F.D. *et al*, 1972

CUCUMIS melo   *(Cucurbitaceae)*

nom commun : melon
origine : Inde, France
34-50 % huile/graine
1 % insaponifiable/huile
acides gras (% poids) :

myristique	0 - 0,4
palmitique	10,5 - 12,5
stéarique	4,8 - 11,1
oléique	10,2 - 12,6
linoléique	64,1 - 71,4
9,11,13 - octadécatriénoïque	0 - 0,7
arachidique	0 - 0,6
béhénique	0 - 1,1

références : BADAMI R.C. *et al*, 1985
GHALEB M.L. *et al*, 1991

CUCURBITA   *(Cucurbitaceae)*

origine : Etats Unis

	C.andreana	C.cordata	C.digitata	C.ficifolia
% huile/graine :	39,4	16,1	20,2	27,6
ac.gras (% poids) :				
palmitique	19	10	10	14
stéarique	tr	7	5	5
oléique	34	38	24	57
linoléique	42	36	43	24
linolénique	15	-	-	-
punicique	-	9	18	-

référence : BEMIS W.P. *et al*, 1967 a

CUCURBITA foetidissima   *(Cucurbitaceae)*

origine : Etats-Unis
30,4-39,4 % huile/graine
acides gras (% poids) :

palmitique	6,6 - 24,4
stéarique	1,0 - 10,2
oléique	10,0 - 50,0
linoléique	38,0 - 77,2
octadécadiénoïque conjugué	0 - 2,8
octadécatriénoïque conjugué	0 - 0,1

références : BEMIS W.P. *et al*, 1967 a
VASCONCELLOS J.A. *et al*, 1980

CUCURBITA   *(Cucurbitaceae)*

origine : Etats-Unis

	C. gracilor	C. lundelliana	C. martinezi
% huile/graine :	27,7	13,7	32
acides gras (% poids) :			
palmitique	12	19	16
stéarique	8	8	7
oléique	40	22	34
linoléique	30	51	42

référence : BEMIS W.P. *et al*, 1967 a

CUCURBITA maxima   *(Cucurbitaceae)*

nom commun : citrouille, potiron
origine : Etats-Unis, France
31,9-37 % huile/graine
2,1 % insaponifiable/huile
acides gras (% poids) :

palmitique	13,1 - 16
stéarique	5,9 - 6
oléique	34,9 - 47
linoléique	31 - 45,4
9, 11, 13 - octadécatriénoïque	0 - 0,7

références : BEMIS W.P. *et al*, 1967 a
GHALEB M.L. *et al*, 1991

CUCURBITA   *(Cucurbitaceae)*

origine : Etats-Unis

	1	2	3	4	5
% huile/graine :	37,4	33,5	10,9	31,6	34,5
acides gras (% poids) :					
palmitique	12	19	26	8	16
stéarique	8	7	5	5	8
oléique	46	40	19	35	33
linoléique	34	34	50	35	43
linolénique	-	-	-	6	-
punicique	-	-	-	16	-

1 = CUCURBITA mixta   **4 = CUCURBITA palmata**
2 = CUCURBITA moschata   **5 = CUCURBITA palmeri**
3 = CUCURBITA okeechobeensis

référence : BEMIS W.P. *et al*, 1967 a

CUCURBITA pepo *(Cucurbitaceae)*

origine : Etats-Unis, Allemagne, France
31,9-50 % huile/graine
1,2 % insaponifiable/huile
acides gras (% poids) :

myristique	0 - 0,2
palmitique	11,0 - 14,7
palmitoléique	0 - 0,4
stéarique	5,6 - 6,3
oléique	12,8 - 47
linoléique	26 - 64,7
linolénique	0,2 - 9
punicique	0 - 0,7
arachidique	0 - 0,3
gondoïque	0 - 0,3
béhénique	0 - 0,6

références : BEMIS W.P. *et al*, 1967 a
VOGEL P., 1978
GHALEB M.L. *et al*, 1991

CUCURBITA *(Cucurbitaceae)*

origine : Etats-Unis

	C. sororia	C.texana
% huile/graine :	34,1	23,6
acides gras (% poids) :		
palmitique	14	8
stéarique	11	3
oléique	48	52
linoléique	26	37

référence : BEMIS W.P. *et al*, 1967 a

CUMINUM cyminum *(Apiaceae)*

origine : Pakistan
32 % huile/graine
acides gras (% poids) :

palmitique	3,1
stéarique	1,0
oléique	15,4
pétrosélinique	52,2
linoléique	27,9
autres	0,3

référence : KLEIMAN R. *et al*, 1982

CUPANIA anacardioides   *(Sapindaceae)*

origine : Inde
24 % huile/graine
acides gras (% poids) :

palmitique	11,7
palmitoléique	8,2
stéarique	6,2
oléique	9,6
linoléique	15,6
arachidique	2,0
gondoïque	46,0

référence : MUSTAFA J. *et al*, 1986 a

CUPHEA calaminthifolia *(Lythraceae)*

origine : Mexique
acides gras (% poids) :

caprique	43,7
myristique	4,1
palmitique	13,0
stéarique	1,5
oléique	12,5
linoléique	25,2

référence : WOLF R.B. *et al*, 1983 a

CUPHEA calophylla   *(Lythraceae)*

origine : Costa Rica, Brésil
acides gras (% poids) :

caprylique	0 - 0,1
caprique	5,0 - 15,1
laurique	76,6 - 85,0
myristique	2,5 - 6,8
palmitique	1,0 - 1,4
stéarique	0 - 0,1
oléique	0,5 - 2,4
linoléique	0 - 1,3

références : WOLF R.B. *et al*, 1983 a
GRAHAMS.A. *et al*, 1985

CUPHEA carthaginensis   *(Lythraceae)*

origine : Brésil
33 % huile/graine
acides gras (% poids) :

caprylique	0 - 3
caprique	5,3 - 18
laurique	57 - 81,4
myristique	4,7 - 8
palmitique	1,7 - 3
stéarique	0,2 - 0,7
oléique	2,7 - 5,9
linoléique	3,8 - 6,7
linolénique	0 - 0,2

références : MILLER R.W. *et al*, 1964 b
GRAHAM S.A. *et al*, 1985

CUPHEA diosmifolia   *(Lythraceae)*

origine : Brésil
acides gras (% poids) :

laurique	64,0
myristique	31,3
palmitique	1,8
stéarique	0,4
oléique	1,5
linoléique	1,0

référence : GRAHAM S.A. *et al*, 1985

CUPHEA   *(Lythraceae)*

	C.epilobiifolia	C.ferrisiae	C.flavovirens
origine :	Panama	Mexique	Mexique
acides gras (% poids) :			
caprylique	-	1,2	-
caprique	0,3	82,2	20,5
laurique	31,8	1,9	9,5
myristique	55,3	1,0	5,3
palmitique	5,2	3,2	15,2
stéarique	0,8	tr	2,2
oléique	1,2	2,7	21,6
linoléique	4,9	4,4	22,9
linolénique	0,1	6,4	1,1
arachidique	0,1	-	0,4
gondoïque	0,2	-	1,3

référence : WOLF R.B. *et al*, 1983 a

CUPHEA   *(Lythraceae)*

origine : Brésil

	C.fructicosa	C.glutinosa
acides gras (% poids) :		
caprylique	-	0 - 0,6
caprique	-	5,0 - 26,1

laurique	-	59,1 - 81,7
myristique	0,1	2,5 - 3,8
palmitique	16,8	1,3 - 3,0
stéarique	0,4	0,2 - 0,4
oléique	12,8	1,5 - 2,8
linoléique	67,2	5,2 - 5,7
linolénique	-	0,3 - 0,4
arachidique	2,0	-
gondoïque 0,7	-	

référence : GRAHAM S.A. *et al*, 1985

CUPHEA   *(Lythraceae)*

origine : Amérique du Sud

	C.hookeriana	C.ignea
% huile/graine :	16	34
acides gras (% poids) :		
caprylique	65	3
caprique	24	87
laurique	0,1	0,8
myristique	0,2	0,2
palmitique	2	2
stéarique	0,5	-
oléique	2	2
linoléique	6	4
linolénique	0,4	-

référence : MILLER R.W. *et al*, 1964 b

CUPHEA   *(Lythraceae)*

	C.infundibulum	C.jorullensis	C.koehneana
origine :	Costa Rica	Mexique	Mexique
acides gras (% poids) :			
caprylique	0,2	0,1	0,1
caprique	3,2	32,0	91,6
laurique	82,7	53,1	1,5
myristique	7,7	4,1	0,6
palmitique	1,7	1,5	1,3
stéarique	0,4	0,6	0,3
oléique	1,6	2,7	1,1
linoléique	2,4	5,0	3,1
linolénique	-	-	0,2
arachidique	-	0,1	0,1
gondoïque	-	0,1	0,1

référence : WOLF R.B. *et al*, 1983 a

CUPHEA linarioides   *(Lythraceae)*

origine : Brésil
acides gras (% poids) :

caprique	0,2
laurique	3,2
myristique	3,1
palmitique	17,7
stéarique	2,1
oléique	11,6
linoléique	62,1

référence : GRAHAM S.A. *et al*, 1985

CUPHEA lindmaniana   *(Lythraceae)*

origine : Brésil
acides gras (% poids) :

caprylique	0,1
caprique	0,5
laurique	0,6
myristique	0,6
palmitique	17,3
stéarique	1,6
oléique	18,2
linoléique	55,3
arachidique	4,1
gondoïque	1,7

référence : WOLF R.B. *et al*, 1983 a

CUPHEA linifolia   *(Lythraceae)*

origine : Brésil
acides gras (% poids) :

laurique	0,4
myristique	3,1
palmitique	17,9
stéarique	1,9
oléique	13,7
linoléique	62,5
linolénique	0,5

référence : GRAHAM S.A. *et al*, 1985

CUPHEA llavea   *(Lythraceae)*

origine : Etats-Unis
acides gras (% poids) :

caprylique	0,8
pélargonique	0 - 0,1
caprique	82,7 - 86,0
laurique	1,0 - 1,2
myristique	0,8
palmitique	2,0 - 2,6
stéarique	0,5
oléique	4,0 - 4,9
linoléique	4,0 - 6,3
linolénique	0 - 0,1

références : WILSON T.L. *et al*, 1960
MILLER R.W. *et al*, 1964 b

CUPHEA llavea var.miniata   *(Lythraceae)*

origine : Etats-Unis
25 % huile/graine
acides gras (% poids) :

caprylique	0,7
caprique	91,2
laurique	1,1
myristique	0,6
palmitique	1,1
stéarique	0,2
oléique	2,2
linoléique	2,6
linolénique	0,1

référence : LITCHFIELD C. *et al*, 1964

CUPHEA lutescens   *(Lythraceae)*

origine : Brésil
acides gras (% poids) :

caprylique	0 - 1,0
caprique	0,1 - 1,7
laurique	65,5 - 76,3
myristique	19,3 - 26,3
palmitique	1,6 - 2,7
stéarique	0 - 0,2
oléique	1,1 - 1,8
linoléique	0,9 - 1,2
linolénique	0 - 0,4

références : WOLF R.B. *et al*, 1983 a
GRAHAMS.A. *et al*, 1985

CUPHEA melvilla   *(Lythraceae)*

origine : Brésil
acides gras (% poids) :

caprique	0,3
laurique	46,2
myristique	13,1
palmitique	8,7
stéarique	1,5
oléique	11,8
linoléique	17,2
linolénique	1,2

référence : GRAHAM S.A. *et al*, 1985

CUPHEA painteri   *(Lythraceae)*

36 % huile/graine
acides gras (% poids) :

caproïque	0 - 0,2
caprylique	66 - 73
caprique	20 - 24
laurique	0,2 - 1
myristique	0,3 - 1
palmitique	2
stéarique	0 - 0,4
oléique	2 - 6
linoléique	0 - 2

références : MILLER R.W. *et al*, 1964 b
ROBBELEN G., 1984

CUPHEA   *(Lythraceae)*

	C.palustris	C.parsonia	C.paucipetala
acides gras (% poids) :			
caprylique	20	-	2
caprique	2	10	88
laurique	2	74	2
myristique	64	6	1
palmitique	6	2	2
oléique	6	8	5

référence : ROBBELEN G., 1984

CUPHEA   *(Lythraceae)*

origine : Brésil

	C.polymorphoides	C.pseudovaccinium
acides gras (% poids) :		
caprylique	-	0 - 0,5
caprique	7,4	3,3 - 10,0

laurique	80,1	68,8 - 83,0
myristique	3,6	5,1 - 8,0
palmitique	2,0	0,8 - 5,5
stéarique	0,1	0 - 1,7
oléique	2,5	0,6 - 6,5
linoléique	4,3	0,5 - 2,9

référence : GRAHAM S.A. *et al*, 1985

CUPHEA   *(Lythraceae)*

origine : Mexique

	C.purpurescens	**C.quaternata**
acides gras (% poids) :		
caprylique	2,2	0,1
caprique	-	62,9
laurique	0,9	8,2
myristique	3,1	15,6
palmitique	19,0	4,1
stéarique	2,2	0,5
oléique	17,2	2,2
linoléique	17,6	5,1
linolénique	36,1	1,4

référence : WOLF R.B. *et al*, 1983 a

CUPHEA racemosa   *(Lythraceae)*

acides gras (% poids) :

palmitique	16
stéarique	1
oléique	77
autres	6

référence : ROBBELEN G., 1984

CUPHEA sclerophylla   *(Lythraceae)*

origine : Brésil
acides gras (% poids) :

laurique	59,7
myristique	27,6
palmitique	5,3
stéarique	0,2
oléique	2,1
linoléique	5,1

référence : GRAHAM S.A. *et al*, 1985

CUPHEA (Lythraceae)

origine : ac.gras (% poids) :	1 Brésil	2 Mexique	3 Brésil	4 Brésil	5 Nicaragua
caprylique	1,1	0,6	0,9	-	-
caprique	-	0,2	18,1	-	0,4
laurique	10,2	1,2	13,8	33,7	32,4
myristique	36,6	2,7	37,3	45,2	51,0
palmitique	19,1	15,1	10,3	7,0	7,0
stéarique	9,9	1,2	1,3	0,8	0,9
oléique	23,1	26,0	7,3	5,2	1,5
linoléique	-	22,2	11,0	7,1	6,4
linolénique	-	30,8	-	0,8	0,4
arachidique	-	-	-	0,2	0,1

1 = CUPHEA sessilifolia   **4 = CUPHEA strigulosa, ssp.opaca**
2 = CUPHEA spectabilis   **5 = CUPHEA tetrapetala**
3 = CUPHEA strigulosa, ssp.nitens

	6	7	8	9	10
caprylique	-	-	-	0,2	9,1
caprique	0,4	0,1	0,4	0,3	75,5
laurique	55,8	61,8	71,2	59,9	3,0
myristique	7,0	24,7	18,0	31,4	1,3
palmitique	9,4	3,0	2,6	2,1	3,1
stéarique	1,7	0,2	0,2	0,2	0,3
oléique	7,9	2,8	2,4	1,9	1,9
linoléique	17,4	7,1	5,0	4,0	4,7
linolénique	0,4	0,2	-	-	0,5
arachidique	-	0,1	0,1	-	0,3
gondoïque	-	0,1	0,1	-	0,4

6 = CUPHEA thymoides   **9 = CUPHEA viscosa**
7 = CUPHEA trochilus   **10 = CUPHEA viscosissima**
8 = CUPHEA vesiculigera

référence : WOLF R.B. *et al*, 1983 a

CUPHEA wrightii (Lythraceae)

origine : Brésil
26,5 % huile/graine
aides gras (% poids) :

caprique	33,0
laurique	54,6
myristique	3,2
palmitique	1,4
stéarique	0,3
oléique	2,3
linoléique	3,9

linolénique	0,1
arachidique	0,1
éicosadiénoïque	0,2
autres	0,9

référence : UCCIANI E. *et al*, 1985

CUPRESSUS *(Cupressaceae)*

	1	2	3	4	5	6	7
origine :	E.Unis	Inde	Chine	Inde	E.Unis	Inde	Inde
% huile/graine :	3	2,7	2,5	2,0	2,3	4,5	2,5
% insapo/huile :	0,7	1,1	0,8	1,1	0,9	1,5	0,9
ac.gras (% poids) :							
caprique	-	-	-	1,0	0,4	-	0,8
laurique	0,8	3,2	2,2	0,6	0,7	0,2	0,9
myristique	3,2	0,9	1,5	2,5	2,7	0,7	2,3
palmitique	8,4	2,9	5,1	7,4	8,5	5,1	8,7
stéarique	3,5	8,3	6,3	1,5	2,7	3,5	3,0
oléique	14,5	17,0	21,8	14,3	12,2	13,4	11,2
linoléique	66,1	54,7	55,7	70,9	71,6	75,2	70,9
arachidique	1,7	7,7	3,9	0,8	0,6	0,9	1,2
béhénique	1,8	5,3	3,5	1,0	0,6	1,0	1,0

1 = CUPRESSUS arizonica   **5 = CUPRESSUS macrocarpa**
2 = CUPRESSUS cashmeriana   **6 = CUPRESSUS sempervirens**
3 = CUPRESSUS funebris   **7 = CUPRESSUS torulasa**
4 = CUPRESSUS lusitanica

référence : DAULATABAD C.D. *et al*, 1989 a

CURUPIRA tefeensis   *(Olacaceae)*

origine : Brésil
65,5 % huile/graine
acides gras (% poids) :

myristique	0,6
palmitique	3,7
stéarique	0,3
oléique	28,4
linoléique	1,1
linolénique	0,4
arachidique	0,3
gondoïque	0,7
béhénique	1,3
érucique	34,9
lignocérique	7,8
nervonique	13,4
montanique	3,0
héxacosénoïque	0,9

référence : SPITZER V. *et al*, 1990

CUSPIDARIA pterocarpa   *(Bignoniaceae)*

56,7 % huile/graine
acides gras (% poids) :

palmitique	2,6
stéarique } oléique	68,3
arachidique	5,2
béhénique	0,9
15-oxo - (18Z) - tetracosénoïque	5,4
17-oxo - (20Z) - hexacosénoïque	13,4
19-oxo - (22Z) - octacosénoïque	3,3

référence : Smith C.R., 1966

CYAMOPSIS tetragonoloba   *(Fabaceae)*

nom commun : guar
origine : Inde
7 % huile/graine
2 % insaponifiable/huile
acides gras (% poids) :

palmitique	17,9
stéarique	5,8
oléique	29,0
linoléique	47,2

référence : Singh S.P. *et al*, 1981

CYCAS revoluta   *(Cycadaceae)*

origine : Chine
0,5 % huile/graine
acides gras (% poids) :

myristique	0,2
pentadécanoïque	0,1
palmitique	15,2
palmitoléique	0,9
heptadécanoïque	0,1
stéarique	3,8
oléique	34,5
asclépique	0,3
linoléique	32,7
(5Z,9Z) - octadécadiénoïque	0,5
(5Z,11Z) - octadécadiénoïque	0,3
linolénique	3,7
pinoléique	0,6
arachidique	2,4
gondoïque	0,4
éicosadiénoïque	1,3

éicosatriénoïque	1,7
bé hénique	1,0
autres	0,3

référence : TAKAGI T. *et al*, 1982

CYNARA cardunculus   *(Asteraceae)*

nom commun : cardon
origine : France
18,1 % huile/graine
0,8 % insaponifiable/huile
acides gras (% poids) :

myristique	0,1
palmitique	9,6
stéarique	3,6
oléique	35,8
linoléique	48,8
linolénique	0,1
arachidique	0,4
gondoîque	0,2
autres	1,4

référence : UCCIANI E. *et al*, 1988

CYNOGLOSSUM amabile   *(Boraginaceae)*

25 % huile/graine
acides gras (% poids) :

palmitique	10
stéarique	2
oléique	28
linoléique	25
linolénique	4
γ - linolénique	11
stéaridonique	0,7
gondoïque	5
érucique	7

référence : KLEIMAN R. *et al*, 1964

CYNOGLOSSUM   *(Boraginaceae)*

origine : Etats-Unis

	C.creticum	C.lanceolatum
% huile/graine :	42	25
acides gras (% poids) :		
palmitique	5	11
stéarique	0,9	4

oléique	63	39
linoléique	2	20
linolénique	11	2
γ -linolénique	0,2	13
stéaridonique	0,8	0,8
gondoïque	6	3
érucique	12	4
autres	0,5	2

référence : MILLER R.W. *et al*, 1968

CYNOGLOSSUM nervosum   *(Boraginaceae)*

24,2 % huile/graine
acides gras (% poids) :

palmitique	10,1
palmitoléique	0,4
stéarique	1,9
oléique	32,7
linoléique	21,7
linolénique	7,0
γ -linolénique	7,8
stéaridonique	3,1
arachidique	1,6
gondoïque	4,7
béhénique	0,7
érucique	5,3

référence : WOLF R.B. *et al*, 1983 b

CYNOGLOSSUM   *(Boraginaceae)*

	C.officinale	C.pictum
% huile/graine :	21	22
acides gras (% poids) :		
palmitique	6	6
stéarique	1	1
oléique	34	47
linoléique	26	12
linolénique	7	9
γ - linolénique	6	3
stéaridonique	3	0,2
gondoïque	5	6
érucique	8	8
autres	5	7

référence : KLEIMAN R. *et al*, 1964

CYNOGLOSSUM zeylanicum   *(Boraginaceae)*

origine : Inde
28 % huile/graine
acides gras (% poids) :

myristique	0,4
palmitique	11,8
stéarique	2,8
oléique	33,5
linoléique	20,0
linolénique	10,5
stéaridonique	2,7
arachidique	10,3
béhénique	8,0

référence : NASIRULLAH *et al*, 1980

CYPERUS esculentus   *(Cyperaceae)*

nom commun : souchet
origine : Zaïre
17 % huile/graine
acides gras (% poids) :

myristique	0,4
palmitique	20,6
stéarique	8,9
oléique	58,8
linoléique	10,0
linolénique	1,2
arachidique	0,1

référence : KABELE NGIEFU C. *et al*, 1976 a

CYPERUS   *(Cyperaceae)*

origine : Inde

	C.iria	C.rotundus
% huile/graine :	10	6,6
acides gras (% poids) :		
palmitique	16,6	43,7
palmitoléique	-	0,4
stéarique	1,7	2,4
oléique 35,2	34,3	
linoléique	46,5	18,9

référence : AHMAD F. *et al*, 1978

DACRYODES costata   *(Burseraceae)*

origine : Malaisie
44,8 % huile/pulpe
acides gras (% poids) :

myristique	0,2
pentadécanoïque	0,1
palmitique	64,1
palmitoléique	0,7
heptadécanoïque	0,2
stéarique	1,6
oléique	27,4
asclépique	1,5
linoléique	3,8
linolénique	0,2
gondoïque	0,2

référence : SHUKLA V.K.S. *et al*, 1993

DACRYODES edulis   *(Burseraceae)*

nom commun : safoutier
origine : Cameroun, Nigeria
31,9 - 44,5 % huile/graine
acides gras (% poids) :

laurique	0,1 - 0,4
myristique	0 - 0,1
palmitique	36,5 - 47,9
palmitoléique	0 - 0,1
stéarique	2,1 - 5,5
oléique	31,2 - 33,9
linoléique	17,5 - 24,0
linolénique	0 - 0,3
arachidique	0 - 0,2

références : UCCIANI E. *et al*, 1963 b
OMOTI U. *et al*, 1987

DACRYODES rostrata   *(Burseraceae)*

origine : Malaisie
32 - 36,5 % huile/graine
acides gras (% poids) :

myristique	0 - 1,0
palmitique	12,5 - 12,7
heptadécanoïque	0 - 0,1
stéarique	30,9 - 45,7
oléique	37,5 - 49,5
linoléique	2,1 - 2,8
linolénique	0 - 0,3

arachidique   1,3 - 3,1
béhénique   0 - 0,1

références : BANERJI R. et al, 1984
SHUKLA V.K.S. et al, 1993

DALBERGIA melanoxylon   *(Fabaceae)*

origine : Inde
13,8 % huile/graine
2,6 % insaponifiable/huile
acides gras (% poids) :

palmitique	16,5
heptadécanoïque	0,4
stéarique	6,2
oléique	17,7
linoléique	49,8
linolénique	3,7
béhénique	5,7

référence : KITTUR M.H. et al, 1987

DAPHNIPHYLLUM   *(Euphorbiaceae)*

	D.humile	D.macropodium
% huile/graine :	35	37
acides gras (% poids) :		
palmitique	9	12
stéarique	4	4
oléique	58	55
linoléique	28	28
linolénique	0,2	0,4
autres	0,4	0,3

référence : KLEIMAN R. et al, 1965

DAUCUS   *(Apiaceae)*

origine : Israël

	D.aureus	D.broteri
% huile/graine :	22,6	18,6
acides gras (% poids) :		
palmitique	4,4	6,1
stéarique	0,8	0,3
oléique	7,4	5,3
pétrosélinique	75,7	75,1
linoléique	11,1	11,6
linolénique	-	0,5
autres	0,6	1,0

référence : KLEIMAN R. et al, 1982

DAUCUS carota   *(Apiaceae)*

nom commun : carotte
origine : Etats-Unis, Espagne, Israël, Allemagne
17,7 - 27,2 % huile/graine
acides gras (% poids) :

palmitique	3,6 - 6,1
palmitoléique	0 - 1,4
stéarique	0,2 - 1,1
oléique	2,4 - 12,2
pétrosélinique	65,5 - 72,5
asclépique	0 - 0,4
linoléique	10,6 - 12,2
linolénique	0 - 0,4
arachidique	0 - 0,1
gondoïque	0 - 0,3
autres	0 - 0,9

références : KLEINMAN R. *et al*, 1982
NASIRULLAH *et al*, 1984

DAUCUS   *(Apiaceae)*

	1	2	3	4	5	6
origine :	Espagne	Turquie	Israël	Espagne	Et.Unis Uruguay	Espagne
% huile/graine :	12	23,3	10,4	11	22	16
ac.gras (% poids) :						
palmitique	5,0	4,2	5,5	5,1	4,2-4,3	9,1
stéarique	0,1	2,6	0,3	1,1	0,2-1,5	1,5
oléique	9,7	15,9	4,2	7,4	4,3-9,6	12,6
pétrosélinique	74,3	65,0	79,7	74,8	70,6-80,1	50,9
linoléique	10,8	11,6	9,5	10,8	10,8-13,4	25,1
linolénique	-	0,1	-	-	0-0,1	-
autres	-	0,6	0,4	0,7	0,1-0,3	0,7

1 = DAUCUS crinitus   **4 = DAUCUS muricatus**
2 = DAUCUS guttatus   **5 = DAUCUS pusillus**
3 = DAUCUS littoralis   **6 = DAUCUS setifolius**

référence : KLEIMAN R. *et al*, 1982

DAVIDIA involucrata   *(Davidiaceae)*

origine : Etats-Unis
39,5 % huile/graine
acides gras (% poids) :

palmitique	4,8
stéarique	1,5
oléique	18,5

linoléique	32,1
linolénique	42,0
autres	1,1

référence : KLEIMAN R. *et al*, 1982

DELONIX elata   *(Caesalpiniaceae)*

origine : Inde
7,2 - 13,5 % huile/graine
1 % insaponifiable/huile
acides gras (% poids) :

myristique	0 - 0,4
palmitique	18,8 - 23,4
stéarique	13,7 - 14,6
oléique	12,9 - 18,2
linoléique	45,0 - 48,7
malvalique	0 - 1,7
sterculique	0 - 1,3
arachidique	0 - 1,8

références : CHOWDHURY A.R. *et al*, 1986 b
DAULATABAD C.D. *et al*, 1987 b

DELONIX regia   *(Caesalpiniaceae)*

nom commun : flamboyant
origine : Zaïre, Réunion, Inde
2,6 - 9 % huile/graine
acides gras (% poids) :

myristique	0 - 0,1
myristoléique	0 - 0,1
palmitique	13,4 - 14,4
palmitoléique	0,1 - 0,8
hexadécadiénoïque	0 - 0,1
stéarique	6,5 - 10,4
oléique	12,4 - 16,5
linoléique	57,3 - 61,0
linolénique	0 - 1,1
arachidique	0 - 1,4
lignocérique	0 - 2,9

références : KABELE NGIEFU C. *et al*, 1977 b
GUERERE M. *et al*, 1984
CHOWDHURY A.R. *et al*, 1986 b

DELPHINIUM ajacis   *(Ranunculaceae)*

nom commun : dauphinelle des jardins
origine : Canada, Japon
21 - 29 % huile/graine

1,9 % insaponifiable/huile
acides gras (% poids) :

palmitique	3,3 - 3,7
palmitoléique	0,2 - 0,5
stéarique	0,9 - 1,2
oléique	36,0 - 59,9
asclépique	0 - 1,7
linoléique	14,2 - 47,6
linolénique	1,4 - 1,9
arachidique	0 - 0,1
gondoïque	7,1 - 18,5
éicosadiénoïque	0,2 - 0,7

références : COXWORTH E.C.M., 1965
TAKAGI T. *et al*, 1983

DENDROPANAX trifidus   *(Araliaceae)*

origine : Japon
34 % huile/graine
acides gras (% poids) :

palmitique	3,7
stéarique	0,8
oléique	3,7
pétrosélinique	83,3
linoléique	7,3
linolénique	0,7
autres	0,4

référence : KLEIMAN R. *et al*, 1982

DESCURAINIA bourgaena   *(Brassicaceae)*

origine : Canaries
36,6 % huile/graine
acides gras (% poids) :

palmitique	9,6
stéarique	2,1
oléique	14,8
linoléique	20,2
linolénique	28,2
gondoïque	4,7
érucique	10,3

référence : KUMAR P.R. *et al*, 1978

DESCURAINIA pinnata   *(Brassicaceae)*

38 % huile/graine
acides gras (% poids) :

palmitique	8
stéarique	3
oléique	10
linoléique	18
linolénique	31
arachidique	2
gondoïque	13
éicosadiénoïque	1
béhénique	0,2
érucique	11
autres	1,1

référence : MILLER R.W. *et al*, 1965

DESCURAINIA sophia   *(Brassicaceae)*

origine : Amérique du Nord
35-39,5 % huile/graine
acides gras (% poids) :

myristique	0 - 0,1
palmitique	6 - 6,7
palmitoléique	0,1 - 0,5
stéarique	1,8 - 2
oléique	12,2 - 14
linoléique	17 - 19,9
linolénique	37 - 37,4
arachidique	0,7 - 1
gondoïque	9 - 12,5
éicosadiénoïque	0,9 - 1
éicosatriénoïque	0 - 2
béhénique	0,2 - 0,3
érucique	8,7 - 9
docosadiénoïque	0 - 0,5

références : MIKOLAJCZAK K.L. *et al*, 1961
DAUN J.K. *et al*, 1976

DESMODIUM gangeticum   *(Fabaceae)*

origine : Inde
10,1 % huile/graine
acides gras (% poids) :

myristique	0,7
pentadécanoïque	0,4
palmitique	18,4
heptadécanoïque	0,3
stéarique	3,4
oléique	13,0
linoléique	38,2
linolénique	8,9

arachidique	7,1
béhénique	9,2

référence : CHOWDHURY A.R. *et al*, 1986

DESPLATZIA dewevrei   *(Tiliaceae)*

origine : Zaïre
20,4 % huile/graine
acides gras (% poids) :

myristique	0,2
palmitique	37,8
stéarique	7,4
oléique	18,1
linoléique	35,0
arachidique	1,5

référence : FOMA M. *et al*, 1985

DEVERRA aphylla   *(Apiaceae)*

27 % huile/graine
acides gras (% poids) :

palmitique	3,2
stéarique	0,2
oléique	3,4
pétrosélinique	84,7
linoléique	8,0
autres	0,4

référence : KLEIMAN R. *et al*, 1982

DILLENIA indica   *(Dilleniaceae)*

origine : Singapour
23 % huile/graine
acides gras (% poids) :

laurique	8
myristique	42
palmitique	10
stéarique	2
oléique	21
linoléique	17

référence : GUNSTONE F.D. *et al*, 1972

DIMORPHOTECA sinuata   *(Asteraceae)*

origine : Etats-Unis
acides gras (% poids) :

palmitique	2,5
stéarique	2
oléique	10
linoléique	14
dimorphécolique	66,5
autres	5

référence : BINDER R.G. *et al*, 1964

DIOSCOREA   *(Dioscoreaceae)*

origine : Inde

	D. anguina	**D. oppositifolia**
% huile/graine :	2,1	4,0
% insaponifiable/huile :	2,0	1,9
acides gras (% poids) :		
caprique	-	0,4
laurique	-	0,4
myristique	0,3	1,3
palmitique	12,8	21,1
stéarique	5,7	4,9
oléique	25,8	49,4
linoléique	54,1	19,5
arachidique	0,8	1,3
béhénique	0,5	1,7

référence : DAULATABAD C.D. *et al*, 1983

DIOSCOREOPHYLLUM cumminsii   *(Menispermaceae)*

origine : Afrique
26 % huile/graine
acides gras (% poids) :

myristique	0,1
palmitique	1,4
palmitoléique	0,9
stéarique	4,6
oléique	1,1
(5Z) - octadécénoïque	84,9
asclépique	0,9
linoléique	5,2
linolénique	0,3
arachidique	0,2
gondoïque	0,2
érucique	0,2

référence : SPENCER G.F. *et al*, 1972

DIOSPYROS australis   *(Ebenaceae)*

origine : Australie
3,0 % huile/graine
acides gras (% poids) :

laurique	0,2
myristique	1,4
myristoléique	0,3
pentadécanoïque	0,9
palmitique	22,6
palmitoléique	1,0
stéarique	3,7
oléique	24,5
linoléique	38,9
linolénique	2,2
arachidique	1,1
gondoïque	2,2
éicosadiénoïque	0,1
béhénique	0,7

référence : VICKERY J.R., 1980

DIOSPYROS   *(Ebenaceae)*

origine : Madagascar

	D. haplostylis	D. megasepala
% huile/graine :	11,2	11,3
acides gras (% poids) :		
laurique	-	0,7
myristique	1,2	0,7
palmitique	24,0	15,2
stéarique	7,7	6,3
oléique	24,4	19,8
linoléique	27,9	19,1
linolénique	4,4	3,1
arachidique	0,8	0,6
gondoïque	0,6	0,5
béhénique	-	0,8
autres	9,0	33,2

référence : GAYDOU E.M. *et al*, 1983 a

DIOSPYROS puncticulosa   *(Ebenaceae)*

origine : Malaisie
7,1 % huile/graine
acides gras (% poids) :

laurique	5,6
myristique	65,5

palmitique	12,0
stéarique	0,8
oléique	8,0
linoléique	5,7
linolénique	0,6
γ - linolénique	0,7
béhénique	0,2
lignocérique	0,9

référence : SHUKLA V.K.S. *et al*, 1993

DIPLOCYCLOS palmatus   *(Cucurbitaceae)*

origine : Inde
23 % huile/graine
acides gras (% poids) :

palmitique	8,1
stéarique	4,9
oléique	4,9
linoléique	43,9
punicique	38,2

référence : GOWRIKUMAR G. *et al*, 1981

DIPLOTAXIS acris   *(Brassicaceae)*

32 % huile/graine
acides gras (% poids) :

palmitique	7
stéarique	2
oléique	27
linoléique	16
linolénique	12
arachidique	2
gondoïque	11
éicosadiénoïque	0,9
béhénique	1
érucique	18
autres	1,8

référence : MILLER R.W. *et al*, 1965

DIPLOTAXIS assurgens   *(Brassicaceae)*

origine : Maroc
27,8 % huile/graine
acides gras (% poids) :

palmitique	12,2
stéarique	2,7
oléique	9,2

linoléique	16,4
linolénique	30,6
gondoïque	6,5
érucique	22,6

référence : KUMAR P.R. *et al*, 1978

DIPLOTAXIS catholica   *(Brassicaceae)*

origine : Etats-Unis, Espagne
30,8-31 % huile/graine
acides gras (% poids) :

palmitique	9,0
stéarique	3 - 4,3
oléique	11,4 - 12
linoléique	15,8 - 17
linolénique	31 - 32,2
arachidique	0 - 2
gondoïque	2,6 - 5
éicosadiénoïque	0 - 0,6
érucique	18 - 24,4
nervonique	0 - 0,8

références : MILLER R.W. *et al*, 1965
KUMAR P.R. *et al*, 1978

DIPLOTAXIS erucoides   *(Brassicaceae)*

origine : Etats-Unis, Algérie
32-37 % huile/graine
acides gras (% poids) :

palmitique	8 - 9,0
stéarique	3 - 3,7
oléique	10 - 12,7
linoléique	17 - 17,1
linolénique	30 - 36,1
arachidique	0 - 1
gondoïque	3,7 - 4
éicosadiénoïque	0 - 0,9
béhénique	0 - 1
érucique	17,7 - 19
nervonique	0 - 0,1
autres	0 - 5

références : MILLER R.W. *et al*, 1965
KUMAR P.R. *et al*, 1978

DIPLOTAXIS griffithii   *(Brassicaceae)*

40 % huile/graine
acides gras (% poids) :

palmitique	7
stéarique	3
oléique	18
linoléique	11
linolénique	23
arachidique	2
gondoïque	10
éicosadiénoïque	0,6
béhénique	1
érucique	24
autres	0,8

référence : MILLER R.W. *et al*, 1965

DIPLOTAXIS   *(Brassicaceae)*

origine : Maroc

	D. harra	**D. muralis**
% huile/graine :	36,3	30,9
acides gras (% poids) :		
palmitique	10,2	11,1
stéarique	1,8	2,8
oléique	13,4	10,6
linoléique	16,3	19,7
linolénique	25,5	29,6
érucique	25,0	19,0
autres	0,8	-

référence : KUMAR P.R. *et al*, 1978

DIPLOTAXIS siifolia   *(Brassicaceae)*

origine : Etats-Unis, Maroc
31,3-33 % huile/graine
acides gras (% poids) :

palmitique	4,1 - 7
stéarique	2,0
oléique	9,0 - 10
linoléique	16 - 18,1
linolénique	15,1 - 36
arachidique	0 - 2
gondoïque	6 - 6,7
éicosadiénoïque	0 - 0,7
béhénique	0 - 0,8
érucique	16 - 44,9
nervonique	0 - 1
autres	0 - 3

références : MILLER R.W. *et al*, 1965
KUMAR P.R. *et al*, 1978

DIPLOTAXIS tenuisiliqua *(Brassicaceae)*

origine : Maroc
30,3 % huile/graine
acides gras (% poids) :

palmitique	6,3
stéarique	2,5
oléique	7,7
linoléique	14,6
linolénique	19,0
gondoïque	4,7
érucique	19,2
docosadiénoïque	22,5
autres	3,4

référence : KUMAR P.R. *et al*, 1978

DIPLOTAXIS virgata *(Brassicaceae)*

origine : Etats-Unis, Espagne
23,4-33 % huile/graine
acides gras (% poids) :

palmitique	11 - 11,7
stéarique	1,0 - 3
oléique	14 - 15,1
linoléique	14 - 14,9
linolénique	30,0 - 37
arachidique	0 - 2
gondoïque	3,5 - 7
éicosadiénoïque	0 - 1
béhénique	0 - 0,6
érucique	11 - 23,6
autres	0 - 1,7

références : MILLER R.W. *et al*, 1965
KUMAR P.R. *et al*, 1978

DITHYREA californica *(Brassicaceae)*

14 % huile/graine
acides gras (% poids) :

palmitique	6
stéarique	5
oléique	19
linoléique	21
linolénique	8
arachidique	3
gondoïque	35
éicosadiénoïque	2
béhénique	0,2

érucique	0,4
autres	1,2

référence : MILLER R.W. *et al*, 1965

DODONEA attenuata   *(Sapindaceae)*

origine : Australie
19,2 % huile/graine
acides gras (% poids) :

palmitique	9,2
palmitoléique	0,1
stéarique	3,3
oléique	19,0
linoléique	59,7
linolénique	0,5
arachidique	3,1
gondoïque	0,9
béhénique	1,3
érucique	0,1
autres	2,8

référence : RAO K.S. *et al*, 1992 a

DODONEA boroniifolia   *(Sapindaceae)*

origine : Australie
13,9-18,2 % huile/graine
acides gras (% poids) :

palmitique	11,1 - 13,7
palmitoléique	0,3 -
stéarique	2,7 - 4,7
oléique	19,3 - 19,5
linoléique	57,3 - 63,0
linolénique	0,5
dihydrosterculique	0 - 1,4
arachidique	2,3 - 2,4
gondoïque	0 - 0,4
béhénique	0 - 0,3
autres	0 - 1,6

références : VICKERY J.R., 1980
RAO K.S. *et al*, 1992 a

DODONEA   *(Sapindaceae)*

origine : Australie

	1	2	3	4	5
% huile/graine :	10,4	22,5	14,7	14,1	16,9
acides gras (% poids) :					
palmitique	11,7	8,4	10,4	14,6	13,5
palmitoléique	0,6	0,6	0,7	0,9	0,6

	1	2	3	4	5
stéarique	3,0	3,6	5,1	2,3	3,9
oléique	22,9	21,4	18,4	21,3	17,3
linoléique	54,8	58,8	56,6	53,8	57,9
linolénique	0,7	1,0	0,9	1,8	0,8
arachidique	2,6	2,7	3,3	1,8	2,3
gondoique	1,2	0,7	0,6	0,8	0,6
béhénique	1,0	0,1	1,2	0,7	0,7
érucique	0,3	0,1	0,1	-	-
autres	1,3	1,6	2,7	2,0	2,0

1 = DODONEA concinna   **4 = DODONEA hackettiana**
2 = DODONEA cuneata   **5 = DODONEA hirsuta**
3 = DODONEA filifolia

référence : RAO K.S. *et al*, 1992 a

DODONEA lanceolata   *(Sapindaceae)*

15,4 % huile/graine
acides gras (% poids) :

palmitique	13
stéarique	3
oléique	24
linoléique	55
arachidique	5

référence : HOPKINS C.Y. *et al*, 1967

DODONEA peduncularis   *(Sapindaceae)*

origine : Australie
16,6 % huile/graine
acides gras (% poids) :

palmitique	9,9
palmitoléique	0,5
stéarique	3,6
oléique	18,2
linoléique	59,9
linolénique	0,9
arachidique	2,7
gondoîque	0,6
béhénique	0,9
autres	2,8

référence : RAO K.S. *et al*, 1992 a

DODONEA petiolaris   *(Sapindaceae)*

origine : Australie
11,7-16,2 % huile/graine
acides gras (% poids) :

palmitique	4,7 - 12,4
palmitoléqiue	0,6 - 0,8
stéarique	5,7 - 6,4
oléique	23,3 - 24,7
linoléique	43,6 - 48,3
linolénique	0,5 - 0,6
dihydrosterculique	0 - 4,1
arachidique	1,4 - 4,3
gondoïque	0 - 0,8
éicosadiénoïque	0 - 1,3
béhénique	0 - 3,3
érucique	0 - 1,0
autres	0 - 2,4

références : VICKERY J.R., 1980
RAO K.S. *et al*, 1992 a

DODONEA triangularis   *(Sapindaceae)*

origine : Australie
6,9-8,8 % huile/graine
acides gras (% poids) :

myristique	0 - 0,3
palmitique	9,6 - 12,3
palmitoléique	0 - 0,6
stéarique	3,3 - 4,7
oléique	19,5 - 21,0
linoléique	57,1 - 59,9
linolénique	0,6 - 1,7
arachidique	1,9 - 3,6
gondoïque	0 - 0,6
éicosadiénoïque	0 - 0,2
béhénique	0 - 1,9
autres	0 - 0,8

références : VICKERY J.R., 1980
RAO K.S. *et al*, 1992 a

DODONEA triquetra   *(Sapindaceae)*

origine : Australie
12,2-17,8 % huile/graine
acides gras (% poids) :

palmitique	10,1 - 13,7
palmitoléique	0,2 - 0,7
stéarique	2,6 - 4,2
oléique	17,8 - 22,6
linoléique	54,4 - 57,1
linolénique	0,8 - 2,0
malvalique	0 - 0,6
dihydrosterculique	0 - 1,8

sterculique	0 - 0,1
arachidique	0,6 - 4,0
gondoïque	0,8 - 0,9
érucique	0 - 1,7
autres	0 - 3,3

références : VICKERY J.R., 1980
RAO K.S. *et al*, 1992 a

DODONEA truncatiales   *(Sapindaceae)*

origine : Australie
14,3-18,7 % huile/graine
acides gras (% poids) :

palmitique	8,6 - 9,6
palmitoléique	0,3 - 1,0
stéarique	4,1 - 4,2
oléique	18,7 - 18,8
linoléique	60,0 - 63,9
linolénique	0,6 - 0,9
dihydrosterculique	0 - 2,6
arachidique	1,8 - 2,7
gondoique	0 - 0,7
éicosadiénoïque	0 - 0,8
béhénique	0 - 0,8
érucique	0 - 0,6
autres	0 - 1,9

références : VICKERY J.R., 1980
RAO K.S. *et al*, 1992 a

DODONEA viscosa   *(Sapindaceae)*

nom commun : reinette
origine : Inde, Australie
14,3 - 25 % huile/graine
acides gras (% poids) :

palmitique	10,3 - 16,9
palmitoléique	0 - 2,0
stéarique	2,7 - 3,7
oléique	21,9 - 35,5
linoléique	43,2 - 59
linolénique	0 - 2,3
dihydrosterculique	0 - 1,5
arachidique	0 - 4,5
gondoïque	0 - 1,7
éicosadiénoïque	0 - 1,4

références : HOPKINS C.Y. *et al*, 1967
SHERWANI M.R.K. *et al*, 1979
VICKERY J.R., 1980

DOLICHOS biflorus   *(Fabaceae)*

origine : Inde
1,1 % huile/graine
acides gras (% poids) :

caprique	0,5
laurique	0,8
myristique	0,4
palmitique	32,5
heptadécanoïque	0,8
stéarique	0,4
oléique	3,9
linoléique	13,0
linolénique	16,5
arachidique	5,0
béhénique	7,5
érucique	11,5
lignocérique	7,0

référence : AHMAD R. *et al*, 1986 a

DOMBEYA spectabilis   *(Sterculiaceae)*

origine : Madagascar
10 % huile/graine
acides gras (% poids) :

myristique	0,2
palmitique	16,3
palmitoléique	0,4
heptadécénoïque	0,3
stéarique	0,6
oléique	16,2
linoléique	45,8
linolénique	3,3
asclépique	
dihydromalvalique	1,5
dihydrosterculique	2,0
malvalique	7,0
sterculique	5,7
autres	0,7

référence : GAYDOU E.M. *et al*, 1993

DOXANTHA unguis-cati   *(Bignoniaceae)*

29 % huile/graine
acides gras (% poids) :

palmitique	12
palmitoléique	64
hexadécadiénoïque	0,5

stéarique	0,5	
oléique	4	
asclépique	15	
linoléique	4	

référence : CHISHOLM M.J. *et al*, 1965 a

DRABA   *(Brassicaceae)*

origine : Groenland, Norvège

	1	2	3	4	5
% huile/graine :	22	22	23	10	18
acides gras (% poids) :					
palmitique	7,9	7,1	5,2	7,2	7,0
stéarique	1,6	1,8	2,6	2,6	2,4
oléique	20	10	13	11	10
linoléique	24	33	33	40	27
linolénique	44	44	45	40	49
arachidique	-	1,1	-	1,6	2,0
érucique	-	-	-	1,7	1,2

1 = DRABA aurea   **4 = DRABA incana**
2 = DRABA cinerea   **5 = DRABA laucerlete**
3 = DRABA fladnigensis

référence : JART A., 1978

DRABA montana   *(Brassicaceae)*

12 % huile/graine
acides gras (% poids) :

palmitique	4,6
palmitoléique	0,3
stéarique	1,8
oléique	8,7
linoléique	19,9
linolénique	64,6

référence : SCRIMGEOUR C.M., 1976

DRABA rupestris   *(Brassicaceae)*

origine : Groenland
30 % huile/graine
acides gras (% poids) :

palmitique	4,6
stéarique	2,1
oléique	13

linoléique	34
linolénique	45

référence : JART A., 1978

DRACAENA reflexa   *(Liliaceae)*

origine : Inde
2 % huile/graine
acides gras (% poids) :

caprique	0,1
laurique	0,8
myristique	1,7
palmitique	15,0
stéarique	6,1
oléique	41,2
linoléique	30,8
arachidique	2,0
béhénique	2,2

référence : DAULATABAD C.D. *et al*, 1982 b

DRACOCEPHALUM grandiflorum   *(Lamiaceae)*

origine : Yougoslavie
8,0 % huile/graine
acides gras (% poids) :

palmitique	5,6
stéarique	1,3
oléique	12,3
linoléique	16,4
linolénique	64,4

référence : MARIN P.D. *et al*, 1991

DRACOCEPHALUM moldavicum   *(Lamiaceae)*

origine : Etats-Unis
25 % huile/graine
acides gras (% poids) :

palmitique	5,6
stéarique	2,6
oléique	7,3
linoléique	16
linolénique	67
autres	1,8

référence : HAGEMANN J.M. *et al*, 1967

DRACOCEPHALUM sibiricum   *(Lamiaceae)*

origine : Yougoslavie
10,9 % huile/graine
acides gras (% poids) :

palmitique	4,0
stéarique	1,0
oléique	8,4
linoléique	20,4
linolénique	66,2

référence : MARIN P.D. *et al*, 1991

DRACONTOMELON vitiense   *(Anacardiaceae)*

origine : Fidji
5 % huile/graine
acides gras (% poids) :

palmitique	6,1 - 8,1
stéarique	37,0 - 40,4
oléique	44,6 - 51,6
linoléique	5,4 - 5,8
arachidique	0,5 - 0,7

référence : SOTHEESWARAN S. *et al*, 1994

DUABANGA sonneratioides   *(Sonneratiaceae)*

origine : Inde
13,3 % huile/graine
acides gras (% poids) :

caprylique	0,6
caprique	0,8
laurique	1,8
myristique	1,7
palmitique	5,7
stéarique	3,7
oléique	14,5
linoléique	68,0
arachidique	1,8
béhénique	1,4

référence : BADAMI R.C. *et al*, 1985

DUCROSIS anethifolia   *(Apiaceae)*

origine : Pakistan
11,6 % huile/graine
acides gras (% poids) :

palmitique	6,6
stéarique	1,7
oléique	11,8
pétrosélinique	66,4
linoléique	10,7
linolénique	1,3
autres	1,5

référence : KLEIMAN R. *et al*, 1982

DUMORIA africana   *(Sapotaceae)*

33 % huile/amande
acides gras (% poids) :

stéarique	46
oléique	54

référence : MISRA G. *et al*, 1974

DURANTA repens   *(Verbenaceae)*

origine : Inde
3,5 % huile/graine
0,7 % insponifiable/huile
acides gras (% poids) :

laurique	0,3
myristique	0,3
palmitique	8,2
stéarique	12,7
oléique	42,5
linoléique	29,0
linolénique	5,3
arachidique	1,0
béhénique	0,7

référence : BADAMI R.C. *et al*, 1984 b

DURIO zibethinus   *(Bombacaceae)*

origine : Malaisie

	graine	arille
% huile :	2	15
acides gras (% poids) :		
myristique	0,1	0,9
palmitique	12,2	34,1
palmitoléique	1,1	7,1
stéarique	1,4	1,2
oléique	8,4	42,1
linoléique	6,5	7,9

linolénique	11,3	5,7
malvalique	15,7	-
dihydrosterculique	2,5	-
sterculique	38,5	-
béhénique	1,2	-

référence : BERRY S.K., 1980 a

DYPSIS gracilis   *(Arecaceae)*

origine : Madagascar

acides gras (% poids) :

	pulpe	amande
caprique	-	0,7
laurique	0,7	35,5
myristique	1,0	21,6
palmitique	25,2	12,6
stéarique	6,6	2,4
oléique	24,9	8,7
linoléique	22,7	14,1
linolénique	2,3	0,4
autres	16,6	4,0

référence : RABARISOA I. *et al*, 1993

DYSOXYLON   *(Meliaceae)*

	D. malabaricum	**D. reticulatum**	**D. spectabile**
origine :	Inde	Inde	Nelle Zélande
% huile/graine :	7,4	5,2	34,1
acides gras (% poids) :			
myristique	-	-	0,4
palmitique	20,3	50,3	51,5
palmitoléique	4,8	0,5	0,4
stéarique	8,0	6,8	4,8
oléique	14,1	13,5	3,3
asclépique	11,4	0,9	0,5
linoléique	27,5	17,2	35,6
linolénique	9,0	2,0	3,1
arachidique	0,8	0,5	0,2
gondoïque	-	0,2	-
autres	4,0	6,5	0,1

référence : KLEIMAN R. *et al*, 1984

ECBALLIUM elaterium   *(Cucurbitaceae)*

origine : Turquie
31 % huile/graine

0,15 % insaponifiable/huile
acides gras (% poids) :

palmitique	7,4
stéarique	6,1
oléique	17,9
linoléique	48,7
punicique	19,8

référence : ERCIYES A.T. *et al*, 1989

ECCREMOCARPUS scaber   *(Bignoniaceae)*

27,5 % huile/graine
acides gras (% poids) :

palmitique	10
stéarique	1
oléique	19
linoléique	70

référence : CHISHOLM M.J. *et al*, 1965 b

ECHINOCHLOA colonna   *(Poaceae)*

origine : Inde
6 % huile/graine
acides gras (% poids) :

palmitique	30,3
stéarique	5,6
oléique	29,4
linoléique	34,5

référence : MUKARRAM M. *et al*, 1986

ECHINOCYSTIS lobata   *(Cucurbitaceae)*

origine : Canada
41 % huile/graine
acides gras (% poids) :

myristique	0,1
palmitique	9,5
palmitoléique	0,2
stéarique	3,7
oléique	13,3
linoléique	70,1
linolénique	1,7
arachidique	0,8
béhénique	0,6

référence : COXWORTH E.C.M., 1965

ECHINOPHORA spinosa   *(Apiaceae)*

33,6 % huile/graine
acides gras (% poids) :

palmitique	3,8
stéarique	0,9
oléique	15,8
pétrosélinique	53,6
linoléique	24,8
linolénique	0,3
autres	0,5

référence : KLEIMAN R. *et al*, 1982

ECHIUM glomeratum   *(Boraginaceae)*

17,1 % huile/graine
acides gras (% poids) :

palmitique	8,0
stéarique	2,3
oléique	13,2
linoléique	15,3
linolénique	44,6
γ - linolénique	6,6
stéaridonique	9,1
arachidique	0,9

référence : WOLF R.B. *et al*, 1983 b

ECHIUM italicum   *(Boraginaceae)*

17 % huile/graine
acides gras (% poids) :

palmitique	8,0
stéarique	3
oléique	17
linoléique	11
linolénique	39
γ - linolénique	8
stéaridonique	12
gondoïque	0,8
autres	1

référence : KLEIMAN R. *et al*, 1964

ECHIUM plantagineum   *(Boraginaceae)*

14-30 % huile/graine
acides gras (% poids) :

palmitique	7 - 7,4
stéarique	3,7 - 4
oléique	17 - 17,1
linoléique	14,9 - 15
linolénique	33,6 - 34
γ - linolénique	9,7 - 10
stéaridonique	13
gondoïque	0 - 0,4
autres	0 - 0,1

références : KLEIMAN R. *et al*, 1964
SMITH C.R. *et al*, 1964

ECHIUM   *(Boraginaceae)*

origine : Etats-Unis

	E. rubrum	**E. vulgare**
% huile/graine :	15	22
acides gras (% poids) :		
palmitique	8	4
stéarique	2	3
oléique	8	16
linoléique	20	18
linolénique	34	37
γ - linolénique	14	11
stéaridonique	15	10
gondoïque	0,2	0,8

référence : MILLER R.W. *et al*, 1968

EHRETIA   *(Boraginaceae)*

origine : Etats-Unis
5 % huile/graine

	E.acuminata	**E.aspera**
acides gras (% poids) :		
palmitique	8	11
stéarique	5	8
oléique	18	23
linoléique	67	55
linolénique	0,7	2
gondoïque	0,4	0,8
autres	2	1

référence : KLEIMAN R. *et al*, 1964

ELAEIS guineensis   *(Arecaceae)*

origine : Malaisie, Côte d'Ivoire, Papouasie, Nigeria

	pulpe	**noyau**
nom commun :	palme	palmiste
% huile :	-	49
acides gras (% poids) :		
caproïque	-	0,1 - 0,5
caprylique	-	3,4 - 5,9
caprique	-	3,3 - 4,4
laurique	0,1 - 0,1	46,3 - 51,1
myristique	0,9 - 1,1	14,3 - 16,8
palmitique	43,1 - 45,3	6,5 - 8,9
palmitoléique	0,1 - 0,3	-
stéarique	4,0 - 4,8	1,6 - 2,6
oléique	38,4 - 40,8	13,2 - 16,4
linoléique	9,4 - 11,1	2,2 - 3,4
linolénique	0,1 - 0,4	-
arachidique	0,1 - 0,4	-
autres	-	tr - 0,9

références : Rossel J.B. *et al*, 1985
Tang T.S. *et al*, 1985

ELAEIS guineensis var. dura   (*Arecaceae*)

origine : Madagascar

	pulpe	**amande**
acides gras (% poids) :		
caprylique	-	6,1
caprique	-	4,9
laurique	0,1	58,2
myristique	4,2	14,7
palmitique	45,3	5,6
stéarique	5,6	1,2
oléique	30,2	8,2
linoléique	10,4	0,8
linolénique	0,7	-
autres	3,5	0,2

référence : Rabarisoa I. *et al*, 1993

ELAEIS melanococca   (*Arecaceae)*

origine : Côte d'Ivoire, Zaïre

	pulpe	**noyau**
% huile :	-	35
acides gras (% poids) :		
capylique	-	8,3
caprique	-	3,1
laurique	-	14,5

myristique	1,2	18,5
palmitique	24,6	15,6
palmitoléique	1,0	-
stéarique	0,6	2,3
oléique	56,6	33,3
linoléique	15,9	4,4
linolénique	0,1	-

références : FAULKNER H. *et al*, 1978
KABELE NGIEFU C. *et al*, 1976 a

ELAEOCARPUS   *(Elaeocarpaceae)*

origine : Australie

	1	**2**	**3**	**4**
% huile/graine :	34,3	23,2	2,9	27,9
acides gras (% poids) :				
myristique	-	0,7	0,4	0,2
palmitique	21,7	22,0	13,9	25,2
palmitoléique	7,6	1,7	4,2	13,9
stéarique	4,3	6,0	5,8	5,8
oléique	32,6	51,8	47,3	29,9
linoléique	33,8	17,3	27,0	25,0
linolénique	-	-	0,5	-
malvalique	-	-	0,2	-
dihydrosterculique	1,6	-	-	0,5
sterculique	-	-	0,7	-
gondoïque	-	0,5	-	-

1 = ELAEOCARPUS alaternoides   **3 = ELAEOCARPUS reticulatus**
2 = ELAEOCARPUS persicifolius   **4 = ELAEOCARPUS rotundifolius**

référence : VICKERY J.R., 1980

ELAEODENDRON   *(Celastraceae)*

origine : Australie

	E. australe	**E. melanocarpum**
% huile/graine :	16,5	40,5
acides gras (% poids) :		
palmitique	17,8	21,9
palmitoléique	0,6	1,0
stéarique	4,4	6,9
oléique	23,9	23,6
linoléique	52,5	44,2
linolénique	0,7	-
dihydrosterculique	-	0,6
sterculique	0,1	-

arachidique	-	1,8
gondoïque	-	0,9

référence : VICKERY J.R., 1980

ELAEODENDRON orientale   *(Celastraceae)*

origine : Réunion
11,5 % huile/graine
acides gras (% poids) :

palmitique	8,7
palmitoléique	0,1
stéarique	2,4
oléique	19,0
linoléique	56,7
arachidique	1,2
gondoïque	2,2
béhénique	3,4

référence : GUERÈRE M. *et al*, 1985

ELATERIOSPERMUM tapos   *(Euphorbiaceae)*

origine : Malaisie
54,1 % huile/graine
acides gras (% poids) :

palmitique	11,3
palmitoléique	0,1
stéarique	5,6
oléique	29,3
asclépique	1,0
linoléique	38,4
linolénique	14,0
arachidique	0,2
gondoïque	0,1

référence : SHUKLA V.K.S. *et al*, 1993

ELAEAGNUS angustifolia   *(Elaeagnaceae)*

nom commun : oleastre
origine : Iran
6,9 % huile/pulpe
acides gras (% poids) :

laurique	0,1
myristique	0,1
palmitique	24,2
palmitoléique	2,3
stéarique	1,4
oléique	22,3

linoléique	12,6
linolénique	2,3
arachidique	0,7
béhénique	10,0
lignocérique	22,4

référence : Farrohi F. *et al*, 1975

ELEOCHARIS plantaginea   *(Cyperaceae)*

origine : Inde
12 % huile/graine
acides gras (% poids) :

laurique	0,4
myristique	0,6
palmitique	13,0
stéarique	2,2
oléique	46,5
linoléique	37,2
linolénique	tr
arachidique	tr

référence : Ahmad S. *et al*, 1987

ELSHOLTZIA ciliata   *(Lamiaceae)*

origine : Yougoslavie
24,9 % huile/graine
acides gras (% poids) :

palmitique	4,9
stéarique	1,6
oléique	8,6
linoléique	20,5
linolénique	64,4

référence : Marin P.D. *et al*, 1991

ELSHOLTZIA   *(Lamiaceae)*

origine : Etats-Unis

	E. patrini	E. splendens
% huile/graine :	40	39
acides gras (% poids) :		
palmitique	6,9	4,6
stéarique	2,2	2,1
oléique	10	9,1
linoléique	23	28

linolénique	58	55
autres	0,2	0,7

référence : HAGEMANN J.M. *et al*, 1967

EMBELIA ribes   *(Myrsinaceae)*

origine : Inde
3 % huile/graine
acides gras (% poids) :

caprylique	1,1
caprique	5,9
laurique	0,6
myristique	1,6
palmitique	18,2
palmitoléique	0,7
stéarique	3,5
oléique	21,9
linoléique	39,5
linolénique	6,5
arachidique	0,4

référence : AHMAD R. *et al*, 1986 a

EMBLICA officinalis   *(Euphorbiaceae)*

origine : Inde
22,4 % huile/graine
0,9 % insaponifiable/huile
acides gras (% poids) :

laurique	5,7
myristique	3,8
palmitique	12,4
stéarique	10,7
oléique	29,8
linoléique	23,8
linolénique	5,9
arachidique	5,2
béhénique	2,7

référence : BADAMI R.C. *et al*, 1983

EMBOTHRIUM coccineum   *(Proteaceae)*

origine : Australie
acides gras (% poids) :

laurique	0,5
myristique	0,3
myristoléique	2,7
palmitique	8,3

palmitoléique	24,3
stéarique	0,9
oléique	43,6
linoléique	11,4
arachidique	0,1
gondoïque	2,2

référence : VICKERY J.R., 1971

EMMENOSPERMA pancheranum   *(Rhamnaceae)*

origine : Australie
13,2 % huile/graine
acides gras (% poids) :

myristique	0,4
palmitique	6,0
palmitoléique	0,4
stéarique	3,3
oléique	21,3
linoléique	55,7
linolénique	6,3
arachidique	3,7
gondoïque	1,7
béhénique	1,1

référence : VICKERY J.R., 1980

ENARTHROCARPUS strangulatus   *(Brassicaceae)*

40 % huile/graine
acides gras (% poids) :

palmitique	7
stéarique	2
oléique	11
linoléique	15
linolénique	18
arachidique	1
gondoïque	7
éicosadiénoïque	1
béhénique	0,5
érucique	34
nervonique	1
autres	1,1

référence : MILLER R.W. *et al*, 1965

ENTADA gigas   *(Mimosaceae)*

origine : Sierra Leone, Zaïre, Madagascar
5-12,6 % huile/graine
acides gras (% poids) :

laurique	0 - 0,1
myristique	0 - 0,2
palmitique	11,2 - 19,3
palmitoléique	0 - 1,0
stéarique	1,0 - 2,9
oléique	46,5 - 53,2
linoléique	22,1 - 32,3
linolénique	0,4 - 2,0
arachidique	0,8 - 1,7
gondoïque	0 - 0,9
béhénique	2,2 - 2,9
lignocérique	0 - 1,0
autres	0 - 3,9

références : DERBESY M. *et al*, 1968
KABELE NGIEFU C. *et al*, 1977 b
GAYDOU E.M. *et al*, 1983

ENTADA manii   *(Mimosaceae)*

origine : Sierra Leone
10 % huile/graine
acides gras (% poids) :

laurique	0,5
palmitique	11,4
stéarique	3,2
oléique	33,0
linoléique	17,7
linolénique	1,5
gondoïque	1,6
béhénique	1,1

référence : DERBESY M. *et al*, 1968

ENTADA phaseoloides   *(Mimosaceae)*

origine : Inde
8 % huile/graine
acides gras (% poids) :

palmitique	12,5
palmitoléique	0,5
stéarique	8,8
oléique	57,5
linoléique	12,5
linolénique	1,6
arachidique	0,4
gondoïque	0,7
béhénique	1,1
lignocérique	0,6
autres	3,1

référence : CHOWDHURY A.R. *et al*, 1984 a

ENTADA scandens   *(Mimosaceae)*

voir ENTADA phaseoloides

ENTANDROPHRAGMA   *(Meliaceae)*

origine : Ghana

	E. angolense	E. cylindricum	E. utile
% huile/graine : acides gras (% poids) :	62,4	45,2	53,7
myristique	-	0,2	-
palmitique	6,4	4,0	3,0
palmitoléique	16,5	7,2	2,4
hexadécadiénoïque	5,3	1,4	-
stéarique	15,4	16,0	3,3
oléique	2,6	7,1	4,4
asclépique	39,4	49,7	30,8
linoléique	12,1	5,3	9,1
linolénique	0,1	6,0	46,2
arachidique	1,5	1,1	-
autres	0,7	2,0	0,8

référence : KLEIMAN R. *et al*, 1984

EPHEDRA sinica   *(Ephedraceae)*

origine : Chine
2,7 % huile/graine
acides gras (% poids) :

laurique	1,2
myristique	1,5
palmitique	15,0
palmitoléique	0,7
hexadécadiénoïque	0,3
stéarique	6,2
oléique	10,2
(5Z) - octadécénoïque	1,3
asclépique	0,6
linoléique	20,8
linolénique	5,9
arachidique	12,0
gondoïque	0,6
éicosadiénoïque	1,1
éicosatriénoïque	1,9
béhénique	11,8
autres	8,9

référence : TAKAGI T. *et al*, 1982

EPILOBIUM parviflorum   *(Onagraceae)*

nom commun : épilobe à petites fleurs
origine : France
21,8 % huile/graine
0,7 % insaponifiable/huile
acides gras (% poids) :

palmitique	9,9
palmitoléique	0,7
stéarique	2,8
oléique	7,6
asclépique	0,5
linoléique	75,9
linolénique	1,4
arachidique	0,5
gondoïque	0,4
béhénique	0,1
érucique	0,2

référence : FERLAY V. *et al*, 1993

EREMOCARPUS setigerus   *(Euphorbiaceae)*

28 % huile/graine
acides gras (% poids) :

palmitique	6
stéarique	3
oléique	12
linoléique	73
linolénique	1
gondoïque	0,3
autres	4

référence : KLEIMAN R. *et al*, 1965

EREMOLAENA rotundifolia   *(Sarcolaenaceae)*

origine : Madagascar
5 % huile/graine
acides gras (% poids) :

myristique	0,2
pentadécanoïque	0,1
palmitique	5,3
palmitoléique	0,4
(7Z) - hexadécénoïque	0,3
stéarique	3,2
oléique	26,7
asclépique	1,6
linoléique	38,5
linolénique	

dihydrosterculique	0,5
arachidique	1,2
gondoïque	0,8
autres	1,2

référence : GAYDOU E.M. *et al*, 1983 c

EREMOSTACHYS *(Lamiaceae)*

origine : Etats-Unis

	E. laciniata	E. speciosa	E. vicaryi
% huile/graine :	12	21	19
acides gras (% poids) :			
palmitique	6,1	5,6	6,4
stéarique	1,6	2,2	4,2
oléique	65	53	59
linoléique	11	8,8	12
linolénique	0,2	0,9	0,3
allène-non identifié	11	22	5
autres	4,8	7,7	3,1

référence : HAGEMANN J.M. *et al*, 1967

ERIOLAENA hookeriana *(Sterculiaceae)*

origine : Inde
10 % huile/graine
1,4 % insaponifiable/huile
acides gras (% poids) :

myristique	0,6
myristoléique	0,5
palmitique	29,4
palmitoléique	0,5
stéarique	0,5
oléique	11,4
linoléique	24,3
linolénique	1,0
malvalique	25,8
sterculique	6,0

référence : AHMAD M.S. *et al*, 1979

ERISMA calcaratum *(Vochysiaceae)*

origine : Afrique du Sud
53 % huile/graine
acides gras (% poids) :

laurique	23,9
myristique	52,8

palmitique	18,9
oléique	2,8

référence : BANERJI R. *et al*, 1984

ERLANGEA tomentosa   *(Asteraceae)*

23,7 % huile/graine
acides gras (% poids) :

palmitique	5,0
stéarique	4,8
oléique	11,4
linoléique	26,1
linolénique	0,1
arachidique	0,2
gondoïque	0,1
vernolique	52,0

référence : PHILLIPS B.E. *et al*, 1969

ERUCA longirostris   *(Brassicaceae)*

26 % huile/graine
acides gras (% poids) :

palmitique	5
stéarique	0,9
oléique	10
linoléique	13
linolénique	13
arachidique	0,6
gondoïque	8
éicosadiénoïque	2
béhénique	0,2
érucique	44
nervonique	1
autres	1,6

référence : MILLER R.W. *et al*, 1965

ERUCA sativa   *(Brassicaceae)*

nom commun : roquette
origine : Etats-Unis, Europe, Inde
22-33,7 % huile/graine
acides gras (% poids) :

myristique	0 - 0,1
palmitique	3,8 - 5,5
palmitoléique	0,2
stéarique	0,9 - 1,2
oléique	15,1 - 35,7

linoléique	7,6 - 12,2
linolénique	6,3 - 12,9
arachidique	0,6 - 10,0
gondoïque	10,0 - 12,6
béhénique	0 - 0,3
éicosadiénoïque	0 - 0,4
érucique	37,5 - 44,0
nervonique	0 - 1,0

références : MIKOLAJCZAK K.L. *et al*, 1961
DAMBROTH M. *et al*, 1982
AMJAD A. *et al*, 1982
SINDHU KANYA T.C. *et al*, 1989

ERUCA vesicaria *(Brassicaceae)*

origine : Espagne
22,7-27 % huile/graine
acides gras (% poids) :

palmitique	3,5 - 5
stéarique	0,9 - 2,0
oléique	8,8 - 12
linoléique	10 - 11,4
linolénique	11,4 - 12
arachidique	0 - 0,4
gondoïque	7 - 10,7
éicosadiénoïque	0 - 0,2
béhénique	0 - 1
érucique	44 - 49,5
nervonique	0 - 1
autres	2,7 - 5,6

références : MILLER R.W. *et al*, 1965
KUMAR P.R. *et al*, 1978

ERUCARIA myagroides *(Brassicaceae)*

32 % huile/graine
acides gras (% poids) :

palmitique	8
stéarique	2
oléique	11
linoléique	18
linolénique	21
arachidique	1
gondoïque	1
éicosadiénoïque	0,9
béhénique	1
érucique	27
nervonique	1
autres	1,7

référence : MILLER R.W. *et al*, 1965

ERUCASTRUM abyssinicum   *(Brassicaceae)*

34 % huile/graine
acides gras (% poids) :

palmitique	3
stéarique	1
oléique	10
linoléique	18
linolénique	13
arachidique	0,4
gondoïque	8
éicosadiénoïque	0,8
béhénique	0,6
érucique	40
nervonique	2
autres	3,6

référence : MILLER R.W. *et al*, 1965

ERUCASTRUM   *(Brassicaceae)*

	E. cardaminoides	E. nasturtiifolium
origine :	Canaries	Espagne
% huile/graine :	29,4	32,4
acides gras (% poids) :		
palmitique	4,1	5,6
stéarique	2,1	2,5
oléique	9,9	12,7
linoléique	12,0	20,6
linolénique	13,7	27,4
gondoïque	4,7	6,3
érucique	51,7	24,9
autres	1,7	-

référence : KUMAR P.R. *er al*, 1978

ERUCASTRUM strigosum   *(Brassicaceae)*

28 % huile/graine
acides gras (% poids) :

palmitique	3
stéarique	0,8
oléique	9
linoléique	13
linolénique	14
arachidique	1
gondoïque	7
éicosadiénoïque	0,3
béhénique	2

érucique	48
nervonique	0,6
autres	0,4

référence : MILLER R.W. *et al*, 1965

ERUCASTRUM varium   *(Brassicaceae)*

origine : Algérie
35 % huile/graine
acides gras (% poids) :

palmitique	8,1
stéarique	2,2
oléique	9,5
linoléique	12,1
linolénique	28,3
gondoïque	6,7
érucique	30,4
autres	2,6

référence : KUMAR P.R. *et al*, 1978

ERYNGIUM   *(Apiaceae)*

	1	2	3	4	5	6	7
% huile/graine :	21,3	26,7	9,1	13,6	19,1	22,4	26,7
ac.gras (% poids) :							
palmitique	8,0	4,8	5,8	5,8	5,4	4,1	4,1
stéarique	1,1	0,9	2,4	1,6	1,9	1,1	0,1
oléique	15,9	11,3	13,6	8,6	4,7	4,3	14,0
pétrosélinique	50,5	55,5	54,2	70,1	73,8	76,3	54,2
linoléique	23,2	26,9	22,6	13,5	13,2	13,9	26,8
linolénique	-	-	0,1	0,1	0,3	-	0,2
autres	1,6	0,5	0,9	0,1	0,6	0,1	0,3

1 = ERYNGIUM caeruleum   **5 = ERYNGIUM eburnum**
2 = ERYNGIUM campestre   **6 = ERYNGIUM elegans**
3 = ERYNGIUM creticum   **7 = ERYNGIUM giganteum**
4 = ERYNGIUM ebracteatum

référence : KLEIMAN R. *et al*, 1982

ERYNGIUM maritimum   *(Apiaceae)*

nom commun : panicaut
origine : Turquie, France
9,2-17,5 % huile/graine
acides gras (% poids) :

palmitique	7,8 - 8,2
stéarique	1,2 - 1,4

oléique	7,0 - 10,8
asclépique	0 - 0,6
pétrosélinique	46,6 - 46,8
linoléique	30,5 - 35,7
linolénique	0,2 - 0,8
gondoïque	0 - 0,1
autres	0 - 2,0

références : KLEIMAN R. *et al*, 1982
UCCIANI E. *et al*, 1991

ERYNGIUM   *(Apiaceae)*

	1	2	3	4	5
% huile/graine :	34,2	25,9	14,5	27,9	25,7
acides gras (% poids) :					
palmitique	4,1	5,0	4,2	5,2	4,8
stéarique	1,2	0,8	0,6	0,9	0,3
oléique	6,1	5,2	4,5	14,9	5,5
pétrosélinique	74,9	75,2	77,7	30,3	76,1
linoléique	13,5	13,5	12,5	47,1	12,9
linolénique	0,1	0,1	-	0,4	-
autres	0,4	0,1	0,3	1,0	0,3

1 = ERYNGIUM nudicaule   **4 = ERYNGIUM planum**
2 = ERYNGIUM pandifolium   **5 = ERYNGIUM sanguisorba**
3 = ERYNGIUM paniculatum

référence : KLEIMAN R. *et al*, 1982

ERYSIMUM cheiranthoides   *(Brassicaceae)*

origine : Suède
acides gras (% poids) :

palmitique	3,9 - 4,8
stéarique	1,3 - 1,9
oléique	5,3 - 6,6
linoléique	25,3 - 27,0
linolénique	36,7 - 37,2
gondoïque	4,6 - 5,2
érucique	14,8 - 17,7
nervonique	0,7 - 0,8
autres	2,6 - 3,3

référence : APPLEQVIST L.A., 1971

ERYSIMUM crepedifolium   *(Brassicaceae)*

18 % huile/graine
acides gras (% poids) :

palmitique	5,4
stéarique	4,8
oléique	12
linoléique	34
linolénique	14
arachidique	1,4
gondoïque	9,2
éicosadiénoïque	1,7
béhénique	1,5
érucique	14
nervonique	1,0

référence : JART A., 1978

ERYSIMUM cuspidatum   (*Brassicaceae*)

33 % huile/graine
acides gras (% poids) :

palmitique	4
stéarique	1
oléique	10
linoléique	13
linolénique	14
arachidique	1
gondoïque	7
éicosadiénoïque	0,5
béhénique	2
érucique	46
autres	1,6

référence : MILLER R.W. *et al*, 1965

ERYSIMUM   *(Brassicaceae)*

	E. helveticum	**E. hieraliflorum**
% huile/graine :	29	35
acides gras (% poids) :		
palmitique	3,7	3,5
stéarique	1,4	1,6
oléique	6,2	6,3
linoléique	22	26
linolénique	27	26
arachidique	1,4	1,1
gondoïque	5,5	6,9
éicosadiénoïque	1,0	1,9
érucique	26	22
nervonique	2,8	2,2

référence : JART A., 1978

ERYSIMUM linifolium   *(Brassicaceae)*

29 % huile/graine
acides gras (% poids) :

palmitique	3
stéarique	1
oléique	13
linoléique	16
linolénique	24
arachidique	1
gondoïque	8
éicosadiénoïque	1
béhénique	2
érucique	25
nervonique	2
autres	5

référence : MILLER R.W. *et al*, 1965

ERYSIMUM odoratum   *(Brassicaceae)*

13-30 % huile/graine
acides gras (% poids) :

palmitique	3,1 - 4,1
palmitoléique	0 - 0,3
stéarique	0,8 - 1,5
oléique	3,6 - 7,2
linoléique	17 - 18,0
linolénique	30 - 30,2
arachidique	0 - 1,1
gondoïque	5,4 - 6,8
éicosadiénoïque	2,3 - 2,0
béhénique	0 - 1,5
érucique	26 - 28,6
docosadiénoïque	0 - 1,7
lignocérique	0 - 0,8
nervonique	2,3 - 3,6

références : SCRIMGEOUR C.M., 1976
JART A., 1978

ERYSIMUM perofskianum   *(Brassicaceae)*

origine : Etats-Unis
33-55 % huile/graine
acides gras (% poids) :

palmitique	3 - 3,2
palmitoléique	0 - 0,4
stéarique	1 - 1,3
oléique	13 - 15

linoléique	24 - 27
linolénique	16 - 22
arachidique	0,8 - 1,1
gondoïque	8 - 8,8
éicosadiénoïque	0,2 - 1,1
béhénique	0 - 0,5
érucique	22 - 24
nervonique	2,7 - 3

références : MIKOLAJCZAK K.L. *et al*, 1961
JART A., 1978

ERYSIMUM repandum   *(Brassicaceae)*

origine : Bulgarie
40 % huile/graine
acides gras (% poids) :

myristique	0 - 0,8
palmitique	5,9 - 7
palmitoléique	0 - 0,3
stéarique	1,7 - 2,1
oléique	7 - 10,7
linoléique	14,5 - 26,8
linolénique	27,2 - 35,5
arachidique	1,3 - 2
gondoïque	6,3 - 9
éicosadiénoïque	1,6 - 2
béhénique	0,6 - 1,2
érucique	17 - 18,0
nervonique	0 - 1
autres	0 - 1,4

références : MILLER R.W. *et al*, 1965
KOLAROVA B. *et al*, 1978

ERYSIMUM silvestre   *(Brassicaceae)*

30 % huile/graine
acides gras (% poids) :

palmitique	3
stéarique	1
oléique	10
linoléique	23
linolénique	26
arachidique	1
gondoïque	7
éicosadiénoïque	1
béhénique	0,3
érucique	24
nervonique	0,6
autres	1,8

référence : MILLER R.W. *et al*, 1965

ERYTHRINA   *(Fabaceae)*

origine : Inde

	E.fusca	E.indica
% huile/graine :	10,1	11,2
acides gras (% poids) :		

	E.fusca	E.indica
myristique	-	0,4
palmitique	20,0	12,4
stéarique	4,4	3,9
oléique	41,1	59,0
linoléique	32,4	11,1
arachidique	1,7	2,0
gondoïque	-	2,2
béhénique	-	8,8

référence : CHOWDHURY A.R. *et al*, 1986 a

ERYTHRINA senegalensis   *(Fabaceae)*

origine : Sénégal
14,5 % huile/graine
acides gras (% poids) :

palmitique	12,8
palmitoléique	1,1
stéarique	4,7
oléique	36,4
linoléique	31,4
linolénique	1,0
arachidique	3,1
gondoïque	4,3
béhénique	5,2

référence : MIRAILLES J. *et al*, 1980

ERYTHRINA suberosa   *(Fabaceae)*

origine : Inde
13 % huile/graine
acides gras (% poids) :

palmitique	14,8
stéarique	10,8
oléique	64,1
linoléique	7,1
arachidique	1,9
gondoïque	1,1

référence : CHOWDHURY A.R. *et al*, 1986 a

ERYTHROPHLEUM guineense   *(Fabaceae)*

origine : Singapour
29 % huile/graine
acides gras (% poids) :

palmitique	9
palmitoléique	8
stéarique	11
oléique	34
linoléique	35

référence : GUNSTONE F.D. *et al*, 1972

EUGENIA jambolana   *(Myrtaceae)*

voir SYZYGIUM cuminii

EUODIA danielii   *(Rutaceae)*

origine : Corée
acides gras (% poids) :

palmitique	6,9
palmitoléique	3,0
heptadécanoIque	0,1
heptadécénoïque	0,3
stéarique	1,5
oléique	20,6
linoléique	32,9
linolénique	33,1
gondoïque	0,5
éicosadiénoïque	0,1
béhénique	0,1
lignocérique	0,4
autres	0,5

référence : SEHER A. *et al*, 1977

EUPHORBIA   *(Euphorbiaceae)*

	E.amygdaloides	E.anacampseros	E.bicolor
% huile/graine :	40	30	27
acides gras (% poids) :			
palmitique	6	5	6
stéarique	1	1	2
oléique	11	11	14
linoléique	18	13	16
linolénique	68	69	58
gondoïque	0,4	0,6	3
autres 0,3	0,1	0,8	

référence : KLEIMAN R. *et al*, 1965

EUPHORBIA characias   *(Euphorbiaceae)*

origine : France
38,4 % huile/graine
0,8 % insaponifiable/huile
acides gras (% poids) :

myristique	0,1
palmitique	6,9
palmitoléique	0,2
stéarique	1,4
oléique	9,8
asclépique	0,2
linoléique	23,6
linolénique	56,7
arachidique	0,4
gondoïque	0,7

référence : FERLAY V. *et al*, 1993

EUPHORBIA   *(Euphorbiaceae)*

	1	2	3	4	5	6	7
% huile/graine :	37	42	42	36	21	47	23
ac.gras (% poids) :							
palmitique	6	6	6	7	8	7	9
stéarique	2	1	1	2	2	2	4
oléique	13	11	11	13	13	18	8
linoléique	17	14	14	24	23	23	21
linolénique	61	66	66	53	51	49	58
gondoïque	0,6	0,7	0,7	0,1	0,5	0,1	0,2
autres	0,4	0,3	0,3	0,4	2	0,3	0,3

1 = EUPHORBIA clavigera   **5 = EUPHORBIA eriophora**
2 = EUPHORBIA cornigera   **6 = EUPHORBIA falcata**
3 = EUPHORBIA cybirensis   **7 = EUPHORBIA genicelate**
4 = EUPHORBIA dracunculoides

référence : KLEIMAN R. *et al*, 1965

EUPHORBIA glaerosa   *(Euphorbiaceae)*

origine : Turquie
33,6 % huile/graine
acides gras (% poids) :

palmitique	16,5
oléique	8,4
linoléique	8,6
linolénique	76,4

référence : AKSOY H.A. *et al*, 1988

EUPHORBIA helioscopia   *(Euphorbiaceae)*

origine : Pakistan
28 % huile/graine
acides gras (% poids) :

laurique	2,9
myristique	5,5
palmitique	9,9
stéarique	1,1
oléique	15,8
linoléique	22,1
linolénique	42,7

référence : NAZIR M. *et al*, 1986

EUPHORBIA   *(Euphorbiaceae)*

	E.heterophylla	E.kotschyana
% huile/graine :	38	36
acides gras (% poids) :		
palmitique	6	8
stéarique	4	2
oléique	9	17
linoléique	22	17
linolénique	59	54
gondoïque	0,3	1
autres	-	0,8

référence : KLEIMAN R. *et al*, 1965

EUPHORBIA lagascae   *(Euphorbiaceae)*

origine : Etats-Unis, Espagne
42-50 % huile/graine
acides gras (% poids) :

myristique	0 - 0,9
palmitique	3,9 - 4
stéarique	1,4 - 2
oléique	18,6 - 20
linoléique	8,2 - 12
linolénique	0,2 - 0,5
gondoïque	0,3 - 0,8
vernolique	57 - 63,7
autres	2,8 - 3

références : KLEIMAN R. *et al*, 1965
KREWSON C.F. *et al*, 1966

EUPHORBIA lathyris   *(Euphorbiaceae)*

43,4-53,8 % huile/graine
acides gras (% poids) :

palmitique	5,6 - 7,4
stéarique	1,2 - 2
oléique	80,7 - 84,6
linoléique	3 - 4,8
linolénique	2,5 - 4,4
gondoïque	1 - 1,8

références : KLEIMAN R. *et al*, 1965
HONDELMANN W. *et al*, 1982

EUPHORBIA   *(Euphorbiaceae)*

	1	2	3	4
% huile/graine :	18	45	41	32
acides gras (% poids) :				
palmitique	6	8	6	4
stéarique	2	2	1	1
oléique	12	8	14	11
linoléique	14	19	10	11
linolénique	63	62	66	72
gondoïque	0,1	0,2	0,4	0,3
autres	2	0,4	0,2	-

1 = EUPHORBIA marginata   **3 = EUPHORBIA medicaginea**
2 = EUPHORBIA mauritanica   **4 = EUPHORBIA myrcinites**

référence : KLEIMAN R. *et al*, 1965

EUPHORBIA niciciana   *(Euphorbiaceae)*

origine : Turquie
32,9 % huile/graine
acides gras (% poids) :

palmitique	8,0
oléique	4,9
linoléique	12,6
linolénique	74,3

référence : AKSOY H.A. *et al*, 1988

EUPHORBIA   *(Euphorbiaceae)*

	1	2	3	4	5	6	7
% huile/graine :	41	44	31	40	42	32	34
ac.gras (% poids) :							
palmitique	8	5	6	8	6	7	6
stéarique	2	2	1	1	1	1	1

oléique	19	6	14	16	12	12	9
linoléique	15	12	23	13	26	21	17
linolénique	55	76	55	60	55	55	66
gondoïque	0,6	-	1	0,2	0,4	0,6	0,3
autres	0,4	-	0,7	1	0,2	4	0,4

1 = EUPHORBIA paralias   **5 = EUPHORBIA serrata**
2 = EUPHORBIA parryi   **6 = EUPHORBIA terracina**
3 = EUPHORBIA salicifolia   **7 = EUPHORBIA thamnoides**
4 = EUPHORBIA segetalis (var.littoralis)

référence : KLEIMAN R. *et al*, 1965

EUPHORBIA thymefolia   *(Euphorbiaceae)*

origine : Inde
10,6 % huile/graine
acides gras (% poids) :

myristique	14,4
palmitique	30,8
stéarique	5,1
oléique	5,5
linoléique	12,1
linolénique	31,9

référence : NASIRULLAH *et al*, 1980

EUPHORBIA tinctoria   *(Euphorbiaceae)*

24 % huile/graine
acides gras (% poids) :

palmitique	5
stéarique	0,9
oléique	9
linoléique	13
linolénique	72
gondoïque	0,4
autres	0,4

référence : KLEIMAN R. *et al*, 1965

EUPHORIA longana   *(Sapindaceae)*

origine : Inde
4 % huile/graine
acides gras (% poids) :

myristique	0,3
palmitique	19
méthylène - pentadécanoïque	0,4
stéarique	7

oléique	36
linoléique	6
linolénique	5
malvalique	0,7
sterculique	17
arachidique	4
gondoïque	1
béhénique	3
lignocérique	1

référence : KLEIMAN R. *et al*, 1969

EUZOMODENDRON bourgaenum   *(Brassicaceae)*

origine : Espagne
21,4 % huile/graine
acides gras (% poids) :

palmitique	9,2
stéarique	2,4
oléique	11,6
linoléique	20,3
linolénique	22,3
gondoïque	7,2
érucique	27,0

référence : KUMAR P.R. *et al*, 1978

EVOLVULUS alsinoides   *(Convolvulaceae)*

origine : Inde
8,4 % huile/graine
acides gras (% poids) :

palmitique	8,4
stéarique	14,8
oléique	23,8
linoléique	37,8
linolénique	6,5
arachidique	4,4
béhénique	4,3

référence : BADAMI R.C. *et al*, 1984 c

EVONYMUS verrucosus   *(Celastraceae)*

nom commun : fusain lépreux
49 % huile/graine
acides gras (% poids) :

palmitique	14
stéarique	4
oléique	40

linoléique	40
linolénique	2

référence : KLEIMAN R. *et al*, 1967

EXOCARPUS   *(Santalaceae)*

origine : Australie

	E.aphyllus	**E.sparteus**
% huile/graine :	21,3	16,7
acides gras (% poids) :		
myristique	0,6	0,6
palmitique	2,8	2,8
palmitoléique	0,6	0,5
stéarique	1,2	1,8
oléique	20,7	18,9
linoléique	1,8	1,8
linolénique	2,2	2,0
xyméninique	67,5	69,7
autres	2,5	1,9

référence : RAO K.S. *et al*, 1992 b

FAGUS orientalis   *(Fagaceae)*

nom commun : hêtre d'Orient
origine : Turquie
47,6 % huile/graine
0,84 % insaponifiable/huile
acides gras (% poids) :

palmitique	8,8
stéarique	3,2
oléique	30,4
linoléique	48,9
gondoïque	6,7
autres	2,0

référence : DANDIK L. *et al*, 1992

FALCARIA vulgaris   *(Apiaceae)*

origine : Turquie
11,6 % huile/graine
acides gras (% poids) :

palmitique	7,7
stéarique	1,6
oléique	2,3
pétrosélinique	48,2

linoléique	38,7
linolénique	0,8
autres	0,5

référence : KLEIMAN R. *et al*, 1982

FATSIA japonica   *(Araliaceae)*

23,4 % huile/fruit
acides gras (% poids) :

palmitique	2,8
stéarique	0,9
oléique	4,6
pétrosélinique	83,2
linoléique	7,4
linolénique	0,1
autres	1,0

référence : KLEIMAN R. *et al*, 1982

FERULA assa-foetida   *(Apiaceae)*

origine : Turquie
10,4 % huile/graine
acides gras (% poids) :

palmitique	3,8
stéarique	1,0
oléique	5,3
pétrosélinique	76,5
linoléique	12,8
linolénique	0,1
autres	0,5

référence : KLEIMAN R. *et al*, 1982

FERULA communis   *(Apiaceae)*

nom commun : grande férule
origine : Israël, Etats-Unis, France
6-13,7 % huile/graine
acides gras (% poids) :

palmitique	4,3 - 7,7
stéarique	0,9 - 1,1
oléique	4,4 - 8,8
asclépique	0 - 0,7
pétrosélinique	70,8 - 78,1
linoléique	10,5 - 11,8
linolénique	0,2 - 0,9
arachidique	0 - 0,2

gondoïque   0 - 0,1
autres   0,2 - 0,7

références : KLEIMAN R. *et al*, 1982
UCCIANI E. *et al*, 1991

FERULA   *(Apiaceae)*

	F.galbanifera	F.galbaniflua	F.oopoda	F.ovina
origine :	Yougoslavie	Etats-Unis	Pakistan	Pakistan
% huile/graine :	36,3	46,9	19	19
ac.gras (% poids) :				
palmitique	6,1	7,7	5,2	6,6
stéarique	1,0	0,3	0,6	1,3
oléique	18,8	14,3	13,3	26,2
pétrosélinique	50,1	52,4	52,4	23,1
linoléique	23,9	25,1	27,8	42,1
linolénique	-	0,1	0,1	0,4
autres	-	0,1	0,4	0,3

référence : KLEIMAN R. *et al*, 1982

FERULAGO longistylis   *(Apiaceae)*

origine : Turquie
22 % huile/graine
acides gras (% poids) :

palmitique	6,0
stéarique	1,2
oléique	16,1
pétrosélinique	52,5
linoléique	24,1
linolénique	0,1

référence : KLEIMAN R. *et al*, 1982

FEVILLEA trilobata   *(Cucurbitaceae)*

origine : Brésil
39 % huile/graine
acides gras (% poids) :

palmitique	31
stéarique	12
oléique	11
linoléique	7
punicique	30
α - éléostéarique	9

référence : TULLOCH A.P. *et al*, 1979

FEVILLEA cordifolia   *(Cucurbitaceae)*

origine : Amérique centrale
57,5 % huile/graine
acides gras (% poids) :

palmitique	4,2
heptadécanoïque	0,1
stéarique	53,0
oléique	4,7
linoléique	4,3
α - éléostéarique	31,0
autres	1,8

référence : ACHENBACH H. *et al*, 1992

FEZIA pterocarpa   *(Brassicaceae)*

origine : Maroc
14 % huile/graine
acides gras (% poids) :

palmitique	15,9
stéarique	3,9
oléique	13,6
linoléique	2,0
linolénique	4,9
gondoïque	13,0
érucique	46,7

référence : KUMAR P.R. *et al*, 1978

FIBIGIA clypeata   *(Brassicaceae)*

12 % huile/graine
acides gras (% poids) :

palmitique	13
stéarique	4
oléique	18
linoléique	25
linolénique	36
autres	3,2

référence : MILLER R.W. *et al*, 1965

FICUS carica   *(Moraceae)*

nom commun : figuier
origine : Turquie
30 % huile/graine
acides gras (% poids) :

palmitique	7,2
stéarique	2,6
oléique	14,9
linoléique	30,6
linolénique	44,7

référence : YAZICIOGLU T. *et al*, 1983

FIMBRISTYLIS quinqueangularis   *(Cyperaceae)*

origine : Inde
23,6 % huile/graine
acides gras (% poids) :

myristique	3,5
palmitique	5,5
stéarique	3,6
oléique	21,4
linoléique	52,9
linolénique	3,2

référence : HASAN S.Q. *et al*, 1980

FIRMIANA platanifolia   *(Sterculiaceae)*

24,3 % huile/graine
acides gras (% poids) :

palmitique	17,2
palmitoléique	1,2
heptadécénoïque	0,2
stéarique	2,4
oléique	18,2
linoléique	36,0
malvalique	1,6
dihydrosterculique	0,3
sterculique	20,5
arachidique	0,7

référence : BOHANNON M.B. *et al*, 1978

FLUGGEA microcarpa   *(Euphorbiaceae)*

origine : Inde
12,5 % huile/graine
acides gras (% poids) :

myristique	5,4
palmitique	19,8
stéarique	9,7
oléique	6,1

linoléique	56,4
arachidique	1,4
béhénique	1,2

référence : DAULATABAD C.D. *et al*, 1982 c

FOENICULUM vulgare   *(Apiaceae)*

nom commun : fenouil
origine : Etats Unis, Espagne, Allemagne, France
9-24 % huile/graine
11-15 % insaponifiable/huile
acides gras (% poids) :

palmitique	4,2 - 6,9
palmitoléique	0,4 - 0,5
stéarique	0,4 - 1,4
oléique	2,8 - 9,7
asclépique	0,4 - 0,7
pétrosélinique	71,1 - 80,1
linoléique	10,2 - 14,4
linolénique	0,1 - 0,6
arachidique	0,2 - 1,1
gondoïque	0,1 - 0,4
béhénique	0 - 0,1
autres	0,2 - 0,3

références : MOREAU J.P. *et al*, 1966
KLEIMAN R. *et al*, 1982
SEHER A. *et al*, 1982
NASIRULLAH *et al*, 1984
UCCIANI E. *et al*, 1991

GAHNIA tristis   *(Cyperaceae)*

origine : Singapour
20 % huile/graine
acides gras (% poids) :

palmitique	6
stéarique	2
oléique	48
linoléique	44

référence : GUNSTONE F.D. *et al*, 1972

GALEOPSIS tetrahit   *(Lamiaceae)*

origine : Canada
30 % huile/graine
acides gras (% poids) :

palmitique	4,8
stéarique	0,9

oléique	27,0
linoléique	45,0
linolénique	22,1
arachidique	0,3

référence : COXWORTH E.C.M., 1965

GARCINIA cambogia   *(Hypericaceae)*

origine : Inde
50,2 % huile/graine
acides gras (% poids) :

palmitique	4,5
stéarique	0,5
oléique	40,4
linoléique	53,2
linolénique	1,4

référence : MANNAN A. *et al*, 1986

GARCINIA hombroniana   *(Hypericaceae)*

origine : Malaisie
43,3 % huile/graine
acides gras (% poids) :

palmitique	2,0
heptadécanoïque	0,1
stéarique	64,0
oléique	28,4
linoléique	5,2
arachidique	0,3

référence : SHUKLA V.K.S. *et al*, 1993

GARCINIA indica   *(Hypericaceae)*

origine : Inde
48 % huile/graine
acides gras (% poids) :

myristique	0,4
palmitique	1,4
stéarique	60,4
oléique	37,8

référence : BANERJI R. *et al*, 1984

GARCINIA kola   *(Hypericaceae)*

origine : Zaïre, Nigeria
2,5-38 % huile/graine
acides gras (% poids) :

caprique	0 - 1,7
myristique	0 - 3,3
palmitique	17,9 - 40,7
palmitoléique	2,5 - 15,6
stéarique	tr - 9,9
oléique	31,5 - 41,5
linoléique	2,2 - 27,9
arachidique	0 - 5,3

références : KABELE NGIEFU C. *et al*, 1976
ADEYEYE A., 1991

GARCINIA morella   *(Hypericaceae)*

origine : Inde
30 % huile/graine
acides gras (% poids) :

palmitique	0,7
stéarique	46,4
oléique	49,5
linoléique	0,9
arachidique	2,5

référence : BANERJI R. *et al*, 1984

GARCINIA multiflora   *(Hypericaceae)*

origine : Viet Nam
32,7 % huile/graine
2,8 % insaponifiable/huile
acides gras (% poids) :

laurique	0,1
palmitique	4,7
stéarique	6,8
oléique	88,4

référence : FRANZKE C. *et al*, 1971

GARCINIA punctata   *(Hypericaceae)*

origine : Zaïre
23,5 % huile/graine
acides gras (% poids) :

palmitique	3,7
stéarique	36,2
oléique	58,8
linoléique	0,6
linolénique	0,3
arachidique	0,3
gondoïque	0,1

référence : KABELE NGIEFU C. *et al*, 1976 a

GARRYA   *(Garryaceae)*

origine : Etats-Unis

	G.congdonii	G.fremontii	G.lindheimeri	G.veatchii
% huile/graine :	21,8	34,3	21,5	21
acides gras (% poids) :				
palmitique	1,9	1,8	2,0	2,1
stéarique	1,0	1,0	1,7	0,4
oléique	9,0	8,7	8,0	8,9
pétrosélinique	77,0	81,2	80,5	76,2
linoléique	6,3	4,4	4,3	5,2
linolénique	1,4	0,6	1,0	2,0
autres	3,5	2,4	2,4	5,2

référence : KLEIMAN R. *et al*, 1982

GASTROCOTYLE hispida   *(Boraginaceae)*

origine : Etats Unis
28 % huile/graine
acides gras (% poids) :

palmitique	10
stéarique	2
oléique	28
linoléique	40
linolénique	1
γ - linolénique	16
gondoïque	2
érucique	2

référence : MILLER R.W. *et al*, 1968

GENTIANA verna   *(Gentianaceae)*

14 % huile/graine
acides gras (% poids) :

palmitique	6,4
stéarique	3,1
oléique	20,5
linoléique	68,7
linolénique	1,3

référence : SCRIMGEOUR C.M., 1976

GEVUINA avellana   *(Proteaceae)*

origine : Australie, Argentine
41,8 % huile/graine

1,9 % insaponifiable/huile
acides gras (% poids) :

laurique	0 - 0,1
myristique	0,1 - 0,4
palmitique	3,0 - 4,0
(11Z) - hexadécénoïque	24,3 - 25,4
stéarique	0,3 - 0,8
oléique	37,2 - 41,1
linoléique	11,3 - 12,0
arachidique	0,8 - 1,5
gondoïque	1,2 - 10,5
éicosadiénoïque	0 - 7,5
béhénique	0,9 - 1,6
érucique	7,8
lignocérique	0 - 0,2
nervonique	0 - 0,8

références : VICKERY J.R., 1971
MALEC L.S. *et al*, 1986

GINKGO biloba   *(Ginkgoaceae)*

origine : Japon
1,5 % huile/graine
acides gras (% poids) :

myristique	0,1
pentadécanoïque	0,1
palmitique	6,7
palmitoléique	3,9
heptadécanoïque	0,1
hexadécadiénoïque	0,6
hexadécatriénoïque	0,1
stéarique	0,9
oléique	13,3
asclépique	17,3
5,9 - octadécadiénoïque	1,0
5,11 - octadécadiénoïque	1,8
linoléique	44,1
linolénique	2,0
arachidique	0,3
gondoïque	0,6
éicosadiénoïque	0,8
5,11,14 - éicosatriénoïque	4,0
béhénique	0,3
autres	2,0

référence : TAKAGI T. *et al*, 1982

GLEDITSIA fera   *(Caesalpiniaceae)*

origine : Hong Kong
5 % huile/graine
acides gras (% poids) :

palmitique	12
stéarique	2
oléique	11
linoléique	74
autres	1

référence : GUNSTONE F.D. *et al*, 1972

GLEDITSIA triancanthos   *(Caesalpiniaceae)*

nom commun : févier
origine : France
2,5 % huile/graine
0,5 % insaponifiable/huile
acides gras (% poids) :

palmitique	11,3
stéarique	3,7
oléique	13,1
asclépique	1,0
linoléique	66,6
linolénique	1,2
arachidique	0,4
gondoïque	0,2
béhénique	0,6

référence : ARTAUD J. *et al*, 1986

GLICIRIDIA maculata   *(Fabaceae)*

origine : Inde
15,2 % huile/graine
acides gras (% poids) :

palmitique	16,5
stéarique	16,8
oléique	22,2
linoléique	41,5
arachidique	3,0

référence : CHOWDHURY A.R. *et al*, 1986 a

GLICIRIDIA sepium   *(Fabaceae)*

voir GLICIRIDIA maculata

GLYCINE max   *(Fabaceae)*

nom commun : soja
origine : Turquie, Afrique du Sud
acides gras (% poids) :

myristique	0 - 0,2
palmitique	9,5 - 12,2
palmitoléique	0,1 - 0,2
heptadécanoïque	0 - 0,1
stéarique	4,9 - 6,1
oléique	21,9 - 26,6
linoléique	46,2 - 52,6
linolénique	7,9 - 8,5
arachidique	0 - 0,5
gondoïque	0 - 0,2
béhénique	0 - 0,5
lignocérique	0 - 0,1
autres	0 - 1,7

références : YAZICIOGLU T. *et al*, 1983
VAN NIEKERK P.J. *et al*, 1985

GMELINA hystrix   *(Verbenaceae)*

origine : Inde
11 % huile/graine
1,5 % insaponifiable/huile
acides gras (% poids) :

caprique	1,3
laurique	1,5
myristique	2,3
palmitique	29,2
stéarique	21,1
oléique	2,9
linoléique	30,7
arachidique	6,3
béhénique	4,7

référence : DAULATABAD C.D. *et al*, 1990

GNETUM gnemon   *(Gnetaceae)*

origine : Malaisie
4 % huile/graine
acides gras (% poids) :

myristique	0,2
palmitique	9,1
palmitoléique	0,2
stéarique	3,3
oléique	18,2
linoléique	4,7
linolénique arachidique }	5,4
malvalique	38,6
dihydrosterculique	6,1
sterculique	13,0

référence : BERRY S.K., 1980 b

GNETUM scandens   *(Gnetaceae)*

origine : Inde
15-15,7 % huile/graine
acides gras (% poids) :

myristique	0 - 0,3
palmitique	12,0 - 16,5
stéarique	10,2 - 54,7
oléique	16,2 - 30,3
linoléique	3,3 - 15,0
linolénique	0 - 3,0
malvalique	0 - 11,3
sterculique	0 - 28,6

références : BANERJI R. *et al*, 1984
MUSTAFA J. *et al*, 1986 b

GOLBACHIA laevigata   *(Brassicaceae)*

48 % huile/graine
acides gras (% poids) :

palmitique	7
stéarique	1
oléique	16
linoléique	11
linolénique	38
arachidique	0,5
gondoïque	15
éicosadiénoïque	2
érucique	5
autres	4,4

référence : MILLER R.W. *et al*, 1965

GOMPHRENA globosa   *(Amaranthaceae)*

origine : Inde
11,8 % huile/graine
0,6 % insaponifiable/huile
acides gras (% poids) :

myristique	1,1
palmitique	18,5
stéarique	9,5
oléique	45,7
linoléique	23,9
arachidique	0,9
béhénique	0,4

référence : BADAMI R.C. *et al*, 1984 b

GOSSAMPINUS malabarica   *(Bombacaceae)*

origine : Viet Nam
22,4 % huile/graine
1,0 % insaponifiable/huile
acides gras (% poids) :

myristique	0,3
palmitique	38,7
palmitoléique	0,5
stéarique	4,7
oléique	16,9
linoléique	31,9
arachidique	1,0
gondoïque	2,3
béhénique	0,8
érucique	1,2
lignocérique	1,8

référence : FRANTZKE C. *et al*, 1971

GOSSYPIUM arboreum   *(Malvaceae)*

origine : Etats Unis
acides gras (% poids) :

myristique	0,3
palmitique	21,2
palmitoléique	1,4
stéarique	3,0
oléique	27,2
linoléique	45,9
malvalique	1,2

référence : BAILEY A.V. *et al*, 1966

GOSSYPIUM australe   *(Malvaceae)*

origine : Australie
15,4 % huile/graine
acides gras (% poids) :

myristique	0,7
palmitique	18,1
palmitoléique	0,7
stéarique	2,8
oléique	14,2
linoléique	61,6
linolénique	0,2
malvalique	1,2
sterculique	0,1
arachidique	0,3

référence : RAO K.S., 1991 a

GOSSYPIUM barbadense   *(Malvaceae)*

nom commun : coton
origine : Mexique, Togo
22,9 % huile/graine
acides gras (% poids) :

myristique	0,5 - 1,0
palmitique	25,6 - 26,5
palmitoléique	0,4 - 0,9
stéarique	2,1 - 3,5
oléique	17,8 - 22,1
linoléique	46,3 - 52,7
malvalique	0 - 0,6

références : BAILEY A.V. *et al*, 1966
BOURELY J., 1983

GOSSYPIUM hirsutum   *(Malvaceae)*

nom commun : coton
origine : Etats-Unis, Turquie, Madagascar, Afrique du Sud
23,3 - 31,2 % huile/graine
acides gras (% poids) :

myristique	0,6 - 1,3
palmitique	23,0 - 28,0
palmitoléique	0,4 - 0,9
heptadécanoïque	0 - 0,1
heptadécénoïque	0 - 0,1
stéarique	2,1 - 3,0
oléique	13,9 - 21,2
linoléique	45,0 - 57,2
linolénique	0 - 0,3
malvalique	0,3 - 1,6
sterculique	0 - 0,2
arachidique	0 - 0,3
béhénique	0 - 0,2
docosadiénoïque	0 - 0,2
autres	0 - 4,0

références : BAILEY A.V. *et al*, 1966
BOURELY J., 1983
YAZICIOGLU T. *et al*, 1983
GAYDOU E.M. *et al*, 1984
VAN NIEKERK P.J. *et al*, 1985

GOSSYPIUM robinsonii   *(Malvaceae)*

origine : Australie
21 % huile/graine
acides gras (% poids) :

myristique	0,4
palmitique	23,4

palmitoléique	0,6
stéarique	2,9
oléique	15,1
linoléique	56,0
linolénique	0,3
malvalique	0,5
dihydrosterculiqu	0,1
sterculique	0,5
arachidique	0,2
autres	0,4

référence : RAO K.S. *et al,* 1989

GOSSYPIUM sturtianum *(Malvaceae)*

origine : Australie
11,3 % huile/graine
acides gras (% poids) :

myristique	0,3
palmitique	19,0
palmitoléique	0,4
stéarique	2,9
oléique	14,9
linoléique	59,4
malvalique	0,8
dihydrosterculique	1,2
sterculique	0,4
gondoïque	0,1
éicosadiénoïque	0,3

référence : VICKERY J.R., 1980

GRAFIA golaka *(Apiaceae)*

origine : Yougoslavie
34,5 % huile/graine
acides gras (% poids) :

palmitique	3,0
stéarique	2,0
oléique	11,1
pétrosélinique	44,2
linoléique	40,5
linolénique	0,1
autres	0,3

référence : KLEIMAN R. *et al,* 1982

GRAMMOSCIADIUM platycarpum *(Apiaceae)*

origine : Turquie
22 % huile/graine
acides gras (% poids) :

palmitique	5,3
stéarique	1,0
oléique	22,3
pétrosélinique	34,6
linoléique	36,2
linolénique	0,1
autres	0,2

référence : KLEIMAN R. *et al*, 1982

GREVILLEA banksii   *(Proteaceae)*

origine : Australie
acides gras (% poids) :

myristique	0,1
palmitique	2,0
hexadécénoïque	7,8
stéarique	5,6
oléique	64,3
linoléique	2,6
arachidique	4,3
gondoïque	10,4
béhénique	1,2
érucique	1,7

référence : VICKERY J.R., 1971

GREVILLEA decora   *(Proteaceae)*

origine : Australie
acides gras (% poids) :

myristique	0,4
myristoléique	3,0
palmitique	4,7
palmitoléique	0,5
11 - hexadécénoïque	21,4
heptadécanoïque	0,5
heptadécénoïque	0,4
stéarique	1,7
oléique	28,9
13 - octadécénoïque	2,0
linoléique	1,1
linolénique	0,2
arachidique	0,2
gondoïque	0,4
15 - éicosénoïque	1,6
béhénique	0,2
17 - docosénoïque	1,0
lignocérique	0,9
nervonique	0,6
19 - tetracosénoïque	2,0

cérotique	0,5
21 - hexacosénoïque	11,2
23 - octacosénoïque	6,9
7 - hydroxy - 17 - docosénoïque	0,6
9 - hydroxy - 19 - tetracosénoïque	0,4
11 - hydroxy - 21 - hexacosénoïque	2,2
13 - hydroxy - 23 - octacosénoïque	6,2

référence : KLEIMAN R. *et al*, 1985

GREVILLEA   *(Proteaceae)*

origine : Australie

acides gras (% poids) :

	G.floribunda	G.robusta
myristique	0,3	5,0
myristoléique	0,2	0,6
palmitique	2,3	3,4
hexadécénoïque	6,6	14,9
stéarique	7,2	3,4
oléique	45,0	62,7
linoléique	6,2	0,7
linolénique	1,0	-
arachidique	5,9	2,2
gondoïque	5,6	2,0
éicosadiénoïque	9,3	1,8
béhénique	3,3	1,5
érucique	1,5	0,5
docosadiénoïque	3,3	1,3
lignocérique	1,3	-

référence : VICKERY J.R., 1971

GRINDELIA oxylepis   *(Asteraceae)*

origine : Mexique
9 % huile/graine
acides gras (% poids) :

palmitique	9
(3E) - hexadécénoïque	14
stéarique	3
oléique	15
(3E) - octadécénoïque	2
linoléique	55
(3E,9Z,12Z) - octadécatriénoïque	1
autres	1

référence : KLEIMAN R. *et al*, 1966

GUIRAOA arvensis   *(Brassicaceae)*

origine : Espagne
29,5 % huile/graine
acides gras (% poids) :

palmitique	7,0
stéarique	1,6
oléique	10,8
linoléique	18,3
linolénique	24,8
gondoïque	5,4
érucique	32,1

référence : KUMAR P.R. *et al*, 1978

GUIZOTIA abyssinica   *(Asteraceae)*

acides gras (% poids) :

palmitique	9,7
palmitoléique	0,1
stéarique	6,4
oléique	9,2
asclépique	0,4
linoléique	71,2
linolénique	0,2
arachidique	0,4
béhénique	0,6
érucique	0,6

référence : SEHER A. *et al*, 1982

GUNDELIA tournefortii   *(Asteraceae)*

origine : Turquie
39,2 % huile/graine
acides gras (% poids) :

palmitique	12,1
stéarique	2,4
oléique	23,5
linoléique	62,0

référence : ERCIYES A.T. *et al*, 1989

GYMNACRANTHERA contracta   *(Myristicaceae)*

origine : Malaisie
58,8 % huile/graine
acides gras (% poids) :

laurique	9,5
myristique	86,7

palmitique	2,2
oléique	1,4
linoléique	0,2

référence : SHUKLA V.K.S. *et al*, 1993

GYNANDROPSIS pentaphylla   *(Capparidaceae)*

origine : Inde
16,7 % huile/graine
acides gras (% poids) :

palmitique	16,6
stéarique	9,6
oléique	20,0
linoléique	53,6

référence : AHMAD F. *et al*, 1978

HAKEA   *(Proteacea)*

origine : Australie

	H.salicifolia	**H.sericea**
acides gras (% poids) :		
laurique	1,1	0,8
myristique	1,3	1,9
myristoléique	0,7	-
palmitique	2,5	3,3
palmitoléique	14,5	6,8
stéarique	1,9	1,8
oléique	60,3	62,1
linoléique	4,7	1,1
arachidique	1,5	2,5
gondoïque	5,4	8,6
béhénique	0,8	3,1
érucique	1,6	6,8
lignocérique	3,6	1,2

référence : VICKERY J.R., 1971

HACKELIA americanum   *(Boraginaceae)*

origine : Canada
32 % huile/graine
acides gras (% poids) :

palmitique	6,8
palmitoléique	0,3
stéarique	1,5
oléique	20,6

linoléique	17,5
linolénique	19,3
γ - linolénique	12,4
stéaridonique	10,5
arachidique	0,2
gondoïque	4,4
éicosadiénoïque	0,2
béhénique	0,2
érucique	4,8
nervonique	1,3

référence : COXWORTH E.C.M., 1965

HACKELIA floribunda   *(Boraginaceae)*

25,2 % huile/graine
acides gras (% poids) :

palmitique	8,5
palmitoléique	0,3
stéarique	2,8
oléique	33,1
linoléique	15,5
linolénique	13,8
γ - linolénique	6,4
stéaridonique	6,9
arachidique	0,5
gondoïque	5,9
érucique	4,3
nervonique	1,5

référence : WOLF R.B. *et al*, 1983 b

HACKELIA jessicae   *(Boraginaceae)*

origine : Etats-Unis
25 % huile/graine
acides gras (% poids) :

palmitique	12
stéarique	3
oléique	28
linoléique	21
linolénique	11
γ - linolénique	9
stéaridonique	8
gondoïque	4
érucique	2
autres	2

référence : MILLER R.W. *et al*, 1968

HANNOA undulata *(Simarubaceae)*

origine : Sénégal
55,6 % huile/graine
0,95 % insaponifiable/graine
acides gras (% poids) :

palmitique	7,9 - 10,6
stéarique	20,0 - 26,1
oléique	46,0 - 61,4
linoléique	7,6 - 10,0
linolénique	0,3 - 0,4
arachidique	2,7 - 4,1
gondoïque	0 - 0,5
éicosadiénoïque	0 - 0,4
béhénique	0 - 0,4
lignocérique	0 - 1,2

références : MIRALLES J. *et al*, 1988
MARTRET J.M. *et al*, 1992

HARDWICKIA binata *(Caesalpiniaceae)*

origine : Inde
12,3 % huile/graine
acides gras (% poids) :

myristique	1,0
palmitique	7,2
stéarique	2,3
oléique	20,9
linoléique	57,2
arachidique	1,2
gondoïque	2,3
béhénique	8,2

référence : CHOWDHURY A.R. *et al*, 1986 b

HARPEPHYLLUM caffrum *(Anacardiaceae)*

origine : Australie
46,7 % huile/graine
acides gras (% poids) :

myristique	0,6
palmitique	15,7
palmitoléique	0,6
stéarique	5,0
oléique	13,2
linoléique	63,9
linolénique	0,4
dihydrosterculique	1,3
gondoïque	0,2

référence : VICKERY J.R., 1980

HEDEOMA drumondii   *(Lamiaceae)*

origine : Etats-Unis
7 % huile/graine
acides gras (% poids) :

palmitique	5,5
stéarique	2,9
oléique	6,4
linoléique	20
linolénique	64
autres	1,1

référence : HAGEMANN J.M. *et al*, 1967

HEDERA helix   *(Araliaceae)*

origine : France
35 % huile/graine
acides gras (% poids) :

	pulpe	**graine**
laurique	0,2	-
palmitique	11,6	2,5 - 2,8
palmitoléique	31,8	0 - 1,4
stéarique	0,7	0,5 - 1,7
oléique	12,5	2,8 - 7,7
asclépique	26,8	0 - 1,4
pétrosélinique	tr	79,3 - 82,4
linoléique	13,6	8,0 - 8,4
linolénique	0,5	0,1 - 0,2
arachidique	0,2	-
gondoïque	-	0 - 0,3
béhénique	0,3	-
ignocérique	0,2	-
autres	1,6	0,1 - 0,4

références : KLEIMAN R. *et al*, 1982
MALLET G. *et al*, 1988

HEDERA   *(Araliaceae)*

	H.nepalensis	**H.rhombea**
origine :	Pakistan	-
% huile/graine : 22,6	29,0	
acides gras (% poids) :		

palmitique 1,7	8,4	
stéarique	tr	3,1
oléique	15,6	11,2
pétrosélinique	75,9	1,5
inoléique 6,7	75,1	
linolénique -	0,2	
autres	0,1	0,5

référence : KLEIMAN R. *et al*, 1982

HELIANTHUS annuus *(Asteraceae)*

nom commun : tournesol
origine : Allemagne, Turquie, Afrique du Sud, France
40 -6 5 % huile/graine
0,5 - 1,5 % insaponifiable/huile
acides gras (% poids) :

myristique	0 - 0,2
palmitique	4,9 - 6,9
palmitoléique	0 - 0,1
stéarique	3,1 - 6,2
oléique	6,0 - 78,0
asclépique	0 - 0,6
linoléique	17,0 - 85,0
linolénique	0 - 0,1
arachidique	0,1 - 0,4
gondoïque	0,1 - 0,3
béhénique	0 - 1,4
lignocérique	0 - 0,3
autres	0 - 0,1

références : DAMBROTH M. *et al*, 1982
SEHER A. *et al*, 1982
YAZICIOGLU T. *et al*, 1983
VAN NIEKERK P.J. *et al*, 1985
PPREVOT A., 1987

HELICHRYSUM bracteatum *(Asteraceae)*

27 % huile/graine
5,5 % insaponifiable/huile
acides gras (% poids) :

palmitique	9,0
stéarique	3,3
oléique	8,7
linoléique	35,8
octadécadiénoïque conjugué	4,4
(9Z) - octadéc - 9-ène - 11 - ynoïque	9,5
octadéc-éne-ynoïque	7,2
coronarique	14,0
non-identifié	2,6

référence : POWELL R.G. *et al*, 1965

HELIOPHILA amplexicaulis *(Brassicaceae)*

origine : Espagne
acides gras (% poids) :

palmitique	1,1
palmitoléique	0,2
stéarique	0,6

oléique	12,1
linoléique	5,2
linolénique	11,1
arachidique	1,8
gondoïque	7,9
éicosadiénoïque	0,7
béhénique	3,5
érucique	25,0
docosadiénoïque	0,6
lesquerolique	30,1

référence : PLATTNER R.D. *et al*, 1979

HELIOTROPIUM amplexicaule   *(Boraginaceae)*

origine : Etats-Unis
5 % huile/graine
acides gras (% poids) :

palmitique	9
stéarique	4
oléique	16
linoléique	66
linolénique	4
γ - linolénique	0,8
gondoïque	0,2
autres	0,5

référence : MILLER R.W. *et al*, 1968

HELIOTROPIUM curassavicum   *(Boraginaceae)*

origine : Etats-Unis
3 % huile/graine
acides gras (% poids) :

palmitique	14
stéarique	4
oléique	29
linoléique	50
linolénique	0,8
autres	2

référence : MILLER R.W. *et al*, 1968

HELIOTROPIUM europaeum   *(Boraginaceae)*

24 % huile/graine
acides gras (% poids) :

palmitique	7
stéarique	3
oléique	20

linoléique	69
linolénique	0,3
stéaridonique	0,2
autres	0,2

référence : KLEIMAN R. *et al*, 1964

HELIOTROPIUM strigosum   *(Boraginaceae)*

origine : Etats-Unis, Inde
9 - 20 % huile/graine
acides gras (% poids) :

myristique	0 - 0,3
palmitique	8,7 - 12
stéarique	3 - 3,7
oléique	16 - 33,9
linoléique	53,3 - 69
linolénique	0 - 0,3

références : MILLER R.W. *et al*, 1968
NASIRULLAH *et al*, 1980

HELIOTROPIUM supinum   *(Boraginaceae)*

origine : Etats-Unis, Inde
14-20 % huile/graine
acides gras (% poids) :

laurique	0 - 2,2
myristique	0 - 3,7
palmitique	7 - 13,9
stéarique	4 - 4,5
oléique	26 - 37,0
linoléique	38,7 - 62
linolénique	0 - 0,2
gondoïque	0 - 0,2
autres	0 - 0,1

références : MILLER R.W. *et al*, 1968
NASIRULLAH *et al*, 1980

HELMIOPSIELLA madagascariensis   *(Sterculiaceae)*

origine : Madagascar
35,9 % huile/graine
acides gras (% poids) :

myristique	3,3
palmitique	18,5
palmitoléique	0,4
heptadécénoïque	0,6
stéarique	2,1
oléique	24,3
linoléique	31,8

linolénique	0,9
asclépique dihydromalvalique }	1,6
malvalique	6,4
nonadécanoïque	0,4
sterculique	2,6
arachidique	0,2
autres	6,9

référence : GAYDOU E.M. *et al*, 1993

HELMIOPSIS   *(Sterculiaceae)*

origine : Madagascar

	H.inversa	**H.richardii**
% huile/graine :	6,5	12
acides gras (% poids) :		
laurique	-	0,1
myristique	-	0,3
palmitique	28,3	22,7
palmitoléique	0,8	0,3
heptadécénoïque	-	0,9
stéarique	5,2	1,6
oléique	28,7	20,7
linoléique	23,6	37,4
linolénique	2,1	1,2
asclépique dihydromalvalique }	2,3	1,4
malvalique	-	9,5
dihydrosterculique	2,9	0,5
sterculique	3,5	2,3
arachidique	-	0,2
autres	2,6	0,9

référence : GAYDOU E.M. *et al*, 1993

HEPTAPTERA   *(Apiaceae)*

	H.anatolica	**H.anisoptera**	**H.cilicia**
origine :	Turquie	Israël	Turquie
% huile/graine :	12,2	13,0	17,1
acides gras (% poids) :			
palmitique	10,1	9,3	12,3
stéarique	2,1	2,5	1,2
oléique	54,2	45,5	38,8
pétrosélinique	-	1,2	9,2
linoléique	31,9	39,4	38,2
linolénique	0,4	-	0,8
autres	1,2	2,2	-

référence : KLEIMAN R. *et al*, 1982

HERACLEUM   *(Apiaceae)*

	H.candicans	**H.lanatum**	**H.pinnatum**	**H.platytaenium**
origine :	Etats-Unis	Etats-Unis	Pakistan	Turquie
% huile/graine :	19,5	21,0	21,7	19,0
ac.gras (% poids) :				
palmitique	4,0	4,2	3,7	5,3
stéarique	0,2	1,4	0,8	1,1
oléique	8,7	19,5	16,6	14,7
pétrosélinique	66,6	34,9	57,6	52,3
linoléique	20,2	38,5	20,1	25,6
linolénique	-	0,4	0,1	0,1
autres	0,1	0,3	0,7	0,7

	H.sphondylium	**id°** **ssp.montanum**	**id°** **ssp.orsinii**	**id°** **ssp.sibricum**
origine :	Turquie	Yougoslavie	Yougoslavie	Yougoslavie
% huile/graine :	23,9	21,2	15,9	19,8
ac.gras (% poids) :				
palmitique	5,0	5,2	4,4	4,6
stéarique	0,6	1,1	0,5	1,1
oléique	12,2	14,4	14,2	13,0
pétrosélinique	56,3	47,4	55,6	51,6
linoléique	24,9	31,7	24,6	29,1
linolénique	0,4	-	0,1	-
autres	0,5	-	-	0,4

référence : KLEIMAN R. *et al*, 1982

HERITIERA actinophylla   *(Sterculiaceae)*

origine : Australie
2,1 % huile/graine
acides gras (% poids) :

myristique	0,3
palmitique	17,1
palmitoléique	0,7
heptadécanoïque	0,1
stéarique	2,8
oléique	17,8
linoléique	41,6
linolénique	1,1
malvalique	2,0
dihydrosterculique	2,7
sterculique	0,8
arachidique	2,8
gondoïque	8,7
éicosatriénoïque	0,9
érucique	5,4

référence : VICKERY J.R., 1980

HERITIERA littoralis   *(Sterculiaceae)*

origine : Madagascar
8,3 % huile/graine
acides gras (% poids) :

myristique	0,1
palmitique	11,6
palmitoléique	0,2
heptadécénoïque	1,2
stéarique	3,0
oléique	8,3
linoléique	4,2
linolénique	1,0
asclépique dihydromalvalique }	0,9
malvalique	53,7
dihydrosterculique	1,2
sterculique	12,4
autres	2,2

référence : GAYDOU E.M. *et al*, 1993

HESPERIS matronalis   *(Brassicaceae)*

origine : Etats-Unis
32 % huile/graine
acides gras (% poids) :

palmitique	8
palmitoléique	1
stéarique	2
oléique	13
linoléique	24
linolénique	51

référence : MIKOLAJCZAK K.L. *et al*, 1961

HEVEA brasiliensis   *(Euphorbiaceae)*

origine : Zaïre, Inde, Brésil
28,2 - 50 % huile/graine
acides gras (% poids) :

myristique	0 - 0,2
palmitique	9,4 - 11,4
stéarique	5,7 - 12,6
oléique	21,4 - 49,9
linoléique	29,3 - 41,6
linolénique	14,6 - 20,1

références : KABELE NGIEFU C. *et al*, 1977 b
JAYAPPA V. *et al*, 1983
ASSUNCAO F.P. *et al*, 1984

HEYNEA trijuga *(Meliaceae)*

origine : Inde
34,7 % huile/graine
4,9 % insaponifiable/huile
acides gras (% poids) :

palmitique	8,5
stéarique	4,8
oléique	81,8
linoléique	2,0
linolénique	1,3

référence : RAO K.S. *et al*, 1987

HIBISCUS abelmoschus *(Malvaceae)*

nom commun : ambrette
origine : Irak
14,7-16,7 % huile/graine
acides gras (% poids) :

myristique	0,3
palmitique	32,9 - 39,1
stéarique	3,5 - 4,2
oléique	55,9 - 62,9
linoléique	0,1
arachidique	0,3 - 0,4

référence : AL WANDANI H., 1983

HIBISCUS bojeranus *(Malvaceae)*

origine : Madagascar
14,4 % huile/graine
acides gras (% poids) :

laurique	0,2
myristique	0,7
pentadécénoïque	0,2
palmitique	14,8
palmitoléique	0,6
heptadécénoïque	0,3
heptadécadiénoïque	0,5
stéarique	1,4
oléique	11,9
asclépique	0,7
linoléique	56,5
linolénique dihydrosterculique }	1,6
malvalique	3,5
sterculique	1,6
béhénique	1,0
autres	4,5

référence : GAYDOU E.M. *et al*, 1984

HIBISCUS caesius   *(Malvaceae)*

origine : Inde
15 % huile/graine
acides gras (% poids) :

palmitique	19,5
stéarique	4,6
oléique	11,9
linoléique	57,2
malvalique	5,7
sterculique	1,0

référence : HUSAIN S. *et al,* 1980

HIBISCUS cannabinus   *(Malvaceae)*

nom commun : chanvre indien
origine : Malaisie
15 % huile/graine
acides gras (% poids) :

palmitique	24
stéarique	4
oléique	32
linoléique	34

référence : GUNSTONE F.D. *et al,* 1972

HIBISCUS coatesii   *(Malvaceae)*

origine : Australie
14,8 % huile/graine
acides gras (% poids) :

myristique	0,2
palmitique	17,1
palmitoléique	O,7
heptadécénoïque	0,2
stéarique	3,5
oléique	9,9
linoléique	62,1
linolénique	0,5
malvalique	2,3
dihydrosterculique	0,3
sterculique	1,5
autres	1,3

référence : RAO K.S., 1991 a

HIBISCUS diversifolius   *(Malvaceae)*

origine : Australie
14,2 % huile/graine
acides gras (% poids) :

myristique	0,1
palmitique	21,8
palmitoléique	0,8
heptadécanoïque	0,2
stéarique	2,4
linoléique	50,0
malvalique	0,6
dihydrosterculique	1,2
sterculique	0,3

référence : VICKERY J.R., 1980

HIBISCUS ellisii   *(Malvaceae)*

origine : Madagascar
2,9 % huile/graine
acides gras (% poids) :

laurique	0,3
myristique	0,6
pentadécanoïque	0,1
pentadécénoïque	0,6
palmitique	20,4
palmitoléique	0,7
hexadécadiénoïque	0,2
heptadécénoïque	0,2
heptadécadiénoïque	0,4
stéarique	1,9
oléique	13,9
asclépique	1,4
linoléique	48,7
linolénique ⎫ dihydrosterculique ⎭	4,3
malvalique	2,2
sterculique	1,1
arachidique	0,5
béhénique	0,5
érucique	0,6
autres	1,4

référence : GAYDOU E.M. *et al*, 1984

HIBISCUS esculentus   *(Malvaceae)*

origine : Inde, Etats-Unis, Sénégal
17,7 - 20 % huile/graine
acides gras (% poids) :

myristique	0,1 - 0,4
palmitique	30,2 - 33,5
palmitoléique	0,1 - 1,4
stéarique	3,8 - 4,0
oléique	23,5 - 29,3

linoléique	31,5 - 40,8
linolénique	0 - 1,7
arachidique	0 - 1,2
gondoïque	0 - 0,7
béhénique	0 - 0,8

références : SENGUPTA A. *et al*, 1974
KARAKOLTSIDIS P.A. *et al*, 1975
MIRALLES J. *et al*, 1980

HIBISCUS ficulneus   *(Malvaceae)*

origine : Inde
14,4 % huile/graine
acides gras (% poids) :

myristique	0,2
palmitique	26,5
palmitoléique	0,8
stéarique	3,3
oléique	23,2
linoléique	41,7
linolénique	0,4
malvalique	0,3
dihydrosterculique	2,7
sterculique	0,3
arachidique	0,6

référence : RAO K.S. *et al*, 1983

HIBISCUS grandidieri   *(Malvaceae)*

origine : Madagascar
16,3 % huile/graine
acides gras (% poids) :

laurique	0,3
myristique	1,0
pentadécanoïque	0,1
pentadécénoïque	0,3
palmitique	23,6
palmitoléique	0,8
hexadécadiénoïque	0,3
heptadécénoïque	0,9
heptadécadiénoïque	0,9
stéarique	1,3
oléique	15,2
asclépique	0,9
linoléique	28,3
linolénique dihydrosterculique }	1,2
malvalique	3,4
sterculique	1,1

béhénique	2,6
érucique	5,5
autres	12,3

référence : GAYDOU E.M. *et al,* 1984

HIBISCUS grandiflorus   *(Malvaceae)*

11,7 % huile/graine
acides gras (% poids) :

palmitique	18,2
heptadécanoïque	0,4
heptadécénoïque	2,0
stéarique	6,0
oléique	15,5
linoléique	46,0
dihydromalvalique	0,8
malvalique	4,0
dihydrosterculique	1,3
sterculique	3,0
hydroxy-octadécadiénoïque	1,6

référence : BOHANNON M.B. *et al,* 1978

HIBISCUS hirtus   *(Malvaceae)*

origine : Inde
14,5 % huile/graine
3,2 % insaponifiable/huile
acides gras (% poids) :

laurique	0,8
myristique	0,3
palmitique	15,1
stéarique	3,0
oléique	8,8
linoléique	67,6
malvalique	2,0
dihydrosterculique	0,5
sterculique	1,1
arachidique	0,7

référence : RAO K.S. *et al,* 1985

HIBISCUS   *(Malvaceae)*

origine : Madagascar

	H.irritans	H.lasiococcus
% huile/graine :	7,4	3,8
acides gras (% poids) :		
laurique	0,2	0,4

myristique	0,3	0,9
pentadécanoïque	-	0,3
pentadécénoïque	0,1	0,4
palmitique	13,0	12,8
palmitoléique	0,4	1,0
hexadécadiénoïque	-	0,4
heptadécénoïque	0,2	0,3
heptadécadiénoïque	0,5	1,7
stéarique 0,8	1,3	
oléique	10,8	7,6
asclépique	1,0	0,9
linoléique	59,1	44,7
linolénique dihydrosterculique }	5,6	3,0
malvalique 2,1	0,1	
sterculique	1,4	-
arachidique	1,0	0,9
béhénique 0,6	4,4	
autres	2,9	18,9

référence : GAYDOU E.M. *et al*, 1984

HIBISCUS leptocladus   *(Malvaceae)*

origine : Australie
15,3 % huile/graine
acides gras (% poids) :

myristique	0,2
palmitique	13,3
palmitoléique	2,1
stéarique	1,9
oléique	11,8
linoléique	67,3
linolénique	0,3
malvalique	1,4
dihydrosterculique	0,6
sterculique	0,4
arachidique	0,2
autres	0,5

référence : RAO K.S. *et al*, 1989

HIBISCUS   *(Malvaceae)*

origine : Madagascar

	H.magrogonus	**H.mandrarensis**
% huile/graine :	9,5	19,6
acides gras (% poids) :		
laurique	0,2	0,1
myristique	0,6	0,3

pentadécanoïque	0,1	-
palmitique	12,8	7,2
palmitoléique	0,5	0,4
hexadécadiénoïque	0,2	-
heptadécénoïque	0,2	0,2
heptadécadiénoïque	0,3	0,7
stéarique	0,6	0,6
oléique	10,3	5,9
asclépique	1,0	0,6
linoléique	60,7	69,1
linolénique } dihydrosterculique }	3,0	1,8
malvalique	1,4	2,1
sterculique	1,5	1,1
arachidique	0,6	0,4
béhénique	O,5	1,4
érucique	-	2,3
autres	5,5	5,8

référence : GAYDOU E.M. *et al*, 1984

HIBISCUS micranthus   *(Malvaceae)*

origine : Inde
15 % huile/graine
3,9 % insaponifiable/huile
acides gras (% poids) :

myristique	0,5
palmitique	18,6
stéarique	3,5
oléique	10,1
linoléique	59,8
malvalique	1,7
dihydrosterculique	1,0
sterculique	3,1
arachidique	1,0
époxyoléique	0,5

référence : RAO K.S. *et al*, 1985

HIBISCUS mutabilis   *(Malvaceae)*

origine : Hong Kong, Inde
9 - 11,5 % huile/graine
0,8 % insaponifiable/huile
acides gras (% poids) :

palmitique	22,9 - 29
stéarique	1,5 - 2
oléique	11,0 - 13
linoléique	32,0 - 46
malvalique	0 - 14,0

sterculique	0 - 7,3
vernolique	0 - 5,9
autres	0 - 10

références : GUNSTONE F.D. *et al*, 1972
HUSAIN S.R. *et al*, 1989

HIBISCUS palmifidus   *(Malvaceae)*

origine : Madagascar
1,3 % huile/graine
acides gras (% poids) :

laurique	0,6
myristique	1,2
pentadécénoïque	0,3
palmitique	18,0
palmitoléique	1,3
hexadécadiénoïque	0,7
heptadécénoïque	0,7
heptadécadiénoïque	2,3
stéarique	1,7
oléique	20,5
asclépique	1,3
linoléique	35,5
linolénique dihydrosterculique }	6,5
malvalique	0,8
sterculique	1,0
arachidique	0,5
autres	7,3

référence : GAYDOU E.M. *et al*, 1984

HIBISCUS panduriformis   *(Malvaceae)*

origine : Inde
15,4 % huile/graine
2,4 % insaponifiable/huile
acides gras (% poids) :

palmitique	12,3
stéarique	3,2
oléique	10,2
linoléique	74,3

référence : KITTUR M.H. *et al*, 1982

HIBISCUS punctatus   *(Malvaceae)*

origine : Inde
13 % huile/graine
5,2 % insaponifiable/huile
acides gras (% poids) :

laurique	0,8
myristique	0,2
palmitique	17,0
stéarique	1,9
oléique	14,i
linoléique	53,3
linolénique	2,1
malvalique	8,4
dihydrosterculique	0,3
sterculique	1,8

référence : Rao K.S. *et al*, 1985

HIBISCUS sabdariffa   *(Malvaceae)*

nom commun : roselle
origine : Inde, Soudan
17,5 - 20 % huile/graine
1 % insaponifiable/huile
acides gras (% poids) :

myristique	0 - 0,5
palmitique	15 - 22,6
stéarique	3,9 - 5,2
oléique	29 - 39,8
linoléique	30,1 - 49,0
malvalique	0 - 2,0
dihydrosterculique	0 - 1,6
sterculique	0 - 3,5
gondoïque	0 - 0,5
époxy-oléique	1,4 - 5,3

références : Mohiuddin M.M. *et al*, 1975
Ahmed A.W.K. *et al*, 1982
Sarojini G. *et al*, 1985

HIBISCUS solandra   *(Malvaceae)*

origine : Inde
15,7 % huile/graine
5,7 % insaponifiable/huile
acides gras (% poids) :

myristique	0,5
palmitique	17,3
stéarique	3,9
oléique	8,8
linoléique	64,4
malvalique	1,7
dihydrosterculique	1,3
sterculique	0,7
arachidique	0,8
époxyoléique	0,5

référence : Rao K.S. *et al*, 1985

HIBISCUS sturtii   *(Malvaceae)*

origine : Australie
15,8 % huile/graine
acides gras (% poids) :

myristique	0,3
palmitique	21,8
palmitoléique	1,5
stéarique	2,0
oléique	13,2
linoléique	59,0
malvalique	1,2
sterculique	0,3
arachidique	0,2
autres	0,5

référence : RAO K.S. *et al*, 1989

HIBISCUS surattensis   *(Malvaceae)*

origine : Inde
17 % huile/graine
1,7 % insaponifiable/huile
acides gras (% poids) :

myristique	0,2
palmitique	20,0
stéarique	3,2
oléique	24,8
linoléique	43,9
malvalique	3,7
dihydrosterculique	2,1
sterculique	0,9
arachidique	0,7
époxyoléique	0,5

référence : RAO K.S. *et al*, 1985

HIBISCUS syriacus   *(Malvaceae)*

27,7 % huile/graine
acides gras % poids) :

palmitique	20,0
heptadécénoïque	0,7
stéarique	2,2
oléique	10,2
linoléique	42,6
malvalique	13,4
dihydrosterculique	1,0
sterculique	3,0
arachidique	0,3
hydroxyoléique	2,8
époxyoléique	2,7

référence : BOHANNON M.B. *et al*, 1978

HIBISCUS   *(Malvaceae)*

origine : Madagascar

	H.thespesianus	**H.tiliaceus**
% huile/graine :	14,7	2,2
acides gras (% poids) :		
laurique	0,3	0,2
myristique	0,6	0,4
pentadécanoïque	-	0,2
pentadécénoïque	0,1	0,2
palmitique	7,8	9,8
palmitoléique	0,2	0,8
hexadécadiénoïque	0,2	0,4
heptadécénoïque	0,3	0,2
heptadécadiénoïque	0,2	0,3
stéarique	0,7	1,1
oléique	7,6	5,1
asclépique	0,5	0,5
linoléique	40,5	17,1
linolénique } dihydrosterculique	2,5	2,1
malvalique	1,1	3,9
sterculique	0,7	3,3
arachidique	-	0,3
béhénique	3,8	7,3
érucique	11,7	-
autres	21,2	46,8

référence : GAYDOU E.M. *et al*, 1984

HIBISCUS trionum   *(Malvaceae)*

origine : Australie
19 % huile/graine
acides gras (% poids) :

myristique	0,3
palmitique	16,5
palmitoléique	1,1
stéarique	4,1
oléique	13,0
linoléique	60,1
linolénique	1,3
malvalique	3,0
sterculique	0,6

référence : VICKERY J.R., 1980

HIBISCUS   *(Malvaceae)*

origine : Inde

	H.vitifolius	**H.zeylanicus**
% huile/graine :	13,5	13,5
% insaponifiable/huile :	1,8	2,7
acides gras (% poids) :		
myristique	0,7	-
palmitique	30,7	26,2
stéarique	4,3	3,3
oléique	15,2	5,9
linoléique	44,8	56,3
malvalique	3,0	4,0
dihydrosterculique	0,5	-
sterculique	0,6	3,9
arachidique	0,7	0,3
époxyoléique	0,1	-

référence : RAO K.S. *et al*, 1985

HICKSBEACHIA pinnatifolia   *(Proteaceae)*

origine : Australie
acides gras (% poids) :

myristique	0,5
palmitique	2,4
(7Z) - hexadécènoïque	12,0
(11Z) - hexadécènoïque	28,5
stéarique	0,4
oléique	24,3
linoléique	13,4
arachidique	0,5
gondoïque	6,3
béhénique	0,6
érucique	11,1

référence : VICKERY J.R., 1971

HILDEGARDIA   *(Sterculiaceae)*

origine : Madagascar

	H.erythrosiphon	**H.perrieri**
% huile/graine :	36,1	34,2
acides gras (% poids) :		
laurique	0,5	-
myristique	1,3	0,3
palmitique	26,1	24,8
palmitoléique	1,3	0,7

heptadécénoïque	0,3	-
heptadécadiénoïque	4,4	-
stéarique	-	1,3
oléique	17,0	24,3
asclépique	1,0	1,1
dihydromalvalique }		
linoléique	23,6	31,0
linolénique	1,1	1,0
malvalique	3,7	0,9
dihydrosterculique	0,5	0,6
sterculique	12,1	4,1
autres	5,8	7,6

référence : GAYDOU E.M. *et al*, 1993

HIPPOMARATHRUM *(Apiaceae)*

	1	2	3	4
% huile/graine :	20,2	8,6	14,1	31,3
acides gras (% poids) :				
palmitique	2,7	7,1	15,0	4,5
stéarique	2,2	1,3	5,3	0,4
oléique	25,2	16,9	20,5	13,8
pétrosélinique	49,0	54,4	6,5	66,0
linoléique	20,4	19,8	37,8	14,7
linolénique	-	0,3	6,5	0,2
autres	0,5	-	8,4	0,4

1 = HIPPOMARATHRUM bossieri   3 = HIPPOMARATHRUM microcarpum
2 = HIPPOMARATHRUM cristatum   4 = HIPPOMARATHRUM pauciradiatum

référence : KLEIMAN R. *et al*, 1982

HIPPOPHAE rhamnoides *(Elaeagnaceae)*

origine : Roumanie, Allemagne

	pulpe	amande
% huile :	5,1	9,1
acides gras (% poids) :		
myristique	0,2	0,1 - 0,4
palmitique	30,8 - 33,6	8,3 - 22,3
palmitoléique	25,6 - 35,6	0,6 - 1,5
hexadécadiénoïque	0 - 0,2	0 - 0,1
heptadécanoïque	0 - 0,4	0 - 0,4
stéarique	0,5 - 1,0	3,4 - 8,6
oléique	25,3 - 25,4	22,3 - 35,3
asclépique	0 - 8,4	0 - 5,5
linoléique	3,5 - 5,5	5,5 - 33,0
linolénique	0,5 - 1,7	0,2 - 30,4
arachidique	0,1 - 0,2	0,9 - 1,3

| gondoïque | 0 - 0,2 | 0,2 - 0,6 |
| autres | - | 0 - 0,7 |

références : SCHILLER H., 1989
BAT S. *et al*, 1993

HIRSCHFELDIA incana   *(Brassicaceae)*

31 % huile/graine
acides gras (% poids) :

palmitique	3
stéarique	1
oléique	12
linoléique	17
linolénique	16
arachidique	2
gondoïque	10
éicosadiénoïque	0,5
béhénique	1
érucique	37
autres	1

référence : MILLER R.W. *et al*, 1965

HODGSONIA capniocarpa   *(Cucurbitaceae)*

origine : Inde
66 % huile/graine
acides gras (% poids) :

palmitique	8,0
stéarique	42,6
oléique	42,0
linoléique	3,7
arachidique	1,6

référence : BANERJI R. *et al*, 1984

HOLARRHENA antidysenterica   *(Apocynaceae)*

33,7 % huile/graine
acides gras (% poids) :

palmitique	5,0
stéarique	2,7
oléique	7,7
linoléique	7,8
linolénique	1,2
isoricinoléique	73,4
autres	2,1

référence : POWELL R.G. *et al*, 1969

HOLARRHENA wulfsbergii   *(Apocynaceae)*

origine : Nigeria
15 % huile/graine
acides gras (% poids) :

palmitique	5
stéarique	7
oléique	13
linoléique	23
linolénique	52

référence : GUNSTONE F.D. *et al,* 1972

HOLMSKIOLDIA sanguinea   *(Verbenaceae)*

origine : Inde
9,5 % huile/graine
0,2 % insaponifiable/huile
acides gras (% poids) :

laurique	0,5
myristique	0,4
palmitique	6,3
stéarique	10,5
oléique	43,0
linoléique	32,9
linolénique	4,4
arachidique	1,5
béhénique	0,5

référence : BADAMI R.C. *et al,* 1984 a

HONCKENYA ficifolia   *(Caryophyllaceae)*

origine : Singapour
8 % huile/graine
acides gras (% poids) :

palmitique	14
stéarique	7
oléique	24
linoléique	53
autres	2

référence : GUNSTONE F.D. *et al,* 1972

HOSTA longipes   *(Liliaceae)*

origine : Japon
28,5 % huile/graine
acides gras (% poids) :

palmitique	5,8
palmitoléique	0,1
stéarique	1,0
oléique	9,5
linoléique	82,5
linolénique	0,8
béhénique	0,3

référence : KATO M.Y. *et al,* 1981

HUMULUS lupulus   *(Moraceae)*

nom commun : houblon
32 % huile/graine
acides gras (% poids) :

palmitique	7
stéarique	3
oléique	10
linoléique	60
linolénique	15
γ - linolénique	5

référence : ROBERTS J.B. *et al,* 1963

HURA crepitans   *(Euphorbiaceae)*

origine : Zaïre, Sénégal
20-46 % huile/graine
acides gras (% poids) :

myristique	0,5 - 1,0
palmitique	13,7 - 14,9
palmitoléique	0,5
stéarique	5,0 - 7,2
oléique	21,2 - 31,2
linoléique	43,7 - 56,9
linolénique	1,5 - 2,0
gondoïque	0 - 0,2

références : KABELE NGIEFU C. *et al,* 1977 b
MIRALLES J. *et al,* 1980

HUTERA leptocarpa   *(Brassicaceae)*

origine : Espagne
28,6 % huile/graine
acides gras (% poids) :

palmitique	3,7
stéarique	1,1
oléique	14,9
linoléique	13,7

linolénique	28,5
gondoïque	2,9
érucique	35,2
autres	1,7

référence : KUMAR P.R. *et al*, 1978

HYDNOCARPUS alpina   *(Flacourtiaceae)*

origine : Chine
51,2 % huile/graine
acides gras (% poids) :

palmitique	5,8
palmitoléique	1,0
hydnocarpique	55,9
stéarique	0,6
oléique	3,9
linoléique	0,8
chaulmoogrique	25,0
18 - (cyclopent-2-ényl)- 4 - octadécénoïque	3,4

référence : ZHANG J.Y. *et al*, 1989 a

HYDNOCARPUS anthelmintica   *(Flacourtiaceae)*

origine : Inde, Chine
52,7 % huile/graine
acides gras (% poids) :

(cyclopent-2-ényl)- dodécénoïque	0 - 0,1
myristique	0 - 0,2
(cyclopent-2-ényl)- tetradécénoïque	0 - 0,2
pentadécanoïque	0 - 0,2
palmitique	0 - 10,9
palmitoléique	0 - 1,2
hydnocarpique	52,9 - 67,8
stéarique	0 - 1,4
oléique	0 - 7,4
chaulmoogrique	8,7 - 26,0
gorlique	1,4 - 3,4

références : ABDEL-MOETY E.M., 1981
CHRISTIE W.W. *et al*, 1989
ZHANG Z.Y. *et al*, 1989 a

HYDNOCARPUS hainanensis   *(Flacourtiaceae)*

origine : Chine
26,9 % huile/graine
acides gras (% poids) :

14 - (cyclopent-2-ényl)-

tétradécénoïque	0,2
palmitique	3,6
palmitoléique	4,1
ḥydnocarpique	57,3
stéarique	0,5
oléique	2,3
asclépique	2,0
linoléique	1,3
chaulmoogrique	21,6

18 - (cyclopent-2-ényl)-

9 - octadécénoïque	4,4

référence : ZHANG Z.Y. *et al*, 1989 a

HYDNOCARPUS   *(Flacourtiaceae)*

	H.kurzii	**H.wightiana**
acides gras (% poids) :		
hydnocarpique	34,9	48,7
chaulmoogrique	22,5	27,0
gorlique	22,6	12,2
autres	20,0	12,1

référence : ABDEL-MOETY E.M., 1981

HYDRANGEA petiolaris   *(Saxifragaceae)*

origine : Japon
40,7 % huile/graine
acides gras (% poids) :

palmitique	6,1
stéarique	1,6
oléique	13,6
linoléique	75,1
linolénique	1,0
arachidique	0,3
gondoïque	0,4
autres	1,9

référence : UCCIANI E. *et al*, 1988

HYDROCOTYL asiatica   *(Apiaceae)*

origine : Inde
4 % huile/graine
acides gras (% poids) :

laurique	0,2
myristique	0,6

palmitique	48,3
palmitoléique	0,6
stéarique	6,2
oléique	19,0
linoléique	21,0
arachidique	2,0
érucique	0,3
lignocérique	1,6

référence : AHMAD S. *et al*, 1987

HYDROCOTYL bonariensis   *(Apiaceae)*

origine : Uruguay
14,6 % huile/graine
acides gras (% poids) :

palmitique	5,7
stéarique	0,7
oléique	4,3
pétrosélinique	73,6
linoléique	15,3
linolénique	0,2
autres	0,2

référence : KLEIMAN R. *et al*, 1982

HYDROLEA zeylanica   *(Hydrophyllaceae)*

origine : Inde
14,1 % huile/graine
acides gras (% poids) :

palmitique	11,4
stéarique	4,9
oléique	32,8
linoléique	20,9
linolénique	28,2

référence : AHMAD S. *et al*, 1987

HYMENAEA courbari   *(Caesalpiniaceae)*

origine : Inde
4,9 % huile/graine
acides gras (% poids) :

myristique	0,5
palmitique	9,0
stéarique	2,5
oléique	22,1
linoléique	53,3
arachidique	3,0

gondoïque	1,5
béhénique	8,2

référence : CHOWDHURY A.R. *et al*, 1985

HYMENANTHERUM tenuifolium   *(Asteraceae)*

origine : Inde
35,5 % huile/graine
1,7 % insaponifiable/huile
acides gras (% poids) :

laurique	0,8
myristique	1,4
palmitique	2,0
stéarique	3,6
oléique	48,3
linoléique	40,2
arachidique	1,3
béhénique	2,2

référence : BADAMI R.C. *et al*, 1984 a

HYPHAENE shatan   *(Arecaceae)*

origine : Madagascar

	pulpe	**amande**
% huile :	-	15 - 46
acides gras (% poids) :		

laurique	13,2	31 - 36,1
myristique	6,3	15 - 15,5
palmitique	35,0	10,5
stéarique	4,4	3,2 - 3,5
oléique	14,6	29,6 - 35
linoléique	15,5	3,4 - 4
linolénique	2,5	-
autres 8,5	0 - 0,8	

références : GAYDOU E.M. *et al*, 1980
RABARISOA I. *et al*, 1993

HYPTIS   *(Lamiaceae)*

origine : Etats-Unis

	1	**2**	**3**	**4**	**5**
% huile/graine :	20	25	30	19	22
acides gras (% poids) :					
palmitique	5,6	6,5	6,8	5,4	7,2

stéarique	3,2	2,5	2,7	2,1	2,7
oléique	8,2	12	8,3	6,1	7,7
linoléique	31	24	23	22	24
linolénique	51	55	58	64	58
autres	0,3	-	0,6	0,1	-

référence : HAGEMANN J.M. *et al*, 1967

HYPTIS suaveolens *(Lamiaceae)*

origine : Etats-Unis, Inde, Sénégal
12n4-24 % huile/graine
1,8 % insaponifiable/huile
acides gras (% poids) :

palmitique	8,1 - 15,3
palmitoléique	0 - 0,2
stéarique	2,1 - 2,9
oléique	6,0 - 8,5
linoléique	76,6 - 79,9
linolénique	0 - 0,8
autres	0 - 0,9

références : HAGEMANN J.M. *et al*, 1967
HUSAIN S.K. *et al*, 1978
MIRALLES J. *et al*, 1980

HYSSOPUS officinalis *(Lamiaceae)*

nom commun : hysope
origine : Etats-Unis
29 % huile/graine
acides gras (% poids) :

palmitique	5,4
stéarique	2,6
oléique	12
linoléique	17
linolénique	63
autres	1,1

référence : HAGEMANN J.M. *et al*, 1967

IBERIS amara *(Brassicaceae)*

origine : Etats-Unis
27 % huile/graine
acides gras (% poids) :

palmitique	3
palmitoléique	0,3
oléique	19
linoléique	18

linolénique	12
gondoïque	6
éicosadiénoïque	0,3
érucique	38
nervonique	2

référence : MIKOLAJCZAK K.L. *et al*, 1961

IBERIS odorata   *(Brassicaceae)*

origine : Inde
26 % huile/graine
1,8 % insaponifiable/huile
acides gras (% poids) :

laurique	0,5
myristique	0,5
palmitique	4,3
stéarique	1,7
oléique	13,6
linoléique	25,7
linolénique	3,1
arachidique	1,8
gondoïque	3,5
béhénique	2,5
érucique	39,6
docosadiénoïque	3,2

référence : BADAMI R.C. *et al*, 1980 a

IBERIS pruitii   *(Brassicaceae)*

15 % huile/graine
acides gras (% poids) :

palmitique	2,4
palmitoléique	0,4
stéarique	0,4
oléique	19,8
linoléique	14,9
linolénique	7,4
gondoïque	5,7
érucique	43,1
nervonique	5,8

référence : SCRIMGEOUR C.M., 1976

IBERIS umbellata   *(Brassicaceae)*

origine : Etats-Unis
26 % huile/graine
acides gras (% poids) :

palmitique	3
palmitoléique	0,2
stéarique	0,3
oléique	10
linoléique	19
linolénique	7
gondoïque	6
éicosadiénoïque	0,5
érucique	50
nervonique	3

référence : MIKOLAJCZAK K.L. *et al*, 1961

ILEX pubescens   *(Aquifoliaceae)*

origine : Hong Kong
19 % huile/graine
acides gras (% poids) :

palmitique	10
stéarique	6
oléique	28
linoléique	55

référence : GUNSTONE F.D. *et al*, 1972

IMPATIENS balsamina   *(Balsaminaceae)*

25 % huile/graine
acides gras (% poids) :

palmitique	10
stéarique	4
oléique	18
linoléique	13
linolénique	25
α - parinarique	30

référence : TULLOCH A.P., 1982

INCARVILLEA delavayi   *(Bignoniaceae)*

24 % huile/graine
acides gras (% poids) :

palmitique	9
stéarique	1
oléique	15
linoléique	74

référence : CHISHOLM M.J. *et al*, 1965 b

INDIGOFERA hirsuta   *(Fabaceae)*

origine : Inde
4,1 % huile/graine
2,1 % insaponifiable/huile
acides gras (% poids) :

myristique	0,4
palmitique	14,4
palmitoléique	0,4
stéarique	4,3
oléique	6,5
linoléique	59,7
linolénique	11,5
arachidique	1,7
béhénique	1,1

référence : KITTUR M.H. *et al*, 1987

INDIGOFERA wightii   *(Fabaceae)*

origine : Inde
7 % huile/graine
acides gras (% poids) :

laurique	4,6
myristique	4,2
palmitique	29,1
stéarique	12,1
oléique	6,6
linoléique	38,7
arachidique	2,2
béhénique	2,5

référence : DAULATABAD C.D. *et al*, 1982 b

INGA bigemina   *(Mimosaceae)*

voir PITHECOLOBIUM bigemina

INOCARPUS fagifer   *(Caesalpiniaceae)*

origine : Fidji
4 % huile/graine
acides gras (% poids) :

palmitique	31,8 - 37,4
stéarique	6,8 - 7,2
oléique	15,6 - 17,2
asclépique	3,8 - 4,4
linoléique	33,1 - 36,7
linolénique	1,5 - 1,9
arachidique	1,4 - 1,8

référence : SOTHEESWARAN S. *et al*, 1994

INTSIA amboinensis   *(Caesalpiniaceae)*

origine : Zaïre
9,3 % huile/graine
acides gras (% poids) :

laurique	0,5
myristique	0,6
palmitique	11,0
palmitoléique	1,3
stéarique	7,9
oléique	21,9
linoléique	28,1
linolénique	2,0
arachidique	3,2
béhénique	13,5
érucique	3,5
lignocérique	6,6

référence : KABELE NGIEFU C. *et al*, 1977 b

IPOMOEA alba   *(Convolvulaceae)*

11 % huile/graine
acides gras (% poids) :

myristique	0,3
palmitique	26,3
stéarique	6,4
oléique	17,0
linoléique	40,0
linolénique	6,7
nonadécanoïque	0,7
arachidique	1,7
béhénique	0,7

référence : SAHASRABUDHE M.R. *et al*, 1965

IPOMOEA biloba   *(Convolvulaceae)*

origine : Inde
15 % huile/graine
acides gras (% poids) :

palmitique	10,0
stéarique	12,0
oléique	21,6
linoléique	41,3
linolénique	6,0
arachidique	5,5
béhénique	3,6

référence : BADAMI R.C. *et al*, 1984 c

IPOMOEA cardiophylla   *(Convolvulaceae)*

origine : Inde
10 % huile/graine
acides gras (% poids) :

palmitique	18,3
stéarique	1,9
oléique	29,8
linoléique	34,8
linolénique	15,1

référence : MUKARRAM M. *et al*, 1986

IPOMOEA digitata   *(Convolvulaceae)*

origine : Singapour
7 % huile/graine
acides gras (% poids) :

palmitique	27
stéarique	11
oléique	18
linoléique	33
autres	11

référence : GUNSTONE F.D. *et al*, 1972

IPOMOEA dissecta   *(Convolvulaceae)*

10 % huile/graine
acides gras (% poids) :

myristique	2,2
palmitique	31,2
stéarique	8,7
oléique	23,4
linoléique	29,6
linolénique	4,9

référence : AHMAD M.S. *et al*, 1978

IPOMOEA hederaceae   *(Convolvulaceae)*

origine : Inde
15 % huile/graine
acides gras (% poids) :

palmitique	9,4
stéarique	19,6
oléique	24,0
linoléique	27,8
linolénique	8,9
arachidique	6,4
béhénique	3,9

référence : BADAMI R.C. *et al*, 1984 c

IPOMOEA involucrata   *(Convolvulaceae)*

origine : Inde
13,8 % huile/graine
1,8 % insaponifiable/huile
acides gras (% poids) :

caprylique	2,2
caprique	4,0
laurique	1,3
myristique	4,0
palmitique	15,0
stéarique	11,5
oléique	53,8
linoléique	0,3
linolénique	1,3
arachidique	4,1
béhénique	2,3

référence : BADAMI R.C. *et al*, 1984 a

IPOMOEA horsfalliae   *(Convolvulaceae)*

origine : Inde
19,8 % huile/graine
1,8 % insaponifiable/huile
acides gras (% poids) :

myristique	0,1
palmitique	20,9
palmitoléique	0,4
stéarique	13,5
oléique	13,6
linoléique	46,5
linolénique	3,0
arachidique	1,0
béhénique	1,0

référence : KITTUR M.H. *et al*, 1987

IPOMOEA muricata   *(Convolvulaceae)*

origine : Inde
7,4 % huile/graine
acides gras (% poids) :

palmitique	35,3
stéarique	10,9
oléique	11,6
linoléique	29,3
linolénique	6,9

référence : NASIRULLAH *et al*, 1980

IPOMOEA nil   *(Convolvulaceae)*

5,7-12,9 % huile/graine
acides gras (% poids) :

caprylique	0 - 2,2
caprique	0 - 1,3
laurique	0 - 3,0
myristique	0,1 - 1,9
pentadécanoïque	0 - 0,4
palmitique	14,6 - 23,2
palmitoléique	0,2 - 1,0
heptadécanoïque	0 - 0,1
stéarique	0,8 - 8,9
oléique	13,5 - 24,1
linoléique	42,3 - 49,5
linolénique	1,7 - 4,7
nonadécanoïque	0,4 - 0,7
arachidique	0,2 - 1,1
béhénique	0,2 - 0,6
lignocérique	0,5 - 1,4

référence : SAHASRABUDHE M.R. *et al*, 1965

IPOMOEA pestigridis   *(Convolvulaceae)*

origine : Inde
6,9 % huile/graine
0,5 % insaponifiable/huile
acides gras (% poids) :

caprylique	5,6
caprique	3,0
laurique	2,6
myristique	3,6
palmitique	2,3
stéarique	11,4
oléique	58,5
linoléique	0,1
arachidique	6,7
béhénique	6,2

référence : BADAMI R.C. *et al*, 1984 a

IPOMOEA pilosa   *(Convolvulaceae)*

11 % huile/graine
acides gras (% poids) :

palmitique	18,2
stéarique	0,2
oléique	24,7
linoléique	50,7
linolénique	6,2

référence : AHMAD M.S. *et al*, 1978

IPOMOEA purpurea   *(Convolvulaceae)*

8,9-13,4 % huiie/graine
acides gras (% poids) :

caprylique	0 - 1,5
caprique	0 - 0,9
myristique	0,1 - 1,9
pentadécanoïque	0 - 0,3
palmitique	17,8 - 24,7
palmitoléique	0,1 - 0,9
heptadécanoïque	0,1 - 0,6
stéarique	2,0 - 8,4
oléique	15,1 - 18,4
linoléique	47,2 - 50,0
linolénique	0,9 - 2,0
nonadécanoïque	0,5 - 1,5
arachidique	0,7 - 1,5
gondoïque	0 - 0,2
béhénique	0,3 - 0,7
lignocérique	0 - 0,8
autres	0 - 0,2

référence : SAHARASBUDHE M.R. *et al*, 1965

IPOMOEA quamoclit   *(Convolvulaceae)*

origine : Inde
16,5 % huile/graine
acides gras (% poids) :

palmitique	7,3
stéarique	13,1
oléique	30,0
linoléique	34,8
linolénique	7,4
arachidique	4,4
béhénique	3,0

référence : BADAMI R.C. *et al*, 1984 c

IPOMOEA sepiaria   *(Convolvulaceae)*

origine : Inde
34,7 % huile/graine
1,1 % insaponifiable/huile
acides gras (% poids) :

laurique	2,2
myristique	3,8
palmitique	4,0
stéarique	6,0
oléique	53,6

linoléique	19,5
linolénique	3,8
arachidique	2,2
béhénique	4,9

référence : BADAMI R.C. *et al*, 1984 a

IPOMOEA tuberosa   *(Convolvulaceae)*

origine : Inde, Réunion
3,6 - 6,7 % huile/graine
acides gras (% poids) :

palmitique	6,6 - 22,3
palmitoléique	0 - 0,5
stéarique	5,3 - 15,8
oléique	16,2 - 25,9
linoléique	35,7 - 46,7
linolénique	2,1 - 7,9
arachidique	3,2 - 3,3
gondoïque	0 - 1,7
béhénique	0,8 - 4,8

références : BADAMI R.C. *et al*, 1984 c
GUERERE M. *et al*, 1985

IPOMOEA violacea   *(Convolvulaceae)*

14,7-16,3 % huile/graine
acides gras (% poids) :

myristique	0 - 0,2
palmitique	18,3 - 23,7
palmitoléique	0,4 - 1,8
heptadécanoïque	0 - 0,2
stéarique	9,2 - 11,5
oléique	13,2 - 15,9
linoléique	42,2 - 48,4
linolénique	4,9 - 7,9
nonadécanoïque	0,2 - 1,3
arachidique	0,5 - 1,3
béhénique	0,1 - 1,2
lignocérique	0,1 - 0,8

référence : SAHARASBUDHE M.R. *et al*, 1965

IRVINGIA barteri   *(Simarubaceae)*

origine : Afrique de l'Ouest
69 % huile/amande
acides gras (% poids) :

laurique	38,8
myristique	50,6
oléique	10,6

référence : BANERJI R. *et al*, 1984

IRVINGIA gabonensis *(Simarubaceae)*

origine : Zaïre, Gabon
67-70 % huile/amande
acides gras (% poids) :

caprique	0 - 0,8
laurique	35 - 36,3
myristique	54,8 - 59
palmitique	5 - 5,5
stéarique	0,4 - 0,5
oléique	0,6 - 1,6
linoléique	0 - 0,5

références : KABELE NGIEFU C. *et al*, 1976 a
PAMBOU TCHIVOUNDA H. *et al*, 1992

IRVINGIA oliveri *(Simarubaceae)*

origine : Afrique de l'Ouest
60 % huile/amande
acides gras (% poids) :

laurique	39
myristique	55,5
oléique	5,0

référence : BANERJI R. *et al*, 1984

IRVINGIA smithii *(Simarubaceae)*

origine : Zaïre
58 % huile/amande
acides gras (% poids) :

caprique	1,7
laurique	51,0
myristique	41,4
palmitique	3,4
oléique	2,5

référence : KABELE NGIEFU C. *et al*, 1976 a

ISATIS   *(Brassicaceae)*

	I.aleppica	I.aucheri
% huile/graine :	9	33
acides gras (% poids) :		

	I.aleppica	I.aucheri
palmitique	9	3
stéarique	3	1
oléique	23	15
linoléique	6	12
linolénique	20	31
arachidique	2	1
gondoïque	10	9
éicosadiénoïque	-	0,5
béhénique	0,1	-
érucique	23	24
nervonique	3	2
autres	2,3	1,2

référence : MILLER R.W. *et al*, 1965

ISATIS tinctoria   *(Brassicaceae)*

nom commun : pastel
origine : Etats Unis
13 % huile/graine
acides gras (% poids) :

palmitique	6
stéarique	2
oléique	16
linoléique	12
linolénique	28
arachidique	2
gondoïque	13
érucique	20
nervonique	1

référence : MIKOLAJCZAK K.L. *et al*, 1961

ISOPOGON anemonifolius   *(Proteaceae)*

origine : Australie
acides gras (% poids) :

laurique	1,3
myristique	1,5
palmitique	15,3
palmitoléique	10,8
stéarique	4,0
oléique	52,0
(13Z) - octadécénoïque	5,9

linoléique	6,7
arachidique	2,5

référence : VICKERY J.R., 1971

ISOTOMA longifolia (Campanulaceae)

origine : Inde
3,9 % huile/graine
0,5 % insaponifiable/huile
acides gras (% poids) :

myristique	0,2
palmitique	20,3
stéarique	10,9
oléique	34,7
linoléique	25,3
linolénique	2,8
arachidique	3,6
béhénique	2,2

référence : BADAMI R.C. et al, 1984 b

IXIOLAENA brevicompta   (Asteraceae)

origine : Australie
12 % huile/graine
acides gras (% poids) :

palmitique	7
stéarique	5
oléique	8
linoléique	51
crépénynique	25

référence : FORD G.L. et al, 1983

IXORA parviflora   (Rubiaceae)

origine : Inde
23,5 % huile/graine
acides gras (% poids) :

caprique	1,3
laurique	3,1
myristique	4,7
palmitique	11,4
stéarique	11,9
oléique	18,7
linoléique	44,0
arachidique	2,9
béhénique	2,0

référence : DAULATABAD C.D. et al, 1982 c

JACARANDA acutifolia   *(Bignoniaceae)*

origine : Madagascar
20,2 % huile/graine
acides gras (% poids) :

myristique	0,3
palmitique	5,4
heptadécanoïque	0,1
stéarique	4,9
oléique	11,5
linoléique	38,3
linolénique	0,8
octadécatriénoïque conjugué	28,5
arachidique	0,6
gondoïque	0,3
béhénique	0,1
érucique	1,3
autres	7,2

référence : GAYDOU E.M. *et al,* 1983 a

JACARANDA mimosifolia   *(Bignoniaceae)*

28 % huile/graine
acides gras (% poids) :

palmitique	4
stéarique	4
oléique	12
linoléique	44
(8Z, 10E, 12Z) - octadécatriénoïque	36

référence : TULLOCH A.P., 1982

JACARANDA semiserrata   *(Bignoniaceae)*

13 % huile/graine
acides gras (% poids) :

palmitique	8
stéarique	2
oléique	31
linoléique	26
(8Z, 10E, 12Z) - octadécatriénoïque	33

référence : CHISHOLM M.J. *et al,* 1965 b

JAGERA pseudorhus   *(Sapindaceae)*

origine : Australie
46,9 % huile/graine
acides gras (% poids) :

myristique	0,1
myristoléique	0,1
palmitique	3,7
palmitoléique	0,2
stéarique	1,6
oléique	28,3
linoléique	16,9
linolénique	44,1
dihydrosterculique	2,1
éicosadiénoïque	0,9

référence : VICKERY J.R., 1980

JASMINUM officinale *(Oleaceae)* var.grandiflorum

nom commun : jasmin
origine : Inde
2,7 % huile/graine
0,3 % insaponifiable/huile
acides gras (% poids) :

myristique	1,2
palmitique	4,4
stéarique	6,0
oléique	80,4
linoléique	6,9
arachidique	1,1

référence : BADAMI R.C. *et al*, 1984 b

JATROPHA cordata *(Euphorbiaceae)*

39 % huile/graine
acides gras (% poids) :

palmitique	11
stéarique	8
oléique	23
linoléique	57
linolénique	0,7
autres	1

référence : KLEIMAN R. *et al*, 1965

JATROPHA curcas *(Euphorbiaceae)*

nom commun : purghère
origine : Zaïre, Réunion
13 - 34,3 % huile/graine
acides gras (% poids) :

myristique	0 - 0,4
palmitique	8 - 28,4
palmitoléique	0 - 1,5
stéarique	3,9 - 7
oléique	23 - 39,1
linoléique	30,1 - 59
linolénique	0,4 - 0,7
arachidique	0 - 0,2
autres	0 - 1

références : KLEIMAN R. *et al*, 1965
KABELE NGIEFU C. *et al*, 1977 b
GUERERE M. *et al*, 1984

JATROPHA gossypifolia   *(Euphorbiaceae)*

origine : Inde
18 % huile/graine
0,4 % insaponifiable/huile
acides gras (% poids) :

palmitique	14,8
stéarique	5,4
oléique	37,9
linoléique	41,2
arachidique	0,7

référence : BADAMI R.C. *et al*, 1984 b

JATROPHA hestata   *(Euphorbiaceae)*

14 % huile/graine
acides gras (% poids) :

palmitique	8
stéarique	3
oléique	13
linoléique	66
linolénique	8
gondoïque	0,3
autres	2

référence : KLEIMAN R. *et al*, 1965

JATROPHA macrorhiza   *(Euphorbiaceae)*

53 % huile/graine
acides gras (% poids) :

palmitique	8
stéarique	4
oléique	18
linoléique	68

linolénique	0,8
gondoïque	0,3
autres	1

référence : KLEIMAN R. *et al*, 1965

JATROPHA multifida   *(Euphorbiaceae)*

origine : Zaïre
20 % huile/graine
acides gras (% poids) :

myristique	0,1
palmitique	20,2
palmitoléique	3,6
stéarique	7,0
oléique	25,7
linoléique	43,4

référence : KABELE NGIEFU C. *et al*, 1977 b

JATROPHA   *(Euphorbiaceae)*

origine : Inde

	J. panduraefolia	**J. podagarica**
% huile/graine :	33,2	34,1
% insaponifiable/huile	2,8	3,3
acides gras (% poids) :		
palmitique	6,1	8,5
stéarique	3,5	5,2
oléique	9,5	14,4
linoléique	79,8	71,4
linolénique	0,2	0,2

référence : RAO K.S. *et al*, 1987

JATROPHA spathulata   *(Euphorbiaceae)*

58 % huile/graine
acides gras (% poids) :

palmitique	12
stéarique	5
oléique	28
linoléique	53
linolénique	0,3
autres	1

référence : KLEIMAN R. *et al*, 1965

JUBEA spectabilis *(Arecaceae)*

origine : Australie, Chili
51,1-54,8 % huile/amande
acides gras (% poids) :

caproïque	1,5 - 2,1
caprylique	13,4 - 17,5
caprique	15,9 - 19,0
laurique	41,3 - 44,8
myristique	4,9 - 7,4
palmitique	2,8 - 4,0
stéarique	1,4 - 1,8
oléique	7,4 - 12,0
linoléique	1,4 - 2,1

référence : COLE E.R. *et al*, 1980

JUGLANS regia   *(Juglandaceae)*

nom commun : noyer
origine : Allemagne, Turquie
66,8-70 % huile/amande
acides gras (% poids) :

palmitique	7,9 - 8,1
palmitoléique	0 - 0,2
stéarique	0 - 3,7
oléique	15,2 - 23,1
asclépiqu	0 - 1,6
linoléique	50,0 - 60,6
linolénique	12,7 - 14,9
arachidique	0 - 0,1
gondoïque	0 - 0,6

références : BERINGER H. *et al*, 1976
SEHER A. *et al*, 1982
YAZICIOGLU T. *et al*, 1983

JUNIPERUS chinensis *(Cupressaceae)*

origine : Japon
8 % huile/graine
acides gras (% poids) :

palmitique	4,3
stéarique	2,6
oléique	12,5
linoléique	33,9
linolénique	24,3
pinoléique	0,2
gondoïque	0,7
éicosadiénoïque	1,8

| 5, 11, 14-éicosatriénoïque | 12,3 |
| éicosatetraénoïque | 7,4 |

référence : TAKAGI T. *et al*, 1982

JUNIPERUS communis   *(Cupressaceae)*

nom commun : genévrier
origine : Inde
20,1 % huile/graine
0,9 % insaponifiable/huile
acides gras (% poids) :

palmitique	8,5
palmitoléique	25,0
stéarique	12,5
oléique	8,5
linoléique	30,6
linolénique	8,7
arachidique	6,1

référence : MANNAN A. *et al*, 1984

JUNIPERUS rigida   *(Cupressaceae)*

origine : Japon
4,8 % huile/graine
acides gras (% poids) :

myristique	0,1
palmitique	5,3
palmitoléique	0,1
hexadécadiénoïque	0,1
stéarique	2,0
oléique	10,7
asclépique	0,3
linoléique	36,8
linolénique	12,6
pinoléique	0,3
arachidique	1,0
gondoïque	0,8
éicosadiénoïque	2,8
5,11,14-éicosatriénoïque	14,1
5,11,14,17-éicosatetraénoïque	8,5
béhénique	0,3
autres	4,2

référence : TAKAGI T. *et al*, 1982

JUSSIA suffruticosa   *(Onagraceae)*

origine : Inde
16,2 % huile/graine
acides gras (% poids) :

myristique	5,0
palmitique	13,3
stéarique	2,4
oléique	10,0
linoléique	69,3

référence : HASAN S.Q. *et al*, 1980

KALOPANAX septemlobus   *(Araliaceae)*

21,7 % huile/graine
acides gras (% poids) :

palmitique	7,2
stéarique	1,6
oléique	10,0
pétrosélinique	63,2
linoléique	16,3
linolénique	0,3
autres	1,5

référence : KLEIMAN R. *et al*, 1982

KERMADECIA sinuata   *(Proteaceae)*

origine : Australie
acides gras (% poids) :

myristique	0,2
myristoléique	0,5
palmitique	12,6
palmitoléique	22,9
(7Z)-hexadécénoïque	6,2
(11Z)-hexadécénoïque	40,2
stéarique	1,3
oléique	4,9
linoléique	2,6
arachidique	0,6
gondoïque	2,4
béhénique	1,1
érucique	4,4

référence : VICKERY J.R., 1971

KHAYA anthotheca *(Meliaceae)*

origine : Ouganda, Ghana
 37,9-50 % huile/graine
acides gras (% poids) :

myristique	0 - 0,1
palmitique	15 - 18,5
palmitoléique	0 - 0,3

stéarique	6,2 - 9
oléique	48,8 - 53
asclépique	0 - 1,0
linoléique	22 - 23,9
linolénique	0 - 0,2
arachidique	0 - 0,5
gondoïque	0 - 0,2
béhénique	0 - 0,2

référence : GUNSTONE F.D. *et al*, 1972
KLEIMAN R. *et al*, 1984

KHAYA grandifolia *(Meliaceae)*

origine : Nigeria, Ghana
43-59 % huile/graine
acides gras (% poids) :

palmitique	10 - 10,5
palmitoléique	0 - 0,2
stéarique	11,0 - 13
oléique	58 - 67,9
asclépique	0 - 1,3
linoléique	6,5 - 17
linolénique	0 - 0,5
arachidique	0 - 0,7
gondoïque	0 - 0,1
béhénique	0 - 0,5
autres	0 - 0,7

références : GUNSTONE F.D. *et al*, 1972
KLEIMAN R. *et al*, 1984

KHAYA *(Meliaceae)*

	K. ivorensis	K. nyasica
origine :	Nigeria	Rhodésie
% huile/graine:	62	72

acides gras (% poids) :

palmitique	8	11
stéarique	5	12
oléique	67	63
linoléique	20	14

référence : GUNSTONE F.D. *et al*, 1972

KHAYA senegalensis *(Meliaceae)*

origine : Sénégal, Nigeria
45,5-66,6 % huile/graine

0,9 % insaponifiable/huile
acides gras (% poids) :

caprique	0 - 3,8
myristique	1,0 - 4,6
palmitique	8,3 - 17,4
palmitoléique	0 - 0,1
stéarique	8,3 - 14,8
oléique	43,5 - 70,3
linoléique	2,2 - 10,8
linolénique	0 - 0,6
arachidique	0,5 - 5,4
béhénique	0 - 3,3
lignocérique	0 - 2,2
vernolique	0 - 5,4

références : MIRALLES J. *et al*, 1980
BALOGUN A.M. *et al*, 1985
BADAMI R.C. *et al*, 1985
OGBOBE O. *et al*, 1993

KIGELIA africana   *(Bignoniaceae)*

origine : Zaïre
17,8 % huile/graine
acides gras (% poids) :

palmitique	7,8
stéarique	6,2
oléique	26,6
linoléique	15,0
linolénique	44,1
arachidique	0,3

référence : KABELE NGIEFU C. *et al*, 1977 b

KIGELIA pinnata   *(Bignoniaceae)*

8,7 % huile/graine
acides gras (% poids) :

myristique	0 - 0,4
palmitique	7 - 25,4
stéarique	0,9 - 1
oléique	8,9 - 10
linoléique	25 - 42,0
linolénique	0 - 57
vernolique	0 - 22,3

références : CHISHOLM M.J. *et al*, 1965 b
AFAQUE S. *et al*, 1987

KITAIBELIA vitifolia   *(Malvaceae)*

22,6 % huile/graine
acides gras (% poids) :

palmitique	8,0
palmitoléique	0,3
heptadécénoïque	0,3
stéarique	2,5
oléique	14,2
linoléique	64,4
dihydromalvalique	0,2
malvalique	7,7
dihydrosterculique	0,1
sterculique	1,5
arachidique	0,5

référence : BOHANNON M.B. *et al*, 1978

KOCHIA   *(Chenopodiaceae)*

acides gras (% poids) :	K.prostrata	K.scoparia
palmitique	4,0	9,4
(5Z)-hexadécénoïque	12,0	4,9
stéarique	1,1	2,2
oléique	14,0	17,0
(5Z)-octadécénoïque	1,2	1,1
linoléique	54	55
linolénique	7,8	5,1
5,9,12-octadécatriénoïque	1,3	1,3
autres 4,6	4,0	

référence : KLEIMAN R. *et al*, 1972 a

KOELREUTARIA bipinnata   *(Sapindaceae)*

49,4 % huile/graine
acides gras (% poids) :

palmitique	7
oléique	21
linoléique	8
arachidique	1
gondoïque	60
béhénique	3

référence : HOPKINS C.Y. *et al*, 1967

KOELREUTARIA elegans   *(Sapindaceae)*

origine : Australie
29,1 % huile/graine
acides gras (% poids) :

palmitique	6,1
palmitoléique	0,2
stéarique	1,0
oléique	25,7
linoléique	9,2
linolénique	2,6
arachidique	3,0
gondoïque	45,3
éicosadiénoïque	0,7
malvalique	0,4
sterculique	5,8

référence : VICKERY J.R., 1980

KOELREUTARIA panniculata   *(Sapindaceae)*

nom commun : savonnier
22-42 % huile/graine
acides gras (% poids) :

palmitique	5 - 6
stéarique	1
oléique	32 - 34
linoléique	10 - 13
linolénique	1 - 3
arachidique	1 - 2
gondoïque	44 - 46

références : HOPKINS C.Y. *et al*, 1967
MIKOLAJCZAK K.L. *et al*, 1970 a

KOSTELETZKYA diplocrata   *(Malvaceae)*

origine : Madagascar
10 % huile/graine
acides gras (% poids) :

myristique	0,8
pentadécénoïque	0,7
palmitique	20,7
palmitoléique	0,5
hexadécadiénoïque	0,1
heptadécénoïque	0,3
heptadécadiénoïque	0,5
stéarique	2,0
oléique	10,8
asclépique	0,7
linoléique	50,3
linolénique)	
dihydrosterculique)	2,7
malvalique	3,3
sterculique	1,6

béhénique	1,0
autres	4,0

référence : GAYDOU E.M. *et al*, 1984

KYDIA calycina   *(Malvaceae)*

origine : Inde
3,5 % huile/graine
acides gras (% poids) :

laurique	3,7
myristique	6,0
palmitique	4,9
stéarique	11,4
oléique	60,4
linoléique	5,3
cyclopropéniques	2,9
arachidique	2,8
béhénique	2,5

référence : DAULATABAD C.D. *et al*, 1989 b

LACTUCA sativa   *(Asteraceae)*

nom commun : laitue
31-34,2 % huile/graine
acides gras (% poids) :

myristique	0 - 0,5
palmitique	6,5
palmitoléique	0 - 0,1
stéarique	2,0 - 3,0
oléique	19,0 - 27,3
asclépique	0 - 0,7
linoléique	40,4 - 57,3
linolénique	0,1 - 3,0
arachidique	0 - 1,2
gondoïque	0 - 0,3
béhénique	0 - 1,5
vernolique	0 - 10,5
coronarique	0 - 16,5

références : NASIRULLAH *et al*, 1984
ANSARI M.H. *et al*, 1987

LACTUCA scariola   *(Asteraceae)*

origine : Inde
27,5 % huile/graine
acides gras (% poids) :

myristique	2,0
palmitique	25,0
stéarique	1,4

oléique	7,1
linoléique	50,9
linolénique	,4
vernolique	4,0
coronarique	6,0

référence : ANSARI M.H. *et al*, 1987

LAGENARIA siceraria   *(Cucurbitaceae)*

origine : Nigeria
33-38 % huile/graine
acides gras (% poids) :

palmitique	13,1 - 16,6
stéarique	4,6 - 5,2
oléique	0 - 13,6
linoléique	66,6 - 72,2
linolénique	6,6

références : ODERINDE R. *et al*, 1990 b
BADIFU G.I.O., 1991

LAGERSTROMIA indica   *(Lythraceae)*

origine : Hong Kong
6 % huile/graine
acides gras (% poids) :

palmitique	8
stéarique	2
oléique	6
linoléique	81
autres	3

référence : GUNSTONE F.D. *et al*, 1972

LAGERSTROMIA thomsonii   *(Lythraceae)*

origine : Inde
acides gras (% poids) :

palmitique	17,8
stéarique	8,8
oléique	11,1
linoléique	53,2
arachidique	1,8
vernolique	7,3

référence : DAULATABAD C.D. *et al*, 1991 c

LAGOECIA cuminoides   *(Apiaceae)*

origine : Turquie
24,5 % huile/graine
acides gras (% poids) :

palmitique	3,3
stéarique	0,8
oléique	4,4
pétrosélinique	79,0
linoléique	12,0
autres	0,3

référence : KLEIMAN R. et al, 1982

LAGUNARIA patersonii   *(Malvaceae)*

origine : Australie
16-26,8 % huile/graine
acides gras (% poids) :

myristique	0,1
palmitique	12,5 - 23,0
palmitoléique	3,9 - 8,2
heptadécénoïque	0 - 0,4
stéarique	1,6 - 4,7
oléique	21,5 - 38,9
linoléique	22,3 - 32,0
linolénique	0 - 0,7
malvalique	3,2 - 7,7
dihydrosterculique	0 - 1,1
sterculique	1,7 - 7,7
autres	0 - 1,4

références : BOHANNON M.B. *et al*, 1978
VICKERY J.R., 1980
RAO K.S. *et al*, 1989

LALLEMANTIA canescens   *(Lamiaceae)*

origine : Etats-Unis, Yougoslavie
15,2-32 % huile/graine
acides gras (% poids) :

palmitique	5,3 - 8,3
stéarique	1,0 - 2,7
oléique	9,0 - 14
linoléique	10,7 - 22
linolénique	56 - 71,0
autres	0 - 0,7

références : HAGEMANN J.M. *et al*, 1967
MARIN P.D. *et al*, 1991

LALLEMANTIA iberica   *(Lamiaceae)*

origine : Etats-Unis
22 % huile/graine
acides gras (% poids) :

palmitique	6,9 - 7,8
stéarique	2,2 - 3,2
oléique	14 - 16,2
linoléique	9,4 - 12,6
linolénique	59,6 - 66
gondoïque	0 - 0,5
autres	0 - 2,2

références : HAGEMANN J.M. *et al*, 1967
PREVOT A. *et al*, 1962

LALLEMANTIA royleana   *(Lamiaceae)*

origine : Etats-Unis
20 % huile/graine
acides gras (% poids) :

palmitique	7,3
stéarique	2,2
oléique	9,9
linoléique	12
linolénique	66
autres	2,1

référence : HAGEMANN J.M. *et al*, 1967

LAMIUM   *(Lamiaceae)*

origine : Etats-Unis

	L.amplexicaulis	**L.moschatum**
% huile/graine	39	22
acides gras (% poids) :		
palmitique	6,7	7,3
stéarique	3,0	4,1
oléique	36	38
linoléique	28	44
linolénique	11	26
laménallénique	12	5,4
autres	1,4	1,1

référence : HAGEMANN J.M. *et al*, 1967

LAMIUM purpureum   *(Lamiaceae)*

origine : Etats-Unis
39-40 % huile/graine
acides gras (% poids) :

palmitique	9,2 - 11
stéarique	2 - 2,4
oléique	24 - 25
linoléique	34
linolénique	12
laménallénique	14 - 16
autres	0 - 3,1

références : HAGEMANN J.M. *et al*, 1967
MIKOLAJCZAK K.L. *et al*, 1967 b

LANDOLPHIA awariensis   *(Apocynaceae)*

origine : Zaïre
5 % huile/graine
acides gras (% poids) :

myristique	0,7
palmitique	35,6
stéarique	2,5
oléique	50,2
linoléique	11,0

référence : KABELE NGIEFU C. *et al*, 1976 a

LANSIUM domesticum   *(Meliaceae)*

origine : Thaïlande
2,5 % huile/graine
acides gras (% poids) :

myristique	1,1
palmitique	42,1
palmitoléique	0,9
stéarique	7,6
oléique	18,2
asclépique	5,5
inoléique	17,5
linolénique	7,1

référence : KLEIMAN R. *et al*, 1984

LANTANA sellowiana   *(Verbenaceae)*

origine : Inde
7,5 % huile/graine
3,5 % insaponifiable/huile
acides gras (% poids) :

laurique	0,2
myristique	0,2
palmitique	4,8
stéarique	10,7
oléique	41,5
linoléique	35,8
linolénique	4,5
arachidique	1,7
béhénique	0,6

référence : BADAMI R.C. *et al*, 1984 a

LAPPULA barbatum *(Boraginaceae)*

origine : Etats-Unis
23 % huile/graine
acides gras (% poids) :

palmitique	7
stéarique	2
oléique	19
linoléique	12
linolénique	40
γ - linolénique	4
stéaridonique	14
gondoïque	2
érucique	0,1
autres	0,1

référence : MILLER R.W. *et al*, 1968

LAPPULA echinata *(Boraginaceae)*

origine : Canada
25-26 % huile/graine
acides gras (% poids) :

palmitique	6,0 - 6,4
palmitoléique	0,3 - 0,5
stéarique	1,8 - 1,9
oléique	12,9 - 14,1
linoléique	14,9 - 15,2
linolénique	33,6 - 35,2
γ - linolénique	8,1 - 8,6
stéaridonique	17,0 - 18,6
gondoïque	0,5 - 1,7
béhénique	0 - 0,1
érucique	0 - 0,5

références : CRAIG B.M. *et al*, 1964
COXWORTH E.C.M., 1965

LAPPULA redowskii   *(Boraginaceae)*

19 % huile/graine
acides gras (% poids) :

palmitique	7
stéarique	3
oléique1	8
linoléique	32
γ - linolénique	5
stéaridonique	17
gondoïque	1
autres	0,5

référence : KLEIMAN R. *et al*, 1964

LARIX leptolepis   *(Pinaceae)*

nom commun : mélèze
origine : Etats Unis, Japon
14-19,5 % huile/graine
acides gras (% poids) :

palmitique	2,6 - 3,3
palmitoléique	0 - 0,3
stéarique	1,3 - 1,7
oléique	17,6 - 20,3
asclépique	0 - 0,6
linoléique	43,9 - 46,0
(5Z,9Z)-octadécadiénoïque	2,3 - 2,7
linolénique	0 - 0,4
(5Z,9Z,12Z)-octadécatriénoïque	24,9 - 27,0
arachidique	0 - 0,2
gondoïque	0 - 0,4
éicosadiénoïque	0 - 0,4
éicosatriénoïque	0 - 0,3
autres	0,6 - 3,2

références : PLATTNER R.D. *et al*, 1975
TAKAGI T. *et al*, 1982

LASERPITIUM   *(Apiaceae)*

	1	2	3	4	5
origine :	Espagne	Yougoslavie	id.	id.	id.
% huile/graine :	13	18	16	35,5	21,8
acides gras (% poids) :					
palmitique	5,4	4,1	4,1	3,7	4,1
stéarique	0,4	0,4	0,6	0,7	0,2
oléique	12,5	14,0	10,7	16,1	6,5
pétrosélinique	60,2	63,3	65,7	59,0	70,4

linoléique	20,5	18,0	18,5	20,3	18,4
linolénique	0,1	-	-	-	0,1
autres	0,1	0,1	0,3	0,1	0,1

1 = LASERPITIUM gallicum   **4 = LASERPITIUM peucedanoides**
2 = LASERPITIUM krapfii   **5 = LASERPITIUM siler**
3 = LASERPITIUM latifolium

référence : KLEIMAN R. *et al*, 1982

LASIOPETALUM   *(Sterculiaceae)*

origine : Australie

	L.behrii	**L.indutum**
% huile/graine :	29,9	19
acides gras (% poids) :		
palmitique	9,6	9,8
palmitoléique	1,3	0,7
stéarique	1,7	2,1
oléique	11,1	12,2
linoléique	75,7	73,6
linolénique	0,6	0,7
arachidique	-	0,2
gondoïque	-	0,1
autres	-	0,4

référence : RAO K.S. *et al*, 1992 a

LASIOPETALUM macrophyllum   *(Sterculiaceae)*

origine : Australie
2,7 % huile/graine
acides gras (% poids) :

laurique	6,1
myristique	4,6
pentadécanoïque	0,6
palmitique	16,1
palmitoléique	0,8
stéarique	2,9
oléique	10,3
linoléique	24,4
linolénique	0,2
malvalique	0,7
dihydrosterculique	4,4
sterculique	0,2
arachidique	18,0
gondoïque	2,7
éicosatriénoïque	1,9
érucique	5,4

référence : VICKERY J.R., 1980

LATHYRUS odoratus   *(Fabaceae)*

origine : Inde
7,4 % huile/graine
acides gras (% poids) :

myristique	0,4
palmitique	20,8
palmitoléique	0,3
stéarique	4,8
oléique	24,3
linoléique	45,1
arachidique	4,3

référence : CHOWDHURY A.R. *et al*, 1986 a

LAURUS nobilis   *(Làuraceae)*

origine : Canada, Italie, Europe
19-30 % huile/drupe
6,8 % insaponifiable/huile
acides gras (% poids) :

laurique	20,8 - 43,1
myristique	0 - 2
palmitique	6,2 - 14,1
palmitoléique	0 - 0,1
stéarique	0 - 1
oléique	32,5 - 42,0
linoléique	11 - 18,2
linolénique	0 - 1,8

références : HOPKINS C.Y. *et al*, 1966
FREGA N. *et al*, 1982 b
BANERJI. R. *et al*, 1984

LAVANDULA angustifolia (*Lamiaceae*)

origine : Yougoslavie
14,9 % huile/graine
acides gras (% poids) :

palmitique	6,5
stéarique	1,6
oléique	13,3
linoléique	14,5
linolénique	64,1

référence : MARIN P.D. *et al*, 1991

LAVANDULA   *(Lamiaceae)*

origine : Etats-Unis

	L.dentata	L.lanata
% huile/graine : 3125		
acides gras (% poids) :		
palmitique	5,6	5,5
stéarique	1,1	2,1
oléique	8,8	10
linoléique	11	16
linolénique	72	65
autres	1,5	1,5

référence : HAGEMANN J.M. *et al*, 1967

LAVANDULA latifolia   *(Lamiaceae)*

origine : Etats-Unis, Yougoslavie
16,2-28 % huile/graine
acides gras (% poids) :

palmitique	4,9 - 5,0
stéarique	0,8 - 2,6
oléique	11,0 - 13
linoléique	13 - 13,9
linolénique	69 - 69,3
autres	0 - 0,8

références : HAGEMANN J.M. *et al*, 1967
MARIN P.D. et al, 1991

LAVANDULA   *(Lamiaceae)*

origine : Etats-Unis

	L.pendunculata	L.stoechas
% huile/graine :	20	20
acides gras (% poids) :		
palmitique	4,9	5,6
stéarique	1,7	2,0
oléique	8,1	8,8
linoléique	16	18
linolénique	66	65
autres	3,3	0,8

référence : HAGEMANN J.M. *et al*, 1967

LAVANDULA stoechas   *(Lamiaceae)*
ssp.luiseri

origine : Yougoslavie
acides gras (% poids) :

palmitique	5,4
stéarique	1,4
oléique	9,3
linoléique	16,8
linolénique	67,1

référence : MARIN P.D. *et al*, 1991

LAVATERA kashmiriana   *(Malvaceae)*

19,1 % huile/graine
acides gras (% poids) :

palmitique	15,0
heptadécénoïque	0,6
stéarique	3,6
oléique	10,8
linoléique	50,5
malvalique	16,4
dihydrosterculique	0,5
sterculique	1,2
arachidique	0,5
gondoïque	0,3

référence : BOHANNON M.B. *et al*, 1978

LAVATERA plebeia   *(Malvaceae)*

origine : Australie
14,5 % huile/graine
acides gras (% poids) :

myristique	0,8
palmitique	16,0
palmitoléique	0,8
heptadécénoïque	1,0
stéarique	3,0
oléique	11,6
linoléique	52,6
linolénique	1,4
malvalique	6,9
sterculique	1,6
gondoïque	3,6

référence : VICKERY J.R., 1980

LAWRENCIA viridigrisea   *(Malvaceae)*

origine : Australie
15,7 % huile/graine
acides gras (% poids) :

myristique	0,3
palmitique	9,9

heptadécénoïque	0,3
stéarique	6,7
oléique	7,8
linoléique	67,8
linolénique	0,9
malvalique	3,3
sterculique	0,2
arachidique	0,8
autres	0,8

référence : RAO K.S. *et al*, 1991 a

LEAVENWORTHIA torulosa   *(Brassicaceae)*

21 % huile/graine
acides gras (% poids)

palmitique	2
stéarique	0,6
oléique	20
linoléique	12
linolénique	7
arachidique	0,3
gondoïque	53
éicosadiénoïque	1
autres	5,3

référence : MILLER R.W. *et al*, 1965

LENS esculentus   *(Fabaceae)*

nom commun : lentille
origine : Madagascar
2 % huile/graine
3,7 % insaponifiable/huile
acides gras (% poids) :

myristique	0,7
palmitique	15,4
stéarique	3,7
oléique	19,1
asclépique	0,4
linoléique	46,4
linolénique	10,6
arachidique	2,1
gondoïque	0,7
béhénique	0,5
lignocérique	0,2

référence : GAYDOU E.M. *et al*, 1983 b

LEONARDOXA romii   *(Caesalpiniaceae)*

origine : Zaïre
1,1 % huile/graine
acides gras (% poids) :

laurique	5,8
myristique	3,8
palmitique	25,3
stéarique	14,9
oléique	8,8
linoléique	29,6
linolénique	4,5
arachidique	2,4
béhénique	4,9

référence : KABELE NGIEFU C. *et al*, 1977 b

LEONOTIS nepetaefolia   *(Lamiaceae)*

origine : Etats-Unis
37 % huile/graine
acides gras (% poids) :

palmitique	11
stéarique	5,5
oléique	47
linoléique	19
linolénique	0,6
allène-non identifié	15
autres	2,5

référence : HAGEMANN J.M. *et al*, 1967

LEONURUS   *(Lamiaceae)*

origine : Etats-Unis

	L.cardiaca	L.sibericus
% huile/graine :	38	42
acides gras (% poids) :		
palmitique	4,6	4,9
stéarique	2,3	1,8
oléique	21	24
linoléique	55	50
linolénique	3,6	1
allène-non identifié	9,9	14
autres	3,1	4,8

référence : HAGEMANN J.M. *et al*, 1967

LEPECHINIA spicata   *(Lamiaceae)*

origine : Etats-Unis
16 % huile/graine
acides gras (% poids) :

palmitique	9,2
stéarique	2,3

oléique	15
linoléique	72
linolénique	1,6
autres	0,3

référence : HAGEMANN J.M. *et al*, 1967

LEPIDAGATHIS trinervis   *(Acanthaceae)*

origine : Inde
8,6 % huile/graine
acides gras (% poids) :

myristique	3,8
palmitique	16,4
stéarique	7,6
oléique	72,0

référence : MUKARRAM M. *et al*, 1986

LEPIDIUM *(Brassicaceae)*

	L.densiflorum	L.draba	L.graminifolium
% huile/graine :	24	16	31
acides gras (% poids) :			
palmitique	6	6	9
stéarique	2	2	4
oléique	18	17	17
linoléique	5	18	14
linolénique	42	34	45
arachidique	3	1	1
gondoïque	9	8	7
éicosadiénoïque	-	0,3	0,6
béhénique	1	0,4	-
érucique14	12	1	
nervonique	-	0,6	-
autres	1,5	0,8	0,9

référence : MILLER R.W. *et al*, 1965

LEPIDIUM lasiocarpum   *(Brassicaceae)*

origine : Etats-Unis
24 % huile/graine
acides gras (% poids) :

palmitique	6
palmitoléique	0,8
stéarique	2
oléique	17
linoléique	8

linolénique	40
arachidique	3
gondoïque	15
éicosadiénoïque	0,2
éicosatriénoïque	0,5
érucique	8

référence : MIKOLAJCZAK K.L. *et al*, 1961

LEPIDIUM latifolium   *(Brassicaceae)*

19 % huile/graine
acides gras (% poids) :

palmitique	5
stéarique	2
oléique	15
linoléique	34
linolénique	36
arachidique	0,5
gondoïque	4
éicosadiénoïque	1
autres	1,4

référence : MILLER R.W. *et al*, 1965

LEPIDIUM montanum   *(Brassicaceae)*
var.angustifolium

origine : Etats-Unis
28 % huile/graine
acides gras (% poids) :

palmitique	7
palmitoléique	0,5
stéarique	3
oléique	25
linoléique	14
linolénique	50
gondoïque	0,6

référence : MIKOLAJCZAK K.L. *et al*, 1961

LEPIDIUM   *(Brassicaceae)*

	L.perfoliatum	L.repens
% huile/graine :	19	14
acides gras (% poids) :		
palmitique	6	6
stéarique	2	2
oléique	14	23

linoléique	7	21
linolénique	38	25
arachidique	2	0,7
gondoïqu	14	7
éicosadiénoïque	1	0,7
béhénique	0,4	0,8
érucique	10	12
nervonique	0,3	-
autres	3,4	2,1

référence : MILLER R.W. *et al*, 1965

LEPIDIUM   *(Brassicaceae)*

origine : Etats-Unis

	L.sativum	**L.virginicum**
% huile/graine :	22	20
acides gras (% poids) :		
myristique	0,1	0,2
palmitique	9	7
palmitoléique	0,3	1
stéarique	2	2
oléique	21	17
linoléique	10	6
linolénique	32	31
arachidique	3	3
gondoïque	12	10
éicosadiénoïque	0,4	0,8
éicosatriénoïque	-0,3	
béhénique	0,8	2
érucique	9	19
nervonique	-	2

référence : MIKOLAJCZAK K.L. *et al*, 1961

LEPTOLAENA   *(Sarcolaenaceae)*

origine : Madagascar

	L.multiflora	**L.pauciflora**
% huile/graine :	2	1
acides gras (% poids) :		
myristique	0,4	0,6
pentadécanoïque	0,2	0,3
palmitique	17,6	21,3
palmitoléique	0,4	1,3
(7Z)-hexadécénoïque	0,4	0,7
heptadécanoïque	0,3	-
heptadécadiénoïque	0,2	0,8
stéarique	2,1	2,7

oléique	14,8	17,1
asclépique	1,4	1,5
linoléique	42,6	43,1
linolénique } dihydrosterculique }	1,2	0,7
sterculique	0,3	-
arachidique	0,7	1,9
autres	17,4	7,7

référence : GAYDOU E.M. *et al*, 1983 c

LESPEDEZA formosa   *(Fabaceae)*

origine : Hong Kong
10 % huile/graine
acides gras (% poids) :

palmitique	10
stéarique	2
oléique	15
linoléique	55
linolénique1	6

référence : GUNSTONE F.D. *et al*, 1972

LESQUERELLA   *(Brassicaceae)*

origine : Etats-Unis

	L.angustifolia	**L.argyrea**
% huile/graine : acides gras (% poids) :	26	26 - 27
palmitique	2	2
palmitoléique	1	0,5 - 1
stéarique	0,9	2
oléique	14	14 - 20
linoléique	8	6 - 9
linolénique	2	4 - 5
gondoïque	0,4	0,4 - 1
hydroxy-octadécénoïque	5	0,7 - 0,8
lesquerolique	65	61 - 67
érucique	2	-

référence : MIKOLAJCZAK K.L. *et al*, 1962

LESQUERELLA auriculata   *(Brassicaceae)*

origine : Etats-Unis
32,6 % huile/graine
acides gras (% poids) :

palmitique	3,8
palmitoléique	1,4

stéarique	5,4
oléique	27,0
linoléique	3,0
linolénique	6,9
gondoïque	2,8
éicosadiénoïque	2,2
hydroxy-octadécénoïque	5,3
hydroxy-octadécadiénoïque	2,1
hydroxy-éicosénoïque	9,8
auricolique	32,0

référence : KLEIMAN R. *et al*, 1972 b

LESQUERELLA   *(Brassicaceae)*

origine : Etats-Unis

	L.densipila	**L.engelmanii**
% huile/graine :	24	11-21
acides gras (% poids) :		
palmitique	6	1 - 3
palmitoléique	1	1 - 2
hexadécadiénoïque	0,3	-
stéarique	3	2
oléique	22	15 - 23
linoléique	3	8 - 10
linolénique	11	8 - 10
arachidique	2	-
gondoïque	0,7	0,7 - 0,8
hydroxy-hexadécénoïque	1	-
hydroxy-octadécénoïque	50	0,6 - 2
lesquerolique	-	50 - 60

référence : MIKOLAJCZAK K.L. *et al*, 1962

LESQUERELLA fendleri   *(Brassicaceae)*

origine : Etats-Unis
20-29 % huile/graine
acides gras (% poids) :

palmitique	1 - 2
palmitoléique	0,5 - 1
stéarique	1,9 - 2
oléique	14 - 17
linoléique	7 - 7,6
linolénique	11 - 14
arachidique	0 - 0,4
gondoïque	0,1 - 1
hydroxy-octadécénoïque	0 - 0,9
lesquerolique	54,5 - 62
auricolique	0 - 2,9

références : MIKOLAJCZAK K.L. *et al*, 1962
CARLSON K.D. *et al*, 1990

LESQUERELLA *(Brassicaceae)*

origine : Etats-Unis

	1	2	3	4	5	6	7
% huile/graine :	39	26	33	37	30	28	26
acides gras (% poids) :							
myristique	-	-	-	-	-	0,1	-
palmitique	2	2	1	2	2	7	2
palmitoléique	0,7	1	0,4	2	1	2	1
hexadécadiénoïque	-	-	-	1	-	0,4	-
stéarique	0,6	2	1	4	4	4	2
oléique	10	15	11	29	29	25	12
linoléique	9	7	4	8	6	3	6
linolénique	4	5	3	2	2	13	2
arachidique	-	-	-	-	-	-	0,2
gondoïque	-	0,7	1	-	2	-	1,5
éicosadiénoïque	-	-	-	-	1,5	-	-
hydroxy-hexadécénoïque	-	-	-	-	-	2	0,6
hydroxy-octadécénoïque	7	0,8	6	2	1	44	0,7
lesquerolique	66	63	72	52	52	-	73

1 = LESQUERELLA globosa   **5 = LESQUERELLA lasiocarpa**
2 = LESQUERELLA gordonii   **6 = LESQUERELLA lescurii**
3 = LESQUERELLA gracilis   **7 = LESQUERELLA lindheimeri**
4 = LESQUERELLA grandiflora

référence : MIKOLAJCZAK K.L. *et al*, 1962

LESQUERELLA lyrata *(Brassicaceae)*

26 % huile/graine
acides gras (% poids) :

palmitique	5
stéarique	6
oléique	26
linoléique	3
linolénique	10
arachidique	0,9
gondoïque	0,5
hydroxy-hexadécénoïque	2
hydroxy-octadécénoïque	8
hydroxy-octadécadiénoïque	36
autres	2,5

référence : MILLER R.W. *et al*, 1965

LESQUERELLA ovalifolia *(Brassicaceae)*

origine : Etats-Unis
24 % huile/graine
acides gras (% poids) :

palmitique	2
palmitoléique	0,9
stéarique	2
oléique	14
linoléique	6
linolénique	11
gondoïque	0,6
hydroxy-octadécénoïque	1
lesquerolique	62

référence : MIKOLAJCZAK K.L. *et al*, 1962

LESQUERELLA perforata   *(Brassicaceae)*

23 % huile/graine
acides gras (% poids) :

palmitique	6
stéarique	4
oléique	24
linoléique	2
linolénique	13
arachidique	0,3
hydroxy-hexadécénoïque	2
hydroxy-octadécénoïque	10
hydroxy-octadécadiénoïque	37
autres	2,5

référence : MILLER R.W. *et al*, 1965

LESQUERELLA pinetorum   *(Brassicaceae)*

origine : Etats-Unis
27 % huile/graine
acides gras (% poids) :

laurique	0,1
myristique	0,1
palmitique	2
palmitoléique	2
stéarique	0,9
oléique	19
linoléique	10
linolénique	8
gondoïque	0,9
lesquerolique	57

référence : MIKOLAJCZAK K.L. *et al*, 1962

LESQUERELLA   *(Brassicaceae)*

	L.recurvata	L.stonensis
% huile/graine :	14	24
acides gras (% poids) :		
palmitique	1	6
stéarique	2	4

oléique	13	21
linoléique	8	2
linolénique	3	14
arachidique	-	0,4
érucique	-	2
hydroxy-hexadécénoïque	-	2
hydroxy-octadécénoïque	2	7
hydroxy-octadécadiénoïque	-	39
lesquerolique	71	-
autres	1	3

référence : MILLER R.W. *et al*, 1965

LEUCAENA glauca   *(Mimosaceae)*

origine : La Réunion
4,4 % huile/graine
acides gras (% poids) :

myristique	0,3
palmitique	14,5
palmitoléique	0,7
stéarique	10,8
oléique	11,8
linoléique	48,6
linolénique	1,5
arachidique	2,6
éicosatétraénoïque	5,3
béhénique	2,4

référence : GUERERE M. *et al*, 1984

LEUCAENA leucocephala   *(Mimosaceae)*

origine : Malaisie, Zaïre, Inde
6,4-11 % huile/graine
acides gras (% poids) :

myristique	0 - 0,1
palmitique	14,2 - 27,6
palmitoléique	0 - 0,2
stéarique	6,1 - 12,4
oléique	15,9 - 20,1
linoléique	40,9 - 56,8
linolénique	0 - 1,8
arachidique	0 - 2,7
béhénique	0 - 2,1
lignocérique	0 - 1,7

références : GUNSTONE F.D. *et al*, 1972
KABELE NGIEFU C. *et al*, 1977 b
CHOWDHURY A.R. *et al*, 1984 a
RAO T.C. *et al*, 1984

LEUCAS cephalotes   *(Lamiaceae)*

28,5 % huile/graine
acides gras (% poids) :

palmitique	13,0
stéarique	3,9
oléique	41,6
linoléique	13,5
laballénique	28,0

référence : SINHA S. *et al,* 1978

LEUCAS linifolia   *(Lamiaceae)*

origine : Inde
8,4 % huile/graine
acides gras (% poids) :

palmitique	5,9
stéarique	5,4
oléique	35,2
linoléique	44,3
laballénique	9,2

référence : BADAMI R.C. *et al,* 1984 b

LEUCAS martinicensis   *(Lamiaceae)*

origine : Nigeria
56,8 % huile/graine
acides gras (% poids) :

caprylique	7,8
myristique	5,6
palmitique	55,8
stéarique	2,8
oléique	11,2
linoléique	10,0
arachidique	1,7
béhénique	2,2
lignocérique	1,1
vernolique	1,7

référence : OGBOBE O. *et al,* 1992

LEUCAS nutans   *(Lamiaceae)*

origine : Etats-Unis
43 % huile/graine
acides gras (% poids) :

palmitique	12
stéarique	5,7
oléique	39
linoléique	23
allène-non identifié	16
autres	3,4

référence : HAGEMANN J.M. *et al*, 1967

LEUCAS urticaefolia   *(Lamiaceae)*

24 % huile/graine
acides gras (% poids) :

palmitique	11,1
stéarique	5,3
linoléique	29,7
linolénique	3,5
laballénique	24,0

référence : NASIRULLAH *et al*, 1983

LEVISTICUM officinale   *(Apiaceae)*

14,7 % huile/graine
acides gras (% poids) :

palmitique	4,6
stéarique	1,3
oléique	14,1
pétrosélinique	42,8
linoléique	34,8
linolénique	0,9
autres	1,3

référence : KLEIMAN R. *et al*, 1982

LICANIA rigida   *(Chrysobalanaceae)*

nom commun : oïticica
origine : Brésil
39 % huile/graine
acides gras (% poids) :

palmitique	6,8
stéarique oléique linoléique }	22,6
α-éléostéarique	15,1
licanique	55,4

référence : BERGTER L. *et al*, 1984

LICANIA splendens   *(Chrysobalanaceae)*

origine : Malaisie
37,1 % huile/graine
acides gras (% poids) :

palmitique	15,4
palmitoléique	0,8
heptadécanoïque	0,2
stéarique	13,6
oléique	15,7
linoléique	33,7
arachidique	13,7
gondoïque	1,0
béhénique	5,3
(11Z)-docosénoïque	0,2
lignocérique	0,9

référence : SHUKLA V.K.S. *et al*, 1993

LICUALA grandis   *(Arecaceae)*

origine : Inde
1 % huile/graine
acides gras (% poids) :

laurique	2,5
myristique	2,3
palmitique	27,4
stéarique	1,9
oléique	33,4
linoléique	29,0
arachidique	1,4
béhénique	2,1

référence : DAULATABAB C.D. *et al*, 1985 a

LIGUSTICUM   *(Apiaceae)*

	L.lucidum	**L.porteri**
origine : Yougoslavie Etats-Unis		
% huile/graine :	31,9	23,9
acides gras (% poids) :		
palmitique	3,9	4,3
stéarique	0,4	1,1
oléique	16,1	11,7
pétrosélinique	62,4	58,7
linoléique	17,1	22,8
linolénique	-	0,7
autres	-	0,7

référence : KLEIMAN R. *et al*, 1982

LIMNANTHES   *(Limnanthaceae)*

origine : Etats-Unis

	1	2	3	4	5
% huile/graine :	27-31	26	26	30	22
acides gras (% poids) :					
laurique	0,2	0,1	0,1	-	0,1
myristique	0,1	0,2	0,1	0,1	0,2
palmitique	0,2	0,3	0,3	0,4	0,3
palmitoléique	0,2	0,3	0,2	0,3	0,3
stéarique	0,1	0,1	0,2	0,1	0,3
oléique	1	31	2	1	
linoléique	0,3	0,4	0,4	0,3	0,6
linolénique	0,3	0,4	0,3	0,3	0,6
arachidique	0,7	1	1	2	1
(5Z)-éicosénoïque	61	57	65	65	72
érucique	15	25	20	18	12
(5Z,13Z)-docosadiénoïque	20	11	11	10	10
docosatriénoïque	0,1	0,7	-	-	0,8
autres	0,6	0,3	-	2	-

1 = LIMNANTHES alba   **4 = LIMNANTHES douglasii, var.nivea**
2 = LIMNANTHES bakeri   **5 = LIMNANTHES douglasii, var.rosea**
3 = LIMNANTHES douglasii

	6	7	8	9
% huile/graine :	28	29-33	26	29
acides gras (% poids) :				
laurique	0,1	tr	-	0,2
myristique	0,1	tr	-	0,2
palmitique	0,2	0,3	0,3	0,8
palmitoléique	0,2	0,4	0,3	0,3
stéarique	-	0,2	-	-
oléique	0,9	1	0,8	2
linoléique	0,6	0,2	0,4	0,6
linolénique	0,4	0,2	0,3	0,5
arachidique	1	1	1	0,3
(5Z)-éicosénoïque	59	55	52	65
érucique	24	29	25	14
(5Z,13Z)-docosadiénoïque	12	13	17	16
docosatriénoïque	0,9	0,1	0,2	0,2
autres	1	-	2	0,7

6 = LIMNANTHES floccosa   **8 = LIMNANTHES montana**
7 = LIMNANTHES gracilis   **9 = LIMNANTHES striata**

référence : MILLER R.W. *et al*, 1964 a

LIMNOSCIADIUM pumilum   *(Apiaceae)*

origine : Etats-Unis
16,2 % huile/graine
acides gras (% poids) :

palmitique	3,4
stéarique	0,3
oléique	3,9
pétrosélinique	83,0
linoléique	9,2
autres	0,1

référence : KLEIMAN R. *et al*, 1982

LINDELOFIA anchusoïdes   *(Boraginaceae)*

origine : Etats-Unis
23 % huile/graine
acides gras (% poids) :

palmitique	9
stéarique	2
oléique	42
linoléique	21
linolénique	7
γ-linolénique	9
stéaridonique	3
gondoïque	4
érucique	3
autres	1

référence : MILLER R.W. *et al*, 1968

LINDERA   *(Lauraceae)*

origine : Canada

	L.benzoin	L.praecox	L.umbellata
% huile/graine :	51,3	27,4	52
acides gras (% poids) :			
caprique	42	46	3
décénoïque	-	-	4
laurique	47	31	29
(4Z)-dodécénoïque	-	-	47
myristique	3	5	3
tétradécénoïque	-	-	5
palmitique	1	2	-
oléique	4	12	6
linoléique	3	4	3

référence : HOPKINS C.Y. *et al*, 1966

LINUM   *(Linaceae)*

	L.africanum	L.album
origine :	Espagne	Iran
acides gras (% poids) :		
palmitique	6,6	6,5
stéarique	4,9	2,2
oléique	26,0	21,5
linoléique	14,6	64,1
linolénique	47,8	5,7

référence : YERMANOS D.M., 1966

LINUM alpinum   *(Linaceae)*

origine : Angleterre
27 % huile/graine
acides gras (% poids) :

palmitique	3,5 - 7,7
stéarique	1,4 - 2,3
oléique	19,8 - 20,5
linoléique	24,1 - 27,9
linolénique	41,7 - 51,2

références : YERMANOS D.M., 1966
GREEN A.G., 1984

LINUM altaïcum   *(Linaceae)*

acides gras (% poids) :

palmitique	8,6
stéarique	2,4
oléique	22,6
linoléique	24,3
linolénique	42,2

référence : GREEN A.G., 1984

LINUM anglicum   *(Linaceae)*

origine : Angleterre
acides gras (% poids) :

palmitique	4,6 - 7,0
stéarique	1,4 - 2,4
oléique	14,3 - 17,1
linoléique	23,4 - 26,0
linolénique	50,3 - 52,0

références : YERMANOS D.M., 1066
GREEN A.G., 1984

LINUM angustifolium   *(Linaceae)*

origine : France, Portugal, Espagne, Etats-Unis
acides gras (% poids) :

palmitique	6,6 - 11,1
stéarique	2,3 - 7,9
oléique	14,5 - 23,0
linoléique	10,4 - 23,0
linolénique	34,9 - 60,1

références : YERMANOS D.M., 1966
GREEN A.G., 1984

LINUM arboreum   *(Linaceae)*

acides gras (% poids) :

palmitique	6,5
stéarique	2,9
oléique	23,1
linoléique	50,9
linolénique	13,6
ricinoléique	3,1

référence : GREEN A.G., 1984

LINUM   *(Linaceae)*

	L.arenicola	**L.aristatum**	**L.australe**
origine :	Etats-Unis	Etats-Unis	Espagne
acides gras (% poids) :			
palmitique	7,9	7,8	5,5
stéarique	2,5	3,4	1,7
oléique	18,1	19,2	20,9
linoléique	39,1	63,5	24,7
linolénique	32,4	6,2	47,2

référence : YERMANOS D.M., 1966

LINUM austriacum   *(Linaceae)*

origine : Turquie, Allemagne
acides gras (% poids) :

palmitique	3,4 - 7,7
stéarique	1,4 - 3,1
oléique	16,5 - 21,5
linoléique	22,1 - 28,8
linolénique	39,2 - 54,4

références : YERMANOS D.M., 1966
GREEN A.G., 1984

LINUM bienne   *(Linaceae)*

acides gras (% poids) :

palmitique	11,6
stéarique	4,4
oléique	16,9
linoléique	14,7
linolénique	52,5

référence : GREEN A.G., 1984

LINUM campanulatum   *(Linaceae)*

acides gras (% poids) :

palmitique	4,0 - 5,3
stéarique	2,3 - 2,6
oléique	21,8 - 26,1
linoléique	50,3 - 51,2
linolénique	16,4 - 17,0

références : YERMANOS D.M., 1966
GREEN A.G., 1984

LINUM capitatum   *(Linaceae)*

origine : France, Angleterre
acides gras (% poids) :

palmitique	5,0 - 8,2
stéarique	2,1 - 3,9
oléique	17,4 - 29,5
linoléique	48,9 - 54,4
linolénique	9,5 - 21,0

référence : YERMANOS D.M., 1966

LINUM catharticum   *(Linaceae)*

origine : Norvège, Danemark, Suisse
acides gras (% poids) :

palmitique	7,4 - 10,1
stéarique	2,7 - 3,2
oléique	9,5 - 13,5
linoléique	61,6 - 66,6
linolénique	12,1 - 14,8

références : YERMANOS D.M., 1966
GREEN A.G., 1984

LINUM corymbiferum   *(Linaceae)*

origine : Espagne
acides gras (% poids) :

palmitique	5,8
stéarique	4,7
oléique	32,6
linoléique	14,0
linolénique	43,0

référence : YERMANOS D.M., 1966

LINUM   *(Linaceae)*

	L.dolomiticum	**L.extraaxillare**
acides gras (% poids) :		
palmitique	5,9	7,3
stéarique	2,8	2,0
oléique	17,8	12,1
linoléique	53,3	28,0
linolénique	16,5	50,7
ricinoléique	3,6	-

référence : GREEN A.G., 1984

LINUM flavum   *(Linaceae)*

origine : Allemagne, Espagne
acides gras (% poids) :

palmitique	4,7 - 9,7
stéarique	1,7 - 3,7
oléique	22,0 - 34,4
linoléique	57,2 - 50,8
linolénique	5,8 - 20,7
ricinoléique	0 - 4,5

références : YERMANOS D.M., 1966
GREEN A.G., 1984

LINUM gallicum   (Linaceae)

origine : Suède
acides gras (% poids) :

palmitique	8,2
stéarique	2,2
oléique	5,7
linoléique	29,7
linolénique	54,2

référence : YERMANOS D.M., 1966

LINUM   *(Linaceae)*

	L.grandiflorum	**L.hirsutum**
origine :	Angleterre	
acides gras (% poids) :	Australie	Irak
palmitique	7,1 - 11,0	4,6 - 6,6
stéarique	2,9 - 3,8	1,0 - 1,8
oléique	15,5 - 23,7	7,6 - 23,2
linoléique	15,6 - 18,6	19,6 - 30,7
linolénique	46,1 - 58,9	45,0 - 56,0

références : YERMANOS D.M., 1966
GREEN A.G., 1984

LINUM   *(Linaceae)*

	L.hologynum	**L.holstii**	**L.hudsonoides**
origine :	Espagne	France, Kenya	Etats-Unis
acides gras (% poids) :			
palmitique	5,7	7,4 - 8,3	8,4
stéarique	1,8	2,9 - 4,0	3,8
oléique	21,6	9,5 - 14,4	24,7
linoléique	42,2	69,7 - 77,6	56,6
linolénique	28,7	1,5 - 4,7	6,5

référence : YERMANOS D.M., 1966

LINUM   *(Linaceae)*

	L.imbricatum	**L.leonii**
acides gras (% poids) :		
palmitique	8,9	6,4
stéarique	2,5	1,9
oléique	6,6	24,3
linoléique	75,4	43,7
linolénique	6,5	23,8

référence : GREEN A.G., 1984

LINUM lewisii   *(Linaceae)*

origine : Canada
acides gras (% poids) :

palmitique	7,7 - 8,3
stéarique	2,3 - 2,7
oléique	10,8 - 20,1
linoléique	9,3 - 25,4
linolénique	44,4 - 68,9

références : YERMANOS D.M., 1966
GREEN A.G., 1984

LINUM lundelii   *(Linaceae)*

acides gras (% poids) :

palmitique	8,4
stéarique	2,4
oléique	8,9
linoléique	74,6
linolénique	5,7

référence : GREEN A.G., 1984

LINUM   *(Linaceae)*

	L.marginale	**L.maritimum**
origine :	Australie	Espagne
palmitique	6,5 - 6,9	7,1 - 11,0
stéarique	2,0 - 2,4	1,5 - 3,0
oléique	15,5 - 20,7	13,8 - 25,3
linoléique	19,0 - 30,12	2,7 - 46,1
linolénique	39,4 - 57,12	6,1 - 43,3

références : YERMANOS D.M., 1966
GREEN A.G., 1984

LINUM medium var.texanum   *(Linaceae)*

origine : Etats-Unis
acides gras (% poids) :

palmitique	6,6
stéarique	3,4
oléique	7,9
linoléique	70,0
linolénique	11,3

référence : YERMANOS D.M., 1966

LINUM mexicanum   *(Linaceae)*

acides gras (% poids) :

palmitique	8,7
stéarique	2,3
oléique	20,7
linoléique	28,1
linolénique	40,3

référence : GREEN A.G., 1984

LINUM monogynum   *(Linaceae)*

origine : Canada, Nouvelle-Zélande
acides gras (% poids) :

palmitique	6,6 - 7,1
stéarique	1,6 - 3,0
oléique	9,3 - 10,5
linoléique	12,9 - 22,1
linolénique	60,4 - 66,5

référence : YERMANOS D.M., 1966

LINUM mucronatum   *(Linaceae)*

origine : Turquie
acides gras (% poids):

palmitique	6,0 - 7,2
stéarique	3,0 - 3,6
oléique	20,9 - 24,0
linoléique	48,0 - 60,8
linolénique	2,0 - 3,2
gondoïque	0 - 0,4
ricinoléique	5,1 - 15

références : KLEIMAN R. et al, 1971 b
GREEN A.G., 1984

LINUM muelleri   *(Linaceae)*

origine : Espagne
acides gras (% poids) :

palmitique	6,3
stéarique	2,1
oléique	27,4
linoléique	21,6
linolénique	42,5

référence : YERMANOS D.M., 1966

LINUM narbonense   *(Linaceae)*

origine : Espagne
acides gras (% poids) :

palmitique	5,0 - 6,6
stéarique	1,8 - 2,2
oléique	22,0 - 26,1
linoléique	24,1 - 32,2
linolénique	37,5 - 42,6

références : YERMANOS D.M., 1966
GREEN A.G., 1984

LINUM   *(Linaceae)*

origine : Espagne

	L.nervosum	**L.pallescens**
acides gras (% poids) :		
palmitique	5,8	10,1
stéarique	4,4	3,6
oléique	29,9	26,9
linoléique	14,3	15,6
linolénique	45,5	43,9

référence : YERMANOS D.M., 1966

LINUM perenne   *(Linaceae)*

origine : France, Canada
12 % huile/graine
acides gras (% poids) :

palmitique	4,7 - 7,5
stéarique	1,5 - 2,3
oléique	21,9 - 22,5
linoléique	15,4 - 28,1
linolénique	39,8 - 64,8

références : YERMANOS D.M., 1966
GREEN A.G., 1984

LINUM pratense   *(Linaceae)*

origine : Etats-Unis
acides gras (% poids) :

palmitique	5,4
stéarique	3,5
oléique	18,3
linoléique	18,3
linolénique	54,7

référence : YERMANOS D.M., 1966

LINUM rigidum   *(Linaceae)*

origine : Etats-Unis
acides gras (% poids) :

palmitique	7,7 - 10,5
stéarique	1,3 - 3,5
oléique	8,1 - 22,4
linoléique	56,4 - 62,1
linolénique	7,3 - 20,8

références : YERMANOS D.M., 1966
GREEN A.G., 1984

LINUM rupestre   *(Linaceae)*

origine : Etats-Unis
acides gras (% poids) :

palmitique	7,0
stéarique	2,6
oléique	7,2
linoléique	79,1
linolénique	4,3

référence : YERMANOS D.M., 1966

LINUM salsoloides   *(Linaceae)*

acides gras (% poids) :

palmitique	5,9
stéarique	2,7
oléique	9,6
linoléique	78,5
linolénique	3,4

référence : GREEN A.G., 1984

LINUM   *(Linaceae)*

origine : Etats-Unis

	L.schiedeanum	**L.striatum**
acides gras (% poids) :		
palmitique	8,9	10,1
stéarique	2,5	3,5
oléique	8,7	12,0
linoléique	75,6	65,0
linolénique	5,3	9,3

référence : YERMANOS D.M., 1966

LINUM strictum   *(Linaceae)*

origine : France
acides gras (% poids) :

palmitique	7,9 - 8,9
stéarique	2,5 - 3,1
oléique	7,6 - 8,7
linoléique	41,2 - 52,9
linolénique	27,6 - 39,7

références : YERMANOS D.M., 1966
GREEN A.G., 1984

LINUM sulcatum   *(Linaceae)*

origine : Etats-Unis
acides gras (% poids) :

palmitique	7,9 - 8,6
stéarique	2,5 - 3,2
oléique	6,3 - 12,5
linoléique	68,7 - 68,8
linolénique	8,5 - 13,3

références : YERMANOS D.M., 1966
GREEN A.G., 1984

LINUM tenue   *(Linaceae)*

origine : Espagne
acides gras (% poids) :

palmitique	6,9
stéarique	3,8
oléique	32,0
linoléique	12,6
linolénique	44,7

référence : YERMANOS D.M., 1966

LINUM tenuifolium   *(Linaceae)*

origine : Suisse
acides gras (% poids) :

palmitique	5,0 - 5,8
stéarique	2,0 - 2,1
oléique	8,0 - 8,4
linoléique	81,5
linolénique	2,4 - 3,6

références : YERMANOS D.M., 1966
GREEN A.G., 1984

LINUM thracicum   *(Linaceae)*

origine : Espagne
acides gras (% poids) :

palmitique	4,7
stéarique	2,0
oléique	23,3
linoléique	21,8
linolénique	48,2

référence : YERMANOS D.M., 1966

LINUM usitatissimum   *(Linaceae)*

nom commun : lin
acides gras (% poids) :

palmitique	4,0 - 9,3
palmitoléique	0 - 0,1
stéarique	2,0 - 4,0
oléique	14,0 - 39
asclépique	0 - 0,5
linoléique	7,0 - 19,1
linolénique	35,0 - 66,0
autres	0 - 0,1

références : YERMANOS D.M., 1966
SEHER A. *et al*, 1982
DAMBROTH M. *et al*, 1982
GREEN A.G., 1984

LINUM vernale   *(Linaceae)*

origine : Etats-Unis
acides gras (% poids) :

palmitique	7,7
stéarique	5,0
oléique	18,0
linoléique	63,1
linolénique	6,1

référence : YERMANOS D.M., 1966

LINUM viscosum   *(Linaceae)*

origine : Angleterre
acides gras (% poids) :

palmitique	6,9 - 7,2
stéarique	1,1 - 2,4
oléique	9,9 - 13,4
linoléique	28,2 - 29,6
linolénique	50,2 - 51,2

références : YERMANOS D.M., 1966
GREEN A.G., 1984

LIPPIA nodiflora   *(Verbenaceae)*

origine : Inde
13 % huile/graine
acides gras (% poids) :

laurique	1,7
palmitique	12,5
stéarique	2,3

oléique	8,7
linoléique	25,4
linolénique	49,4

référence : HASAN S.Q. *et al*, 1980

LISAEA   *(Apiaceae)*

origine : Turquie

	L.heterocarpa	**L.papyracea**
% huile/graine :	15,7	17,2
acides gras (% poids) :		
palmitique	4,0	3,2
stéarique	1,7	0,7
oléique	22,0	17,8
pétrosélinique	50,1	53,4
linoléique	21,1	24,1
linolénique	0,2	-
autres	0,9	0,8

référence : KLEIMAN R. *et al*, 1982

LITCHI chinensis   *(Sapindaceae)*

nom commun : litchi
origine : Australie
0,6 % huile/graine
acides gras (% poids) :

myristique	0,5
pentadécanoïque	0,3
palmitique	14,7
palmitoléique	2,0
méthylène-hexadécanoïque	4,9
stéarique	6,1
oléique	31,0
linoléique	1,4
linolénique	6,2
dihydrosterculique	31,9
sterculique	0,2

référence : VICKERY J.R., 1980

LITHOSPERMUM apulum   *(Boraginaceae)*

18 % huile/graine
acides gras (% poids) :

palmitique	6
stéarique	2
oléique	17

linoléique	17
linolénique	41
γ-linolénique	6
stéaridonique	14
gondoïque	1
autres	0,1

référence : KLEIMAN R. *et al*, 1964

LITHOSPERMUM arvense   *(Boraginaceae)*

origine : Etats-Unis
17 % huile/graine
acides gras (% poids) :

palmitique	5
stéarique	2
oléique	11
linoléique	14
linolénique	43
γ-linolénique	14
stéaridonique	10
gondoïque	1
autres	0,5

référence : MILLER R.W. *et al*, 1968

LITHOSPERMUM officinale   *(Boraginaceae)*

26 % huile/graine
acides gras (% poids) :

palmitique	6
stéarique	3
oléique	17
linoléique	73
linolénique	0,4
autres	0,8

référence : KLEIMAN R. *et al*, 1964

LITHOSPERMUM purpurocaeruleum   *(Boraginaceae)*

origine : Etats-Unis
14 % huile/graine
acides gras (% poids) :

palmitique	7
stéarique	3
oléique	10
linoléique	23
linolénique	31

γ-linolénique	18
stéaridonique	7
gondoïque	0,3
autres	0,2

référence : MILLER R.W. *et al*, 1968

LITHOSPERMUM tenuiflorum   *(Boraginaceae)*

16 % huile/graine
acides gras (% poids) :

palmitique	6
stéarique	2
oléique	19
linoléique	13
linolénique	50
γ-linolénique	4
stéaridonique	16
gondoïque	0,9
autres	0,2

référence : KLEIMAN R. *et al*, 1964

LITSEA   *(Lauraceae)*

	L.cubeba	**L.longifolia**	**L.sebifera**	**L.zeylanica**
origine :	Inde	Sri Lanka	Inde	Inde
% huile/graine :	22	29	35	36
acides gras (% poids) :				
caprique	-	-	-	3
laurique	96,0	88,3	96,3	86
myristique	-	-	-	4
palmitique	-	3,4	-	-
stéarique	-	2,4	-	-
oléique	2,2	5,9	2,3	4
linoléique	-	-	-	3

référence : BANERJI R. *et al*, 1984

LIVISTONIA chinensis   *(Arecaceae)*

origine : Madagascar
acides gras (% poids) :

	pulpe	**amande**
caprique	-	0,1
laurique	0,4	7,7
myristique	0,3	7,5
palmitique	33,0	13,7
stéarique	2,7	3,8
oléique	42,6	38,6

linoléique	13,0	27,0
linolénique	2,5	0,4
autres	5,5	1,2

référence : RABARISOA I. *et al*, 1993

LOBULARIA maritima   *(Brassicaceae)*

origine : Etats-Unis
33 % huile/graine
acides gras (% poids) :

palmitique	4
stéarique	6
oléique	30
linoléique	7
linolénique	10
arachidique	0,6
gondoïque	42
éicosadiénoïque	0,3
éicosatriénoïque	0,3
béhénique	0,5

référence : MIKOLAJCZAK K.L. *et al*, 1961

LOCHNERA pusilla   *(Apocynaceae)*

origine : Inde
16,6 % huile/graine
acides gras (% poids) :

palmitique	25,8
stéarique	7,3
oléique	58,6
linoléique	8,2

référence : AHMAD F. *et al*, 1978

LOCHNERA rosea   *(Apocynaceae)*
var.alba

origine : Singapour
25 % huile/graine
acides gras (% poids) :

palmitique	16
stéarique	9
oléique	63
linoléique	11

référence : GUNSTONE F.D. *et al*, 1972

LOMATIA hirsuta   *(Proteaceae)*

origine : Australie
acides gras (% poids) :

laurique	0,3
myristique	0,2
palmitique	12,2
palmitoléique hexadécénoïque }	24,1
stéarique	1,5
oléique	49,1
linoléique	11,1
arachidique	0,6
gondoïque	0,9

référence : VICKERY J.R., 1971

LOMATIUM   *(Apiaceae)*

origine : Etats-Unis

	1	2	3	4	5	6
% huile/graine :	20,4	18,4	17,6	23,5	7,3	19,4
acides gras (% poids) :						
palmitique	3,4	4,7	3,1	3,5	4,0	4,3
stéarique	0,6	1,4	1,1	2,1	0,5	1,1
oléique	6,6	6,8	10,7	5,8	19,6	18,5
pétrosélinique	68,5	71,4	64,3	71,6	60,5	67,2
linoléique	18,6	15,6	19,7	15,5	13,7	7,9
linolénique	0,4	-	-	-	1,0	0,4
autres	1,7	-	0,7	1,3	0,6	0,5

1 = LOMATIUM californicum   **4 = LOMATIUM macrocarpum**
2 = LOMATIUM dasycarpum   **5 = LOMATIUM marginatum**
3 = LOMATIUM daucifolium   **6 = LOMATIUM nudicaule**

référence : KLEIMAN R. *et al*, 1982

LONCHOCARPUS sepium   *(Fabaceae)*

origine : Sénégal
25,1 % huile/graine
acides gras (% poids) :

palmitique	16,3
palmitoléique	1,1
stéarique	10,7
oléique	23,7
linoléique	42,3
linolénique	1,2

arachidique	4,1
gondoïque	0,6

référence : MIRALLES J. *et al*, 1980

LONICERA implexa   *(Caprifoliaceae)*

nom commun : chèvrefeuille
origine : France
4,5 % huile/graine
1,2 % insaponifiable/huile
acides gras (% poids) :

palmitique	8,3
palmitoléique	0,9
stéarique	3,3
oléique	19,5
asclépique	1,2
linoléique	61,9
linolénique	1,8
arachidique	0,4
gondoïque	0,2
béhénique	0,2
lignocérique	0,2
nervonique	0,2

référence : FERLAY V. *et al*, 1993

LOPHIRA   *(Ochnaceae)*

origine : Afrique Ouest
% huile/graine :
acides gras (% poids) :

	L.alata	L.procera
	35	50
myristique	0,3	0,7
palmitique	28,8	37,9
oléique	14,0	11,5
linoléique	11,5	26,3
béhénique	34,3	20,9
érucique	4,3	2,2
lignocérique	6,8	0,5

référence : BANERJI R. *et al*, 1984

LOPHOPETALUM beccarianum   *(Celastraceae)*

origine : Malaisie
13,3 % huile/graine
acides gras (% poids) :

palmitique	28,6
palmitoléique	0,1
stéarique	3,8

oléique	6,0
asclépique	0,2
linoléique	29,7
linolénique	0,4
arachidique	20,8
gondoïque	1,4
(13Z)-éicosénoïque	0,2
béhénique	7,6
érucique	0,3
lignocérique	0,7

référence : SHUKLA V.K.S. *et al*, 1993

LOUVELIA madagascariensis *(Arecaceae)*

origine : Madagascar
acides gras (% poids) :

laurique	0,6
myristique	0,8
palmitique	27,6
stéarique	9,6
oléique	25,4
linoléique	23,4
autres	12,6

référence : RABARISOA I. *et al*, 1993

LOVOA trichilloides *(Meliaceae)*

origine : Nigeria
26 % huile/graine
acides gras (% poids) :

myristique	0,3
palmitique	12,7
palmitoléique	0,2
oléique	20,7
linoléique	63,3
linolénique	0,7

référence : KLEIMAN R. *et al*, 1984

LUCUMA caimita *(Sapotaceae)*

origine : Brésil
13 % huile/graine
acides gras (% poids) :

myristique	0,4
palmitique	23,1
stéarique	8,8
oléique	57,2

linoléique	9,7
linolénique	0,3

référence : SCHUCH R. *et al*, 1984

LUCUMA salicifolia *(Sapotaceae)*

origine : Zaïre
5,8 % huile/graine
acides gras (% poids) :

caprique	0,9
laurique	0,3
myristique	2,5
palmitique	16,1
stéarique	9,2
oléique	50,1
linoléique	18,4
linolénique	0,7
arachidique	1,7

référence : KABELE NGIEFU C. *et al*, 1976 b

LUFFA cylindrica *(Cucurbitaceae)*

origine : Zambie, Zaïre
16-45 % huile/graine
acides gras (% poids) :

palmitique	16 - 20,0
stéarique	10,5 - 13
oléique	14 - 20,6
linoléique	48,2 - 57

références : GUNSTONE F.D. *et al*, 1972
KABELE NGIEFU C. *et al*, 1976 b

LUNARIA annua *(Brassicaceae)*

origine : Etats-Unis
48 % huile/graine
acides gras (% poids) :

palmitique	2
palmitoléique	0,2
stéarique	0,4
oléique	23
linoléique	7
linolénique	2
arachidique	0,2
gondoïque	2
érucique	42
nervonique	21

référence : MIKOLAJCZAK K.L. *et al*, 1961

LUNARIA annua   *(Brassicaceae)*
ssp.annua

nom commun : monnaie du Pape
origine : France
28,6 % huile/graine
0,9 % insaponifiable/huile
acides gras (% poids) :

laurique	0,1
myristique	0,2
palmitique	1,8
palmitoléique	0,2
stéarique	0,5
oléique	24,0
asclépique	0,5
linoléique	6,5
linolénique	0,9
arachidique	0,2
gondoïque	1,4
béhénique	0,3
érucique	40,9
lignocérique	0,2
nervonique	22,3

référence : FERLAY V. *et al*, 1993

LUNARIA biennis   *(Brassicaceae)*

27 % huile/graine
acides gras (% poids) :

palmitique	2,0
palmitoléique	0,2
stéarique	0,4
oléique	23
linoléique	7
linolénique	2
arachidique	0,4
gondoïque	2
érucique	42
nervonique	21

référence : WILSON T.L. *et al*, 1962

LUNARIA rediviva   *(Brassicaceae)*

24 % huile/graine
acides gras (% poids) :

palmitique	2
stéarique	0,3

oléique	22
linoléique	13
linolénique	2
gondoïque	14
érucique	39
nervonique	5
autres	3,4

référence : MILLER R.W. *et al*, 1965

LUPINUS   *(Fabaceae)*

nom commun : lupins
origine : Espagne
% huile/graine :
acides gras (% poids) :

	L.albus	L.angustifolius	L.luteus	L.mutabilis
% huile/graine :	8,5	4,8	4,7	20,5
myristique	-	0,2	-	-
palmitique	8,2	11,6	5,5	10,9
palmitoléique	0,4	-	-	0,4
stéarique	1,9	6,0	2,6	7,0
oléique	49,0	32,2	23,1	49,6
linoléique	20,3	41,1	50,3	27,8
linolénique	7,7	5,4	8,8	2,0
arachidique	5,1	0,8	2,5	0,7
gondoïque	-	0,5	2,3	-
béhénique	3,2	1,7	3,4	0,4

référence : HUESA LOPE J. *et al*, 1984

LUPINUS termis   *(Fabaceae)*

nom commun : lupin
origine : Egypte
4 % huile/graine
4,6 % insaponifiable/huile
acides gras (% poids) :

laurique	0,2
myristique	0,2
palmitique	8,7
palmitoléique	0,7
stéarique	1,7
oléique	42,1
linoléique	19,3
linolénique	10,5
arachidique	1,2
gondoïque	4,5
béhénique	4,8
érucique	3,2
lignocérique	1,2
autres	1,7

référence : ABDEL NABEY A.A. *et al*, 1991

LUVANGA scandens   *(Rutaceae)*

origine : Inde
46,6 % huile/graine
acides gras (% poids) :

caprique	26,7
laurique	72,2
myristique	1,1

référence : Mishra P. *et al*, 1987

LYCIUM burbarum   *(Solanaceae)*

origine : Inde
18 % huile/graine
acides gras (% poids) :

myristique	0,3
palmitique	38,8
stéarique	1,8
oléique	27,9
linoléique	27,4
linolénique	1,4
arachidique	1,9

référence : Ahmad S. *et al*, 1987

LYCOPERSICUM esculentum   *(Solanaceae)*

nom commun : tomate
origine : Italie, Turquie
20-37,9 % huile/graine
acides gras (% poids) :

myristique	0,1
palmitique	12,7 - 16,1
palmitoléique	0 - 0,6
heptadécanoïque	0 - 0,2
heptadécénoïque	0 - 0,5
stéarique	5,1 - 5,8
oléique	20,8 - 23,8
linoléique	52,4 - 55,8
linolénique	0 - 2,5
arachidique	0,5 - 1,9

références : Canella M. *et al*, 1979
Yazicioglu T. *et al*, 1983

LYCOPUS   *(Lamiaceae)*

origine : Etats-Unis

	L.asper	**L.europaeus**
% huile/graine :	25	33
acides gras (% poids) :		
palmitique	3,5	4,9
stéarique	1,5	1,8
oléique	16	19
linoléique	24	59
linolénique	50	2,5
allène-non identifié	-	11
autres	5,4	1,4

référence : HAGEMANN J.M. *et al*, 1967

LYCOPUS exaltatus   *(Lamiaceae)*

origine : Yougoslavie
15 % huile/graine
acides gras (% poids) :

palmitique	3,7
stéarique	1,7
oléique	10,6
linoléique	27,6
linolénique	56,4

référence : MARIN P.D. *et al*, 1991

LYTHRUM salicaria   *(Lythraceae)*

nom commun : salicaire
origine : France
12,1 % huile/graine
0,9 % insaponifiable/huile
acides gras (% poids) :

palmitique	6,8
palmitoléique	0,2
heptadécanoïque	0,1
stéarique	1,8
oléique	8,9
asclépique	0,1
linoléique	80,2
linolénique	0,5
arachidique	1,1
gondoïque	0,3

référence : FERLAY V. *et al*, 1993

MACADAMIA integrifolia   *(Proteaceae)*

origine : Australie
acides gras (% poids) :

myristique	1,0
palmitique	9,0
palmitoléique	29,3
stéarique	3,8
oléique	46,2
asclépique	4,6
linoléique	2,4
arachidique	2,0
gondoïque	1,7

référence : VICKERY J.R., 1971

MACADAMIA ternifolia   *(Proteaceae)*

origine : Tanzanie
68 - 74 % huile/graine
acides gras (% poids) :

myristique	0,5 - 0,7
palmitique	9,3 - 10,1
palmitoléique	18,3 - 27,2
stéarique	3,7 - 6,2
oléique	51,9 - 55,4
linoléique	2,8 - 3,4
arachidique	2,4 - 3,7
gondoïque	2,0 - 2,4

référence : GUNSTONE F.D. *et al*, 1965

MACARANGA heterophylla   *(Euphorbiaceae)*

origine : Sierra Leone
0,7 % huile/graine
acides gras (% poids) :

caprique	0,5
laurique	5,5
myristique	3
myristoléique	1
palmitique	20
stéarique	1
oléique	19,5
linoléique	31,5
linolénique	4,5
arachidique	2,5
béhénique	3,5
érucique	8,5

référence : DERBESY M. *et al*, 1968

MACARANGA peltata   *(Euphorbiaceae)*

origine : Inde
5,5 % huile/graine
acides gras (% poids) :

laurique	1,0
myristique	1,2
palmitique	19,2
palmitoléique	4,0
stéarique	4,6
oléique	44,4
linoléique	2,7
linolénique	7,5
gondoïque	10,0
autres	5,2

référence : MANNAN A. *et al*, 1986

MACROZAMIA communis   *(Zamiaceae)*

origine : Australie
0,6 % huile/graine
acides gras (% poids) :

myristique	0,5
palmitique	17,2
palmitoléique	2,1
stéarique	2,3
oléique	29,3
linoléique	28,0
linolénique	3,2
nonadécanoïque	1,5
dihydromalvalique	0,2
malvalique	10,7
dihydrosterculique	1,3
sterculique	0,4
arachidique	1,3
gondoïque	0,4
éicosadiénoïque	0,2
éicosatriénoïque	1,3

référence : VICKERY J.R. *et al*, 1984 a

MADHUCA butyracea   *(Sapotaceae)*

nom commun : ghee végétal
origine : Inde
44 - 63 % huile/amande
acides gras (% poids) :

palmitique	54,0 - 65,6
stéarique	3,1 - 5,2

oléique	27,4 - 46,0
linoléique	3,3 - 3,8

références : MISRA G. *et al*, 1974
SENGUPTA A. *et al*, 1978 b
BANERJI R. *et al*, 1984

MADHUCA crassipes   *(Sapotaceae)*

origine : Malaisie
9,5 % huile/fruit
acides gras (% poids) :

laurique	0,1
myristique	0,2
palmitique	13,0
heptadécanoïque	0,2
stéarique	50,4
oléique	33,6
linoléique	1,5
linolénique	0,2
arachidique	0,8

référence : SHUKLA V.K.S. *et al*, 1993

MADHUCA latifolia   *(Sapotaceae)*

nom commun : mowrah
origine : Inde
46 - 55 % huile/amande
acides gras (% poids) :

myristique	0 - 0,2
palmitique	16,0 - 23,7
palmitoléique	0 - 0,2
stéarique	19,3 - 24,1
oléique	37,6 - 45,2
linoléique	9,4 - 15,4

références : GUNSTONE F.D. *et al*, 1965
MISRA G. *et al*, 1974
BANERJI R. *et al*, 1984

MADHUCA longifolia   *(Sapotaceae)*

nom commun : illipe
origine : Inde
50 - 55 % huile/amande
acides gras (% poids) :

palmitique	28,2
stéarique	14,1

oléique	48,8
linoléique	8,9

référence : BANERJI R. *et al*, 1984

MADHUCA mottleyana   *(Sapotaceae)*

53 % huile/amande
acides gras (% poids) :

palmitique	10,0
stéarique	18,5
oléique	69,0
linoléique	2,5

référence : MISRA G. *et al*, 1974

MADHUCA pasquieri   *(Sapotaceae)*

origine : Viet Nam
45,5 % huile/amande
3,6 % insaponifiable/huile
acides gras (% poids) :

laurique	0,1
myristique	0,6
palmitique	22,0
stéarique	5,6
oléique	37,3
linoléique	33,8
gondoïque	0,6

référence : FRANZKE C. *et al*, 1971

MADIA sativa   *(Asteraceae)*

24 - 43 % huile/graine
acides gras (% poids) :

palmitique	8 - 11,5
palmitoléique	0 - 0,1
stéarique	3 - 5
oléique	10 - 25
linoléique	65 - 73,4
linolénique	0 - 0,1
arachidique	0 - 0,4
gondoïque	0 - 0,1
béhénique	0 - 0,1
érucique	0 - 0,2

références : SEHER A. *et al*, 1982
DAMBROTH M. *et al*, 1982

MAJORANA hortensis   *(Lamiaceae)*

origine : Yougoslavie
20 % huile/graine
acides gras (% poids) :

palmitique	5,0
stéarique	1,1
oléique	9,5
linoléique	24,5
linolénique	59,9

référence : MARIN P.D. *et al*, 1991

MALABAILA   *(Apiaceae)*

	M.involucrata	M.lasiocarpa	M.secacul
origine :	Yougoslavie	Turquie	Turquie
% huile/graine :	8	12	16
acides gras (% poids) :			
palmitique	4,9	7,3	3,9
stéarique	2,0	0,8	1,5
oléique	13,3	20,3	13,4
pétrosélinique	62,2	53,0	47,0
linoléique	16,5	17,3	32,6
linolénique	0,2	-	0,4
autres	0,8	1,2	1,1

référence : KLEIMAN R. *et al*, 1982

MALCOMIA africana   *(Brassicaceae)*

23-31 % huile/graine
acides gras (% poids) :

palmitique	10 - 12
stéarique	1,5 - 2
oléique	13 - 14
linoléique	14 - 15
linolénique	57 - 58
arachidique	0 - 0,1
époxystéarique	0 - 1,0
autres	0 - 0,7

références : MILLER R.W. *et al*, 1965
JART A., 1978

MALCOMIA cabulica   *(Brassicaceae)*

31 % huile/graine
acides gras (% poids) :

palmitique	10
stéarique	3
oléique	15
linoléique	16
linolénique	55
arachidique	0,6
gondoïque	0,2
autres	0,8

référence : MILLER R.W. *et al*, 1965

MALCOMIA   *(Brassicaceae)*

	M.chia	M.flexuosa	M.littorea
% huile/graine :	15	18	29
acides gras (% poids) :			
palmitique	6,5	5,3	5,4
stéarique	1,9	1,3	7,8
oléique	5,9	4,3	14
linoléique	24	12	32
linolénique	21	20	34
arachidique	-	1,3	1,8
gondoïque	17	23	2,8
éicosadiénoïque	-	6,3	-
érucique	14	19	-
docosadiénoïque	1,3	1,5	-
nervonique	-	2	-

référence : JART A., 1978

MALCOMIA maritima   *(Brassicaceae)*

origine : Etats-Unis
20 % huile/graine
acides gras (% poids) :

palmitique	6
palmitoléique	0,4
stéarique	2
oléique	6
linoléique	15
linolénique	21
arachidique	3
gondoïque	23
éicosadiénoïque	6
éicosatriénoïque	2
érucique	15
docosadiénoïque	0,4

réfrérence : MIKOLAJCZAK K.L. *et al*, 1961

MALCOMIA ramosissima   *(Brassicaceae)*

origine : Maroc
31,6 % huile/graine
acides gras (% poids) :

palmitique	9,1
stéarique	6,1
oléique	22,6
linoléique	20,2
linolénique	36,8
gondoïque	1,7
autres	3,6

référence : KUMAR P.R. *et al*, 1978

MALLOTUS   *(Euphorbiaceae)*

50 % huile/amande
acides gras (% poids) :

	M.claoxyloides	M.discolor
kamlolénique	70	65
autres	30	35

référence : HATT H.H. *et al*, 1961

MALLOTUS philippinensis   *(Euphorbiaceae)*

origine : Inde
acides gras (% poids) :

palmitique	3,2
stéarique	2,2
oléique	6,9
linoléique	13,6
kamlolénique	72,0

référence : RAJIAH A. *et al*, 1976

MALOPE trifida   *(Malvaceae)*

17,7 % huile/graine
acides gras (% poids) :

palmitique	18,0
palmitoléique	0,3
heptadécanoïque	0,2
heptadécénoïque	1,6
stéarique	3,7
oléique	6,8
linoléique	44,3
dihydroxymalvalique	0,2

malvalique	11,5
dihydroxysterculique	0,3
sterculique	3,1
arachidique	0,2
époxyoléique	6,5
hydroxy-octadécadiénoïque	1,2

référence : BOHANNON M.B. *et al*, 1978

MALUS sylvestris   *(Rosaceae)*

acides gras (% poids) :

palmitique	6,7
stéarique	1,7
oléique	28,2
linoléique	60,4
linolénique	0,5
arachidique	1,1
gondoïque	0,5
béhénique	0,2

référence : SEHER A. *et al*, 1982

MALVA   *(Malvaceae)*

	M.montana	M.parviflora
% huile/graine :	18,4	11

acides gras (% poids) :

	M.montana	M.parviflora
palmitique	15,7	15,4
palmitoléique	0,2	-
heptadécanoïque	-	0,2
heptadécénoïque	0,4	1,1
stéarique	3,3	3,0
oléique	10,3	9,0
linoléique	55,5	53,4
dihydromalvalique	-	0,2
malvalique	12,1	12,0
dihydrosterculique	0,2	0,4
sterculique	1,0	1,7
dihydroxy-octadécadiénoïque	1,0	1,2

référence : BOHANNON M.B. *et al*, 1978

MALVA rotundifolia   *(Malvaceae)*

acides gras (% poids) :

palmitique	18,4
palmitoléique	0,3
stéarique	1,7

oléique	5,0
asclépique	1,2
linoléique	62,5
linolénique	0,7
arachidique	0,3
érucique	0,6

référence : SEHER A. *et al*, 1982

MALVA sylvestris   *(Malvaceae)*

origine : Maroc
16,6 % huile/graine
acides gras (% poids) :

laurique	0 - 15,6
myristique	0 - 6,6
palmitique	24,2 - 26,6
palmitoléique	0,4 - 5,6
stéarique	0 - 1,2
oléique	7,8 - 23,0
asclépique	0 - 1,1
linoléique	4,0 - 57,2
linolénique	0 - 1,0
malvalique	0 - 11,0
sterculique	0 - 5,6
arachidique	0 - 0,1
vernolique	0 - 1,6

références : SEHER A. *et al*, 1982
MUKARRAM M. *et al*, 1984

MALVA tournefortiana   *(Malvaceae)*

17 % huile/graine
acides gras (% poids) :

palmitique	12,4
palmitoléique	0,5
heptadécanoïque	1,6
heptadécénoïque	2,1
stéarique	3,5
oléique	11,0
linoléique	43,8
malvalique	17,8
dihydrosterculique	0,3
sterculique	1,5
arachidique	2,3
gondoïque	0,2
époxy-oléique	2,0

référence : BOHANNON M.B. *et al*, 1978

MANGIFERA indica   *(Anacardiaceae)*

nom commun : mangue
origine : Inde, Philippines

	noyau	pulpe
% huile :	3,7 - 12,6	-
insaponifiable/huile :	0,9 - 5,3	-
acides gras (% poids) :		
myristique	0 - 0,8	9,5
palmitique	3 - 18	23,9
palmitoléique	-	17,6
stéarique	26 - 57	1,2
oléique	34 - 56	14,1
asclépique	-	14,3
linoléique	1 - 13	0,4
octadécadiénoïque	-	4,6
linolénique	0 - 1,4	8,5
arachidique	1,6 - 4	-
béhénique	0 - 1,3	-
autres	-	5,9

références : BADAMI R.C. *et al*, 1983
LAKSHMINARAYANA G. *et al*, 1983
BANERJI R. *et al*, 1984
SHIBAHARA A. *et al*, 1986

MANIHOT   *(Euphorbiaceae)*

	M. isoloba	M. tweediana
% huile/graine :	32	24
acides gras (% poids) :		
palmitique	13	8
stéarique	4	3
oléique	23	22
linoléique	57	62
linolénique	0,5	4
gondoïque	0,8	0,3
autres	1	0,4

référence : KLEIMAN R. *et al*, 1965

MARRUBIUM   *(Lamiaceae)*

origine : Etats-Unis

	M. peregrinum	M. pestalozzae	M. vulgare
% huile/graine :	32	34	35
acides gras (% poids) :			
palmitique	5,5	4,9	7,3
stéarique	2,6	1,6	2,0

oléique	24	20	31
linoléique	55	56	44
linolénique	0,7	7,1	1,1
allène-non identifié	10	8,6	13
autres	1,0	2,1	1,0

référence : HAGEMANN J.M. *et al*, 1967

MARSHALLIA caespitosa   *(Asteraceae)*

origine : Etats Unis
23 % huile/graine
acides gras (% poids) :

myristique	0,1
palmitique	3,3
palmitoléique	0,2
stéarique	1,7
oléique	16,7
linoléique	31,9
linolénique	0,3
arachidique	0,4
gondoïque	43,9
éicosadiénoïque	1,5

référence : MIKOLAJCZAK K.L. *et al*, 1963 b

MARTYNIA diandra   *(Pedaliaceae)*

origine : Inde
12 % huile/graine
acides gras (% poids) :

laurique	2,5
myristique	1,7
palmitique	48,2
stéarique	0,5
oléique	37,0
linoléique	0,8
linolénique	9,2

référence : HUSAIN S.K. *et al*, 1978

MATTHIOLA arborescens   *(Brassicaceae)*

19 % huile/graine
acides gras (% poids) :

palmitique	7,7
stéarique	2,9
oléique	12,5
linoléique	9,4

linolénique	66,4
autres	1,0

référence : SCRIMGEOUR C.M. *et al*, 1976

MATTHIOLA bicornis   *(Brassicaceae)*

20-23 % huile/graine
acides gras (% poids) :

myristique	0 - 0,3
palmitique	6 - 12
palmitoléique	0 - 0,8
stéarique	2,7 - 3
oléique	14
linoléique	8,3 - 12
linolénique	60 - 63
époxystéarique	0 - 2,5

références : MIKOLAJCZAK K.L. *et al*, 1961
JART A., 1978

MATTHIOLA incana   *(Brassicaceae)*

origine : Argentine
10-27 % huile/graine
acides gras (% poids) :

myristique	0 - 2,6
palmitique	4,7 - 8,4
stéarique	2 - 4,4
oléique	14 - 32,2
linoléique	12 - 21,7
linolénique	10,7 - 63
arachidique	0 - 2,5
béhénique	0 - 0,7
érucique	0 - 13,1

références : RHAMAN A. *et al*, 1961
JART A., 1978

MATTHIOLA longipetala   *(Brassicaceae)*

33 % huile/graine
acides gras (% poids) :

palmitique	8
stéarique	3
oléique	11
linoléique	15
linolénique	61
arachidique	0,1

éicosadiénoïque   0,5
autres   1,1

référence : MILLER R.W. *et al*, 1965

MATTHIOLA parviflora   *(Brassicaceae)*

origine : Maroc
24,5-26 % huile/graine
acides gras (% poids) :

palmitique	8,0 - 10,0
stéarique	1,8 - 3,3
oléique	9,4 - 14,8
linoléique	6,7 - 9,8
linolénique	62,1 - 73

références : JART A., 1978
KUMAR P.R. *et al*, 1978

MATTHIOLA sinuata   *(Brassicaceae)*

29 % huile/graine
acides gras (% poids) :

palmitique	9,4
stéarique	2,7
oléique	13
linoléique	8,8
linolénique	65

référence : JART A., 1978

MATTHIOLA tristis   *(Brassicaceae)*

33 % huile/graine
acides gras (% poids) :

palmitique	5
stéarique	2
oléique	12
linoléique	14
linolénique	65
arachidique	0,3
gondoïque	0,4
éicosadiénoïque	1
autres	0,5

référence : MILLER R.W. *et al*, 1965

MATTIASTRUM cristatum   *(Boraginaceae)*

origine : Etats-Unis
26 % huile/graine
acides gras (% poids) :

palmitique	6
stéarique	1
oléique	48
linoléique	22
linolénique	5
γ - linolénique	4
stéaridonique	1
gondoïque	5
érucique	8
autres	0,2

référence : MILLER R.W. *et al*, 1968

MAURITIA flexuosa   *(Arecaceae)*

22 % huile/mésocarpe
acides gras (% poids) :

palmitique	17,3 - 23,7
palmitoléique	0,3 - 0,7
stéarique	1,4 - 2,0
oléique	70,7 - 76,5
linoléique	1,9 - 2,1
linolénique	1,0
autres	0,6 - 0,8

référence : LOGNAY G. *et al*, 1987

MEDEMIA nobilis   *(Arecaceae)*

origine : Madagascar
acides gras (% poids) :

caprique	5
laurique	35
myristique	12
palmitique	8
stéarique	2,5
oléique	33
linoléique	4

référence : GAYDOU E.M. *et al*, 1980

MEDIUSELLA bernieri   *(Sarcolaenaceae)*

origine : Madagascar
1,2 % huile/graine
acides gras (% poids) :

myristique	0,4
pentadécanoïque	0,3
palmitique	31,5
palmitoléique	1,0

(7Z)-hexadécénoïque	0,7
heptadécénoïque	0,4
stéarique	4,4
oléique	21,5
asclépique	1,9
linoléique	26,5
linolénique)	
dihydrosterculique)	6,8
arachidique	1,2
autres	3,4

référence : GAYDOU E.M. *et al*, 1983 c

MELANORRHOEA pubescens   (Anacardiaceae)

origine : Australie
2,3 % huile/graine
acides gras (% poids) :

myristique	2,8
palmitique	21,6
palmitoléique	3,7
stéarique	6,4
oléique	32,0
linoléique	29,8
dihydrosterculique	1,9
gondoïque	1,8

référence : VICKERY J.R., 1980

MELIA   (Meliaceae)

	M. azedarach	M. burmanica	M. dubia
origine :	Pakistan	Inde	Inde
% huile/graine :	42,3	45,5	41,3
acides gras (% poids) :			
palmitique	7,4	8,6	7,5
palmitoléique	0,1	0,1	0,1
stéarique	3,1	4,5	4,2
oléique	13,5	19,9	19,2
asclépique	0,8	0,6	0,6
linoléique	74,1	64,9	67,1
linolénique	0,2	0,4	0,3
arachidique	0,2	0,3	0,3
gondoïque	0,4	0,3	0,3
autres	0,1	0,4	0,4

référence : KLEIMAN R. *et al*, 1984

MELIA umbraculiformis   *(Meliaceae)*

origine : Inde
6,6 % huile/graine
acides gras (% poids) :

carylique	0,6
caprique	1,9
laurique	1,1
myristique	1,2
palmitique	8,7
stéarique	5,2
oléique	19,5
linoléique	58,2
arachidique	1,7
béhénique	1,9

référence : BADAMI R.C. *et al*, 1985

MELILOTUS   *(Fabaceae)*

nom commun : melilot
origine : Inde

	M. alba	M. indica
% huile/graine :	5,8	7,6

acides gras (% poids) :

	M. alba	M. indica
palmitique	19,8	31,4
palmitoléique	0,9	0,5
stéarique	5,7	6,6
oléique	15,2	14,7
linoléique	43,0	38,4
linolénique	13,4	6,3
arachidique	1,2	1,4
béhénique	0,6	0,5

référence : CHOWDHURY A.R. *et al*, 1986 a

MELISSA officinalis   *(Lamiaceae)*

origine : Etats-Unis, Yougoslavie
19,6-26 % huile/graine
acides gras (% poids) :

palmitique	5,1
stéarique	1,3 - 2,1
oléique	5,2 - 6,0
linoléique	29 - 29,8
linolénique	58 - 58,6
autres	0 - 0,2

références : HAGEMANN J.M. *et al*, 1967
MARIN P.D. *et al*, 1991

MENTHA   *(Lamiaceae)*

origine : Etats-Unis, Yougoslavie

	M. aquatica	**M. arvensis**	**M. longifolia**	**M. pulegium**
% huile/graine : ac.gras (% poids) :	9,0 - 25	11,5 - 23	14,9 - 28	10,4 - 27
palmitique	5,7 - 11,4	4,5 - 5,2	5,0 - 5,3	6,4 - 6,8
stéarique	2,7 - 2,8	1,7 - 2,2	1,8 - 2,1	1,2 - 4,5
oléique	10,1 - 11	9,0 - 9,5	7,3 - 9,3	6,5 - 6,7
linoléique	28,4 - 29	21 - 34,4	30 - 31,7	25 - 32,5
linolénique	47,4 - 51	50,4 - 62	51,9 - 56	52,8 - 57
autres	0 - 0,4	-	0 - 0,4	0 - 0,9

références : HAGEMANN J.M. *et al*, 1967
MARIN P.D. *et al*, 1991

MENTHA rotundifolia   *(Lamiaceae)*

origine : Etats-Unis
25 % huile/graine
acides gras (% poids) :

palmitique	6,3
stéarique	2,8
oléique	8,5
linoléique	30
linolénique	52
autres	0,6

référence : HAGEMANN J.M. *et al*, 1967

MENTHA spicata   *(Lamiaceae)*

origine : Yougoslavie
7,0 % huile/graine
acides gras (% poids) :

palmitique	6,7
stéarique	1,8
oléique	9,6
linoléique	34,0
linolénique	47,9

référence : MARIN P.D. *et al*, 1991

MENTHA   *(Lamiaceae)*

origine : Etats-Unis

	M.sylvestris	M.tomentosa
% huile/graine :	25	28
acides gras (% poids) :		
palmitique	5,4	4,8
stéarique	2	2,7
oléique	8	11
linoléique	30	29
linolénique	54	52
autres	1,2	0,6

référence : HAGEMANN J.M. *et al*, 1967

MENTZELIA lindleyi   *(Loasaceae)*

origine : Canada
33 % huile/graine
acides gras (% poids) :

palmitique	10,4
palmitoléique	0,3
stéarique	2,7
oléique	18,8
linoléique	63,0
linolénique	1,8
autres	3,0

référence : COXWORTH E.C.M., 1965

MERCURIALIS annua   *(Euphorbiaceae)*

37 % huile/graine
acides gras (% poids) :

palmitique	5
stéarique	7
oléique	8
linoléique	11
linolénique	68
autres	0,5

référence : KLEIMAN R. *et al*, 1965

MERREMIA pentaphylla   *(Convolvulaceae)*

origine : Inde
9,5 % huile/graine
1,2 % insaponifiable/huile
acides gras (% poids) :

myristique	0,1
palmitique	19,0
palmitoléique	0,1
stéarique	8,1
oléique	21,5
linoléique	47,0
linolénique	2,2
gondoïque	0,8
béhénique	1,2

référence : KITTUR M.H. *et al*, 1987

MESUA ferrea *(Hypericaceae)*

origine : Inde
61,7 % huile/amande
acides gras (% poids) :

laurique ⎫	
myristique ⎭	3,0
palmitique	16,3
palmitoléique	0,3
stéarique	15,2
oléique	57,4
linoléique	6,5
arachidique	0,8
béhénique	0,3

référence : SREENIVASAN B. *et al*, 1968

MEUM athamanticum *(Apiaceae)*

origine : Yougoslavie
18,5 % huile/graine
acides gras (% poids) :

palmitique	5,3
stéarique	0,5
oléique	10,4
pétrosélinique	57,9
linoléique	20,8
linolénique	0,7
autres	4,3

référence : KLEIMAN R. *et al*, 1982

MICROMERIA *(Lamiaceae)*

origine : Yougoslavie

	M.albanica	M.dalmatica	M.juliana	M.parviflora
% huile/graine :	23,5	32,6	27,2	17,0
acides gras (% poids) :				
palmitique	3,3	4,5	5,7	4,8

stéarique	1,6	1,5	1,8	1,1
oléique	8,1	7,5	6,9	6,8
linoléique	24,4	27,3	13,8	23,2
linolénique	62,6	59,2	71,7	64,1

référence : MARIN P.D. *et al*, 1991

MICROMERIA serpyllifolia *(Lamiaceae)*

origine : Etats-Unis
28 % huile/graine
acides gras (% poids) :

palmitique	5,5
stéarique	2,9
oléique	11
linoléique	25
linolénique	54
autres	1,7

référence : HAGEMANN J.M. *et al*, 1967

MICROMERIA thymifolia *(Lamiaceae)*

origine : Yougoslavie
37,4 % huile/graine
acides gras (% poids) :

palmitique	3,9
stéarique	1,3
oléique	6,5
linoléique	21,8
linolénique	66,5

référence : MARIN P.D. *et al*, 1991

MICROSISYMBRIUM lasiophyllum *(Brassicaceae)*

28 % huile/graine
acides gras (% poids) :

palmitique	7
stéarique	1
oléique	11
linoléique	14
linolénique	19
arachidique	0,2
gondoïque	11
éicosadiénoïque	0,6
béhénique	0,8
érucique	31
nervonique	0,6
autres	1,4

référence : MILLER R.W. *et al*, 1965

MILLETIA bussei   *(Fabaceae)*

origine : Tanzanie
28 % huile/graine
acides gras (% poids) :

palmitique	7
stéarique	4
oléique	42
linoléique	12
linolénique	12
béhénique	14
lignocérique	5

référence : GUNSTONE F.D. *et al*, 1972

MILLETIA laurentii   *(Fabaceae)*

origine : Zaïre
22,9-36 % huile/graine
acides gras (% poids) :

myristique	0 - 0,1
palmitique	10,0 - 10,5
stéarique	2,9 - 5,1
oléique	44,9 - 51,5
linoléique	17,6 - 28,2
linolénique	0 - 3,4
arachidique	1,8
gondoïque	0 - 9,9
béhénique	0 - 10,1
lignocérique	0 - 2,2

références : KABELE NGIEFU C. *et al*, 1976 b
FOMA M. *et al*, 1985

MILLETIA ovalifolia   *(Fabaceae)*

origine : Inde
15,2 % huile/graine
acides gras (% poids) :

caprique	0,4
laurique	0,7
tridécanoïque	0,5
myristique	1,3
pentadécanoïque	1,0
palmitique	16,9
heptadécanoïque	2,1
stéarique	3,1
oléique	38,9
linoléique	26,6
linolénique	0,3

arachidique	0,6
béhénique	7,3

référence : CHOWDHURY A.R. *et al*, 1986 a

MILLETIA versicolor   *(Fabaceae)*

origine : Zaïre
32,6 % huile/graine
acides gras (% poids) :

palmitique	4,9
stéarique	4,4
oléique	62,2
linoléique	17,9
linolénique	3,4
arachidique	1,8
béhénique	5,4

référence : KABELE NGIEFU C. *et al*, 1976 b

MILLINGTONIA hortensis   *(Bignoniaceae)*

origine : Inde
39,5 % huile/graine
3,6 % insaponifiable/huile
acides gras (% poids) :

palmitique	7,4
stéarique	4,0
oléique	15,0
linoléique	72,7
linolénique	0,4

référence : RAO K.S. *et al*, 1987

MIMOSA himalayana   *(Mimosaceae)*

origine : Inde
3,8 % huile/graine
acides gras (% poids) :

palmitique	21,2
stéarique	1,5
oléique	27,4
linoléique	48,2
arachidique	1,0
lignocérique	0,5

référence : AHMAD S. *et al*, 1987

MIMUSOPS commersonii   *(Sapotaceae)*

origine : Australie
9,1 % huile/graine
acides gras (% poids) :

myristique	0,1
palmitique	23,1
palmitoléique	0,1
heptadécanoïque	0,2
stéarique	7,7
oléique	56,0
linoléique	11,5
linolénique	0,1
arachidique	0,8
gondoïque	0,4

référence : VICKERY J.R., 1980

MIMUSOPS djave   *(Sapotaceae)*

origine : Afrique
67 % huile/amande
acides gras (% poids) :

palmitique	3,7 - 4,4
stéarique	35,4 - 36,0
oléique	57,4 - 58,5
linoléique	0,3 - 1,4
arachidique	0,5 - 2,1

références : MISRA G. *et al*, 1974
BANERJI R. *et al*, 1984

MIMUSOPS elengi   *(Sapotaceae)*

20 % huile/amande
acides gras (% poids) :

palmitique	11,0
stéarique	10,1
oléique	64,0
linoléique	14,5
arachidique	0,4

référence : MISRA G. *et al*, 1974

MIMUSOPS heckelii   *(Sapotaceae)*

origine : Côte d'Ivoire
50 % huile/amande
acides gras (% poids) :

palmitique	4,2
palmitoléique	0,7
stéarique	35,5
oléique	58,5
arachidique	1,1

référence : BANERJI R. *et al*, 1984

MIMUSOPS *(Sapotaceae)*

origine : Inde

	M.hexandra	**M.manilkara**
% huile/amande :	47	40
acides gras (% poids) :		
laurique	-	1,6
myristique	-	6,2
palmitique	19,0	12,6
stéarique	14,0	12,0
oléique	63,0	66,2
linoléique	3,0	1,4
arachidique	1,4	-

référence : MISRA G. *et al*, 1974

MIRABILIS jalapa *(Nyctagynaceae)*

nom commun : belle de nuit
origine : Inde
3-4,6 % huile/graine
3,8 % insaponifiable/huile
acides gras (% poids) :

palmitique	18,3 - 19,7
stéarique	0 - 2,3
oléique	49,2 - 55,3
linoléique	11,5 - 13,5
arachidique	14,9 - 15,3

références : DEVI Y.U. *et al*, 1983
PATEL R.G. *et al*, 1985

MOLDAVICA parviflora *(Lamiaceae)*

origine : Amérique du Nord
18-20 % huile/graine
acides gras (% poids) :

myristique	0 - 0,3
palmitique	5,8 - 6,5
palmitoléique	0 - 0,8
stéarique	2,6 - 2,9

oléique	7,8 - 11
linoléique	28,7 - 29
linolénique	50 - 53,3
arachidique	0 - 0,7
autres	0 - 1

références : COXWORTH E.C.M., 1965
HAGEMANN J.M. et al, 1967

MOLUCELLA *(Lamiaceae)*

origine : Etats-Unis

	M.laevis	**M.spinosa**
% huile/graine :	34	38
acides gras (% poids) :		
palmitique	5,6	7,1
stéarique	2,8	1,5
oléique	55	47
linoléique	26	33
linolénique	0,4	0,5
allène-non identifié	9	10
autres	1	1,3

référence : HAGEMANN J.M. et al, 1967

MOLLUGO hirta *(Ficoïdaceae)*

15 % huile/graine
acides gras (% poids) :

palmitique	17
stéarique	9
oléique	31
linoléique	43

référence : AHMAD M.S. et al, 1978

MOLTKIA *(Boraginaceae)*

	M.aurea	**M.coerulea**
% huile/graine :	10	10
acides gras (% poids) :		
palmitique	6	6
stéarique	3	3
oléique	16	20
linoléique	19	18
linolénique	36	35
γ-linolénique	10	11
stéaridonique	16	6

gondoïque	0,5	-
autres	3	0,6

référence : KLEIMAN R. *et al*, 1964

MOMORDICA balsamina *(Cucurbitaceae)*

origine : Sénégal
20 % huile/graine
acides gras (% poids) :

palmitique	13,6
stéarique	7,5
oléique	5,1
linoléique	6,5
punicique	50,6
α-éléostéarique	13,1
catalpique	2,0
ß-éléostéarique	1,1
autres	0,5

référence : GAYDOU E.M. *et al*, 1987

MOMORDICA charantia *(Cucurbitaceae)*

origine : Japon
35 % huile/graine
acides gras (% poids) :

palmitique	1,5
stéarique	17,4
oléique	14,6
linoléique	8,6
punicique	0,5
α-éléostéarique	56,2
ß-éléostéarique	0,3
arachidique	0,3
gondoïque	0,3

référence : TAKAGI T. *et al*, 1981

MOMORDICA cochinchinensis *(Cucurbitaceae)*

origine : Viet Nam
32,1 % huile/graine
1 % insaponifiable/huile
acides gras (% poids) :

palmitique	2,9
palmitoléique	0,3
stéarique	21,0
oléique	14,2

linoléique	7,9
punicique	53,6

référence : FRANZKE C. *et al*, 1971

MONARDA didyma   *(Lamiaceae)*

origine : Yougoslavie
25,5 % huile/graine
acides gras (% poids) :

palmitique	4,0
stéarique	1,5
oléique	8,8
linoléique	18,0
linolénique	67,7

référence : MARIN P.D. *et al*, 1991

MONARDA   *(Lamiaceae)*

origine : Etats-Unis

	M.fistulosa var.menthaefolia	M.punctata
% huile/graine :	36	31
acides gras (% poids) :		
palmitique	2,8	4,6
stéarique	1,6	4,9
oléique	8,7	7,7
linoléique	17	18
linolénique	70	65
autres	-	1,5

référence : HAGEMANN J.M. *et al*, 1967

MONODORA myristica   *(Annonaceae)*

origine : Zaïre
31 % huile/graine
acides gras (% poids) :

myristique	2,4
palmitique	5,6
palmitoléique	0,5
stéarique	4,0
oléique	31,2
linoléique	53,8
linolénique	1,6
arachidique	0,4
gondoïque	0,2
autres	0,3

référence : KABELE NGIEFU C. *et al*, 1976 b

MORICANDA arvensis *(Brassicaceae)*

origine : Maroc
32-38,7 % huile/graine
acides gras (% poids) :

palmitique	5,9 - 9
stéarique	1,9 - 3
oléique	8,9 - 12
linoléique	14,6 - 18
linolénique	27 - 30,1
arachidique	0 - 1
gondoïque	6,4 - 7
éicosadiénoïque	0 - 1
béhénique	0 - 0,9
érucique	20 - 28,3
autres	0,8 - 3,8

références : MILLER R.W. *et al*, 1965
KUMAR P.R. *et al*, 1978

MORICANDA *(Brassicaceae)*

	M.baetica	M.foetida
% huile/graine :	31	36
acides gras (% poids) :		
palmitique	5	8
stéarique	2	2
oléique	11	14
linoléique	14	21
linolénique	30	21
arachidique	0,8	1
gondoïque	6	9
éicosadiénoïque	0,8	0,9
béhénique	1	0,5
érucique	28	19
nervonique	0,8	-
autres	1,0	3,7

référence : MILLER R.W. *et al*, 1965

MORINGA concanensis *(Moringaceae)*

origine : Inde
38 % huile/graine
acides gras (% poids) :

myristique	0,1
palmitique	15,6
palmitoléique	3,9
heptadécanoïque	0,2
heptadécénoïque	0,1

stéarique	3,0
oléique	66,0
linoléique	1,7
arachidique	2,7
gondoïque	2,4
béhénique	4,3

référence : SENGUPTA A. *et al*, 1971

MORINGA hildebrantii   *(Moringaceae)*

origine : Madagascar
48,8 % huile/graine
4,6 % insaponifiable/huile
acides gras (% poids) :

myristique	0,3
palmitique	7,5
stéarique	7,5
oléique	79,4
linoléique	0,4
arachidique	2,6
gondoïque	1,0
béhénique	1,3

référence : BIANCHINI J.P. *et al*, 1981

MORINGA oleifera   *(Moringaceae)*

origine : Réunion
24 % huile/graine
acides gras (% poids) :

palmitique	6,2
palmitoléique	1,4
stéarique	5,7
oléique	70,0
linoléique	0,8
arachidique	3,9
gondoïque	2,1
béhénique	7,7

référence : GUERERE M. *et al*, 1985

MORINGA peregrina   *(Moringaceae)*

origine : Arabie Saoudite
54,3 % huile/graine
acides gras (% poids) :

palmitique	9,3
palmitoléique	2,4
stéarique	3,5

oléique	78,0
linoléique	0,6
linolénique	1,6
arachidique	1,8
béhénique	2,6

référence : SOMALI M.A. *et al*, 1984

MOSLA punctulata *(Lamiaceae)*

origine : Etats-Unis
29 % huile/graine
acides gras (% poids) :

palmitique	6,4
stéarique	2,3
oléique	8,5
linoléique	17
linolénique	65
autres	0,1

référence : HAGEMANN J.M. *et al*, 1967

MUCUNA flagellipes *(Fabaceae)*

origine : Nigeria
3,7 % huile/graine
acides gras (% poids) :

palmitique	23,0
stéarique	6,8
oléique	30,9
linoléique	37,5
linolénique	1,8

référence : GIRGIS P. *et al*, 1972

MUCUNA monosperma *(Fabaceae)*

origine : Inde
6,7 % huile/graine
acides gras (% poids) :

myristique	1,9
palmitique	16,4
stéarique	4,4
oléique	32,8
linoléique	40,9
arachidique	0,9
gondoïque	0,5
béhénique	2,0

référence : CHOWDHURY A.R. *et al*, 1986 a

MUCUNA pruriens   *(Fabaceae)*

origine : Zaïre, Inde
3,3-4,5 % huile/graine
13,6 % insaponifiable/huile
acides gras (% poids) :

myristique	0 - 1,3
palmitique	23,8 - 53,7
palmitoléique	0 - 1,0
stéarique	5,6 - 19,8
oléique	10,9 - 24,4
linoléique	10,2 - 46,6
linolénique	0 - 9,2
arachidique	0 - 2,6
béhénique	0 - 2,0
époxyoléique	0 - 1,3

références : KABELE NGIEFU C. *et al*, 1976 b
AHMAD M.U. *et al*, 1978
CHOWDHURY A.R. *et al*, 1986 a

MUCUNA solanei   *(Fabaceae)*

origine : Nigeria
6,5 % huile/graine
acides gras (% poids) :

palmitique	42,6
stéarique	2,6
oléique	32,6
linoléique	22,2

référence : AFOLABI O.A. *et al*, 1985

MUCUNA utilis   *(Fabaceae)*

origine : Réunion
3,4 % huile/graine
acides gras (% poids) :

myristique	0,2
palmitique	19,7
palmitoléique	0,5
stéarique	7,3
oléique	11,2
linoléique	43,7
linolénique	5,0
arachidique	1,4
gondoïque	0,3
béhénique	4,3
érucique	1,9
lignocérique	1,2

référence : GUERERE M. *et al*, 1985

MUKIA maderaspatama   (*Cucurbitaceae*)

origine : Australie
13,9 % huile/graine
acides gras (% poids) :

palmitique	14,1
palmitoléique	0,3
stéarique	11,2
oléique	12,9
linoléique	54,1
linolénique	5,8
arachidique	0,7
gondoïque	0,2
béhénique	0,2
érucique	0,2
autres	0,2

référence : RAO K.S. *et al*, 1992 a

MUNTINGIA calabura   (*Tiliaceae*)

origine : Inde
5 % huile/graine
acides gras (% poids) :

caprique	2,4
laurique	1,4
myristique	1,9
palmitique	19,1
stéarique	10,0
oléique	18,6
linoléique	44,1
arachidique	1,4
béhénique	1,1

référence : DAULATABAD C.D. *et al*, 1982 b

MURICARIA prostata   (*Brassicaceae*)

origine : Algérie
33,6 % huile/graine
acides gras (% poids) :

palmitique	9,7
stéarique	3,0
oléique	23,6
linoléique	15,6
linolénique	18,6
gondoïque	10,4
érucique	19,1

référence : KUMAR P.R. *et al*, 1978

MURRAYA koenigii   *(Rutaceae)*

origine : Inde
4,4 % huile/graine
4,2 % insaponifiable/huile
acides gras (% poids) :

palmitique	17,9
stéarique	8,6
oléique	33,8
linoléique	39,7

référence : HEMAVATHY J., 1991

MYOSOTIS arvensis   *(Boraginaceae)*

nom commun : myosotis
origine : Canada
32 % huile/graine
acides gras (% poids) :

palmitique	9,1
palmitoléique	0,3
stéarique	2,8
oléique	28,8
linoléique	27,4
linolénique	8,6
γ-linolénique	6,9
stéaridonique	6,7
gondoïque	5,0
érucique	4,4

référence : CRAIG B.M. *et al*, 1964

MYOSOTIS sylvatica   *(Boraginaceae)*

nom commun : myosotis
43 % huile/graine
acides gras (% poids) :

palmitique	8
stéarique	2
oléique	27
linoléique	26
linolénique	13
γ-linolénique	5
stéaridonique	12
gondoïque	5
érucique	3
autres	0,2

référence : KLEIMAN R. *et al*, 1964

MYRIANTHUS   *(Moraceae)*

origine : Côte d'Ivoire

	M.arboreus	**M.libericus**	**M.serratus**
% huile/amande :	45	39	30
acides gras (% poids) :			
palmitique	1,2	1,2	2,4
stéarique	-	1,5	2,6
oléique	4,7	7,7	20,7
linoléique	93,5	89,2	74,0

référence : UCCIANI E. *et al*, 1963 a

MYRICA carolinensis   *(Myricaceae)*

29 % graisse/baie
acides gras (% poids) :

myristique	21,5
palmitique	77,5
stéarique	1

référence : HARLOW R.D. *et al*, 1965

MYRICA   *(Myricaceae)*

origine : Amérique

	M.cerifera	**M.cordifolia**
% graisse/baie :	20	20
acides gras (% poids) :		
laurique	-	0,3
myristique	33	47,0
palmitique	45	51,8
stéarique	-	0,3
oléique	22	0,6

référence : BANERJI R. *et al*, 1984

MYRISTICA attenuata   *(Myristicaceae)*

origine : Inde
41,2 % huile/amande
acides gras (% poids) :

laurique	0,3
myristique	66,0
palmitique	8,3
palmitoléique	0,3
stéarique	1,9

oléique	20,6
linoléique	1,3
linolénique	0,2
arachidique	1,1

référence : Sreenivasan B., 1968

MYRISTICA cinnamomea   *(Myristicaceae)*

origine : Malaisie
10,5 % huile/graine
acides gras (% poids) :

laurique	0,6
myristique	74,4
palmitique	8,7
palmitoléique	0,4
stéarique	0,6
oléique	10,0
linoléique	4,6
linolénique	0,4
gondoïque	0,3

référence : Shukla V.K.S. *et al*, 1993

MYRISTICA fragrans   *(Myristicaceae)*

nom commun : noix muscade
origine : Inde
40 % huile/amande
acides gras (% poids) :

laurique	0,4
myristique	71,8
palmitique	14,3
palmitoléique	4,8
stéarique	1,2
oléique	5,2
linoléique	1,5

référence : Banerji R. *et al*, 1984

MYRISTICA   *(Myristicaceae)*

origine : Inde

	M.kanarica	M.magnifica
% huile/amande :	58	27
acides gras (% poids) :		
caprique	1,2	-
laurique	34,0	0,7
myristique	58,1	54,2

myristoléique	0,6	-
palmitique	2,7	11,6
palmitoléique	0,1	0,2
stéarique	0,3	2,2
oléique	2,1	28,4
linoléique	0,6	1,4
arachidique	-	1,1
autres	0,4	-

référence : SREENIVASAN B., 1968

MYRISTICA malabarica *(Myristicaceae)*

origine : Inde
41 % huile/amande
acides gras (% poids) :

myristique	39,2
palmitique	13,3
stéarique	2,4
oléique	44,1
linoléique	1,0

référence : BANERJI R. *et al*, 1984

MYROXYLON toluiferum *(Fabaceae)*

origine : Singapour
29 % huile/graine
acides gras (% poids) :

palmitique	11
stéarique	7
oléique	59
linoléique	8
béhénique	9

référence : GUNSTONE F.D. *et al*, 1972

MYRRHIS odorata *(Apiaceae)*

origine : Yougoslavie
12,6 % huile/graine
acides gras (% poids) :

palmitique	3,7
stéarique	0,8
oléique	5,3
pétrosélinique	73,2
linoléique	16,0
linolénique	0,1
autres	0,8

référence : KLEIMAN R. *et al*, 1982

MYRRHOIDES nodosa *(Apiaceae)*

origine : Yougoslavie
8,3 % huile/graine
acides gras (% poids) :

palmitique	12,1
stéarique	1,4
oléique	26,0
pétrosélinique	1,0
linoléique	59,3
autres	0,1

référence : KLEIMAN R. *et al*, 1982

MYRTUS communis *(Myrtaceae)*

nom commun : myrte
origine : Inde
15,4 % huile/baie
acides gras (% poids) :

laurique	1,4
myristique	1,1
palmitique	23,9
stéarique	2,8
oléique	14,3
linoléique	47,6
linolénique	8,9

référence : ASIF M. *et al*, 1979

NASTURTIOPSIS arabica *(Brassicaceae)*

33 % huile/graine
acides gras (% poids) :

palmitique	11
stéarique	4
oléique	17
linoléique	22
linolénique	27
arachidique	2
gondoïque	6
éicosadiénoïque	0,9
érucique	9
autres	1,3

référence : MILLER R.W. *et al*, 1965

NASTURTIUM officinale *(Brassicaceae)*

nom commun : cresson
origine : Etats-Unis, Algérie

28-31,4 % huile/graine
acides gras (% poids) :

palmitique	9,0
stéarique	1,4 - 2
oléique	31,3 - 34
linoléique	22,7 - 23
linolénique	0,5 - 1,7
arachidique	0 - 1
gondoïque	11 - 11,3
béhénique	0 - 0,5
érucique	18 - 21,9

références : MIKOLAJCZAK K.L. et al, 1961
KUMAR P.R. et al, 1978

NEODYPSIS decaryi   *(Arecaceae)*

origine : Madagascar
46 % huile/amande
acides gras (% poids) :

caprylique	0,4
caprique	1,2
laurique	49,6
myristique	18,7
palmitique	9,9
stéarique	1,0
oléique	11,5
linoléique	7,7

référence : RABARISOA I. et al, 1993

NEODYPSIS lastelliana   *(Arecaceae)*

origine : Madagascar

acides gras (% poids) :

	pulpe	amande
caprylique	-	1,6
laurique	0,4	0,3
myristique	1,1	0,9
palmitique	29,3	44,3
stéarique	7,9	7,8
oléique	32,8	17,3
linoléique	7,4	13,6
linolénique	1,4	1,4
autres	19,7	12,8

référence : RABARISOA I. et al, 1993

NEPETA   *(Lamiaceae)*

origine : Etats-Unis

	N.cataria	N.congesta
% huile/graine :	21	17
acides gras (% poids) :		
palmitique	6	5,4
stéarique	2	1,6
oléique	10	10
linoléique	20	19
linolénique	60	64
allène-non identifié	1,2	-
autres	1,3	0,2

référence : HAGEMANN J.M. *et al*, 1967

NEPETA   *(Lamiaceae)*

rigine : Yougoslavie

	N.distans	N.ernest-mayeri
% huile/graine :	21,6	8,5
acides gras (% poids) :		
palmitique	3,6	4,9
stéarique	1,2	1,6
oléique	8,7	15,3
linoléique	22,5	19,5
linolénique	64,0	58,7

référence : MARIN P.D. *et al*, 1991

NEPETA glomerulosa   *(Lamiaceae)*

origine : Etats-Unis
20 % huile/graine
acides gras (% poids) :

palmitique	7,8
stéarique	7,7
oléique	11
linoléique	17
linolénique	61
autres	0,3

référence : HAGEMANN J.M. *et al*, 1967

NEPETA grandiflora   *(Lamiaceae)*

origine : Yougoslavie
17,7 % huile/graine
acides gras (% poids) :

palmitique	4,0
stéarique	1,5
oléique	10,5
linoléique	20,9
linolénique	63,1

référence : Marin P.D. *et al*, 1991

NEPETA italica   *(Lamiaceae)*

origine : Etats-Unis, Yougoslavie
22-24,5 % huile/graine
acides gras (% poids) :

palmitique	4,7 - 4,9
stéarique	1,1 - 2,3
oléique	10 - 13,6
linoléique	20,4 - 23
linolénique	59 - 60,2
autres	0 - 0,7

références : Hagemann J.M. et al, 1967
Marin P.D. *et al*, 1991

NEPETA latifolia   *(Lamiaceae)*

origine : Etats-Unis
17 % huile/graine
acides gras (% poids) :

palmitique	5,2
stéarique	1,6
oléique	11
linoléique	20
linolénique	61
autres	0,9

référence : Hagemann J.M. *et al*, 1967

NEPETA mussinii   *(Lamiaceae)*

origine : Etats Unis, Yougoslavie
16,2-25 % huile/graine
acides gras (% poids) :

palmitique	4,7 - 6,1
stéarique	1,7 - 2,2
oléique	9,2 - 14,0
linoléique	21 - 37,5
linolénique	40,7 - 61
autres	0 - 1,2

références : Hagemann J.M. *et al*, 1967
Marin P.D. *et al*, 1991

NEPETA   *(Lamiaceae)*

origine : Etats-Unis

	N.nepetella	N.nuda	N.pannonica
% huile/graine :	27	23	22
acides gras (% poids) :			
palmitique	6,6	5,3	5,0
stéarique	2,8	2,5	2,0
oléique	10	11	11
linoléique	22	18	22
linolénique	58	62	58
autres	0,7	1,1	2,7

référence : HAGEMANN J.M. *et al*, 1967

NEPETA rtanjensis   *(Lamiaceae)*

origine : Yougoslavie
8,7 % huile/graine
acides gras (% poids) :

palmitique	5,7
stéarique	1,5
oléique	10,7
linoléique	20,1
linolénique	62,0

référence : MARIN P.D. *et al*, 1991

NEPETA   *(Lamiaceae)*

origine : Etats-Unis

	N.spicata	N.tmolea	N.tuberosa
% huile/graine :	41	29	19
acides gras (% poids) :			
palmitique	5,0	5,3	5,6
stéarique	3,2	3,0	2,1
oléique	11	8,5	8,7
linoléique	17	18	13
linolénique	64	64	68
autres	0,1	1,0	3,4

référence : HAGEMANN J.M. *et al*, 1967

NEPETA ucranica   *(Lamiaceae)*

origine : Yougoslavie
12,6 % huile/graine
acides gras (% poids) :

palmitique	4,1
stéarique	1,4
oléique	11,5
linoléique	25,4
linolénique	57,6

référence : MARIN P.D. *et al*, 1991

NEPHELIUM daedaleum *(Sapindaceae)*

origine : Malaisie
10,2 % huile/graine :
acides gras (% poids) :

palmitique	3,7
stéarique	5,2
oléique	38,3
linoléique	4,3
linolénique	0,6
arachidique	34,0
gondoïque	7,8
béhénique	4,3
érucique	0,7
lignocérique	1,1

référence : SHUKLA V.K.S. *et al*, 1993

NEPHELIUM lappaceum *(Sapindaceae)*

origine : Inde
37 % huile/graine
acides gras (% poids) :

palmitique	2,0
stéarique	13,8
oléique	45,3
arachidique	34,7
gondoïque	4,2

référence : BANERJI R. *et al*, 1984

NEPHELIUM maingayi *(Sapindaceae)*

origine : Malaisie
43,8 % huile/graine
acides gras (% poids) :

palmitique	3,3
palmitoléique	0,2
stéarique	5,0
oléique	36,6
asclépique	0,9
linoléique	0,5

linolénique	0,2
arachidique	37,2
gondoïque	11,1
(13Z) - éicosénoïque	0,5
béhénique	3,0
érucique	1,3
lignocérique	0,2

référence : SHUKLA V.K.S. *et al*, 1993

NEPHELIUM mutabile   *(Sapindaceae)*

origine : Inde
65 % huile/graine
acides gras (% poids) :

palmitique	3,0
stéarique	31,0
oléique	43,7
arachidique	22,3

référence : BANERJI R. *et al*, 1984

NEPHELIUM ramboutan-ake   *(Sapindaceae)*

origine : Malaisie
74,7 % huile/graine
acides gras (% poids) :

palmitique	4,3
palmitoléique	0,2
stéarique	17,2
oléique	38,1
asclépique	1,0
linoléique	0,6
arachidique	33,2
gondoïque	3,7
(13Z) - éicosénoïque	0,3
béhénique	1,2
érucique	0,2

référence : SHUKLA V.K.S. *et al*, 1993

NERISYRENIA camporum   *(Brassicaceae)*

38 % huile/graine
acides gras (% poids) :

palmitique	6
palmitoléique	0,4
stéarique	3
oléique	21
linoléique	24

linolénique	21
arachidique	2
gondoïque	19
éicosadiénoïque	2

référence : Mikolajczak K.L. *et al*, 1961

NERIUM   *(Apocynaceae)*

nom commun : laurier rose

	N.indicum	**N.oleander**
% huile/graine :	26,1	29,4
acides gras (% poids) :		
palmitique	9,2	9,3
palmitoléique	0,1	0,1
stéarique	5,6	4,7
oléique	22,0	24,8
linoléique	51,7	47,1
linolénique	0,2	1,3
isoricinoléique	7,7	10,6
autres	3,5	2,1

référence : Powell R.G. *et al*, 1969

NESAEA salicifolia   *(Lythraceae)*

origine : France
15,9 % huile/graine
acides gras (% poids) :

palmitique	11,9
stéarique	3,1
oléique	7,1
asclépique	1,2
linoléique	74,3
linolénique	1,0
arachidique	1,0
béhénique	0,1
lignocérique	0,1

référence : Ucciani E. *et al*, 1988

NESLIA paniculata   *(Brassicaceae)*

47 % huile/graine
acides gras (% poids) :

palmitique	7
stéarique	3
oléique	15

linoléique	12
linolénique	29
arachidique	2
gondoïque	23
érucique	7
autres	1

référence : MILLER R.W. *et al*, 1965

NESOGORDONIA   *(Sterculiaceae)*

origine : Madagascar

	1	2	3	4	5	6
% huile/graine :	2,7	14,7	4,4	22,4	2,1	1,2
ac.gras (% poids) :						
myristique	-	0,4	1,6	0,3	0,2	0,6
palmitique	27,5	19,6	28,1	25,5	18,5	13,4
palmitoléique	2,5	0,7	3,3	0,6	0,5	0,6
heptadécénoïque	0,8	2,6	-	0,4	0,9	2,3
stéarique	2,9	2,3	2,0	2,6	2,8	4,6
oléique	23,3	19,6	16,1	13,1	8,5	6,1
linoléique	25,7	20,6	21,6	20,8	5,7	8,6
linolénique	1,1	0,9	2,5	1,1	2,0	2,5
asclépique ⎫ dihydromalvalique ⎭	0,6	2,0	1,8	2,2	5,5	1,5
malvalique	2,8	19,3	8,7	18,8	23,9	29,9
dihydrosterculique	0,6	0,6	1,9	2,0	2,8	3,2
sterculique	5,4	6,3	3,2	5,0	24,8	20,8
autres	6,8	4,4	5,4	6,3	3,9	5,9

1 = NESOGORDONIA crassipes   **4 = NESOGORDONIA pachynema**
2 = NESOGORDONIA macrophylla   **5 = NESOGORDONIA routak**
3 = NESOGORDONIA normandii   **6 = NESOGORDONIA thouarsii**

référence : GAYDOU E.M. *et al*, 1993

NICOTIANA tabacum   *(Solanaceae)*

nom commun : tabac
origine : Turquie, Italie
37 - 47,5 % huile/graine
1,5 % insaponifiable/huile
acides gras (% poids) :

palmitique	8,8 - 9,2
palmitoléique	0 - 0,1
heptadécanoïque	0 - 0,1
stéarique	0 - 2,5
oléique	9,5 - 13,7
linoléique	75,3 - 76,2
linolénique	1,4 - 1,6

arachidique	0 - 0,2
béhénique	0 - 0,2

références : YAZICIOGLU T. et al, 1983
FREGA N. et al, 1991

NIGELLA damascena   *(Ranunculaceae)*

origine : Japon
37,8 % huile/graine
acides gras (% poids) :

myristique	0,3
palmitique	13,3
palmitoléique	0,1
stéarique	2,5
oléique	31,4
asclépique	0,7
linoléique	47,2
linolénique	0,2
arachidique	0,1
gondoïque	0,4
éicosadiénoïque	3,3

référence : TAKAGI T. et al, 1983

NIGELLA sativa   *(Ranunculaceae)*

nom commun : nigelle cultivée
origine : Turquie
29 % huile/graine
acides gras (% poids) :

myristique	0,4
palmitique	13,0
stéarique	2,0
oléique	22,5
linoléique	61,6
linolénique	0,1
arachidique	0,2
béhénique	0,2

référence : USTUN G. et al, 1990

NONNEA macrosperma   *(Boraginaceae)*

36 % huile/graine
acides gras (% poids) :

palmitique	7,0
palmitoléique	0,1
stéarique	2,2
oléique	24,7

linoléique	34,4
linolénique	9,0
γ - linolénique	13,1
autres	8,8

référence : Wolf R.B. *et al*, 1983 b

NONNEA pulla   *(Boraginaceae)*

origine : Etats-Unis
34 % huile/graine
acides gras (% poids) :

palmitique	8
stéarique	3
oléique	23
linoléique	35
linolénique	11
γ - linolénique	12
stéaridonique	2
gondoïque	3
érucique	0,7
autres	0,4

référence : Miller R.W. *et al*, 1968

NYSSA   *(Nyssaceae)*

origine : Etats-Unis

	N.aquatica	**N.ogeche**
% huile/graine :	5,6	8,3
acides gras (% poids) :		
palmitique	8,7	8,6
stéarique	3,3	3,6
oléique	12	13
linoléique	36	36
linolénique	38	39
autres	2	0,6

référence : Kleiman R. *et al*, 1982

OCHNA artopurpurea   *(Ochnaceae)*

origine : Inde
17 % huile/graine
acides gras (% poids) :

palmitique	34,1
palmitoléique	25,6
stéarique	0,4

oléique	20,3
linoléique	19,6

référence : AHMAD M.S. *et al*, 1982

OCHNA squarrosa   *(Ochnaceae)*

origine : Inde
23,5 % huile/graine
acides gras (% poids) :

palmitique	73,5
stéarique	1,5
oléique	14,1
linoléique	10,9

référence : ALI M.L. *et al*, 1980

OCIMUM americanum   *(Lamiaceae)*

origine : Etats-Unis
18 % huile/graine
acides gras (% poids) :

palmitique	6,2
stéarique	3,1
oléique	15
linoléique	17
linolénique	58
autres	0,9

référence : HAGEMANN J.M. *et al*, 1967

OCIMUM   *(Lamiaceae)*

origine : Etats-Unis, Yougoslavie

	O.basilicum	O.sanctum
% huile/graine :	21,1 - 24	16 - 65,2
acides gras (% poids) :		
palmitique	7,4	6,9 - 7,0
stéarique	2,5 - 2,9	2,1 - 2,6
oléique	9,1 - 9,2	7,5
linoléique	21,9 - 25	22,2 - 29
linolénique	56 - 59,1	54 - 61,2
autres	0 - 0,3	0 - 0,7

références : HAGEMANN J.M. *et al*, 1967
MARIN P.D. *et al*, 1991

OCIMUM selloi   *(Lamiaceae)*

origine : Etats-Unis
28 % huile/graine
acides gras (% poids) :

palmitique	7,3
stéarique	2,9
oléique	12
linoléique	33
linolénique	44
autres	0,2

référence : HAGEMANN J.M. *et al*, 1967

OENANTHE   *(Apiaceae)*

	1	2	3	4	5
origine :	Yougosl.	Uruguay	Espagne	Yougosl.	Turquie
% huile/graine :	22,8	8,8	22,1	11,6	11,7
ac.gras (% poids) :					
palmitique	3,5	4,9	4,1	4,3	4,3
stéarique	0,8	0,5	0,5	0,5	0,8
oléique	8,9	4,4	7,5	6,3	22,7
pétrosélinique	59,0	74,3	68,4	72,6	32,8
linoléique	27,1	13,5	19,0	16,0	38,2
linolénique	0,4	0,9	0,1	-	0,7
autres	-	0,5	0,1	0,2	0,5

1 = OENANTHE aquatica   **4 = OENANTHE pimpinelloides**
2 = OENANTHE globulosa   **5 = OENANTHE silaifolia**
3 = OENANTHE lachenalii

référence : KLEIMAN R. *et al*, 1982

OENOTHERA affinis   *(Onagraceae)*

acides gras (% poids) :

palmitique	11,6
palmitoléique	0,4
stéarique	3,2
oléique	13,3
linoléique	67,6
linolénique	2,4
γ - linolénique	0,7
arachidique	0,4
gondoïque	0,4

référence : PINA M. *et al*, 1984

OENOTHERA agrillicola   *(Onagraceae)*

25 % huile/graine
acides gras (% poids) :

palmitique	6,2
palmitoléique	0,2
stéarique	2,5
oléique	13,9
linoléique	69,4
linolénique	0,1
γ - linolénique	6,7
arachidique	0,2
gondoïque	0,4

référence : WOLF R.B. *et al*, 1983 b

OENOTHERA   *(Onagraceae)*

acides gras (% poids) :

	O.ammophila	O.atrovirens
palmitique	6,0	7,3
palmitoléique	0,2	0,1
stéarique	2,4	1,5
oléique	10,4	5,5
linoléique	73,0	76,0
linolénique	-	0,2
γ - linolénique	7,6	9,1
arachidique	-	0,2
gondoïque	0,4	-

référence : PINA M. *et al*, 1984

OENOTHERA biennis   *(Onagraceae)*

nom commun : onagre
24,6 % huile/graine
acides gras (% poids) :

palmitique	6,1 - 7
palmitoléique	0 - 0,1
stéarique	1,6 - 2
oléique	9 - 11,5
linoléique	71,7 - 72
linolénique	0 - 0,2
γ - linolénique	8,3 - 10
arachidique	0,2 - 0,3
gondoïque	0,1 - 0,2

références : WOLF R.B. *et al*, 1983 b
PINA M. *et al*, 1984

OENOTHERA brevipes   *(Onagraceae)*

18,9 % huile/graine
acides gras (% poids) :

palmitique	8,7
palmitoléique	0,2
stéarique	2,4
oléique	7,1
linoléique	78,2
linolénique	0,1
arachidique	0,2
gondoïque	0,1

référence : WOLF R.B. *et al*, 1983 b

OENOTHERA cardiophylla   *(Onagraceae)*

35,6 % huile/graine
acides gras (% poids) :

palmitique	11,2 - 11,6
palmitoléique	0,1
stéarique	2,2
oléique	5,8 - 6,4
linoléique	77,7 - 80,0
linolénique	0,1 - 0,2
arachidique	0,1 - 0,3
gondoïque	0 - 0,1

références : WOLF R.B. *et al*, 1983 b
PINA M. *et al*, 1984

OENOTHERA   *(Onagraceae)*

	O.clavaeformis	O.depressa
% huile/graine :	34,6	26,3
acides gras (% poids) :		
palmitique	9,4	7,3
palmitoléique	0,1	0,1
stéarique	1,5	2,0
oléique	4,6	8,2
linoléique	84,1	69,8
linolénique	0,1	0,2
γ - linolénique	-	6,3
arachidique	0,1	0,3
autres	-	4,8

référence : WOLF R.B. *et al*, 1983 b

OENOTHERA drumondii   *(Onagraceae)*

29,1 % huile/graine
acides gras (% poids) :

palmitique	10,8 - 16,1
palmitoléique	0,1
stéarique	2,0 - 2,8
oléique	5,3 - 10,4
linoléique	71,4 - 76,2
linolénique	0 - 0,1
γ - linolénique	0,5 - 4,1
arachidique	0 - 0,1

référence : WOLF R.B. *et al*, 1983 b
PINA M. *et al*, 1984

OENOTHERA elata   *(Onagraceae)*

24 % huile/graine
acides gras (% poids) :

palmitique	5,9
palmitoléique	0,1
stéarique	2,5
oléique	10,4
linoléique	73,3
linolénique	0,4
γ - linolénique	6,7
arachidique	0,2
gondoïque	0,2

référence : WOLF R.B. *et al*, 1983 b

OENOTHERA   *(Onagraceae)*

ac.gras (% poids) :

	1	2	3	4	5	6	7
palmitique	6,3	6,8	10,6	8,0	14,3	9,8	6,9
palmitoléique	0,2	0,2	0,8	0,1	0,9	0,3	0,2
stéarique	1,0	1,7	4,5	1,4	5,2	1,8	1,6
oléique	7,0	7,6	12,5	3,2	13,9	6,4	10,5
linoléique	77,2	74,2	64,2	77,4	62,4	69,0	71,8
linolénique	0,2	0,2	0,6	0,3	0,6	0,8	0,2
γ - linolénique	7,5	8,7	6,2	9,4	1,5	11,6	8,4
arachidique	0,3	-	0,4	0,1	0,8	0,3	0,3
gondoïque	0,2	-	0,2	0,1	0,4	-	0,1

1 = OENOTHERA ersteinensis   **5 = OENOTHERA glauca**
2 = OENOTHERA fallax   **6 = OENOTHERA grandiflora**
3 = OENOTHERA fraserii   **7 = OENOTHERA hoelsheri**
4 = OENOTHERA fruticosa

référence : PINA M. *et al*, 1984

OENOTHERA hookeri   *(Onagraceae)*

24 % huile/graine
acides gras (% poids) :

palmitique	6,3
palmitoléique	0,1
stéarique	2,4
oléique	9,3
linoléique	74,0
linolénique	0,2
γ - linolénique	7,0
arachidique	0,4
gondoïque	0,1

référence : WOLF R.B. *et al*, 1983 b

OENOTHERA   *(Onagraceae)*

acides gras (% poids) :

	O.indecora	O.isleri
palmitique	11,8	9,7
palmitoléique	0,2	0,3
stéarique	3,5	2,5
oléique	8,6	10,2
linoléique	74,7	69,1
linolénique	0,1	0,1
γ - linolénique	1,0	7,9
arachidique	0,1	0,2

référence : PINA M. *et al, 1984*

OENOTHERA laciniata   *(Onagraceae)*

18,5 % huile/graine
acides gras (% poids) :

palmitique	7,1
palmitoléique	0,1
stéarique	2,4
oléique	7,6
linoléique	77,4
linolénique	0,1
γ - linolénique	3,9
arachidique	0,2
gondoïque	0,1

référence : WOLF R.B. *et al*, 1983 b

OENOTHERA lamarckiana   *(Onagraceae)*

28,3 % huile/graine
acides gras (% poids) :

palmitique	5,6 - 9,2
palmitoléique	0,1
stéarique	1,6 - 2,1
oléique	11,2 - 12,3
linoléique	62,2 - 71,9
linolénique	0,2
γ - linolénique	8,2 - 9,0
arachidique	0,4
gondoïque	0 - 0,2

références : WOLF R.B. *et al*, 1983 b
PINA M. *et al*, 1984

OENOTHERA leptocarpa   *(Onagraceae)*

28,5 % huile/graine
acides gras (% poids) :

palmitique	7,9
palmitoléique	tr
stéarique	2,4
oléique	6,5
linoléique	82,8
linolénique	0,4
arachidique	tr

référence : WOLF R.B. *et al*, 1983 b

OENOTHERA   *(Onagraceae)*

acides gras (% poids) :

	O.lipsiensis	O.macrocarpa
palmitique	10,3	7,3
palmitoléique	0,1	0,2
stéarique	3,3	1,7
oléique	8,1	12,0
linoléique	71,2	70,0
linolénique	-	0,2
γ - linolénique	6,7	8,5
arachidique	0,2	0,2
gondoïque	0,1	-

référence : PINA M. *et al*, 1984

OENOTHERA missouriensis   *(Onagraceae)*

20,8 % huile/graine
acides gras (% poids) :

palmitique	5,3 - 6,5
palmitoléique	0,1 - 0,3
stéarique	2,5 - 3,0
oléique	10,7 - 16,3
linoléique	71,5 - 80,8
linolénique	0,1 - 0,2
arachidique	0,3 - 0,6
gondoïque	0,1 - 0,2

références : WOLF R.B. *et al*, 1983 b
PINA M. et al, 1984

OENOTHERA nocturna   *(Onagraceae)*

acides gras (% poids) :

palmitique	7,5
palmitoléique	0,4
stéarique	3,2
oléique	6,1
linoléique	78,3
linolénique	0,2
γ - linolénique	4,2
arachidique	0,1

référence : PINA M. *et al*, 1984

OENOTHERA   *(Onagraceae)*

	O.odorata	**O.parviflora**
% huile/graine :	28,8	26,2

acides gras (% poids) :

palmitique	10,8 - 12,0	5,4 - 6,6
palmitoléique	0,1 - 0,6	0,1 - 0,2
stéarique	3,1 - 3,7	1,6 - 2,7
oléique	8,6 - 10,9	11,2 - 11,9
linoléique	70,5 - 72,5	70,9 - 71,9
linolénique	0,1 - 0,6	0,3
arachidique	0,3 - 0,6	0,3 - 0,6
gondoïque	0,2	0,2 - 0,4

références : WOLF R.B. *et al*, 1983 b
PINA M. *et al*, 1984

OENOTHERA pumila   *(Onagraceae)*

acides gras (% poids) :

palmitique	10,1
palmitoléique	0,3
stéarique	3,2
oléique	6,9
linoléique	74,4
linolénique	0,3
γ - linolénique	4,7
arachidique	0,1

référence : PINA M. *et al*, 1984

OENOTHERA rhombipetala   *(Onagraceae)*

30,7 % huile/graine
acides gras (% poids) :

palmitique	7,6
palmitoléique	0,1
stéarique	2,3
oléique	8,2
linoléique	75,0
linolénique	0,1
γ - linolénique	6,1
arachidique	0,2
gondoïque	0,1

référence : WOLF R.B. *et al*, 1983 b

OENOTHERA rosea   *(Onagraceae)*

31,9 % huile/graine
acides gras (% poids) :

palmitique	10,2 - 13,1
palmitoléique	0,1 - 0,2
stéarique	2,8 - 4,2
oléique	4,2 - 7,7
linoléique	72,2 - 77,9
linolénique	0,4 - 1,0
arachidique	0,2 - 0,3
gondoïque	0,2

références : WOLF R.B. *et al*, 1983 b
PINA M. *et al*, 1984

OENOTHERA rubrinervis   *(Onagraceae)*

acides gras (% poids) :

palmitique	7,2
palmitoléique	0,1
stéarique	1,6
oléique	10,7
linoléique	72,3
linolénique	0,2
γ - linolénique	7,8
arachidique	0,1

référence : PINA M.*et al*, 1984

OENOTHERA serrulata   *(Onagraceae)*

22 % huile/graine
acides gras (% poids) :

palmitique	10,2
palmitoléique	0,2
stéarique	3.7
oléique	11,1
linoléique	68.3
linolénique	0,2
γ - linolénique	1,2
arachidique	0,5
gondoïque	0,1

référence : WOLF R.B. *et al*, 1983 b

OENOTHERA stricta   *(Onagraceae)*

30,7 % huile/graine
acides gras (% poids) :

palmitique	9,8 - 10,4
palmitoléique	0,1
stéarique	2,6 - 2,8
oléique	7,1 - 8,7
linoléique	75,8 - 76,9
linolénique	0,3
γ - linolénique	1,9 - 2,3
arachidique	0,2 - 0,3
gondoïque	0,1 - 0,2

références : WOLF R.B. *et al*, 1983 b
PINA M. *et al*, 1984

OENOTHERA strigosa   *(Onagraceae)*

29 % huile/graine
acides gras (% poids) :

palmitique	5,8
palmitoléique	0,1

stéarique	2,6
oléique	10,6
linoléique	72,6
linolénique	0,2
γ - linolénique	7,0
arachidique	0,4
gondoïque	0,2

référence : WOLF R.B. *et al*, 1983 b

OENOTHERA tetragona   *(Onagraceae)*

30,8 % huile/graine
acides gras (% poids) :

palmitique	6,8
palmitoléique	0,1 - 0,2
stéarique	2,3 - 2,9
oléique	6,6 - 7,0
linoléique	73,9 - 76,5
linolénique	0,3 - 0,5
γ - linolénique	5,8 - 5,9
arachidique	0,2
gondoïque	0,1

références : WOLF R.B. *et al*, 1983 b
PINA M. *et al*, 1984

OENOTHERA   *(Onagraceae)*

	O.tetraptera	O.triloba	O.versicolor
acides gras (% poids) :			
palmitique	12,0	7,5	7,4
palmitoléique	0,2	0,4	0,3
stéarique	2,2	2,9	2,9
oléique	5,9	5,0	6,3
linoléique	79,3	83,8	79,6
linolénique	0,3	0,2	0,3
γ - linolénique	-	-	2,9
arachidique	0,1	0,1	0,2
gondoïque	-	-	0,1

référence : PINA M. *et al*, 1984

OLEA europea   *(Oleaceae)*

nom commun : olive
origine : France, Turquie
acides gras (% poids) :

palmitique	7,4 - 14,3
palmitoléique	0,9 - 3,0

stéarique	3,5 - 4,8
oléique	63,3 - 81,5
linoléique	5,1 - 15,5
arachidique	1,2 - 2,6

références : Cas M. *et al,* 1971
Yazicioglu T. *et al,* 1983

OMPHALOCARPUM mortehanii   *(Sapotaceae)*

origine : Zaïre
29,3 % huile/graine
acides gras (% poids) :

myristique	0,4
palmitique	17,3
stéarique	8,5
oléique	45,1
linoléique	25,7
linolénique	1,2
arachidique	1,8

référence : Kabele Ngiefu C. *et al,* 1976 b

ONCOSPERMA tigillarium   *(Arecaceae)*

origine : Singapour
5 % huile/graine
acides gras (% poids) :

laurique	44
myristique	30
palmitique	9
stéarique	2
oléique	10
linoléique	4
autres	1

référence : Gunstone F.D. *et al,* 1972

ONGOKEA gore   *(Olacaceae)*

nom commun : isano
acides gras (% poids) :

palmitique	1,5
palmitoléique	0,2
stéarique	1,2
oléique	13,3
linoléique	0,3
linolénique	3,5
9,11 - octadécadiynoïque	9,7
isanique	45,6

arachidique	0,2
gondoïque	0,2
8 - céto - isanique	2,6

référence : MILLER R.W. *et al*, 1977

ONOPORDON acanthium   *(Asteraceae)*

origine : Argentine
21,1 % huile/graine
5 % insaponifiable/huile
acides gras (% poids) :

myristique	0,1
palmitique	5,8
stéarique	1,8
oléique	20,4
linoléique	71,9

référence : NOLASCO S.N. *et al*, 1987

ONOSMA   *(Boraginaceae)*

origine : Etats-Unis

	O.auriculatum	O.cinerea
% huile/graine :	20	29
acides gras (% poids) :		
palmitique	7	8
stéarique	3	2
oléique	28	19
linoléique	23	27
linolénique	29	25
γ - linolénique	6	12
stéaridonique	4	7
gondoïque	0,2	-

référence : MILLER R.W. *et al*, 1968

ONOSMA   *(Boraginaceae)*

	O.sericeum	O.stellulatum
% huile/graine :	20	23
acides gras (% poids) :		
palmitique	8	8
stéarique	3	2
oléique	22	14
linoléique	31	21
linolénique	18	41
γ - inolénique	13	4

stéaridonique	5	9
gondoïque	0,5	0,4
autres	0,1	0,2

référence : KLEIMAN R. *et al*, 1964

ONOSMODIUM hispidissimum   *(Boraginaceae)*

origine : Canada
19,5 % huile/graine
acides gras (% poids) :

palmitique	6,5
stéarique	2,5
oléique	13,5
linoléique	18,2
linolénique	26,8
γ - linolénique	20,1
stéaridonique	8,1
gondoïque	1,8
érucique	0,2
autres	0,2

référence : MACKENZIE S.L. *et al*, 1993

ONOSMODIUM molle   *(Boraginaceae)*

17 % huile/graine
acides gras (% poids) :

palmitique	8
stéarique	3
oléique	19
linoléique	19
linolénique	24
γ - linolénique	20
stéaridonique	6
gondoïque	1
autres	0,1

référence : KLEIMAN R. *et al*, 1964

ONOSMODIUM occidentale   *(Boraginaceae)*

origine : Etats-Unis
17-18 % huile/graine
acides gras (% poids) :

palmitique	6,6 - 7
stéarique	2,4 - 3
oléique	15,5 - 21
linoléique	17,0 - 19
linolénique	26 - 30,4

γ - linolénique	18 - 18,3
stéaridonique	6 - 8,2
gondoïque	0,8 - 1,6

références : CRAIG B.M. *et al,* 1964
MILLER R.W. *et al,* 1968

OPOPANAX   *(Apiaceae)*

	O.chironium	O.hispidus
origine :	Etats-Unis	Turquie
% huile/graine :	19,8	15,6
acides gras (% poids) :		
palmitique	9,2	6,1
stéarique	2,0	1,4
oléique	62,2	16,6
pétrosélinique	-	40,0
linoléique	27,3	35,2
linolénique	0,1	0,1
autres	0,4	0,5

référence : KLEIMAN R. *et al,* 1982

OPUNTIA dillenii   *(Cactaceae)*

origine : Inde
7,5 % huile/graine
0 5 % insaponifiable/huile
acides gras (% poids) :

myristique	1,0
palmitique	18,7
stéarique	5,9
oléique	17,3
linoléique	56,1
arachidique	1,0

référence : BADAMI R.C. *et al,* 1984 b

ORBIGNYA martiana   *(Arecaceae)*

nom commun : babassu
origine : Brésil
72 % huile/amande
acides gras (% poids) :

caprique	5
laurique	48,5
myristique	20
palmitique	11

stéarique   3,5
oléique   10

référence : ALENCAR J.W. *et al*, 1983

OREODOXA oleracea   *(Arecaceae)*

origine : Madagascar

	pulpe	amande
% huile :	-	22
acides gras (% poids) :		
caprique	-	0,5
laurique	1,3	39,0
myristique	1,3	14,8
palmitique	30,2	7,7
stéarique	4,5	3,2
oléique	40,1	22,2
linoléique	10,6	11,8
linolénique	1,3	-
autres	10,7	0,8

référence : RABARISOA I. *et al*, 1993

OREODOXA regia   *(Arecaceae)*

origine : Singapour, Madagascar

	pulpe	amande
% huile :	-	19 - 21
acides gras (% poids) :		
laurique	0,6	21,0 - 35
myristique	0,6	12,3 - 15
palmitique	37,3	10 - 13,0
stéarique	-	2,12 - 3,5
oléique	34,8	26 - 38,4
linoléique	15,5	10,4 - 11
linolénique	0,3	-
autres	-	8,80 - 1,4

références : GUNSTONE F.D. *et al*, 1972
RABARISOA I. *et al*, 1993

ORIGANUM vulgare   *(Lamiaceae)*

nom commun : origan
origine : Etats-Unis, Yougoslavie
20,1-35 % huile/graine
acides gras (% poids) :

palmitique	4,2 - 4,5
stéarique	1,3 - 1,9
oléique	5,4 - 6,1
linoléique	22 - 23,8
linolénique	64,6 - 66
autres	0 - 0,2

références : HAGEMANN J.M. *et al*, 1967
MARIN P.D. *et al*, 1991

ORITES   *(Proteaceae)*

origine : Australie

acides gras (% poids) :

	O.diversifolia	O.revoluta
myristique	0,1	-
palmitique	4,5	6,4
palmitoléique	22,6	2,3
(5Z) - hexadécénoïque	5,3	-
(11Z) - hexadécénoïque	12,5	35,6
stéarique	0,9	5,1
oléique	37,5	20,6
(8Z) - octadécénoïque	-	6,5
linoléique	14,6	22,0
arachidique	0,7	0,6
gondoïque	1,3	0,9

référence : VICKERY J.R., 1971

ORLAYA grandiflora   *(Apiaceae)*

origine : Yougoslavie
11 % huile/graine
acides gras (% poids) :

palmitique	4,0
stéarique	1,0
oléique	16,6
pétrosélinique	62,2
linoléique	15,6
autres	0,5

référence : KLEIMAN R. *et al*, 1982

ORMOSIA semicastrata   *(Fabaceae)*

origine : Hong Kong
6 % huile/graine
acides gras (% poids) :

palmitique	14
stéarique	5
oléique	32
linoléique	46
autres	3

référence : GUNSTONE F.D. *et al,* 1972

ORYZA sativa   *(Poaceae)*

nom commun : riz
origine : Turquie, Inde
16 % huile/son
acides gras (% poids) :

laurique	0 - 0,4
myristique	0,4
palmitique	12,8 - 22,8
palmitoléique	0 - 0,4
stéarique	1,9 - 2,6
oléique	31,9 - 37,9
linoléique	31,9 - 43,6
linolénique	1,0 - 3,0
arachidique	0 - 0,6

références : YAZICIOGLU T. *et al,* 1983
HEMAVATHY J. *et al,* 1987

OSMORHIZA   *(Apiaceae)*

origine : Etats-Unis

	1	2	3	4
% huile/graine :	7,3	8,5	6	10,4
acides gras (% poids) :				
palmitique	4,4	3,9	3,8	2,8
stéarique	0,4	0,3	1,4	0,9
oléique	7,8	7,3	5,9	11,5
pétrosélinique	50,8	72,6	52,7	58,6
linoléique	36,3	15,2	35,1	25,8
linolénique	-	-	-	0,2
autres	0,2	0,7	1,1	0,2

1 = OSMORHIZA aristata   **3 = OSMORHIZA longistylis**
2 = OSMORHIZA chilensis   **4 = OSMORHIZA occidentalis**

référence : KLEIMAN R. *et al,* 1982

OSTEOSPERMUM   *(Asteraceae)*

	O.amplectans	O.microphyllum	O.spinescens
% huile/graine :	17	37	42
acides gras (% poids) :			
palmitique	4	9	6
stéarique	4	6	4
oléique	10	24	8
linoléique	59	39	46
octadécatriénoïque-conjugué	29	20	34
autres	1	1	1

référence : EARLE F.R. *et al,* 1964

OSTERICUM sieboldii   *(Apiaceae)*

origine : Corée
25,1 % huile/graine
acides gras (% poids) :

palmitique	3,7
stéarique	0,2
oléique	12,1
pétrosélinique	50,8
linoléique	32,8
autres	0,2

référence : KLEIMAN R. *et al,* 1982

OSTRYODERRIS lucida   *(Fabaceae)*

origine : Zaïre
15 % huile/graine
acides gras (% poids) :

laurique	0,7
myristique	0,7
palmitique	17,8
stéarique	5,8
oléique	26,9
linoléique	27,5
linolénique	1,1
arachidique	5,6
gondoïque	7,0
béhénique	6,9

référence : KABELE NGIEFU C. *et al*, 1976 b

OSYRIS alba   *(Santalaceae)*

36 % huile/graine
acides gras (% poids) :

palmitique	0,8
palmitoléique	0,7
stéarique	3,4
oléique	31,6
linoléique	1,8
linolénique	2,2
xyméninique	57,1
autres	2,4

référence : Mikolajczak K.L. *et al*, 1963 a

OTOSTEGIA limbata   *(Lamiaceae)*

origine : Etats-Unis
43 % huile/graine
acides gras (% poids) :

palmitique	11
stéarique	4,8
oléique	53
linoléique	14
linolénique	0,3
allène-non identifié	16
autres	1,6

référence : Hagemann J.M. *et al*, 1967

OXYSTIGMA gilbertii   *(Caesalpiniaceae)*

origine : Zaïre
6,6 % huile/graine
acides gras (% poids) :

palmitique	4,0
stéarique	2,0
oléique	8,2
linoléique	44,9
arachidique	10,4
béhénique	5,3
érucique	10,6
lignocérique	14,6

référence : Kabele Ngiefu C. *et al, 1977* b

PACHIRA aquatica   *(Bombacaceae)*

origine : Brésil
55,5 % huile/graine
acides gras (% poids) :

myristique	0 - 0,2
palmitique	60,5 - 63,3
palmitoléique	0 - 0,2

heptadécanoïque	0 - 0,3
stéarique	2,2 - 2,9
oléique	7,6 - 8,2
asclépique	0 - 0,7
linoléique	4,7 - 6,2
malvalique	1,6
dihydrosterculique	0,1 - 0,6
sterculique	8,2 - 8,6
arachidique	0 - 0,4
hydroxy-sterculique	6,5 - 12,8

référence : BOHANNON M.B. *et al*, 1978
SPITZER V., 1991

PACHYLOBUS edulis   *(Burseraceae)*

voir DACRYODES edulis

PACHYPODANTHIUM staudtih   *(Annonaceae)*

origine : Zaïre
15 % huile/graine
acides gras (% poids) :

myristique	1,6
palmitique	10,4
stéarique	3,7
oléique	28,6
linoléique	55,7

référence : KABELE NGIEFU C. *et al,* 1976 b

PAHUDIA rhomboidea   *(Caesalpiniaceae)*

origine : Singapour
6 % huile/graine
acides gras (% poids) :

palmitique	8
stéarique	7
oléique	14
linoléique	27
crépénynique	16
(9Z,14Z) - octadécadiène - 12 - ynoïque	18
non-identifié	6
autres	4

référence : GUNSTONE F.D. *et al,* 1972

PALAQUIUM oblongifolium   *(Sapotaceae)*

origine : Inde
52-55 % huile/graine
acides gras (% poids) :

palmitique	5,9 - 6,5
stéarique	54 - 57,5
oléique	36 - 39,9

références : MISRA G. *et al*, 1974
BANERJI R. *et al*, 1984

PALIURIS ramosissimus   *(Rhamnaceae)*

origine : Hong Kong
16 % huile/graine
acides gras (% poids) :

palmitique	9
stéarique	3
oléique	45
linoléique	37

référence : GUNSTONE F.D. *et al*, 1972

PANDA oleosa   *(Pandaceae)*

origine : Zaïre
50,5 % huile/graine
acides gras (% poids) :

myristique	1,5
palmitique	32,0
stéarique	7,1
oléique	30,2
linoléique	29,2

référence : FOMA M. *et al*, 1985

PANDOREA jasminoides   *(Bignoniaceae)*

28 % huile/graine
acides gras (% poids) :

palmitique	12
stéarique	2
oléique	27
linoléique	46
linolénique	13

référence : CHISHOLM M.J. *et al*, 1965 b

PAPAVER somniferum   *(Papaveraceae)*

nom commun : pavot, oeillette
origine : Turquie, Allemagne, Espagne
35-55 % huile/graine
acides gras (% poids) :

palmitique	8,7 - 10,6
stéarique	1,1 - 2,4
oléique	11,3 - 19,8
linoléique	68,7 - 77,0
linolénique	0,7 - 1,3

références : DAMBROTH M. *et al*, 1982
YAZICIOGLU T. *et al*, 1983
SEEHUBER R., 1984
MAZA M.P. *et al*, 1988

PARACARYUM   *(Boraginaceae)*

	P. angustifolium	**P. caelestinum**
% huile/graine :	31	21
acides gras (% poids) :		
palmitique	6	11
stéarique	2	1
oléique	35	28
linoléique	23	28
linolénique	12	3
γ - linolénique	6	12
stéaridonique	3	1
gondoïque	5	4
érucique	6	8
autres	2	3

référence : KLEIMAN R. *et al*, 1964

PARINARIUM excelsum   *(Chrysobalanaceae)*

origine : Sénégal
65 % huile/graine
acides gras (% poids) :

palmitique	6,5
stéarique	5,0
oléique	13,6
asclépique	0,7
linoléique	11,7
α-éléostéarique	61,3
arachidique	0,5
gondoïque	0,5

référence : MIRALLES J. *et al*, 1994

PARINARIUM laurinum   *(Chrysobalanaceae)*

acides gras (% poids) :

palmitique	4
stéarique	7

oléique	2
linoléique	2
α-éléostéarique	22
parinarique	62
autres	1

référence : GUNSTONE F.D. *et al*, 1967

PARINARIUM macrophyllum   *(Chrysobalanaceae)*

origine : Sénégal
66 % huile/graine
acides gras (% poids) :

palmitique	6,5 - 8
stéarique	4 - 7,1
oléique	32,8 - 44
asclépique	0 - 0,7
linoléique	16 - 20,1
α - éléostéarique	23 - 31,9
arachidique	0 - 0,4
gondoïque	0 - 0,5
licanique	0 - 4

références : HEINZ M. *et al*, 1965
MIRALLES J. *et al*, 1994

PARINARIUM montanum   *(Chrysobalanceae)*

origine : Brésil
56,8 % huile/graine
acides gras (% poids) :

palmitique	10,7
palmitoléique	0,1
stéarique	6,5
oléique	35,3
asclépique	0,9
linoléique	10,3
α - éléostéarique	35,7
arachidique	0,1
gondoïque	0,2

référence : SPITZER V. *et al*, 1992

PARINARIUM holstii   *(Chrysobalanaceae)*

origine : Côte d'Ivoire
38 % huile/graine
acides gras (% poids) :

palmitique)	
stéarique)	28,8
oléique	33,5

| linoléique | 12,3 |
| α - éléostéarique | 24,5 |

référence : MAURICE A. *et al*, 1968

PARKIA biglandulosa   *(Mimosaceae)*

origine : Inde
19,8 % huile/graine
acides gras (% poids) :

myristique	0,2
pentadécénoïque	0,8
palmitique	25,6
palmitoléique	7,0
stéarique	32,7
oléique	26,8
linoléique	2,9
arachidique	3,9

référence : CHOWDHURY A.R. *et al*, 1984 a

PARKIA filicoida   *(Mimosaceae)*

origine : Nigeria
14,5 % huile/graine
acides gras (% poids) :

palmitique	12,1
stéarique	7,0
oléique	24,8
linoléique	56,1

référence : GIRGIS P. *et al*, 1972

PARKIA roxburghii   *(Mimosaceae)*

origine : Singapour
20 % huile/graine
acides gras (% poids) :

palmitique	9
stéarique	14
oléique	16
linoléique	44
arachidique	4
béhénique	9

référence : GUNSTONE F.D. *et al*, 1972

PARKINSONIA aculeata   *(Caesalpiniaceae)*

origine : Inde
2,2 % huile/graine
acides gras (% poids) :

myristique	1,1
pentadécanoïque	0,3
palmitique	13,4
heptadécanoïque	0,2
stéarique	4,6
oléique	17,8
linoléique	61,3
arachidique	1,1

référence : CHOWDHURY A.R. *et al,* 1986 b

PARRYA menziesii   *(Brassicaceae)*

21 % huile/graine
acides gras (% poids) :

palmitique	5,5
palmitoléique	0,3
stéarique	1,3
oléique	7,6
linoléique	12,1
linolénique	30,7
gondoïque	11,7
éicosadiénoïque	1,7
béhénique	1,6
érucique	26,3
docosadiénoïque	0,5
autres	0,6

référence : SCRIMGEOUR C.M., 1976

PARTHENIUM argentatum   *(Asteraceae)*

nom commun : guayule
origine : Etats-Unis, Mexique
17,1-26,9 % huile/graine
acides gras (% poids) :

palmitique	8,7 - 11,5
stéarique	3,7 - 6,2
oléique	6,5 - 13,9
linoléique	69,1 - 80,2

référence : ESTILAI A., 1993

PARTHENOCISSUS tricuspidata   (Vitaceae)

origine : France

	pulpe	graine
% huile :	26,0	23,5
acides gras (% poids) :		
palmitique	15,2	9,1
palmitoléique	8,1	-
hexadécadiénoïque	2,1	-
stéarique	8,8	3,6
oléique	2,2	8,3
asclépique	35,7	2,1
linoléique	26,6	76,4
linolénique	0,3	0,5
arachidique	0,5	-
autres	0,5	-

référence : MALLET G. *et al*, 1988

PASSIFLORA edulis   (Passifloraceae)

nom commun : fruit de la Passion
origine : Brésil
20 % huile/graine
acides gras (% poids) :

palmitique	8,0
stéarique	2,2
oléique	12,6
linoléique	77,2

référence : ASSUNCAO F.P. *et al*, 1984

PASSIFLORA foetida   (Passifloraceae)

origine : Inde, Brésil
21,2 % huile/graine
acides gras (% poids) :

palmitique	13,3
stéarique	4,1
oléique	17,2
linoléique	65,4

références : HASAN S.Q. *et al*, 1980
ASUNCAO F.P. *et al*, 1984

PASTINACA sativa   (Apiaceae)

nom commun : panais
origine : Etats-Unis, Turquie, France

23-28,8 % huile/graine
acides gras (% poids) :

palmitique	4,0 - 5,8
stéarique	1,0 - 1,2
oléique	11,2 - 15,8
asclépique	0 - 1,2
pétrosélinique	57,4 - 60,1
linoléique	20,5 - 21,8
linolénique	0 - 0,5
arachidique	0 - 0,5
gondoïque	0 - 0,4
autres	0,1 - 0,2

références : KLEIMAN R. *et al*, 1982
UCCIANI E. *et al*, 1991

PAVETTA indica   *(Rubiaceae)*

origine : Inde
36 % huile/graine
0,8 % insaponifiable/huile
acides gras (% poids) :

palmitique	14,3
stéarique	8,7
oléique	33,5
linoléique	40,3
linolénique	1,5
arachidique	1,1
béhénique	0,6

référence : BADAMI I R.C. *et al*, 1984 b

PAVONIA hastata   *(Malvaceae)*

origine : Australie
13,5 % huile/graine
acides gras (% poids) :

palmitique	20,0
palmitoléique	0,8
stéarique	1,9
oléique	13,8
linoléique	52,9
linolénique	0,6
dihydromalvalique	1,9
malvalique	2,1
sterculique	1,3
arachidique	0,5
éicosadiénoïque	4,0

référence : VICKERY J.R., 1980

PAVONIA sepium   *(Malvaceae)*

26,6 % huile/graine
acides gras (% poids) :

palmitique	31,0
palmitoléique	1,0
heptadécénoïque	0,2
stéarique	2,0
oléique	15,4
linoléique	34,2
malvalique	2,3
sterculique	1,3
arachidique	0,5
époxy-oléique	5,1
hydroxy-octadécadiénoïque	5,7

référence : BOHANNON M.B. *et al*, 1978

PAYENA lancifolia   *(Sapotaceae)*

48 % huile/amande
acides gras (% poids) :

palmitique	tr
stéarique	58
oléique	42
linoléique	tr

référence : MISRA G. *et al*, 1974

PECTOCARYA platycarpa   *(Boraginaceae)*

15 % huile/graine
acides gras (% poids) :

palmitique	9,5
palmitoléique	0,1
stéarique	2,9
oléique	19,0
linoléique	17,9
linolénique	19,9
γ - linolénique	15,2
stéaridonique	12,0
arachidique	0,1
gondoïque	1,5

référence : WOLF R.B. *et al*, 1983 b

PEDILANTHUS macrocarpus   *(Euphorbiaceae)*

62 % huile/graine
acides gras (% poids) :

palmitique	12
stéarique	4
oléique	23
linoléique	38
linolénique	22
gondoïque	0,1
autres	0,7

référence : KLEIMAN R. *et al*, 1965

PELTARIA angustifolia   *(Brassicaceae)*

32 % huile/graine
acides gras (% poids) :

palmitique	3
stéarique	0,4
oléique	8
linoléique	17
linolénique	14
gondoïque	8
éicosadiénoïque	2
érucique	42
nervonique	2
autres	5

référence : MILLER R.W. *et al*, 1965

PELTOPHORUM pterocarpum   *(Caesalpiniaceae)*

origine : Inde
3,9 % huile/graine
acides gras (% poids) :

myristique	0,3
palmitique	63,1
stéarique	8,2
oléique	24,7
linoléique	2,7
arachidique	0,9

référence : CHOWDHURY A.R. *et al*, 1986 b

PENDULINA lagascana   *(Brassicaceae)*

30 % huile/graine
acides gras (% poids) :

palmitique	8
stéarique	2
oléique	10
linoléique	22
linolénique	25

arachidique	2
gondoïque	6
éicosadiénoïque	1
béhénique	0,4
érucique	22
nervonique	0,6
autres	1,9

référence : MILLER R.W. *et al*, 1965

PENNISETUM americanum (*Poaceae*)

nom commun : millet
origine : Nigeria, Niger
5-5,4 % huile/graine
acides gras (% poids) :

palmitique	16,2 - 18,1
palmitoléique	0 - 0,4
stéarique	5,1 - 5,2
oléique	26,5 - 26,7
linoléique	44,8 - 47,8
linolénique	2,9 - 3,0
arachidique	1,1 - 1,3
gondoïque	0 - 0,3
béhénique	0 - 0,3
lignocérique	0 - 0,2

références : OSAGIE A.U. *et al*, 1984
LOGNAY G. *et al*, 1988

PENTACHLAENA latifolia   (*Sarcolaenaceae*)

origine : Madagascar
4 % huile/graine
acides gras (% poids) :

myristique	0,1
palmitique	16,2
palmitoléique	0,3
(7Z)-hexadécénoïque	0,1
heptadécénoïque	0,2
stéarique	11,6
oléique	49,0
linoléique	16,6
linolénique)	
dihydrosterculique)	1,4
arachidique	3,3
autres	1,2

référence : GAYDOU E.M. *et al*, 1983 c

PENTACLETHRA macrophylla   *(Mimosaceae)*

origine : Congo, Zaïre, Sierra Leone
42-45,9 % huile/graine
acides gras (% poids) :

myristique	0 - 0,2
palmitique	1,1 - 6,6
stéarique	1,0 - 2,5
oléique	16,1 - 31,3
linoléique	38,0 - 56,6
arachidique	2,5 - 3,7
gondoïque	1,2 - 2,4
béhénique	4,2 - 8,5
lignocérique	8,8 - 12,2
cérotique	0 - 4,8
montanique	0 - 1,0

références : VIEUX A. *et al*, 1967
KABELE NGIEFU C. *et al*, 1977 b
FOMA M. *et al*, 1985
JONES A.C. *et al*, 1987

PENTADESMA butyracea   *(Hypericaceae)*

origine : Afrique
35-40,7 % huile/graine
acides gras (% poids) :

laurique	0 - 0,2
myristique	0 - 0,1
palmitique	4,3 - 5,4
stéarique	46,1 - 47,9
oléique	41,4 - 46,1
linoléique	0 - 2,8
linolénique	0 - 0,6
arachidique	0 - 2,8

référence : KABELE NGIEFU C. *et al*, 1976 a
BANERJI I R. *et al*, 1984

PERGULARIA daemia   *(Asclepiadaceae)*

origine : Inde
9,4 % huile/graine
1 % insaponifiable/huile
acides gras (% poids) :

caprylique	0,5
caprique	1,0
laurique	0,3
myristique	1,2
palmitique	43,8
stéarique	6,9

oléique	14,6
linoléique	29,3
arachidique	1,2
béhénique	1,2

référence : BADAMI R.C. *et al*, 1983

PERILLA crispa   *(Lamiaceae)*

origine : Yougoslavie
28,4 % huile/graine
acides gras (% poids) :

palmitique	5,9
stéarique	1,0
oléique	16,6
linoléique	13,2
linolénique	63,3

référence : MARIN P.D. *et al*, 1991

PERILLA frutescens   *(Lamiaceae)*

origine : Etats-Unis, Inde, Yougoslavie
25,8-51,7 % huile/graine
acides gras (% poids) :

palmitique	6,4 - 8,9
stéarique	1,2 - 3,8
oléique	12,9 - 18,7
linoléique	14,4 - 19
linolénique	56 - 59,3
autres	0 - 1,2

références : HAGEMANN J.M. *et al*, 1967
LONGVAH T. *et al*, 1991
MARIN P.D. *et al*, 1991

PERILLA frutescens var. japonica   *(Lamiaceae)*

origine : Japon
acides gras (% poids) :

palmitique	5,7
palmitoléique	0,2
stéarique	1,5
oléique	13,5
linoléique	13,2
linolénique	64,5
arachidique	0,5
éicosadiénoïque	0,5
érucique	0,1
autres	0,3

référence : SEHER A. *et al*, 1977

PERRIERODENDRON   *(Sarcolaenaceae)*

origine : Madagascar
0,5 % huile/graine

	P. boinense	**P. orientale**
acides gras (% poids) :		
myristique	0,9	1,4
pentadécanoïque	0,9	0,4
palmitique	29,8	29,5
palmitoléique	0,8	0,9
(7Z)-hexadécénoïque	1,1	1,0
heptadécénoïque	0,6	-
heptadécadiénoïque	2,6	1,0
stéarique	4,7	3,8
oléique	11,9	7,6
asclépique	1,2	1,3
linoléique	23,8	37,1
linolénique)		
dihydrosterculique)	2,1	7,0
autres	20,6	8,6

référence : GAYDOU E.M. *et al*, 1983 c

PERSEA gratissima   *(Lauraceae)*

nom commun : avocat
origine : Amérique
15-30 % huile/pulpe
acides gras (% poids) :

palmitique	9 - 20
palmitoléique	2,8 - 6,6
stéarique	0,4 - 1
oléique	55,3 - 74
asclépique	0 - 3,5
linoléique	10 - 14
linolénique	1 - 2

références : LOZANO Y., 1983
SWISHER H.E., 1988

PERSOONIA lanceolata   *(Proteaceae)*

origine : Australie
acides gras (% poids) :

myristique	0,4
palmitique	11,4
palmitoléique	0,5
stéarique	1,0

oléique	52,3
linoléique	34,3

référence : VICKERY J.R., 1971

PETREA volubilis   *(Verbenaceae)*

origine : Inde
1 % huile/graine
0,9 % insaponifiable/huile
acides gras (% poids) :

laurique	5,9
myristique	8,9
palmitique	10,7
stéarique	20,9
oléique	42,1
linoléique	3,8
arachidique	3,5
béhénique	4,2

référence : DAULATABAD C.D. *et al*, 1990

PETROSELINUM crispum   *(Apiaceae)*

origine : Yougoslavie, Allemagne
19,4-25,7 % huile/graine
acides gras (% poids) :

palmitique	3,7
palmitoléique	0 - 0,4
stéarique	0,5 - 1,1
oléique	2,4 - 5,3
asclépique	0 - 0,4
pétrosélinique	71,5 - 79,6
linoléique	8,5 - 11,6
linolénique	0,4 - 9,3
arachidique	0 - 0,1
gondoïque	0 - 0,4
autres	0,4

références : KLEIMAN R. *et al*, 1982
NASIRULLAH *et al*, 1984

PETROSELINUM sativum   *(Apiaceae)*

acides gras (% poids) :

palmitique	3,7
palmitoléique	0,4
stéarique	0,5
oléique	2,5
pétrosélinique	79,6

linoléique	11,6
linolénique	0,4
gondoïque	0,3
érucique	0,1

référence : SEHER A. *et al*, 1982

PEUCEDANUM   *(Apiaceae)*

	1	2	3	4	5
origine :		Yougosl.	Yougosl.	Afr.Sud	Corée Afr.Sud
% huile/graine :	18,1	16,0	20,3	28,0	22,3
ac.gras (% poids) :					
palmitique	3,5	3,7	2,7	3,6	3,3
stéarique	0,6	0,3	1,4	0,4	0,5
oléique	12,2	8,9	2,1	15,4	14,0
pétrosélinique	56,0	64,8	83,1	54,2	74,0
linoléique	26,5	21,9	9,6	25,8	7,7
autres	1,2	0,2	0,4	0,1	0,3

1 = PEUCEDANUM aegopodioides   4 = PEUCEDANUM elegans
2 = PEUCEDANUM austriacum   5 = PEUCEDANUM ferulaceum
3 = PEUCEDANUM capense

	6	7	8	9	10
origine :	Espagne	Yougosl.	Yougosl.	Corée	Yougosl.
% huile/graine :	22,7	25,0	26,6	25,7	19,6
ac.gras (% poids) :					
palmitique	4,2	2,7	4,6	3,3	3,8
stéarique	0,8	0,4	0,4	0,5	1,0
oléique	21,6	9,3	15,0	10,6	11,8
pétrosélinique	50,1	70,3	56,2	45,5	45,9
linoléique	21,6	16,8	22,8	39,1	37,1
linolénique	-	0,1	0,3	0,5	0,1
autres	0,1	0,3	0,7	0,4	0,1

6 = PEUCEDANUM hispanicum   9 = PEUCEDANUM terebinthaceum
7 = PEUCEDANUM oligophyllum   10 = PEUCEDANUM verticillare
8 = PEUCEDANUM oreoselinum

référence : KLEIMAN R. *et al*, 1982

PHASEOLUS aureus   *(Fabaceae)*

origine : Réunion
0,4 % huile/graine
acides gras (% poids) :

myristique	0,9
palmitique	18,0

palmitoléique	0,7
stéarique	4,3
oléique	9,7
linoléique	30,0
linolénique	21,0
arachidique	1,5
gondoïque	0,5
béhénique	1,9

référence : GUERERE M. *et al*, 1985

PHASEOLUS lunatus   *(Fabaceae)*

origine : Madagascar
0,8 % huile/graine
3,3 % insaponifiable/huile
acides gras (% poids) :

myristique	0,3
palmitique	26,3
heptadécanoïque	0,4
stéarique	5,8
oléique	7,4
asclépique	1,7
linoléique	39,2
linolénique	10,6
arachidique	2,1
gondoïque	0,7
béhénique	0,5
lignocérique	0,2

référence : GAYDOU E.M. *et al*, 1983 b

PHLOMIS   *(Lamiaceae)*

origine : Etats-Unis

	1	**2**	**3**	**4**
% huile/graine :	26	14	24	18
acides gras (% poids) :				
palmitique	4,1	7,0	7,7	7,3
stéarique	0,9	1,9	1,7	2,4
oléique	68	61	64	68
linoléique	16	7,4	10	8,5
linolénique	0,7	0,3	0,1	0,3
allène-non identifié	8,9	20	12	12
autres	1,2	2,0	4,3	1,2

1 = PHLOMIS armeniaca   **3 = PHLOMIS crinita**
2 = PHLOMIS austro-anatolica   **4 = PHLOMIS fruticosa**

	5	6	7	8
% huile/graine :	30	18	21	16

acides gras (% poids) :

palmitique	4,8	6,3	7,6	7,4
stéarique	1,4	1,6	3,4	1,5
oléique	58	70	66	62
linoléique	28	6,5	6,8	14
linolénique	0,8	0,1	-	0,5
allène-non identifié	5,6	13	15	12
autres	1,9	1,3	1,1	2,3

5 = PHLOMIS herba-venti   **7 = PHLOMIS purpurea**
6 = PHLOMIS lycia   **8 = PHLOMIS rigida**

référence : HAGEMANN J.M. *et al*, 1967

PHOENIX dactylifera   *(Arecaceae)*

nom commun : dattier
origine : Israël
8 % huile/noyau
acides gras (% poids) :

caprique	0,3
laurique	21,8
myristique	10,9
palmitique	9,6
stéarique	1,5
oléique	42,3
linoléique	13,7

référence : DEVSHONY S. *et al*, 1992

PHOENIX reclinata   *(Arecaceae)*

origine : Madagascar
pulpeamande
acides gras (% poids) :

caprique	-	0,3
laurique	2,9	26,8
myristique	2,0	14,8
palmitique	23,4	11,3
stéarique	11,9	3,0
oléique	31,6	26,7
linoléique	19,8	16,5
linolénique	4,4	0,1
autres	4,0	0,5

référence : RABARISOHA I. *et al*, 1993

PHOENIX rupicola   *(Arecaceae)*

origine : Inde
2,9 % huile/noyau
1,2 % insaponifiable/huile
acides gras (% poids) :

laurique	20,8
myristique	12,4
palmitique	10,9
stéarique	3,3
oléique	41,2
linoléique	10,6
arachidique	0,5
béhénique	0,3

référence : DAULATABAD C.D. *et al*, 1985 a

PHYLLANTHUS abnormis   *(Euphorbiaceae)*

30 % huile/graine
acides gras (% poids) :

palmitique	9
stéarique	3
oléique	27
linoléique	23
linolénique	37
gondoïque	0,5
autres	1

référence : KLEIMAN R. *et al*, 1965

PHYLLANTHUS maderaspatensis   *(Euphorbiaceae)*

origine : Inde
16,3 % huile/graine
5,3 % insaponifiable/huile
acides gras (% poids) :

palmitique	7,6
stéarique	4,3
oléique	9,7
linoléique	13,3
linolénique	64,4

référence : RAO K.S. *et al*, 1987

PHYLLANTHUS niruri   *(Euphorbiaceae)*

origine : Inde
15,7 % huile/graine

4 % insaponifiable/huile
acides gras (% poids) :

palmitique	13,9
stéarique	5,3
oléique	7,2
linoléique	21,0
linolénique	51,4

référence : AHMAD M.U. *et al*, 1981

PHYSALIS maxima   *(Solanaceae)*

origine : Inde
14,3 % huile/graine
1,5 % insaponifiable/huile
acides gras (% poids) :

caprylique	2,9
caprique	3,0
laurique	2,8
myristique	12,3
palmitique	5,9
stéarique	3,5
oléique	23,6
linoléique	31,0
linolénique	4,0
arachidique	4,8
béhénique	6,2

référence : BADAMI R.C. *et al*, 1984a

PHYSALIS minima   *(Solanaceae)*

origine : Inde
40 % huile/graine
0,8 % insaponifiable/huile
acides gras (% poids) :

palmitique	10,5
stéarique	8,6
oléique	17,3
linoléique	61,4

référence : RAO T.C. *et al*, 1984

PHYSOSTEGIA virginiana   *(Lamiaceae)*

origine : Etats Unis
35 % huile/graine
acides gras (% poids) :

palmitique	3,9
stéarique	2
oléique	29

linoléique	31
linolénique	2
allène-non identifié	12
autres	0,7

référence : HAGEMANN J.M. *et al*, 1967

PICRALIMA nitida   *(Apocynaceae)*

origine : Zaïre
12 % huile/graine
acides gras (% poids) :

laurique	8,2
myristique	1,8
palmitique	30,5
oléique	59,5

référence : KABELE NGIEFU C. *et al*, 1976 a

PICRAMNIA sellowii   *(Simarubaceae)*

acides gras (% poids) :

palmitique	0,1
(6Z)-hexadécénoïque	0,6
stéarique	1,5
oléique	0,3
pétrosélinique	2,9
(6E)-octadécénoïque	7,4
linoléique	0,9
linolénique	0,1
γ - linolénique	0,3
taririque	85,2
arachidique	0,3
(6Z)-éicosénoïque	0,2

référence : SPENGER G.F. *et al*, 1970 b

PIMELEA   *(Thymeleaceae)*

origine : Australie

	P. decora	**P.linifolia**
% huile/graine :	4,2	12,9
acides gras (% poids) :		
myristique	2,2	1,4
myristoléique	2,2	-
palmitique	17,5	18,8
palmitoléique	2,2	2,5
stéarique	5,9	4,2

oléique	26,8	16,7
linoléique	12,7	10,8
linolénique	25,7	10,0
malvalique	2,1	1,9
sterculique	1,0	13,9
arachidique	-	18,8
béhénique	1,0	0,9

référence : VICKERY J.R. *et al*, 1980

PIMPINELLA anisum *(Apiaceae)*

nom commun : anis vert
origine : Afrique du Sud, Turquie
13,5-23,9 % huile/graine
acides gras (% poids) :

laurique	0 - 0,2
myristique	0 - 2,5
palmitique	4,7 - 6,3
palmitoléique	0 - 1,1
stéarique	1,1 - 1,4
oléique	21,7 - 62,2
pétrosélinique	24,7 - 48,9
linoléique	0 - 21,2
linolénique	0 - 0,5
autres	0 - 1,1

références : KLEIMAN R. *et al*, 1982
YAZICIOGLU T. *et al*, 1983

PIMPINELLA *(Apiaceae)*

	P. diversifolia	**P. kotschyana**
origine :	Pakistan	Turquie
% huile/graine :	29,4	18,4

acides gras (% poids) :

	P. diversifolia	P. kotschyana
palmitique	4,4	10,8
stéarique	0,1	1,0
oléique	6,0	20,8
pétrosélinique	75,4	37,5
linoléique	13,5	28,6
linolénique	-	1,0
autres	0,5	-

référence : KLEIMAN R. *et al*, 1982

PIMPINELLA major *(Apiaceae)*

acides gras (% poids) :

palmitique	6,2
palmitoléique	0,2

stéarique	3,4
oléique	17,5
linoléique	47,1
linolénique	24,1
arachidique	0,5
gondoïque	0,3
béhénique	0,1

référence : SEHER A. *et al*, 1982

PIMPINELLA *(Apiaceae)*

	1	2	3	4	5
origine :	Israël	Yougosl.	Pakistan	Corée	Yougosl.
% huile/graine :	19,8	29,0	25,2	24,2	27,0
ac.gras (% poids) :					
palmitique	5,7	4,5	9,2	4,3	4,2
stéarique	1,2	0,5	1,1	0,9	0,5
oléique	6,6	16,6	9,6	14,1	14,0
pétrosélinique	70,2	46,6	54,5	42,2	52,8
linoléique	15,6	31,4	24,8	37,8	27,8
linolénique	0,6	0,1	0,2	0,4	0,3
autres	0,1	0,2	0,5	0,1	0,3

1 = PIMPINELLA peregrina　　**4 = PIMPINELLA thellungiana**
2 = PIMPINELLA saxifrage　　**5 = PIMPINELLA tragium**
3 = PIMPINELLA stewartii

référence : KLEIMAN R. *et al*, 1982

PINUS *(Pinaceae)*

origine : Japon

	P. jezoensis	P. densiflora
% huile/graine :	38,7	32,6
acides gras (% poids) :		
palmitique	2,6	4,9
stéarique	1,5	1,8
oléique	15,4	19,6
asclépique	-	0,2
linoléique	49,5	45,1
(5Z,9Z)-octadécadiénoïque	3,7	2,9
linolénique	-	0,3
pinoléique	25,0	19,1
arachidique	-	0,3
gondoïque	-	0,6
éicosadiénoïque	-	1,0
(5Z,11Z,14Z)-octadécatriénoïque	-	3,4
autres	2,3	0,8

référence : TAKAGI T. *et al*, 1982

PINUS koraiensis   *(Pinaceae)*

origine : Corée, Japon
60 % huile/graine
acides gras (% poids) :

palmitique	4,9 - 5,1
palmitoléique	0,1 - 0,3
heptadécanoïque	0 - 0,1
stéarique	2,0 - 2,1
oléique	26,3 - 27,0
asclépique	0 - 0,2
linoléique	43,6 - 46,7
(5Z,9Z)-octadécadiénoïque	1,9 - 2,3
linolénique	0,1 - 0,5
pinoléique	14,5 - 15,0
arachidique	0,3 - 0,7
gondoïque	1,0 - 1,7
éicosadiénoïque	0,5 - 0,6
éicosatriénoïque	0,8 - 1,3
béhénique	0 - 0,1
autres	0 - 0,2

références : SEHER A. *et al*, 1977
TAKAGI T. *et al*, 1982

PINUS pentaphylla   *(Pinaceae)*

origine : Japon
16 % huile/graine
acides gras (% poids) :

palmitique	4,1
stéarique	2,1
oléique	20,7
linoléique	47,8
(5Z,9Z)-octadécadiénoïque	3,5
linolénique	0,3
pinoléique	18,1
arachidique	0,3
gondoïque	0,7
éicosadiénoïque	0,7
éicosatriénoïque	1,1
éicosatetraénoïque	0,1
autres	0,5

référence : TAKAGI T. *et al*, 1982

PINUS pinea   *(Pinaceae)*

nom commun : pin pignon
origine : Turquie
49 % huile/amande
acides gras (% poids) :

palmitique	7,6
palmitoléique	0,4
stéarique	4,3
oléique	36,3
linoléique	49,4
linolénique	1,5
arachidique	1,5

référence : YAZICIOGLU T. *et al*, 1983

PINUS thunbergii   *(Pinaceae)*

origine : Japon
24,7 % huile/graine
acides gras (% poids) :

palmitique	4,7
stéarique	1,6
oléique	17,1
linoléique	48,3
(5Z,9Z)-octadécadiénoïque	2,6
linolénique	0,6
pinoléique	18,2
arachidique	0,2
gondoïque	0,5
éicosadiénoïque	1,2
(5Z,11Z,14Z)-éicosatriénoïque	3,9
autres	1,1

référence : TAKAGI T. *et al*, 1982

PISTACIA atlantica   *(Anacardiaceae)*

origine : Iran

	ssp. mutica	ssp. kurdica
% huile/amande :	57	54
% insaponifiable/huile :	0,5	0,5
acides gras (% poids) :		

	ssp. mutica	ssp. kurdica
palmitique	12,2	12,5
palmitoléique	2	1,5
stéarique	2,2	2,5
oléique	50,4	57,0
linoléique	32,8	25,8
linolénique	0,4	0,5

référence : DANESHRAD A. *et al,* 1980

PISTACIA chinensis   *(Anacardiaceae)*

origine : Australie
5,6 % huile/graine
acides gras (% poids) :

myristique	0,3
palmitique	21,0
palmitoléique	1,4
heptadécanoïque	0,1
stéarique	1,8
oléique	41,1
linoléique	31,4
linolénique	2,9

référence : VICKERY J.R. *et al*, 1980

PISTACIA lentiscus   *(Anacardiaceae)*

nom commun : lentisque
origine : France
9,8 % huile/graine
5,6 % insaponifiable/huile
acides gras (% poids) :

palmitique	24,5
palmitoléique	1,2
stéarique	1,8
oléique	54,8
asclépique	0,8
linoléique	13,9
linolénique	2,0
arachidique	0,3
gondoïque	0,7

référence : FERLAY V. *et al*, 1993

PISTACIA terebinthus   *(Anacardiaceae)*

nom commun : térébinthe
origine : Turquie
acides gras (% poids) :

palmitique	22,8
oléique	55,3
linoléique	21,0
linolénique	0,4

référence : YAZICIOGLU T. *et al*, 1983

PISTACIA vera   *(Anacardiaceae)*

nom commun : pistache
origine : Iran, Turquie
55-59 % huile/graine
0,5 % insaponifiable/huile
acides gras (% poids) :

myristique	0,1 - 0,1
palmitique	11,5 - 11,7
palmitoléique	1,2 - 1,4
stéarique	1,4 - 1,6
oléique	61,7 - 67,9
linoléique	17,0 - 21,6
arachidique	0 - 0,1
gondoïque	0 - 0,4

références : DANECHRAD A., 1974
YAZICIOGLU T. *et al*, 1983

PITHECOLOBIUM bigemina   *(Mimosaceae)*

origine : Inde
0,7 % huile/graine
acides gras (% poids) :

myristique	0,5
palmitique	39,5
stéarique	7,3
oléique	24,9
linoléique	23,6
arachidique	4,0

référence : CHOWDHURY A.R. *et al*, 1984 a

PITHECOLOBIUM dulce   *(Mimosaceae)*

origine : Sénégal, Inde
13-16 % huile/graine
acides gras (% poids) :

palmitique	12,3 - 13,0
palmitoléique	0,3 - 1,2
stéarique	2,1 - 3,3
oléique	29,2 - 51,1
linoléique	13,3 - 36,8
linolénique	0 - 0,3
arachidique	1,7 - 2,5
gondoïque	1,9 - 3,5
béhénique	10,0 - 12,2
lignocérique	0 - 5,3

références : MIRALLES J. *et al*, 1980
CHOWDHURY A.R. *et al*, 1984 a

PLACOSPERMUM coriaceum   *(Proteaceae)*

origine : Australie
acides gras (% poids) :

myristique	0,2
palmitique	21,0
palmitoléique	0,9
stéarique	0,8
oléique	75,5
linoléique	1,6

référence : VICKERY J.R., 1971

PLANCHONELLA   *(Sapotaceae)*

origine : Australie

	P. australis	**P. myrsinoides**
% huile/graine :	31,2	7,6

acides gras (% poids) :

	P. australis	**P. myrsinoides**
laurique	-	0,1
myristique	0,1	0,4
pentadécanoïque	-	0,1
palmitique	15,1	22,7
palmitoléique	0,3	0,4
heptadécanoïque	-	0,1
stéarique	5,0	5,9
oléique	27,2	32,1
linoléique	51,3	36,1
linolénique	0,4	1,0
dihydromalvalique	2,6	0,9
arachidique	0,2	0,2
gondoïque	0,3	0,8
béhénique	0,1	-

référence : VICKERY J.R., 1980

PLATONIA insignis   *(Hypericaceae)*

50 % huile/graine
acides gras (% poids) :

myristique	1,0
palmitique	55,1
palmitoléique	3,2
stéarique	31,7
linoléique	2,3
arachidique	0,3

référence : BANERJI R. *et al*, 1984

PLATYCODON grandiflorum   *(Campanulaceae)*

origine : Canada
34 % huile/graine
acides gras (% poids) :

palmitique	7,3
stéarique	3,3
oléique	15,5
linoléique	73,0
arachidique	0,9

référence : COXWORTH E.C.M., 1965

PLECTRANTHUS inflexus   *(Lamiaceae)*

origine : Etats-Unis
39 % huile/graine
acides gras (% poids) :

palmitique	4,5
stéarique	2,1
oléique	10
linoléique	25
linolénique	58
autres	0,1

référence : HAGEMANN J.M. *et al*, 1967

PLEUROSPERMUM camtschaticum   *(Apiaceae)*

origine : Corée
36,9 % huile/graine
acides gras (% poids) :

palmitique	2,4
stéarique	0,1
oléique	6,6
pétrosélinique	53,8
linoléique	36,3
autres	0,7

référence : KLEIMAN R. *et al*, 1982

PLUMERIA alba   *(Apocynaceae)*

origine : Nigeria
34,1 % huile/graine
acides gras (% poids) :

myristique	0,7
palmitique	17,6

palmitoléique	58,4
stéarique	2
oléique	7
linoléique	14

référence : ODERINDE R.A. *et al*, 1990 a

PODOCARPUS   *(Podocarpaceae)*

origine : Australie

	P. elatus	**P. lawrencei**
% huile/graine :	1	8
acides gras (% poids) :		
myristique	0,2	7,4
palmitique	17,4	9,0
palmitoléique	1,4	-
heptadécanoïque	1,7	-
stéarique	4,9	3,2
oléique	38,7	34,7
linoléique	24,3	24,9
linolénique	3,7	8,4
dihydrosterculique	0,7	-
arachidique	1,7	-
gondoïque	1,1	-
éicosadiénoïque	-	2,1
éicosatriénoïque	1,6	5,6
éicosatetraénoïque	1,2	4,7

référence : VICKERY J.R. *et al*, 1984 a

PODOCARPUS   *(Podocarpaceae)*

origine : Japon

	P. macrophylla	**P. nagi**
% huile/graine :	4,5	17-38
acides gras (% poids) :		
tridécanoïque	0,1	-
myristique	0,1	0 - 0,1
pentadécanoïque	0,1	-
palmitique	24,5	3,2 - 5,4
palmitoléique	0,5	0 - 0,1
stéarique	1,3	1,0 - 1,5
oléique	8,6	17,1 - 20,7
asclépique	2,7	0 - 0,5
linoléique	30,6	37,6 - 40,2
5,11-octadécadiénoïque	0,6	-
linolénique	16,6	0 - 0,1
arachidique	0,7	-

gondoïque	-	1,2 - 1,4
5,11-éicosadiénoïque	0,2	-
11,14-éicosadiénoïque	0,2	12,4 - 12,9
5,11,14-éicosatriénoïque	9,7	20,5 - 23,9
éicosatetraénoïque	0,3	-
béhénique	0,3	-
autres	2,9	0 - 0,2

références : TAKAGI T., 1964
TAKAGI T. *et al*, 1982

POGA oleosa   *(Rhizophoraceae)*

origine : Gabon
60 % huile/graine
acides gras (% poids) :

palmitique	10,5
stéarique	7
oléique	69,5
linoléique	13

référence : PAMBOU-TCHIVOUNDA H. *et al*, 1992

POGOSTEMON parviflorus   *(Lamiaceae)*

origine : Etats-Unis
36 % huile/graine
acides gras (% poids) :

palmitique	8,5
stéarique	3,3
oléique	11
linoléique	76
linolénique	1,0
autres	0,7

référence : HAGEMANN J.M. *et al*, 1967

POINCIANA elata   *(Caesalpiniaceae)*

voir DELONIX elata

POINCIANA regia   *(Caesalpiniaceae)*

voir DELONIX regia

POLYGONUM convolvulus   *(Polygonaceae)*

origine : Canada
2,9 % huile/graine
acides gras (% poids) :

myristique	5,6
myristoléique	0,6
palmitique	10,9
palmitoléique	1,0
stéarique	3,7
oléique	41,5
linoléique	34,4
linolénique	2,5

référence : DAUN J.K. *et al*, 1976

POLYTAENIA nutalii   *(Apiaceae)*

origine : Etats-Unis
26,6 % huile/graine
acides gras (% poids) :

palmitique	4,4
stéarique	0,9
oléique	19,6
pétrosélinique	39,6
linoléique	33,6
autres	2,0

référence : KLEIMAN R. *et al*, 1982

PONGAMIA glabra   *(Fabaceae)*

origine : Inde
29-40 % huile/graine
0,6 % insaponifiable/huile
acides gras (% poids) :

myristique	0 - 1,6
palmitique	7,9 - 15,0
stéarique	3,7 - 5,6
oléique	48,0 - 55,1
linoléique	18,9 - 21,6
linolénique	5,0 - 7,7
arachidique	1,0 - 2,5
béhénique	0 - 4,2

références : MANDAL B. *et al*, 1984
RAO Y.N. *et al*, 1984

PONGAMIA pinnata   *(Fabaceae)*

voir PONGAMIA glabra

PORTENSCHLAGIELLA ramosissima   *(Apiaceae)*

origine : Yougoslavie
38,8 % huile/graine
acides gras (% poids) :

palmitique	6,0
stéarique	0,2
oléique	15,6
pétrosélinique	52,3
linoléique	25,1
autres	0,5

référence : KLEIMAN R. *et al*, 1982

POUTERIA caimito   *(Sapotaceae)*

voir LUCUMA caimito

POUTERIA wakere   *(Sapotaceae)*

origine : Australie
15,9 % huile/graine
acides gras (% poids) :

myristique	0,2
pentadécanoïque	0,1
palmitique	17,8
palmitoléique	0,3
stéarique	10,3
oléique	42,8
linoléique	27,3
linolénique	0,2
malvalique	0,2
gondoïque	0,4

référence : VICKERY J.R., 1980

PRANGOS   *(Apiaceae)*

origine : Turquie

	1	2	3	4	5
% huile/graine :	25,3	26,0	31,8	28,7	33,6
ac.gras (% poids) :					
palmitique	9,3	5,6	5,3	6,2	4,9
stéarique	0,4	0,7	0,3	0,8	0,8
oléique	20,3	17,4	14,7	15,1	8,5
pétrosélinique	52,7	53,6	59,2	52,0	61,6
linoléique	16,2	22,0	19,6	25,2	21,9
linolénique	-	-	-	-	1,7
autres	1,1	0,5	0,8	0,6	0,3

1 = PRANGOS acaulis   **4 = PRANGOS pabularia**
2 = PRANGOS asperula   **5 = PRANGOS uloptera**
3 = PRANGOS ferulacea

référence : KLEIMAN R. *et al*, 1982

PRASIUM-majus   *(Brassicaceae)*

origine : Etats Unis
15 % huile/graine
acides gras (% poids) :

palmitique	6,1
stéarique	4,1
oléique	48
linoléique	35
linolénique	0,2
allène-non identifié	6,2
autres	0,9

référence : HAGEMANN J.M. *et al*, 1967

PROTEA   *(Proteaceae)*

origine : Australie

	P. compacta	P. longifolia
myristique	2,0	1,0
palmitique	12,7	10,4
palmitoléique	0,3	0,5
stéarique	6,6	3,8
oléique	70,7	73,3
linoléique	5,7	7,0
arachidique	0,9	1,8
gondoïque	1,1	2,2

acides gras (% poids) :

référence : VICKERY J.R., 1971

PRUNELLA asiatica   *(Lamiaceae)*

origine : Etats-Unis
20 % huile/graine
acides gras (% poids) :

palmitique	5,7
stéarique	2,3
oléique	13
linoléique	19
linolénique	59
autres	0,7

référence : HAGEMANN J.M. *et al*, 1967

PRUNELLA vulgaris   *(Lamiaceae)*

origine : Etats-Unis, Yougoslavie
14,2-19 % huile/graine
acides gras (% poids) :

palmitique	7,7 - 8,2
stéarique	1,2 - 2,1
oléique	12,5 - 14
linoléique	16,0 - 18,6
linolénique	59,6 - 60
autres	0 - 0,5

références : HAGEMANN J.M. *et al*, 1967
MARIN P.D. *et al*, 1991

PRUNELLA vulgaris var. lanceolata *(Lamiaceae)*

origine : Etats-Unis
22 % huile/graine
acides gras (% poids) :

palmitique	8,4
stéarique	2,1
oléique	13
linoléique	17
linolénique	59
autres	0,7

référence : HAGEMANN J.M. *et al*, 1967

PRUNUS amygdalus *(Rosaceae)*

nom commun : amande douce, amande amère
origine : Iran, Allemagne, Turquie, Inde, France
46-61 % huile/amande
0,5-1,2 % insaponifiable/huile
acides gras (% poids) :

palmitique	6,0 - 8,6
palmitoléique	0,4 - 1,9
stéarique	0,4 - 1,4
oléique	58,4 - 80,8
linoléique	11,9 - 32,4
linolénique	0 - 0,1

références : MEHRAN M. *et al*, 1974
BERINGER H. *et al*, 1976
FILSOOF M. *et al*, 1976
YAZICIOGLU T. *et al*, 1983
MUNSHI I S.K. *et al*, 1984
FARINES M. *et al*, 1986

PRUNUS armeniaca *(Rosaceae)*

nom commun : abricot
origine : Iran, Pakistan, France
45,7-50,6 % huile/amande
0,5-0,7 % insaponifiable/huile
acides gras (% poids) :

palmitique	4,6 - 7,6
palmitoléique	0,4 - 0,8
stéarique	0,2 - 1,3
oléique	62,1 - 71,8
linoléique	21,9 - 31,6

références : FILSOOF M. *et al*, 1976
JAVED M.A. *et al*, 1984
FARINES M. *et al*, 1986

PRUNUS avium   *(Rosaceae)*

nom commun : cerise
origine : France
18 % huile/amande
acides gras (% poids) :

palmitique	6,8 - 9,4
palmitoléique	0,4 - 0,6
stéarique	1,6 - 2,6
oléique	23,9 - 37,5
linoléique	40,0 - 48,9
linolénique	tr - 1,0
α - éléostéarique	9,9 - 13,2
arachidique	tr - 1,3
gondoïque	tr - 0,5

référence : COMES F. *et al*, 1992

PRUNUS cerasifera   *(Rosaceae)*

nom commun : prune
origine : Pakistan, France
28,6 % huile/amande
acides gras (% poids) :

palmitique	4,3 - 8,0
palmitoléique	0 - 0,4
stéarique	1,7 - 2,1
oléique	61,2 - 78,6
linoléique	14,6 - 29,0

références : JAVED M.A. *et al*, 1984
FARINES M. *et al*, 1986

PRUNUS persica   *(Rosaceae)*

nom commun : pêche
origine : Pakistan, Turquie, France
38,9-51,2 % huile/amande
0,5 % insaponifiable/huile
acides gras (% poids) :

palmitique	7,2 - 8,0
palmitoléique	0,1 - 0,5
stéarique	0,5 - 2,3
oléique	55,1 - 74,8
linoléique	15,6 - 36,5

références : FILSOOF M. *et al*, 1976
YAZICIOGLU T. *et al*, 1983
JAVED M.A. *et al*, 1984
FARINES M. *et al*, 1986

PSAMMOGETON biternatum   *(Apiaceae)*

origine : Pakistan
31,6 % huile/graine
acides gras (% poids) :

palmitique	4,6
stéarique	1,9
oléique	13,6
pétrosélinique	62,2
linoléique	17,6
autres	0,1

référence : KLEIMAN R. *et al*, 1982

PSEUDERUCARIA teretifolia   *(Brassicaceae)*

origine : Algérie
27 % huile/graine
acides gras (% poids) :

palmitique	9,8
stéarique	2,5
oléique	17,9
linoléique	12,0
linolénique	28,9
gondoïque	9,4
érucique	16,1
autres	2,6

référence : KUMAR P.R. *et al*, 1978

PSEUDOBERSAMA mossambicensis   *(Meliaceae)*

origine : Kenya
22 % huile/graine
acides gras (% poids) :

myristique	0,3
palmitique	29,9
palmitoléique	1,2
stéarique	5,0

oléique	21,6
asclépique	1,0
linoléique	38,9
linolénique	1,5
arachidique	0,3
autres	0,3

référence : KLEIMAN R. *et al*, 1984

PSOPHOCARPUS palustris   *(Fabaceae)*

origine : Malaisie
16 % huile/graine
acides gras (% poids) :

palmitique	11
stéarique	4
oléique	27
linoléique	40
béhénique	9

référence : GUNSTONE F.D. *et al*, 1972

PSOPHOCARPUS tetragonolobus   *(Fabaceae)*

origine : Etats-Unis, Nigeria, Thaïlande, Inde
7-20 % huile/graine
acides gras (% poids) :

myristique	0,1
palmitique	8,4 - 12,6
palmitoléique	0 - 0,1
stéarique	3,5 - 5,8
oléique	33,0 - 41,0
linoléique	17,6 - 33,0
linolénique	1,0 - 2,6
arachidique	0,2 - 3,7
gondoïque	0 - 3,2
béhénique	4,0 - 19,3
érucique	0 - 0,9
lignocérique	0,7 - 4,6

références : GARCIA V.V. *et al*, 1979
EKPENYONG T.E. *et al*, 1980
BODGER D. *et al*, 1982
MURUGISWAMY B. *et al*, 1983
SRIKANTHA. *et al*, 1984
CHOWDHURY A.R. *et al*, 1986 a

PSORALIA coryfolia   *(Fabaceae)*

origine : Pakistan
20 % huile/graine
acides gras (% poids) :

tridécanoïque	2,5
myristique	4,5
myristoléique	1,1
pentadécanoïque	1,1
palmitique	2,1
heptadécanoïque	0,5
stéarique	5,1
oléique	30,9
linoléique	tr
linolénique	13,7
arachidique	20,1
béhénique	10,4
autres	10,0

référence : ZAKA S. *et al*, 1989

PSYCHOTRIA dalzelli   *(Rubiaceae)*

origine : Inde
6,3 % huile/graine
0,4 % insaponifiable/huile
acides gras (% poids) :

myristique	1,9
palmitique	26,4
stéarique	8,7
oléique	23,5
linoléique	38,1
arachidique	0,9
béhénique	0,5

référence : BADAMI R.C. *et al*, 1984 b

PSYCHINE stylosa   *(Brassicaceae)*

32,4 % huile/graine
acides gras (% poids) :

palmitique	5,0
stéarique	1,0
oléique	8,5
linoléique	12,8
linolénique	14,2
gondoïque	7,2
érucique	48,5
autres	2,9

référence : KUMAR P.R. *et al*, 1978

PTEROCARPUS indicus   *(Fabaceae)*

origine : Singapour
6 % huile/graine
acides gras (% poids) :

palmitique	22
stéarique	6
oléique	13
linoléique	49
béhénique	9
autres	1

référence : GUNSTONE F.D. *et al*, 1972

PTEROCARPUS marsupium   *(Fabaceae)*

origine : Inde
14 % huile/graine
acides gras (% poids) :

caprylique	0,2
caprique	1,0
laurique	0,3
tridécanoïque	1,3
myristique	3,1
pentadécanoïque	0,8
palmitique	31,7
palmitoléique	5,0
heptadécanoïque	0,2
stéarique	13,6
oléique	22,3
linoléique	18,2
arachidique	2,0

référence : CHOWDHURY A.R. *et al*, 1986 a

PTEROLOBIUM hexapetalum   *(Caesalpiniaceae)*

origine : Inde
10,3 % huile/graine
acides gras (% poids) :

palmitique	11,4
stéarique	6,4
oléique	27,3
linoléique	54,2
arachidique	0,5

référence : CHOWDHURY A.R. *et al*, 1986 b

PTEROSPERMUM acerifolium   *(Sterculiaceae)*

21,5 % huile/graine
acides gras (% poids) :

palmitique	17,0
heptadécénoïque	0,3
stéarique	2,9

oléique	8,6
linoléique	32,3
malvalique	32,2
sterculique	3,8
arachidique	1,0

référence : BOHANNON M.B. *et al*, 1978

PTERYGOTA alata   *(Sterculiaceae)*

47,8 % huile/graine
acides gras (% poids) :

palmitique	24,4
palmitoléique	1,6
heptadécanoïque	0,2
heptadécénoïque	0,3
stéarique	3,3
oléique	9,9
linoléique	38,5
dihydromalvalique	0,1
malvalique	12,2
dihydrosterculique	0,6
sterculique	2,5
arachidique	0,6
époxy-oléique	2,7
hydroxy-octadécadiénoïque	1,4

référence : BOHANNON M.B. *et al*, 1978

PTERYGOTA perrieri   *(Sterculiaceae)*

origine : Madagascar
30,2 % huile/graine
acides gras (% poids) :

myristique	0,2
palmitique	23,0
palmitoléique	0,8
stéarique	2,6
oléique	22,7
linoléique	28,8
linolénique	2,5
asclépique } dihydromalvalique }	1,9
malvalique	8,5
dihydrosterculique	0,3
sterculique	3,4
autres	5,3

référence : GAYDOU E.M. *et al*, 1993

PTYCHOSPERMA macarthurii *(Arecaceae)*

origine : Singapour
8 % huile/fruit
acides gras (% poids) :

palmitique	56
stéarique	10
oléique	28
linoléique	5
autres	1

référence : GUNSTONE F.D. *et al*, 1972

PUNICA granatum *(Punicaceae)*

nom commun : grenade
15 % huile/graine
acides gras (% poids) :

palmitique	5
stéarique	3
oléique	3
linoléique	3
α - éléostéarique	2
punicique	84

référence : TULLOCH A.P., 1982

PYCNANTHEMUM muticum *(Lamiaceae)*

origine : Etats-Unis
35 % huile/graine
acides gras (% poids) :

palmitique	2,9
stéarique	2,8
oléique	9,2
linoléique	19
linolénique	65
autres	1,2

référence : HAGEMANN J.M. *et al*, 1967

PYCNANTHUS kombo *(Myristicaceae)*

origine : Afrique de l'Ouest
58 % huile/graine
acides gras (% poids) :

laurique	5,5
myristique	61,6

myristoléique	23,6
palmitique	3,6
oléique	5,7

référence : BANERJI R. *et al*, 1984

PYRENARIA acuminata   *(Theaceae)*

origine : Singapour
8 % huile/graine
acides gras (% poids) :

palmitique	10
stéarique	46
oléique	40
linoléique	3
autres	1

référence : GUNSTONE F.D. *et al*, 1972

PYRILUMA sphaerocarpum   *(Sapotaceae)*

origine : Australie
8,2 % huile/graine
acides gras (% poids) :

myristique	1,6
pentadécanoïque	0,4
palmitique	22,3
palmitoléique	1,4
stéarique	5,5
oléique	32,6
linoléique	35,7
linolénique	0,3
gondoïque	0,2

référence : VICKERY J.R., 1980

PYRULARIA edulis   *(Santalaceae)*

origine : Chine
59,3 % huile/graine
acides gras (% poids) :

undécanoïque	1,0
laurique	1,2
palmitique	1,5
palmitoléique	0,9
heptadéc-8-ynoïque	2,0
oléique	22,6
stéarolique	53,8
11-octadécéne-9-ynoïque	1,4
17-octadécéne-9-ynoïque	2,9

11,17-octadécadiéne-9-ynoïque	2,9
gondoïque	3,7
autres	1,3

référence : Zhang J.Y. *et al*, 1989 b

QUAMOCLIT coccinea   *(Convolvulaceae)*

origine : Inde
18-22,6 % huile/graine
2,7 % insaponifiable/huile
acides gras (% poids) :

myristique	0 - 0,1
palmitique	21,3 - 33,3
palmitoléique	0 - 0,3
stéarique	1,7 - 12,6
oléique	12,6 - 14,6
linoléique	30,8 - 45,3
linolénique	0 - 3,1
arachidique	3,5 - 6,8
béhénique	1,2 - 2,6
vernolique	0 - 10,2

référence : Kittur M.H. *et al*, 1987
Daulatabad C.D. *et al*, 1992 a

QUAMOCLIT phoenicea   *(Convolvulaceae)*

origine : Inde
14 % huile/graine
acides gras (% poids) :

palmitique	22,2
stéarique	11,3
oléique	13,5
linoléique	40,1
arachidique	3,5
béhénique	3,0
vernolique	6,4

référence : Daulatabad C.D. *et al*, 1992 a

QUASSIA amara   *(Simarubaceae)*

origine : Singapour
27 % huile/graine
acides gras (% poids) :

palmitique	15
stéarique	23
oléique	54
linoléique	6

référence : Gunstone F.D. *et al*, 1972

QUERCUS ilex   *(Fagaceae)*

nom commun : chêne vert
origine : Espagne
10 % huile/gland
acides gras (% poids) :

palmitique	15,2
stéarique	3,2
oléique	66,2
linoléique	15,2

référence : MAZUELOS VELA F. *et al*, 1967

QUERCUS incana   *(Fagaceae)*

origine : Inde
4,4 % huile/gland
acides gras (% poids) :

caprique	3,2
laurique	3,3
myristique	4,5
palmitique	17,1
palmitoléique	5,1
stéarique	1,1
oléique	10,1
linoléique	24,4
linolénique	24,1
arachidique	0,7
gondoïque	6,2

référence : AHMAD R. *et al*, 1986 a

RADYERA farragei   *(Malvaceae)*

origine : Australie
16,4-18 % huile/graine
acides gras (% poids) :

myristique	0,1 - 0,2
palmitique	10,5 - 13,2
palmitoléique	0,2 - 0,3
hexadécadiénoïque	0 - 0,3
stéarique	2,4 - 2,8
oléique	15,1 - 15,8
linoléique	65,8 - 68,2
linolénique	0 - 1,0
malvalique	0,5 - 1,0
dihydrosterculique	0,5 - 2,0
sterculique	0,1 - 0,2

références : VICKERY J.R., 1980
RAO K.S., 1991 a

RANUNCULUS   *(Ranunculaceae)*

	R.arvensis	R.constantinopolitanus
% huile/graine :	20-30	20-30
acides gras (% poids) :		
myristique	0,1	-
palmitique	7,3	8,3
palmitoléique	2,6	1,1
(7Z,10Z)-hexadécadiénoïque	2,3	3,0
stéarique	1,3	2,5
oléique	18	17
linoléique	28	41
linolénique	40	27

référence : SPENCER G.F. *et al*, 1970 a

RANUNCULUS gramineus   *(Ranunculaceae)*

origine : France
14 % huile/graine
3,6 % insaponifiable/huile
acides gras (% poids) :

myristique	0,2
palmitique	10,2
palmitoléique	4,8
stéarique	3,2
oléique	23,0
asclépique	0,8
linoléique	50,0
linolénique	0,6
arachidique	0,2
non-identifié	5,6

référence : VIANO J. *et al*, 1984

RANUNCULUS   *(Ranunculaceae)*

20-30 % huile/graine

	R.falcatus	R.sardous	R.sericeus
acides gras (% poids) :			
myristique	-	0,1	-
palmitique	7,2	16	9,9
palmitoléique	0,2	0,1	2,4
(7Z,10Z)-hexadécadiénoïque	-	2,9	3,8
stéarique	1,9	1,9	1,2
oléique	16	10	17
linoléique	9,8	25	39
linolénique	65	43	26
arachidique	0,1	-	-

référence : SPENCER G.F. *et al*, 1970 a

RAPHANUS caudatus   *(Brassicaceae)*

32 % huile/graine
acides gras (% poids) :

palmitique	7
stéarique	2
oléique	24
linoléique	11
linolénique	7
arachidique	2
gondoïque	10
éicosadiénoïque	0,2
béhénique	0,7
érucique	34
nervonique	2
autres	1,2

référence : MILLER R.W. *et al*, 1965

RAPHANUS maritimus   *(Brassicaceae)*

origine : Espagne
39,7 % huile/graine
acides gras (% poids) :

palmitique	6,2
stéarique	1,7
oléique	14,3
linoléique	12,8
linolénique	15,1
gondoïque	10,1
érucique	37,8
autres	2,0

référence : KUMAR P.R. *et al*, 1978

RAPHANUS sativus   *(Brassicaceae)*

nom commun : radis
31-50 % huile/graine
acides gras (% poids) :

palmitique	6,0 - 7,1
palmitoléique	0 - 0,4
stéarique	tr - 2,0
oléique	26,0 - 40,0
linoléique	13,0 - 16,9
linolénique	11,0 - 14,5
arachidique	0,4 - 2,0
gondoïque	9,0 - 9,3
érucique	9,6 - 30,8

références : MIKOLAJCZAK K.L. *et al*, 1961
DAMBROTH M. *et al*, 1982

RAPHIA ruffia *(Arecaceae)*

origine : Madagascar

	pulpe	**amande**
% huile :	-	25

acides gras (% poids) :

	pulpe	amande
caprique		0,1 - 0,2
laurique	0,1	0,3 - 0,7
myristique	0,1	0,9 - 1,2
palmitique	23,8	21,0 - 21,4
stéarique	1,5	3,9 - 5,7
oléique	64,9	33,5 - 34,0
linoléique	3,4	27,0 - 34,0
linolénique	0,	1,9 - 2,0
autres	5,4	3,0 - 7,9

références : GAYDOU E.M. *et al*, 1980
RABARISOA I. *et al*, 1993

RAPISTRUM rugosum *(Brassicaceae)*

38 % huile/graine
acides gras (% poids) :

palmitique	5
stéarique	2
oléique	12
linoléique	15
linolénique	20
arachidique	0,7
gondoïque	8
éicosadiénoïque	1
béhénique	0,7
érucique	34
nervonique	0,5
autres	0,7

référence : MILLER R.W. *et al*, 1965

RAVENEA glauca *(Arecaceae)*

origine : Madagascar
% huile/amande
acides gras (% poids) :

laurique	1,3
myristique	1,5
palmitique	25,4
stéarique	1,2
oléique	16,0
linoléique	46,1

linolénique	1,0
autres	7,5

référence : RABARISOA I. *et al*, 1993

RAUWOLFIA   *(Apocynaceae)*

origine : Inde

	R.serpentina	**R.tetraphylla**
% huile/graine :	17,5	14
acides gras (% poids) :		
laurique	0,2	0,9
myristique	0,8	3,4
palmitique	17,7	25,7
stéarique	4,9	10,3
oléique	34,4	36,5
linoléique	40,5	20,2
arachidique	0,9	1,6
béhénique	0,6	1,4

référence : DAULATABAD C.D. *et al*, 1985 b

REBOUDIA pinnata   *(Brassicaceae)*

31 % huile/graine
acides gras (% poids) :

palmitique	9
stéarique	2
oléique	10
linoléique	19
linolénique	22
arachidique	1
gondoïque	6
éicosadiénoïque	0,9
béhénique	2

référence : MILLER R.W. *et al*, 1965

REEVESIA thyrsoidea   *(Sterculiaceae)*

origine : Singapour
26 % huile/graine
acides gras (% poids) :

palmitique	9
stéarique	3
oléique	38
linoléique	50

référence : GUNSTONE F.D. *et al*, 1972

RENEALMIA alpinia   *(Zingiberaceae)*

origine : Pérou
14 % huile/graine
8,6 % insaponifiable/huile
acides gras (% poids) :

laurique	0,5
myristique	1,1
pentadécanoïque	0,4
palmitique	29,9
palmitoléique	9,5
heptadécanoïque	0,4
stéarique	4,0
oléique	45,2
linoléique	5,6
linolénique	1,6
arachidique	0,7
gondoïque	0,4

référence : LOGNAY G. *et al*, 1989

RESEDA lutea   *(Resedaceae)*

nom commun : réséda jaune
origine : France
24,5 % huile/graine
1,1 % insaponifiable/huile
acides gras (% poids) :

palmitique	6,8
palmitoléique	0,2
stéarique	1,8
oléique	11,8
asclépique	0,1
linoléique	17,4
linolénique	61,2
arachidique	0,4
gondoïque	0,3

référence : FERLAY V. *et al*, 1993

REVERCHONIA arenaria   *(Euphorbiaceae)*

28 % huile/graine
acides gras (% poids) :

palmitique	9
stéarique	3
oléique	26
linoléique	21
linolénique	40
gondoïque	0,6
autres	0,4

référence : KLEIMAN R. *et al*, 1965

RHODOLAENA altivola   *(Sarcolaenaceae)*

origine : Madagascar
17,3 % huile/graine
acides gras (% poids) :

myristique	0,5
palmitique	25,5
palmitoléique	0,4
7-hexadécénoïque	0,2
heptadécénoïque	0,1
stéarique	2,0
oléique	17,4
asclépique	1,9
linoléique	41,1
linolénique dihydrosterculique }	0,6
arachidique	2,3
gondoïque	6,8
autres	1,2

référence : GAYDOU E.M. *et al*, 1983 c

RHUS coriaria   *(Anacardiaceae)*

origine : Turquie
16 % huile/graine
acides gras (% poids) :

palmitique	9,9
stéarique	5,2
oléique	28,7
linoléique	56,2

référence : ERCIYES A.T. *et al*, 1989

RHUS succedanea   *(Anacardiaceae)*

nom commun : cire du Japon
origine : Japon
65 % huile/amande
acides gras (% poids) :

myristique	1,9
palmitique	67,5
stéarique	11,6
oléique	13,6
docosanedioïque tricosanedioïque }	6,0

référence : BANERJI R. *et al*, 1984

RHYNCHOSINAPIS longirostra   *(Brassicaceae)*

origine : Espagne
23,2 % huile/graine
acides gras (% poids) :

palmitique	6,1
stéarique	1,5
oléique	11,7
linoléique	17,9
linolénique	23,9
érucique	31,2
autres	1,7

référence : KUMAR P.R. *et al*, 1978

RIBES   *(Saxifragaceae)*

	R.alpinum	R.inebrians	R.montigenum
% huile/graine :	18,7	17,7	22,0
acides gras (% poids) :			
palmitique	5,6	5,4	5,3
palmitoléique	0,2	0,1	0,1
stéarique	1,4	2,0	1,5
oléique	18,1	17,6	22,3
linoléique	39,0	40,4	32,5
linolénique	22,0	26,4	28,9
γ -linolénique	8,9	3,4	3,7
stéaridonique	4,4	2,4	3,3
gondoïque	0,1	0,8	0,5

référence : WOLF R.B. *et al*, 1983 b

RIBES nigrum   *(Saxifragaceae)*

nom commun : cassis
origine : Europe
12-30,5 % huile/graine
acides gras (% poids) :

palmitique	6,4 - 6,5
stéarique	1,3 - 1,5
oléique	9,5 - 11,1
linoléique	47,7 - 48,0
linolénique	12,4 - 13,0
γ - linolénique	16,0 - 17,0
stéaridonique	2,6 - 3,5
autres	1,0 - 2,5

références : TRAITLER H. *et al*, 1984
LERCKER G. *et al*, 1988

RIBES orientale   *(Saxifragaceae)*

11,7 % huile/graine
acides gras (% poids) :

palmitique	6,8
palmitoléique	0,2
stéarique	1,4
oléique	18,1
linoléique	49,0
linolénique	19,6
γ -linolénique	1,9
stéaridonique	0,9
gondoïque	0,2

référence : WOLF R.B. *et al*, 1983 b

RICINOCARPUS   *(Euphorbiaceae)*

origine : Australie

	R.bowmanii	R.tuberculatus
% huile/graine :	38,5	34,2
acides gras (% poids) :		
myristique	-	0,8
palmitique	6,0	7,8
palmitoléique	1,0	0,5
stéarique	3,4	4,7
oléique	13,5	17,5
linoléique	9,8	15,7
linolénique	0,3	0,3
α-éléostéarique	60,9	46,8
autres	5,1	5,9

référence : RAO K.S. *et al*, 1991 b

RICINODENDRON heudelotti   *(Euphorbiaceae)*

origine : Gabon
45 % huile/graine
acides gras (% poids) :

palmitique	10
stéarique	7
oléique	36
α-éléostéarique	29,5
ß-éléostéarique	8
octadécadiénoïque conjugué	2

référence : PAMBOU TCHIVOUNDA H. *et al*, 1992

RICINUS communis   *(Euphorbiaceae)*

nom commun : ricin
origine : Brésil, Pakistan
39,6-59,5 % huile/graine
1,2 % insaponifiable/huile
acides gras (% poids) :

myristique	0 - 0,1
palmitique	0,9 - 1,6
heptadénoïque	0 - 0,2
stéarique	0,7 - 1,8
oléique	3,0 - 5,6
linoléique	3,0 - 6,0
linolénique	0 - 0,9
arachidique	0 - 0,4
gondoïque	0 - 0,9
ricinoléique	83,7 - 90,0
9,10-dihydroxy-octadécanoïque	0 - 0,3

références : DA SILVA RAMOS L.C. *et al*, 1984
RAIE M.Y. *et al*, 1985

RIDOLFIA segetum   *(Apiaceae)*

origine : Israël
12 % huile:graine
acides gras (% poids) :

palmitique	4,9
stéarique	0,3
oléique	10,4
pétrosélinique	76,1
linoléique	7,5
autres	0,7

référence : KLEIMAN R. *et al*, 1982

RINDERA   *(Boraginaceae)*

origine : Etats-Unis

	R.lanata	R.umbellata
% huile/graine :	27	21
acides gras (% poids) :		
palmitique	6	7
stéarique	2	2
oléique	48	38
linoléique	18	27
linolénique	8	6
γ -linolénique	4	8
gondoïque	5	5

érucique	6	6
autres	0,3	0,4

référence : MILLER R.W. et al, 1968

RIVEA corymbosa   *(Convolvulaceae)*

8 % huile/graine
acides gras (% poids) :

myristique	0,1
palmitique	20,4
palmitoléique	0,4
stéarique	8,0
oléique	13,5
linoléique	50,4
linolénique	2,3
nonadécanoïque	1,6
arachidique	1,6
béhénique	1,7
lignocérique	1,0

référence : SAHASRABUDHE M.R. et al, 1965

RIVEA cuneata   *(Convolvulaceae)*

voir ARGYREIA cuneata

ROBINIA pseudoacacia   *(Fabaceae)*

nom commun : robinier
origine : Inde
10 % huile/graine
acides gras (% poids) :

stéarique	28,8
oléique	49,4
linoléique	9,1
linolénique	5,3
arachidique	6,7

référence : KAUL S.L. et al, 1990

ROCHELIA   *(Boraginaceae)*

origine : Etats-Unis

	R.disperma	**R.stylaris**
% huile/graine :	18	21
acides gras (% poids) :		
palmitique	6	6
stéarique	3	2

oléique	17	18
linoléique	10	12
linolénique	39	40
γ-linolénique	5	5
stéaridonique	15	14
gondoïque	3	2
érucique	0,7	0,4
autres	0,6	-

référence : MILLER R.W. *et al*, 1968

ROLLINA mucosa   *(Annonaceae)*

origine : Zaïre
29 % huile/graine
acides gras (% poids) :

palmitique	18,4
palmitoléique	1,4
stéarique	3,2
oléique	33,0
linoléique	42,8
linolénique	0,8
arachidique	0,3
gondoïque	0,1

référence : KABELE NGIEFU C. *et al*, 1976 b

ROSA rubiginosa   *(Rosaceae)*

origine : Chili
8 % huile/graine
0,8 % insaponifiable/huile
acides gras (% poids) :

palmitique	3,2
stéarique	0,8
oléique	15,9
linoléique	40,7
linolénique	39,4

référence : RODRIGUEZ A. *et al*, 1987

ROSMARINUS officinalis   *(Lamiaceae)*

nom commun : romarin
12 % huile/graine
acides gras (% poids) :

palmitique	8,9
stéarique	3,8
oléique	20
linoléique	64

linolénique	2,1
autres	1,5

référence : HAGEMANN J.M. *et al*, 1967

ROUREOPSIS obliquifoliata   *(Connaraceae)*

origine : Afrique
45 % huile/graine
acides gras (% poids) :

myristique	0,1
palmitique	50,0
palmitoléique	32,0
stéarique	1,0
oléique	9,8
asclépique	2,2
linoléique	4,2
linolénique	0,1

référence : SPENCER G.F. *et al*, 1978

RUBUS idaeus   *(Rosaceae)*

nom commun : framboise
origine : France
17 % huile/graine
2,5 % insaponifiable/huile
acides gras (% poids) :

palmitique	3
oléique	9
linoléique	55,5
linolénique	33

référence : POURRAT H. *et al*, 1981

RUELLIA tuberosa   *(Acanthaceae)*

origine : Singapour
22 % huile/graine
acides gras (% poids) :

palmitique	20
stéarique	4
oléique	11
linoléique	65

référence : GUNSTONE F.D. *et al*, 1972

RULINGIA corylifolia   *(Sterculiaceae)*

origine : Australie
9,5 % huile/graine
acides gras (% poids) :

palmitique	12,2
palmitoléique	1,6
stéarique	3,4
oléique	9,5
linoléique	61,4
linolénique	0,8
arachidique	0,8
malvalique	5,9
sterculique	3,5

référence : VICKERY J.R., 1980

RULINGIA platycalyx   *(Sterculiaceae)*

origine : Australie
21 % huile/graine
acides gras (% poids) :

palmitique	8,8
palmitoléique	0,3
stéarique	3,1
oléique	11,0
linoléique	72,8
linolénique	0,9
arachidique	0,3
gondoïque	0,2
béhénique	0,2
autres	2,4

référence : RAO K.S. *et al*, 1992 a

RUMEX pseudonatronatus   *(Polygonaceae)*

origine : Canada
3,8 % huile/graine
acides gras (% poids) :

myristique	4,5
myristoléique	0,6
palmitique	6,5
palmitoléique	0,2
stéarique	2,7
oléique	29,8
linoléique	37,9
linolénique	0,3
gondoïque	2,7
béhénique	2,3

érucique	1,8
lignocérique	4,8
cérotique	3,4
montanique	2,4

référence : DAUN J.K. *et al*, 1976

SALLACA edulis   *(Arecaceae)*

origine : Zaïre
acides gras (% poids) :

caprylique	9,2
caprique	4,5
laurique	21,8
myristique	23,6
palmitique	14,9
stéarique	3,5
oléique	19,1
linoléique	4,4

référence : KABELE NGIEFU C. *et al*, 1976 a

SALMALIA malabarica   *(Bombacaceae)*

23,6 % huile/graine
acides gras (% poids) :

palmitique	30,0
palmitoléique	0,6
heptadécanoïque	0,2
heptadécénoïque	0,8
stéarique	5,0
oléique	16,7
linoléique	25,0
malvalique	7,5
dihydrosterculique	0,6
sterculique	11,0
époxy-oléique	1,0

référence : BOHANNON M.B. *et al*, 1978

SALVADORA   *(Salvadoraceae)*

origine : Inde

	S.oleoides	S.persica
% huile/graine :	40	42
acides gras (% poids) :		
caprique	-	1,0
laurique	35,6	19,6
myristique	50,7	54,5

palmitique	4,5	19,5
linoléique	0,6	5,4

référence : BANERJI R. *et al*, 1984

SALVIA acetabulosa *(Lamiaceae)* var.simplicifolia

origine : Etats-Unis
18 % huile/graine
acides gras (% poids) :

palmitique	9,1
stéarique	1,5
oléique	19
linoléique	67
linolénique	1,3
allène-non identifié	2,3
autres	0,5

référence : HAGEMANN J.M. *et al*, 1967

SALVIA aegyptiaca *(Lamiaceae)*

origine : Etats-Unis, Pakistan
17,4-22 % huile/graine
1,7 % insaponifiable/huile
acides gras (% poids) :

palmitique	8,0 - 9,4
stéarique	3,2 - 3,5
oléique	0 - 11
linoléique	21 - 84,5
linolénique	0 - 57
arachidique	0 - 1,5
autres	0,2 - 1,4

références : HAGEMANN J.M. *et al*, 1967
MALIK M.S. *et al*, 1987

SALVIA *(Lamiaceae)*

origine : Etats-Unis

	1	2	3	4	5	6
% huile/graine :	22	28	6,9	24	22	20
ac.gras (% poids) :						
palmitique	5,8	6,2	7,1	14	8,1	8,0
stéarique	2,4	3,2	3,4	2,6	1,8	2,6
oléique	20	11	21	25	14	24
linoléique	12	36	31	55	29	64

linolénique	58	44	36	2,1	45	0,5
autres	0,1	0,6	1,0	1,5	1,5	0,8

1 = SALVIA aethiopis   **4 = SALVIA bicolor**
2 = SALVIA amplexicaulis   **5 = SALVIA brachyantha**
3 = SALVIA apiana   **6 = SALVIA bracteata**

	7	**8**	**9**	**10**	**11**	**12**
% huile/graine :	30	19	24	32	11	21
ac.gras (% poids) :						
palmitique	9,3	5,0	8,5	5,8	5,4	6,8
stéarique	2,8	1,6	7,1	2,8	2,3	2,0
oléique	34	14	12	8,9	20	21
linoléique	19	36	38	17	71	67
linolénique	32	42	34	65	0,7	1,6
autres	2,2	1,0	0,7	0,6	0,7	0,9

7 = SALVIA carduacea   **10 = SALVIA columbariae**
8 = SALVIA ceratophylla   **11 = SALVIA cryptantha**
9 = SALVIA coccinea   **12 = SALVIA euphratica**

référence : HAGEMANN J.M. *et al*, 1967

SALVIA farinacea   *(Lamiaceae)*

origine : Etats-Unis, Inde
17-27,4 % huile/graine
1,0 % insaponifiable/huile
acides gras (% poids) :

laurique	0 - 2,3
myristique	0 - 2,3
palmitique	2,6 - 7,6
stéarique	2,6 - 2,7
oléique	17 - 82,2
linoléique	1,9 - 22
linolénique	0 - 51
arachidique	0 - 1,1
béhénique	0 - 4,9
autres	0 - 0,2

références : HAGEMANN J.M. *et al*, 1967
BADAMI R.C. *et al*, 1984 a

SALVIA   *(Lamiaceae)*

origine : Etats-Unis

	S.glutinosa	**S.grandiflora**
% huile/graine :	39	16
acides gras (% poids) :		
palmitique	5,2	11

stéarique	2,6	2,6
oléique	15	26
linoléique	39	58
linolénique	37	0,7
autres	1,1	1,2

référence : HAGEMANN J.M. *et al*, 1967

SALVIA hispanica   *(Lamiaceae)*

nom commun : chia
origine : Etats-Unis
25-34 % huile/graine
acides gras (% poids) :

palmitique	5,2 - 9,9
palmitoléique	0 - 0,8
hexadécadiénoïque	0 - 1,4
stéarique	2,9 - 16,2
oléique	6,8 - 21,3
linoléique	15,3 - 46,3
linolénique	6,3 - 69,0
béhénique	0 - 0,5
érucique	0 - 0,4
autres	0 - 0,2

références : HAGEMANN J.M. *et al*, 1967
BUSHWAY A.A. *et al*, 1984
TAGA M.S. *et al*, 1984

SALVIA   *(Lamiaceae)*

origine : Etats-Unis

	1	2	3	4	5	6
% huile/graine :	24	16	20	23	21	19
ac.gras (% poids) :						
palmitique	9,0	10	6,0	8,7	7,9	7,1
stéarique	2,6	2,4	2,8	2,0	2,2	4,9
oléique	19	32	7,7	16	18	8,7
linoléique	27	53	30	21	69	26
linolénique	41	0,9	52	51	2,1	52
autres	1,1	0,9	1,8	1,4	0,9	0,3

1 = SALVIA horminum   **4 = SALVIA lanigera**
2 = SALVIA hydrangea   **5 = SALVIA lavandulaefolia**
3 = SALVIA judaica   **6 = SALVIA longispicata**

	7	8	9	10	11
% huile/graine :	23	14	21	27	27
ac.gras (% poids) :					
palmitique	8,6	5,9	7,5	9,6	4,8

stéarique	3,5	3,9	2,7	3,4	1,9
oléique	17	11	14	27	9,2
linoléique	70	26	55	23	30
linolénique	1,0	52	20	36	53
autres	0,5	0,6	0,8	0,3	0,8

7 = SALVIA lyrata   **10 = SALVIA moorcraftiana**
8 = SALVIA mexicana   **11 = SALVIA nemorosa**
9 = SALVIA montbretii

référence : HAGEMANN J.M. *et al*, 1967

SALVIA nilotica   *(Lamiaceae)*

acides gras (% poids) :

palmitique	8,2
palmitoléique	0,1
heptadécanoïque	0,1
stéarique	4,5
oléique	10,1
linoléique	35,8
linolénique	28,7
arachidique	1,0
autres	10,8

référence : BOHANNON M.B. *et al*, 1975

SALVIA officinalis   *(Lamiaceae)*

nom commun : sauge officinale
origine : Etats-Unis
25 % huile/graine
acides gras (% poids) :

palmitique	7,2
stéarique	2,4
oléique	13
linoléique	76
linolénique	0,9
autres	0,5

référence : HAGEMANN J.M. *et al*, 1967

SALVIA plebeia   *(Lamiaceae)*

origine : Etats-Unis, Inde
21-23 % huile/graine
acides gras (% poids) :

myristique	0 - 3,1
palmitique	7,8 - 8,0
stéarique	2,9 - 3,3

oléique	13 - 13,4
linoléique	37 - 43,9
linolénique	28,5 - 33
autres	0 - 5,2

références : HAGEMANN J.M. *et al*, 1967
HASAN S.Q. *et al*, 1980

SALVIA polystachya *(Lamiaceae)*

origine : Etats-Unis
30 - 33 % huile/graine
acides gras (% poids) :

palmitique	6,1 - 27,4
palmitoléique	0 - 6,9
hexadécadiénoïque	0 - 2,9
stéarique	3,2 - 12,3
oléique	11 - 21,2
linoléique	12,8 - 21
linolénique	15,4 - 57
autres	0 - 1,3

référence : HAGEMANN J.M. *et al*, 1967
BUSHWAY A.A. *et al*, 1981

SALVIA *(Lamiaceae)*

origine : Etats-Unis

	1	2	3	4	5
% huile/graine :	19	23	13	20	28
ac.gras (% poids) :					
palmitique	5,9	6,6	7,5	6,9	8,2
stéarique	2,6	3,0	2,4	2,4	3,6
oléique	9,3	11	21	21	17
linoléique	31	16	65	68	32
linolénique	50	63	0,8	1,0	39
autres	0,6	-	2,5	0,8	0,4

1 = SALVIA pratensis   **4 = SALVIA rosaefolia**
2 = SALVIA reflexa   **5 = SALVIA rugosa**
3 = SALVIA ringens

référence : HAGEMANN J.M. *et al*, 1967

SALVIA sclarea *(Lamiaceae)*

nom commun : sauge sclarée
origine : Etats-Unis, France
29,8 - 31 % huile/graine
acides gras (% poids) :

palmitique	6,1 - 6,9
palmitoléique	0 - 0,4
stéarique	2,2 - 2,5
oléique	13,5 - 18
asclépique	0 - 0,6
linoléique	14,6 - 17
linolénique	54 - 61,8
arachidique	0 - 0,4
gondoïque	0 - 0,4
autres	0 - 0,7

références : HAGEMANN J.M. *et al*, 1967
FERLAY V. *et al*, 1993

SALVIA   *(Lamiaceae)*

origine : Etats-Unis

	S. similata	**S. sonomensis**
% huile/graine :	11	21
acides gras (% poids) :		
palmitique	7,6	5,4
stéarique	2,9	2,7
oléique	21	21
linoléique	27	37
linolénique	40	32
autres	1,3	1,3

référence : HAGEMANN J.M. *et al*, 1967

SALVIA spinosa   *(Lamiaceae)*

origine : Inde
12 % huile/graine
acides gras (% poids) :

palmitique	13,5
palmitoléique	0,7
stéarique	3,4
oléique	34,6
linoléique	20,0
arachidique	27,2
béhénique	0,7

référence : MANNAN A. *et al*, 1986

SALVIA   *(Lamiaceae)*

origine : Etats-Unis

	1	**2**	**3**	**4**
% huile/graine :	40	27	27	22
acides gras (% poids) :				
palmitique	8,4	4,2	5,0	4,8
stéarique	1,7	2,3	2,2	1,6
oléique	21	14	17	13
linoléique	67	24	31	79
linolénique	0,7	55	43	12
autres	0,9	0,2	1,6	0,2

1 = SALVIA suffruticosa   **3 = SALVIA syriaca**
2 = SALVIA sylvestris   **4 = SALVIA tchihatcheffii**

	5	**6**	**7**	**8**
% huile/graine :	16	23	14	18
acides gras (% poids) :				
palmitique	11	9,2	8,4	11
stéarique	2,9	5,2	2,9	2,1
oléique	8,9	25	12	14
linoléique	76	59	31	25
linolénique	12	0,8	45	48
autres	0,2	0,6	0,2	0,5

5 = SALVIA texana   **7 = SALVIA valentina**
6 = SAIVIA triloba   **8 = SALVIA verbenaca**

référence : HAGEMANN J.M. *et al*, 1967

SAMBUCUS racemosa   *(Caprifoliaceae)*

origine : Tchécoslovaquie
28 % huile/graine
acides gras (% poids) :

palmitique	1,5
stéarique	0,3
oléique	14,1
linoléique	46,7
linolénique	37,4

référence : MOTL O. *et al*, 1977

SANDORICUM koetjape   *(Meliaceae)*

origine : Thaïlande
1,7 % huile/graine
acides gras (% poids) :

myristique	2,1
palmitique	29,0

stéarique	6,4
oléique	17,3
asclépique	3,3
linoléique	30,3
linolénique	9,3
béhénique	0,4
érucique	0,8

référence : KLEIMAN R. *et al*, 1984

SANGUISORBA minor *(Rosaceae)*

acides gras (% poids) :

palmitique	6,0
palmitoléique	0,1
stéarique	2,9
oléique	13,0
asclépique	0,2
linoléique	36,9
linolénique	38,2
arachidique	0,4
gondoïque	0,6
béhénique	0,3
érucique	0,1

référence : SEHER A. *et al*, 1982

SANICULA *(Apiaceae)*

	S. chinensis	S. marilandica
% huile/graine :	25,2	33,2
acides gras (% poids) :		
palmitique	2,5	2,6
stéarique	0,1	0,2
oléique	12,7	15,1
pétrosélinique	65,8	55,5
linoléique	18,8	26,3
linolénique	-	0,1
autres	0,1	0,1

référence : KLEIMAN R. *et al*, 1982

SANSEVERIA *(Haemodoraceae)*

origine : Inde

	S.cylindrica	S.zeylanica
% huile/graine :	5	4
% insaponifiable/huile :	0,4	1,7
acides gras (% poids) :		
caprique	0,2	-

laurique	0,3	0,2
myristique	1,7	1,1
palmitique	26,9	22,3
stéarique	6,1	5,2
oléique	27,2	34,4
linoléique	32,0	30,2
arachidique	3,0	-
béhénique	2,6	-

référence : DAULATABAD C.D. *et al*, 1983

SANTALUM obtusifolium   *(Santalaceae)*

origine : Australie
17,8 % huile/graine
acides gras (% poids) :

myristique	0,3
palmitique	0,6
palmitoléique	0,4
stéarique	1,2
oléique	14,3
linoléique	0,7
linolénique	3,2
gondoïque	0,3
éicosadiénoïque	2,5
éicosatriénoïque	0,2
éicosapentaénoïque	4,3
xyménynique	71,5

référence : VICKERY J.R. *et al*, 1984 b

SAPINDUS drummondii   *(Sapindaceae)*

55,8 % huile/amande
acides gras (% poids) :

palmitique	5
stéarique	tr
oléique	55
linoléique	16
linolénique	4
arachidique	3
gondoïque	17

référence : HOPKINS C.Y. *et al*, 1967

SAPINDUS emarginatus   *(Sapindaceae)*

origine : Inde
41 % huile/amande
acides gras (% poids) :

palmitique	8,0
stéarique	2,7

oléique	62,1
linoléique	2,5
arachididque	15,4
gondoïque	9,3

référence : GOWRIKUMAR G. *et al*, 1976

SAPINDUS mukurossi   *(Sapindaceae)*

origine : Viet Nam, Inde
31,3 - 39,5 % huile/amande
1 % insaponifiable/huile
acides gras (% poids) :

palmitique	4,0 - 5,8
palmitoléique	0 - 0,5
stéarique	0,2 - 1
oléique	54 - 62,8
linoléique	4,6 - 8,3
linoléique	0,7 - 6
arachidique	4,4 - 6,4
gondoïque	15 - 22,4

références : HOPKINS C.Y. *et al*, 1967
FRANZKE C. *et al*, 1971
SENGUPTA A. *et al*, 1975

SAPINDUS saponaria   *(Sapindaceae)*

nom commun : savonnier
20 % huile/amande
acides gras (% poids) :

palmitique	5
stéarique	4
oléique	65
linoléique	6
arachididque	7
gondoïque	13

référence : HOPKINS C.Y. *et al*, 1967

SAPINDUS trifoliatus   *(Sapindaceae)*

51,8 % huile/amande
1,5 % insaponifiable/huile
acides gras (% poids) :

palmitique	7,0
palmitoléique	0,8
stéarique	4,3
oléique	58,2
linoléique	2,1
linolénique	0,8

arachidique	15,9
gondoïque	8,6
béhénique	1,5
érucique	0,5
lignocérique	0,3

référence : UCCIANI E. *et al*, 1994

SAPIUM   *(Euphorbiaceae)*

	S.montevidense	S.haematospermum
% huile/graine	13	25
acides gras (% poids) :		
palmitique	12	10
stéarique	2	2
oléique	14	14
linoléique	16	19
linolénique	53	51
gondoïque	-	0,1
autres	2	0,2

référence : KLEIMAN R. *et al*, 1965

SAPIUM sebiferum   *(Euphorbiaceae)*

origine : Pakistan, Inde

	coque	amande
nom commun :	suif chinois	stillingia
% huile :	6	65 - 69
acides gras (% poids) :		
laurique	0 - 0,3	2,2
myristique	0 - 4,2	-
palmitique	62,3 - 64,5	3,8
palmitoléique	-	1,4
stéarique	1,4 - 5,9	1,6
oléique	27,4 - 28,1	11,0
linoléique	0 - 1,8	30,0
linolénique	0 - 4,2	50,0

références : RAIE M.Y. *et al*, 1983 b
BANERJI R. *et al*, 1984

SARACA asoca   *(Caesalpiniaceae)*

origine : Inde
0,9 % huile/graine
acides gras (% poids) :

myristique	0,3
pentadécanoïque	0,1
palmitique	60,4

stéarique	3,3
oléique	30,9
linoléique	4,8

référence : CHOWDHURY A.R. *et al*, 1986 b

SARCOLAENA   *(Sarcolaenaceae)*

origine : Madagascar

	1	2	3	4	5
% huile/graine :	1,6	2,1	0,9	1,6	1,5
ac.gras (% poids) :					
myristique	0,4	0,3	0,5	0,4	-
pentadécanoïque	0,2	0,1	0,2	0,2	0,2
palmitique	25,0	22,8	20,6	24,2	21,3
palmitoléique	0,3	0,2	0,4	0,4	0,3
(7) - hexadécénoïque	0,3	0,2	0,4	0,3	0,3
heptadécadiénoïque	0,2	-	0,4	0,6	0,4
stéarique	3,6	2,9	4,8	3,2	3,2
oléique	27,5	22,3	24,2	28,6	24,4
asclépique	1,3	1,1	1,4	1,6	1,5
linoléique	35,3	36,2	38,7	32,7	42,4
linolénique } dihydrosterculique }	1,1	1,2	3,5	1,4	1,5
malvalique	0,7	-	0,2	1,2	-
sterculique	0,4	-	0,3	0,5	-
arachidique	2,5	9,0	1,9	2,7	2,6
gondoïque	0,9	1,8	1,1	1,6	1,4
autres	0,3	-	1,4	0,4	0,6

1 = SARCOLAENA codonochlamus   **4 = SARCOLAENA multiflora**
2 = SARCOLAENA grandiflora   **5 = SARCOLAENA oblongifolia**
3 = SARCOLAENA microphylla

référence : GAYDOU E.M. *et al*, 1983 c

SATUREJA coreana   *(Lamiaceae)*

origine : Etats-Unis
26 % huile/graine
acides gras (% poids) :

palmitique	4,7
stéarique	2,7
oléique	9,0
linoléique	28
linolénique	54
autres	0,7

référence : HAGEMANN J.M. *et al*, 1967

SATUREJA cuneifolia   *(Lamiaceae)*

origine : Yougoslavie
24,1 % huile/graine
acides gras (% poids) :

palmitique	5,6
stéarique	1,5
oléique	10,1
linoléique	15,1
linolénique	67,7

référence : MARIN P.D. *et al*, 1991

SATUREJA hortensis   *(Lamiaceae)*

nom commun : sariette
origine : Etats-Unis, Yougoslavie
36,2-39 % huile/graine
acides gras (% poids) :

palmitique	3,9 - 4,3
stéarique	1,1 - 1,7
oléique	5,5 - 7,6
linoléique	20 - 21,4
linolénique	65 - 68,1
autres	0 - 1,4

références : HAGEMANN J.M. *et al*, 1967
MARIN P.D. *et al*, 1991

SATUREJA   (Lamiaceae)

origine : Yougoslavie

	1	2	3	4	5
% huile/graine :	27,2	23,6	21,8	24,4	18,2
ac.gras (% poids) :					
palmitique	3,7	3,7	4,1	4,3	4,4
stéarique	1,2	1,1	1,0	0,9	1,1
oléique	9,6	10,9	7,5	8,0	14,5
linoléique	14,4	16,0	15,9	14,5	13,8
linolénique	71,1	68,3	71,5	72,3	66,2

1 = SATUREJA horvatii
2 = SATUREJA kitaibelii
3 = SATUREJA montana
4 = SATUREJA montana ssp.montana
5 = SATUREJA montana ssp.pisidica

	6	7	8	9
% huile/graine :	5,7	31,9	25,7	23,1
ac.gras (% poids) :				
palmitique	6,7	4,2	3,8	3,9
stéarique	2,4	0,6	0,7	0,8
oléique	8,6	5,4	8,2	8,5
linoléique	14,1	16,1	18,2	16,4
linolénique	68,2	73,7	69,2	70,4

6 = SATUREJA montana   **8 = SATUREJA subspicata**
ssp.variegata   **ssp.liburnica**
7 = SATUREJA pilosa   **9 = SATUREJA subspicata**
                                  ssp.subspicata

référence : MARIN P.D. *et al*, 1991

SATUREJA   *(Lamiaceae)*

origine : Etats-Unis

	S.thymbra	**S.verticillata**
% huile/graine :	18	19
acides gras (% poids) :		
palmitique	5,3	6,6
stéarique	2,2	3,2
oléique	18	20
linoléique	26	34
linolénique	49	35
autres	0,2	1,2

référence : HAGEMANN J.M. *et al*, 1967

SAUSSUREA candicans   *(Asteraceae)*

origine : Pakistan
30 % huile/graine
acides gras (% poids) :

palmitique	6,2
stéarique	3,1
oléique	19,4
linoléique	36,3
linolénique	0,5
crépénynique	33,0

référence : SMITH C.R., 1974

SAVIGNYA parviflora   *(Brassicaceae)*

19 % huile/graine
acides gras (% poids) :

palmitique	6
stéarique	2
oléique	35
linoléique	4
linolénique	10
arachidique	0,7
gondoïque	12
béhénique	0,7
érucique	26
nervonique	2
autres	1,5

référence : MILLER R.W. *et al*, 1965

SAXIFRAGA   *(Saxifragaceae)*

	1	2	3	4
% huile/graine :	30	29	37	25
acides gras (% poids) :				
palmitique	5,6	0,9	3,5	6,0
stéarique	0,3	0,1	0,7	0,4
oléique	9,9	16,1	8,2	11,1
linoléique	34,3	24,1	33,8	36,4
linolénique	49,9	58,7	53,8	44,4
autres	-	-	-	1,7

1 = SAXIFRAGA granulata   3 = SAXIFRAGA nesacea
2 = SAXIFRAGA nivalis   4 = SAXIFRAGA oppositifolia

référence : SCRIMGEOUR C.M., 1976

SCALIGERIA   *(Apiaceae)*

	S.aitchisonii	S.meifolia
% huile/graine :	17,4	26,4
acides gras (% poids) :		
palmitique	3,8	6,5
stéarique	0,8	0,5
oléique	5,6	15,1
pétrosélinique	75,0	56,4
linoléique	13,7	20,8
linolénique	0,3	0,2
autres	0,6	0,3

référence : KLEIMAN R. *et al*, 1982

SCAEVOLA taccada   *(Goodeniaceae)*

origine : Fidji
25 % huile/graine
acides gras (% poids) :

palmitique	11,5 - 14,3
palmitoléique	3,3 - 4,5
stéarique	7,2 - 8,2
oléique	20,7 - 23,3
asclépique	0,7 - 1,1
linoléique	49,3 - 57,1
linolénique	0,1
arachidique	0,4 - 0,6

référence : SOTHEESWARAN S. *et al*, 1994

SCANDIX   *(Apiaceae)*

	S.iberica	S.macrorhyncha	S.pecten-veneris
origine :	Turquie	Yougoslavie	Pakistan
% huile/graine :	4,4	6,5	7
ac.gras (% poids) :			
palmitique	11,1	6,8	6,3
stéarique	0,9	0,9	1,5
oléique	43,1	18,0	14,3
pétrosélinique	16,3	52,1	55,7
linoléique	27,8	21,5	21,0
linolénique	0,4	0,2	0,4
autres	0,3	0,3	0,8

référence : KLEIMAN R. *et al*, 1982

SCHIMPERA arabica   *(Brassicaceae)*

39 % huile/graine
acides gras (% poids) :

palmitique	9
stéarique	2
oléique	17
linoléique	17
linolénique	29
arachidique	1
gondoïque	11
éicosadiénoïque	0,9
béhénique	0,1
érucique	11
nervonique	0,4
autres	0,7

référence : MILLER R.W. *et al*, 1965

SCHINUS molle   *(Anacardiaceae)*

origine : Australie
13,3 % huile/graine

19 % insaponifiable/huile
acides gras (% poids) :

laurique	1,7
lauroléique	0,6
myristique	0,3
palmitique	13,0
palmitoléique	1,3
heptadécanoïque	0,2
stéarique	2,4
oléique	23,3
linoléique	57,0
linolénique	0,2

référence : VICKERY J.R., 1980

SCHIZOLAENA   *(Sarcolaenaceae)*

origine : Madagascar

	1	2	3	4	5	6
% huile/graine :	1,6	2,2	1,9	2,1	2,6	1,9
ac.gras (% poids) :						
myristique	0,5	0,4	0,4	0,5	0,6	0,4
pentadécanoïque	0,2	0,2	0,2	0,1	0,5	0,2
palmitique	22,8	25,0	21,3	24,5	17,4	21,1
palmitoléique	0,4	0,5	0,4	0,3	0,8	0,4
7 - hexadécénoïque	0,3	0,3	0,4	0,3	0,8	0,4
heptadécénoïque	0,2	0,5	0,7	0,2	0,5	0,3
heptadécadiénoïque	0,3	0,4	0,3	0,3	0,8	0,4
stéarique	5,2	4,6	4,9	4,8	2,3	4,2
oléique	26,0	26,2	24,3	24,8	18,9	26,4
asclépique	1,7	2,0	1,2	1,6	1,1	1,4
linoléique	35,3	29,3	32,4	33,4	32,2	30,9
linolénique } dihydrosterculique }	2,1	2,3	3,2	1,6	6,5	2,0
malvalique	-	0,6	0,4	0,1	0,8	-
sterculique	-	0,4	-	0,2	0,4	0,5
arachidique	2,3	1,9	1,6	3,1	12,3	2,7
gondoïque	1,0	0,8	-	0,7	0,4	0,7
autres	1,7	4,6	8,3	3,5	3,8	8,0

1 = SCHIZOLAENA elongata   **4 = SCHIZOLAENA pertinata**
2 = SCHIZOLAENA exinvolucrata   **5 = SCHIZOLAENA rosea**
3 = SCHIZOLAENA hystrix   **6 = SCHIZOLAENA viscosa**

référence : GAYDOU E.M. *et al,* 1983 c

SCHLEICHERA trijuga   *(Sapindaceae)*

origine : Inde
74 % huile/amande
acides gras (% poids) :

laurique	0,3
myristique	0,2
palmitique	10,8
palmitoléique	1,6
stéarique	4,6
oléique	42,8
linoléique	6,1
arachidique	22,0
gondoïque	9,2
béhénique	1,4
érucique	1,0

référence : SREENIVASAN B., 1968

SCIADOPITYS verticillata   *(Taxodiaceae)*

origine : Japon
36 % huile/graine
acides gras (% poids) :

palmitique	2,9
stéarique	2,1
oléique	22,9
asclépique	0,2
linoléique	46,0
linolénique	1,7
arachidique	0,3
gondoïque	1,0
éicosadiénoïque	5,7
5, 11, 14 - éicosatriénoïque	15,0
éicosatriénoïque	0,2
éicosatetraénoïque	1,8
autres	0,2

référence : TAKAGI T. *et al,* 1982

SCORZONERA hispanica   *(Asteraceae)*

origine : Allemagne
12,8 % huile/graine
acides gras (% poids) :

palmitique	6,7
palmitoléique	0,1
stéarique	2,5
oléique	12,0
asclépique	0,5
linoléique	73,6
linolénique	0,4
arachidique	1,4
gondoïque	0,5
béhénique	1,7
autres	0,7

référence : NASIRULLAH *et al,* 1984

SCROPHULARIA   *(Scrophulariaceae)*

	1	2	3	4	5	6
% huile/graine :	31,1	43,4	39,9	26,3	37,9	28,1
acides gras						
(% poids) :						
palmitique	8,4	6,4	7,2	5,8	7,2	9,9
palmitoléique	0,1	0,1	0,3	0,1	0,6	tr
stéarique	2,8	1,8	2,8	2,1	2,5	2,6
oléique	28,1	16,3	14,8	16,6	14,9	28,1
linoléique	55,9	71,0	70,5	66,0	62,6	55,8
linolénique	tr	0,5	0,1	0,5	0,6	-
γ - linolénique	4,5	3,8	3,7	8,0	9,6	3,5
arachidique	tr	tr	0,3	0,4	0,9	-
gondoïque	0,2	0,1	-	tr	0,2	0,1

1 = SCROPHULARIA canina   **4 = SCROPHULARIA lanceolata**
2 = SCROPHULARIA grayana   **5 = SCROPHULARIA marilandica**
3 = SCROPHULARIA koraiensis   **6 = SCROPHULARIA michoniana**

référence : WOLF R.B. *et al*, 1983 b

SCUTELLARIA   *(Lamiaceae)*

origine : Yougoslavie

	S.albida	S.altissima
% huile/graine :	13,0	19,5
acides gras (% poids) :		
palmitique	4,7	7,6
stéarique	1,6	1,8
oléique	23,7	29,7
linoléique	69,0	60,2
linolénique	1,0	0,7

référence : MARIN P.D. *et al*, 1991

SCUTELLARIA   *(Lamiaceae)*

origine : Etats-Unis

	S.columnae	S.condensata	S.drumondii
% huile/graine :	38	16	33
acides gras (% poids) :			
palmitique	7,8	9,1	6,5
stéarique	2,7	3,3	2,4
oléique	33	42	62
linoléique	54	44	27

| linolénique | 0,1 | 0,6 | - |
| autres | 2,4 | 0,3 | 2,7 |

référence : HAGEMANN J.M. et al, 1967

SCUTELLARIA   *(Lamiaceae)*

origine : Yougoslavie

	S.galericulata	**S.hastifolia**
% huile/graine :	14,7	14,1
acides gras (% poids) :		
palmitique	3,4	6,2
stéarique	0,4	1,1
oléique	27,0	25,7
linoléique	65,0	66,3
linolénique	4,2	0,7

référence : MARIN P.D. et al, 1991

SCUTELLARIA multicaulis   *(Lamiaceae)*

origine : Etats-Unis
42 % huile/graine
acides gras (% poids) :

palmitique	5,0
stéarique	3,1
oléique	29
linoléique	61
linolénique	0,5
autres	1,1

référence : HAGEMANN J.M. et al, 1967

SCYPHOCEPHALIUM ochocoa   *(Myristicaceae)*

origine : Gabon
48 % huile/graine
acides gras (% poids) :

laurique	17
myristique	81,5
palmitique	1
oléique	0,5

référence : PAMBOU TCHIVOUNDA H. et al, 1992

SELENIA grandis   *(Brassicaceae)*

origine : Etats-Unis
18 % huile/graine
acides gras (% poids) :

palmitique	2,2
palmitoléique	0,3
stéarique	1,3
oléique	28,2
linoléique	4,3
linolénique	1,9
gondoïque	58,5
érucique	3,3

référence : MIKOLAJCZAK K.L. *et al*, 1963 b

SELINUM   *(Apiaceae)*

	S.carvifolium	**S.wallichianum**
origine :	Yougoslavie	Inde
% huile/graine :	24,3	16,8

acides gras (% poids) :

palmitique	-	3,5
stéarique	0,2	1,5
oléique	9,5	4,1
pétrosélinique	53,0	64,6
linoléique	33,5	23,5
linolénique	-	0,5
autres	-	2,1

référence : KLEIMAN R. *et al*, 1982

SENECARPUS kurzii   *(Anacardiaceae)*

origine : Inde
11,5 % huile/graine
acides gras (% poids) :

myristique	0,1
palmitique	18,3
palmitoléique	0,3
stéarique	12,1
oléique	33,4
linoléique	25,0
linolénique	0,3
isoricinoléique	10,5

référence : FAROOQI J.A. *et al*, 1985 a

SENEBIERA coronopus   *(Brassicaceae)*

35 % huile/graine
acides gras (% poids) :

palmitique	13
stéarique	4

oléique	26
linoléique	9
linolénique	40
arachidique	0,5
gondoïque	6
éicosadiénoïque	0,2
béhénique	0,6
autres	0,8

référence : MILLER R.W. *et al*, 1965

SESAMUM *(Pedaliaceae)*

origine : Soudan

	S.alatum	S.angustifolium
% huile/graine :	28,9	36,2
acides gras (% poids) :		
palmitique	11,5	8,7
stéarique	5,6	7,8
oléique	43,2	35,5
asclépique	1,0	0,8
linoléique	36,9	44,8
autres	1,8	2,4

référence : KAMAL-ELDIN A. *et al*, 1992

SESAMUM indicum *(Pedaliaceae)*

nom commun : sésame
origine : Corée, Turquie, Egypte
52,5 - 57,4 % huile/graine
acides gras (% poids) :

palmitique	7,6 - 16,7
palmitoléique	0 - 0,2
stéarique	3,8 - 6,4
oléique	36,0 - 42,9
linoléique	34,6 - 50,9
linolénique	0 - 1,1
arachidique	0 - 1,2

références : SEHER A. *et al*, 1977
YAZICIOGLU T. *et al*, 1983
ABDEL RAHMAN A.H.Y., 1984

SESAMUM indicum *(Pedaliaceae)*

origine : Pakistan

	var.album	var.nigrum
nom commun :	sésame blanc	sésame noir
% huile/graine :	47,6	46,8
% insaponifiable/huile :	1,4	1,1
acides gras (% poids) :		

palmitique	1,1	9,0
stéarique	20,1	7,8
oléique	39,7	33,5
linoléique	39,1	49,7

référence : RAIE M.Y. *et al*, 1985

SESAMUM radiatum   *(Pedaliaceae)*

origine : Soudan
28,9 % huile/graine
acides gras (% poids) :

palmitique	9,5
stéarique	9,9
oléique	37,9
asclépique	0,6
linoléique	40,6
autres	1,5

référence : KAMAL-ELDIN A. *et al*, 1992

SESBANIA aculeata   *(Fabaceae)*

origine : Inde
3,8 % huile/graine
acides gras (% poids) :

myristique	0,1
pentadécanoïque	1,7
palmitique	17,9
stéarique	1,9
oléique	52,3
linoléique	0,6
linolénique	11,5
arachidique	13,8

référence : CHOWDHURY A.R. *et al*, 1986 a

SESBANIA aegyptiaca   *(Fabaceae)*

voir SESBANIA sesban

SESBANIA javanica   *(Fabaceae)*

voir SESBANIA paludosa

SESBANIA paludosa   *(Fabaceae)*

origine : Inde
3,8 % huile/graine
acides gras (% poids) :

palmitique	16,2
stéarique	3,7
oléique	11,3
linoléique	64,9
linolénique	1,0
arachidique	2,8

référence : CHOWDHURY A.R. *et al*, 1986 a

SESBANIA rostrata   *(Fabaceae)*

origine : Sénégal
acides gras (% poids) :

myristique	0,3
pentadécanoïque	0,1
palmitique	16,3
palmitoléique	0,1
heptadécanoïque	0,3
stéarique	4,2
oléique	17,8
linoléique	53,4
linolénique	6,1
arachidique	0,6
gondoïque	0,4
éicosadiénoïque	0,2
béhénique	0,2

référence : MIRALLES J. *et al*, 1992

SESBANIA sesban   *(Fabaceae)*

origine : Inde
3 % huile/graine
acides gras (% poids) :

palmitique	13,8
stéarique	6,4
oléique	12,4
linoléique	62,2
linolénique	0,9
arachidique	4,2

référence : CHOWDHURY A.R. *et al*, 1986 a

SESELI   *(Apiaceae)*

	S.cantabricum	S.libanotis
origine :	Espagne	Yougoslavie
% huile/graine :	14,9	26,4
acides gras (% poids) :		

palmitique	6,3	3,5
stéarique	1,2	1,1
oléique	37,1	14,8
pétrosélinique	.35,1	45,6
linoléique	19,6	34,7
linolénique	0,3	-
autres	0,2	0,2

référence : KLEIMAN R. *et al*, 1982

SESELI tortuosum   *(Apiaceae)*

origine : France
12 % huile/graine
acides gras (% poids) :

palmitique	5,6
stéarique	3,9
oléique	12,0
asclépique	0,4
pétrosélinique	45,5
linoléique	31,3
linolénique	0,7
arachidique	0,1
gondoïque	0,1
autres	0,4

référence : UCCIANI E. *et al*, 1991

SETARIA viridis   *(Poaceae)*

origine : Canada
7,1 % huile/graine
acides gras (% poids) :

myristique	0,3
palmitique	5,0
palmitoléique	0,1
stéarique	2,1
oléique	19,5
linoléique	67,0
linolénique	3,9
gondoïque	1,5
béhénique	0,3

référence : DAUN J.K. *et al*, 1976

SHOREA robusta   *(Dipterocarpaceae)*

nom commun : sal
origine : Inde
20 % huile/graine
acides gras (% poids) :

palmitique	5,3 - 8,3
stéarique	34,7 - 42,8
oléique	41,9 - 42,6
linoléique	1,9 - 2,8
arachidique	2,8 - 6,9
dihydroxy-stéarique	0 - 0,5

références : BANERJI R. *et al*, 1984
SOULIER P. *et al*, 1989

SHOREA stenoptera   *(Dipterocarapaceae)*

nom commun : illipe de Borneo
origine : Malaisie, Indonésie
52 % huile/graine
acides gras (% poids) :

palmitique	15,3 - 18,0
stéarique	43,3 - 45,1
oléique	36,9 - 37,4
linoléique	0,2 - 1,0
arachidique	1,1 - 1,6
dihydroxy-stéarique	0 - 0,1

références : BANERJI R. *et al*, 1984
SOULIER P. *et al*, 1989

SIDA acuta   *(Malvaceae)*

origine : Inde
12 % huile/graine
1,4 % insaponifiable/huile
acides gras (% poids) :

myristique	0 - 2,3
palmitique	13,4 - 35,8
palmitoléique	1,2 - 5,7
stéarique	7,1 - 8,4
oléique	20,3 - 47,9
linoléique	18,4 - 25,2
malvalique	0 - 1,7
sterculique	0 - 11,0

références : RAO R.E. *et al*, 1973
AHMAD M.U. *et al*, 1976

SIDA cordifolia   *(Malvaceae)*

origine : Inde
11,5 - 30,7 % huile/graine
4,3 % insaponifiable/huile
acides gras (% poids) :

myristique	0,2 - 0,7
palmitique	12,0 - 18,2
stéarique	4,6 - 6,1
oléique	10,7 - 14,0
linoléique	30,9 - 62,8
malvalique	2,2 - 11,2
sterculique	0,6 - 12,9
arachidique	0 - 0,6
coronarique	0 - 11,0

références : Rao K.S. *et al*, 1984
Farooqi J.A. *et al*, 1985 b

SIDA echinocarpa   *(Malvaceae)*

origine : Australie
11,2 % huile/graine
acides gras (% poids) :

palmitique	18,3
stéarique	2,5
oléique	8,1
linoléique	67,3
linolénique	0,4
malvalique	2,5
dihydrosterculique	0,1
sterculique	0,2
arachidique	0,2
autres	0,4

référence : Rao K.S. *et al*, 1989

SIDA grewioides   *(Malvaceae)*

origine : Inde
13,8 % huile/graine
acides gras (% poids) :

palmitique	18,8
stéarique	4,3
oléique	19,5
linoléique	53,9
malvalique	2,1
sterculique	1,3

référence : Husain S. *et al*, 1980

SIDA humilis   *(Malvaceae)*

origine : Inde
4,8 % huile/graine
0,9 % insaponifiable/huile
acides gras (% poids) :

laurique	0,4
myristique	0,5
palmitique	17,0
stéarique	4,0
oléique	65,0
linoléique	5,7
linolénique	1,8
arachidique	3,0
béhénique	2,6

référence : BADAMI R.C. *et al*, 1984 b

SIDA   *(Malvaceae)*

origine : Inde

	S.mysorensis	S.ovata
% huile/graine :	13,2	12
% insaponifiable/huile :	4,9	2,7
acides gras (% poids) :		
laurique	1,1	0,4
myristique	0,2	0,3
palmitique	15,9	16,5
stéarique	2,7	2,4
oléique	10,9	6,8
linoléique	66,0	69,4
malvalique	1,3	1,8
sterculique	0,9	0,4
arachidique	0,9	1,9

référence : RAO K.S. *et al*, 1984

SIDA rhombifolia   *(Malvaceae)*

origine : Inde
14-20,2 % huile/graine
4,5 % insaponifiable/huile
acides gras (% poids) :

laurique	0 - 1,5
myristique	0 - 0,3
palmitique	16,7 - 26,6
palmitoléique	0 - 3,5
stéarique	2,6 - 3,3
oléique	8,3 - 38,1
linoléique	15,7 - 65,5
malvalique	2,0 - 2,1
sterculique	0,8 - 10,8
arachidique	0 - 1,7

références : AHMAD M.U. *et al*, 1976
RAO K.S. *et al*, 1984

SIDA spinosa   *(Malvaceae)*

origine : Inde
5,6 % huile/graine
2,4 % insaponifiable/huile
acides gras (% poids) :

laurique	0,3
myristique	0,4
palmitique	14,2
stéarique	3,6
oléique	67,6
linoléique	6,0
linolénique	3,0
arachidique	2,5
béhénique	2,4

référence : BADAMI R.C. *et al*, 1984 a

SIDA veronicifolia   *(Malvaceae)*

origine : Inde
15,5 % huile/graine
5,1 % insaponifiable/huile
acides gras (% poids) :

myristique	0,2
palmitique	21,8
stéarique	4,2
oléique	5,4
linoléique	54,9
malvalique	11,4
dihydrosterculique	0,2
sterculique	1,1
arachidique	0,8

référence : RAO K.S. *et al*, 1984

SIDERITIS   *(Lamiaceae)*

origine : Etats-Unis

	S.hirsuta	S.incana	S.lagascae	S.leucantha
% huile/graine :	35	29	36	34
ac.gras (% poids) :				
palmitique	4,7	4,3	5,0	5,6
stéarique	2,4	1,8	3,6	3,0
oléique	22	23	18	19
linoléique	61	55	60	58
linolénique	0,4	0,6	2,0	0,6
allène-non identifié	9,3	13	10	11
autres	0,1	2,2	1,3	1,3

	S.montana var.cosmosa	S.taurica	S.tragori- -ganum	S.lineari- -folia
% huile/graine : ac.gras (% poids) :	38	36	28	37
palmitique	3,4	2,6	6,0	3,9
stéarique	1,8	1,0	2,6	1,7
oléique	19	28	19	21
linoléique	66	62	56	61
allène-non identifié	8,7	4,6	13	10
autres	-	0,6	1,4	1,3

référence : HAGEMANN J.M. *et al*, 1967

SIDEROXYLON argania *(Sapotaceae)*

voir ARGANIA spinosa

SIDEROXYLON tomentosum *(Sapotaceae)*

40 % huile/amande
acides gras (% poids) :

palmitique	11,0
stéarique	17,9
oléique	57,8
linoléique	13,3

référence : MISRA G. *et al*, 1974

SIEGESBECKIA orientalis *(Asteraceae)*

origine : Inde
18,2 % huile/graine
acides gras (% poids) :

myristique	16,4
palmitique	15,3
stéarique	4,7
oléique	7,3
linoléique	35,6
linolénique	0,6
vernolique	4,0
coronarique	16,0

référence : ANSARI M.H. *et al*, 1987

SILAUM silaus *(Apiaceae)*

origine : Turquie
14,1 % huile/graine
acides gras (% poids) :

palmitique	5,8
stéarique	0,6
oléique	27,2
pétrosélinique	13,2
linoléique	52,6
linolénique	0,3

référence : KLEIMAN R. *et al*, 1982

SILYBUM marianum   *(Asteraceae)*

nom commun : chardon-marie
origine : Turquie
28 - 33,5 % huile
acides gras (% poids) :

palmitique	8,4
stéarique	3,8
oléique	17,5
linoléique	70,4

référence : MARQUARD R. *et al*, 1982

SIMARUBA glauca   *(Simarubaceae)*

origine : Salvador, Burundi, Inde
60,3 - 70,1 % huile/amande
acides gras (% poids) :

palmitique	11,4 - 12,6
stéarique	27,4 - 30,4
oléique	52,1 - 62,6
linoléique	1,9 - 3,9
linolénique	0,4 - 1,3
arachidique	1,5 - 1,8

référence : RAO K.V.S.A. *et al*, 1983

SIMMONDSIA chinensis   *(Buxaceae)*

nom commun : jojoba
origine : Etats Unis
40 - 62 % huile/graine
45 - 47 % insaponifiable/huile (alcools gras)
acides gras (% poids) :

palmitique	1,2
palmitoléique	0,3
stéarique	0,1
asclépique	1,1
linoléique	0,1
arachidique	0,1
gondoïque	71,3

béhénique	0,2
érucique	13,6
nervonique	1,3

référence : MIWA T.K. *et al,* 1984

SINAPIDENDRON angustifolium *(Brassicaceae)*

origine : Madère
17,2 % huile/graine
acides gras (% poids) :

palmitique	3,1
stéarique	2,6
oléique	5,0
linoléique	19,5
linolénique	8,4
gondoïque	4,5
érucique	52,7
autres	4,1

référence : KUMAR P.R. *et al,* 1978

SINAPIS alba *(Brassicaceae)*

nom commun : moutarde blanche
origine : Allemagne, Danemark, Pays Bas, Pologne, Suède
22-41 % huile/graine
acides gras (% poids) :

palmitique	2,0 - 6,9
palmitoléique	0 - 0,3
stéarique	0,6 - 1,8
oléique	10,0 - 33,4
linoléique	3,2 - 18,7
linolénique	7,6 - 16,1
arachidique	0 - 0,9
gondoïque	1,1 - 11,8
éicosadiénoïque	0 - 0,3
béhénique	0 - 0,6
érucique	19,7 - 62,1
nervonique	0 - 3,0
autres	0 - 0,3

références : MILLER R.W. *et al,* 1965
SIETZ F.G., 1972
KUMAR P.R. *et al,* 1978
DAMBROTH M. *et al,* 1982

SINAPIS arvensis *(Brassicaceae)*

nom commun : moutarde sauvage
origine : Allemagne, Canada, Maroc

26,2-35,2 % huile/graine
acides gras (% poids) :

myristique	0 - 0,3
palmitique	2,0 - 5,0
palmitoléique	0 - 0,3
stéarique	0,7 - 2,1
oléique	10,2 - 33,9
linoléique	12,3 - 24,5
linolénique	9,2 - 24,5
arachidique	0 - 0,9
gondoïque	11,9 - 16,1
éicosadiénoïque	0 - 0,9
béhénique	0 - 0,5
érucique	6,5 - 47,2
docosadiénoïque	0 - 0,2
lignocérique	0,3 - 0,5
nervonique	1,0 - 1,8
autres	0 - 1,7

références : MILLER R.W. *et al*, 1965
SIETZ F.G., 1972
DAUN J.K. *et al*, 1976
KUMAR P.R. *et al*, 1978

SINDORA wallichii   *(Caesalpiniaceae)*

origine : Singapour
5 % huile/graine
acides gras (% poids) :

palmitique	15
stéarique	5
oléique	13
linoléique	51
lignocérique	12
autres	4

référence : GUNSTONE F.D. *et al*, 1972

SISYMBRIUM   *(Brassicaceae)*

	1	**2**	**3**	**4**
% huile/graine :	22	35	31	34

acides gras (% poids) :

palmitique	4	6	8	8
stéarique	0,4	1	1	2
oléique	7	12	5	11
linoléique	22	10	11	12
linolénique	4	43	36	39
arachidique	0,4	1	2	2
gondoïque	4	8	6	9

éicosadiénoïque	0,8	-	1	2
béhénique	-	0,7	1	0,4
érucique	47	14	23	13
nervonique	8	0,7	1	-
autres	1,7	2,4	3,3	1,7

1 = SISYMBRIUM alliaria   **3 = SISYMBRIUM columnae**
2 = SISYMBRIUM altissimum   **4 = SISYMBRIUM contortum**

référence : MILLER R.W. *et al*, 1965

SISYMBRIUM erysimoides   *(Brassicaceae)*

origine : Maroc
26,7-30 % huile/graine
acides gras (% poids) :

palmitique	13 - 14,3
stéarique	0,6 - 2
oléique	9 - 13,4
linoléique	14 - 16,3
linolénique	30,5 - 35
arachidique	0 - 2
gondoïque	4,0 - 6
éicosadiénoïque	0 - 1
béhénique	0 - 1
érucique	14 - 19,7
autres	1,2 - 3,4

références : MILLER R.W. *et al*, 1965
KUMAR P.R. *et al*, 1978

SISYMBRIUM gariepinum   *(Brassicaceae)*

32 % huile/graine
acides gras (% poids) :

palmitique	8
stéarique	2
oléique	8
linoléique	13
linolénique	34
arachidique	2
gondoïque	7
éicosadiénoïque	0,6
béhénique	1
érucique	23
nervonique	0,5
autres	1,2

référence : MILLER R.W. *et al*, 1965

SISYMBRIUM irio   *(Brassicaceae)*

origine : Etats-Unis, Pakistan
13-22 % huile/graine
0,7 % insaponifiable/huile
acides gras (% poids) :

myristique	0 - 0,7
palmitique	14 - 15,8
palmitoléique	0 - 0,8
stéarique	3 - 3,5
oléique	17,2 - 19
linoléique	13 - 15,6
linolénique	33 - 37,1
arachidique	0 - 3
gondoïque	0 - 8
béhénique	0 - 0,5
érucique	6 - 10,1

références : Mikolajczak K.L. *et al*, 1961
Raie M.Y. *et al*, 1983 a

SISYMBRIUM lagascae   *(Brassicaceae)*

35 % huile/graine
acides gras (% poids) :

palmitique	7
stéarique	2
oléique	10
linoléique	12
linolénique	38
arachidique	2
gondoïque	8
éicosadiénoïque	1
béhénique	0,3
érucique	16
nervonique	1
autres	2,5

référence : Miller R.W. *et al*, 1965

SISYMBRIUM   *(Brassicaceae)*

origine : Suède

acides gras (% poids) :

	S.officinale	S.supinum
palmitique	7,0 - 8,1	3,7
stéarique	0,9	1,5
oléique	5,9 - 6,2	7,2
linoléique	15,1 - 18,0	19,1
linolénique	35,2 - 37,3	38,3

gondoïque	5,7 - 6,3	3,8
érucique	20,5 - 23,0	21,2
nervonique	0,5 - 0,9	1,2
autres	4,2 - 4,3	4,0

référence : APPLEQVIST L.A., 1971

SIUM   *(Apiaceae)*

origine : Corée

	S.latifolium	S.sisarum
% huile/graine :	25,2	26,2
acides gras (% poids) :		
palmitique	4,2	4,8
stéarique	0,6	0,6
oléique	13,1	15,7
pétrosélinique	34,5	31,1
linoléique	46,5	47,0
linolénique	0,4	0,4
autres	0,1	0,2

référence : KLEIMAN R. *et al,* 1982

SLOANEA javanica   *(Elaeocarpaceae)*

origine : Malaisie
69,1 % huile/graine
acides gras (% poids) :

caprylique	0,3
caprique	0,9
laurique	33,2
myristique	44,2
palmitique	15,5
stéarique	1,2
oléique	2,9
linoléique	1,8

référence : SHUKLA V.K.S. *et al,* 1993

SMYRNIUM   *(Apiaceae)*

	S.cordifolium	S.creticum
% huile/graine :	26,6	22,7
acides gras (% poids) :		
palmitique	13,9	6,3
stéarique	1,2	0,5
oléique	20,5	14,7
pétrosélinique	59,2	60,1

linoléique	2,9	17,2
autres	-	1,1

référence : KLEIMAN R. *et al*, 1982

SMYRNIUM olusatrum   *(Apiaceae)*

nom commun : maceron
origine : Etats-Unis, France
9 - 21,2 % huile/graine
acides gras (% poids) :

palmitique	5,9 - 7,6
stéarique	0,4 - 1,4
oléique	7,7 - 14,9
asclépique	0 - 0,6
pétrosélinique	64,8 - 69,1
linoléique	7,7 - 15,6
linolénique	0 - 0,3
arachidique	0 - 0,1
gondoïque	0 - 0,1
autres	0,4 - 0,7

références : KLEIMAN R. *et al*, 1982
UCCIANI E. *et al*, 1991

SMYRNIUM   *(Apiaceae)*

	S.perfoliatum	S.rotundifolium
% huile/graine :	16,6	15,5
acides gras (% poids) :		
palmitique	7,8	8,4
stéarique	0,8	0,2
oléique	23,2	24,9
pétrosélinique	49,8	44,7
linoléique	18,0	21,2
linolénique	0,1	0,1
autres	0,2	0,3

référence : KLEIMAN R. *et al*, 1982

SOLANUM khasianum   *(Solanaceae)*

origine : Inde
14,5 % huile/graine
acides gras (% poids) :

myristique	0,2
palmitique	14,2
palmitoléique	0,9
stéarique	4,4

oléique	15,0
linoléique	62,6

référence : Parimoo P. *et al*, 1975

SOLANUM indicum   *(Solanaceae)*

origine : Inde
7,1 % huile/graine
acides gras (% poids) :

palmitique	16,5
stéarique	3,2
oléique	26,2
linoléique	48,8
linolénique	5,3

référence : Ahmad M.S. *et al*, 1978

SOLANUM lycopersicum   *(Solanaceae)*

voir LYCOPERSICUM esculentum

SOLANUM marginatum   *(Solanaceae)*

acides gras (% poids) :

palmitique	10,8
palmitoléique	0,4
stéarique	3,5
oléique	14,8
asclépique	1,0
linoléique	67,0
linolénique	1,7
arachidique	0,1

référence : Seher A. *et al*, 1982

SOLANUM melongena   *(Solanaceae)*

nom commun : aubergine
origine : France
22 % huile/graine
acides gras (% poids) :

palmitique	9,2
palmitoléique	0,1
stéarique	2,9
oléique	14,1
linoléique	72,4
linolénique	1,0

référence : Cocallemen S. *et al*, 1988

SOLANUM platanifolium   *(Solanaceae)*

origine : Inde
6,5 % huile/graine
acides gras (% poids) :

palmitique	12,2
palmitoléique	4,8
stéarique	2,1
oléique	24,6
linoléique	56,3

référence : PURI R.K. *et al*, 1976

SONCHUS oleraceus   *(Asteraceae)*

origine : Inde
14,5 % huile/graine
acides gras (% poids) :

myristique	1,7
myristoléique	1,6
palmitique	9,7
palmitoléique	1,5
stéarique	0,8
oléique	15,5
linoléique	35,2
linolénique	5,2
vernolique	13,7

référence : AHMAD R. *et al*, 1986 b

SOPHIA ochroleuca   *(Brassicaceae)*

origine : Etats-Unis
36 % huile/graine
acides gras (% poids) :

palmitique	9
palmitoléique	0,2
stéarique	3
oléique	12
linoléique	18
linolénique	26
arachidique	2
gondoïque	12
éicosadiénoïque	1
éicosatriénoïque	0,7
béhénique	0,6
érucique	14

référence : MIKOLAJCZAK K.L. *et al*, 1961

SOPHORA mollis *(Fabaceae)*

origine : Inde
9,5 % huile/graine
acides gras (% poids) :

palmitique	42,8
stéarique	tr
oléique	41,3
linoléique	2,8
linolénique	4,2
arachidique	6,0
béhénique	2,5

référence : KAUL S.L. *et al*, 1990

SOPHORA tomentosa *(Fabaceae)*

origine : Sénégal, Inde
7,8 - 16,5 % huile/graine
acides gras (% poids) :

caprique	0 - 0,7
laurique	0 - 1,1
tridécanoïque	0 - 1,0
myristique	0 - 1,1
pentadécanoïque	0 - 1,8
palmitique	10,5 - 14,3
palmitoléique	0 - 0,3
heptadécanoïque	0 - 3,0
stéarique	2,6 - 4,2
oléique	30,1 - 48,1
linoléique	34,0 - 37,4
linolénique	0,5 - 1,0
arachidique	1,0 - 2,5
gondoïque	0 - 1,0
béhénique	0,4 - 3,0

références : MIRALLES J. *et al*, 1980
CHOWDHURY A.R. *et al*, 1986 a

SOPUBIA delphinifolia *(Scrophulariaceae)*

origine : Inde
5,2 - 10,5 % huile/graine
1,1 - 1,5 % insaponifiable/huile
acides gras (% poids) :

caprylique	0 - 1,3
caprique	0 - 1,2
laurique	0 - 1,0
myristique	0 - 1,6
palmitique	6,1 - 31,5

palmitoléique	0 - 20,1
stéarique	8,7 - 15,7
oléique	27,1 - 31,7
linoléique	5,5 - 42,7
arachidique	0 - 2,8
béhénique	0 - 2,9

références : BADAMI R.C. *et al*, 1983
FAROOQUI J.A., 1986 a

SPARTIUM junceum *(Fabaceae)*

origine : Inde
10,5 % huile/graine
acides gras (% poids) :

palmitique	19,6
oléique	76,2
linoléique	2,5
arachidique	1,5

référence : KAUL S.L. *et al*, 1990

SPATHODEA campanulata *(Bignoniaceae)*

8,9 % huile/graine
acides gras (% poids) :

palmitique	18
stéarique	2
oléique	15
linoléique	65

référence : CHISHOLM M.J. et al, 1965 b

SPERMOLEPIS *(Apiaceae)*

origine : Etats-Unis

	S.echinata	S.intermis
% huile/graine :	28,3	5,1
acides gras (% poids) :		
palmitique	3,5	3,9
stéarique	0,8	0,8
oléique	10,7	19,7
pétrosélinique	65,9	67,8
linoléique	17,8	0,1
autres	2,6	1,0

référence : KLEIMAN R. *et al*, 1982

SPINACIA oleracea *(Chenopodiaceae)*

nom commun : épinard
origine : Allemagne
4,0 % huile/graine
acides gras (% poids) :

laurique	0,1
myristique	0,2
palmitique	10,4
palmitoléique	0,3
stéarique	0,6
oléique	23,5
linoléique	60,9
linolénique	2,0
arachidique	0,2
gondoïque	0,8
éicosatriénoïque	0,2
béhénique	0,3
érucique	0,3
lignocérique	0,2

référence : NASIRULLAH *et al*, 1987

SPONDIAS pinnata *(Anacardiaceae)*

origine : Singapour
53 % huile/graine
acides gras (% poids) :

palmitique	9
stéarique	7
oléique	37
linoléique	45

référence : GUNSTONE F.D. *et al*, 1972

STACHYS *(Lamiaceae)*

origine : Etats-Unis

	1	2	3	4	5
% huile/graine :	38	29	30	32	32
acides gras (% poids) :					
palmitique	5,8	4,8	4,2	6,5	2,0
stéarique	3,3	2,1	2,0	3,0	0,4
oléique	20	29	19	21	28
linoléique	52	59	68	55	54
linolénique	3,2	0,1	0,8	1,5	8,2
allène-non identifié	12	3,9	4,7	11	6,8
autres	3,0	1,3	0,4	1,6	0,9

1 = STACHYS arvensis   **4 = STACHYS hirta**
2 = STACHYS cretica   **5 = STACHYS milanii**
3 = STACHYS germanica

	6	7	8	9
% huile/graine :	32	22	29	31
acides gras (% poids) :				
palmitique	4,8	6,3	4,2	5,8
stéarique	3,0	2,8	3,3	3,1
oléique	15	23	20	27
linoléique	71	52	67	57
linolénique	-	6,6	0,4	0,4
allène-non identifié	3,8	6,2	4,4	5,5
autres	2,2	2,4	1,2	1,0

6 = STACHYS olympica   **8 = STACHYS thirkei**
7 = STACHYS sylvatica   **9 = STACHYS viticina**

référence : HAGEMANN J.M. *et al*, 1967

STACHYTARPHETA angustifolia   *(Verbenaceae)*

origine : Sénégal
9,5 % huile/graine
acides gras (% poids) :

palmitique	6,6
palmitoléique	0,4
stéarique	4,0
oléique	17,3
linoléique	4,5
linolénique	65,2
arachidique	2,0

référence : MIRALLES J. *et al*, 1980

STACHYTARPHETA indica   *(Verbenaceae)*

origine : Inde
4,4 % huile/graine
1,3 % insaponifiable/huile
acides gras (% poids) :

myristique	0,5
palmitique	6,4
stéarique	5,0
oléique	17,9
linoléique	69,8
arachidique	0,3
béhénique	0,1

référence : DAULATABAD C.D. *et al*, 1983

STACHYTARPHETA mutabilis   *(Verbenaceae)*

origine : Inde
4 % huile/graine
1,2 % insaponifiable/huile
acides gras (% poids) :

caprique	0,5
laurique	0,5
myristique	1,0
palmitique	7,7
stéarique	5,4
oléique	9,1
linoléique	73,7
arachidique	1,1
béhénique	1,0

référence : DAULATABAD C.D. *et al*, 1990

STALEYELLA texana   *(Brassicaceae)*

origine : Etats-Unis
36 % huile/graine
acides gras (% poids) :

palmitique	7
palmitoléique	0,6
stéarique	1
oléique	23
linoléique	9
linolénique	23
arachidique	2
gondoïque	15
béhénique	2
érucique	18

référence : MIKOLAJCZAK K.L. *et al*, 1961

STENACHAENIUM macrocephalum   *(Asteraceae)*

28 % huile/graine
acides gras (% poids) :

palmitique	3,6
stéarique	2,5
oléique	6,3
linoléique	38,0
caléique	48,6
gondoïque	0,7
autres	0,3

référence : KLEIMAN R. *et al*, 1971 a

STENOCARPUS sinuatus   *(Proteaceae)*

origine : Australie
acides gras (% poids) :

myristique	0,4
palmitique	8,1
palmitoléique	1,4
stéarique	7,9
oléique	75,0
8 - octadécénoïque	5,0
linoléique	0,5
arachidique	0,9
béhénique	0,7

référence : VICKERY J.R., 1971

STENOLOBIUM stans   *(Bignoniaceae)*

origine : Madagascar
24,3 % huile/graine
acides gras (% poids) :

laurique	9,2
myristique	7,4
palmitique	7,6
stéarique	3,3
oléique	31,1
linoléique	12,8
linolénique	21,1
autres	7,4

référence : GAYDOU E.M. *et al,* 1983 a

STEPHANOTIS floribunda   *(Asclepiadaceae)*

origine : Réunion
24,8 % huile/graine
acides gras (% poids) :

palmitique	14,5
palmitoléique	2,0
stéarique	5,8
oléique	40,5
linoléique	28,8
arachidique	2,3
gondoïque	0,7
érucique	1,9
éicosadiénoïque	1,8
lignocérique	0,8

référence : GUERERE M. *et al,* 1985

STERCULIA alata *(Sterculiaceae)*

origine : Inde
50 % huile/graine
acides gras (% poids) :

palmitique	33,3
palmitoléique	4,6
oléique	17,4
linoléique	23,1
malvalique	17,6
sterculique	4,0

référence : BADAMI R.C. *et al*, 1980 b

STERCULIA colorata *(Sterculiaceae)*

origine : Inde
20,7 % huile/graine
1,5 % insaponifiable/huile
acides gras (% poids) :

myristique	0,3
palmitique	29,4
stéarique	1,7
oléique	56,6
linoléique	3,9
malvalique	3,2
sterculique	4,9

référence : DAULATABAD C.D. *et al*, 1982 d

STERCULIA foetida *(Sterculiaceae)*

origine : Inde
53,5 - 55 % huile/graine
acides gras (% poids) :

palmitique	14,7 - 20,0
stéarique	0,5 - 1,4
oléique	4,9 - 8,3
linoléique	4,1 - 4,5
malvalique	6,3 - 11,4
dihydrosterculique	0 - 0,4
sterculique	55,7 - 65,1
arachidique	0 - 1,8
gondoïque	0 - 0,2

références : BOHANNON M.B. *et al*, 1978
BADAMI R.C. *et al*, 1980 b

STERCULIA guttata   *(Sterculiaceae)*

origine : Inde
26,8 % huile/graine
acides gras (% poids) :

palmitique	59,7
palmitoléique	16,2
stéarique	3,1
oléique	14,1
malvalique	1,1
sterculique	5,8

référence : BADAMI R.C. *et al,* 1980 b

STERCULIA monosperma   *(Sterculiaceae)*

origine : Malaisie
3,1 % huile/graine
acides gras (% poids) :

myristique	0,1
pentadécanoïque	0,2
pentadécénoïque	0,3
palmitique	23,5
palmitoléique	1,2
heptadécanoïque	0,2
heptadécénoïque	0,7
stéarique	2,6
oléique	24,9
linoléique	18,2
linolénique	3,2
malvalique	0,4
dihydrosterculique	5,4
sterculique	19,2

référence : BERRY S.K., 1982

STERCULIA pallens   *(Sterculiaceae)*

origine : Inde
30,2 % huile/graine
acides gras (% poids) :

myristique	3,1
palmitique	21,1
stéarique	2,8
oléique	40,2
linoléique	21,8
malvalique	3,9
sterculique	7,0

référence : MUSTAFA J. *et al,* 1986 b

STERCULIA setigera   *(Sterculiaceae)*

voir STERCULIA tomentosa

STERCULIA tavia   *(Sterculiaceae)*

origine : Madagascar
14,8 % huile/graine
acides gras (% poids) :

myristique	0,2
palmitique	27,3
palmitoléique	0,5
heptadécénoïque	0,2
stéarique	4,7
oléique	13,8
linoléique	14,8
linolénique	5,4
dihydromalvalique ⎱ asclépique ⎰	2,3
dihydrosterculique	2,9
malvalique	7,2
sterculique	19,2
arachidique	0,5

référence : GAYDOU E.M. *et al*, 1993

STERCULIA   *(Sterculiaceae)*

origine : Sénégal

	S.tomentosa	S.tragacantha
% huile/graine :	26,3	23,4
acides gras (% poids) :		
myristique	0,5	0,2
palmitique	20,5	23,6
palmitoléique	0,5	0,6
heptadécanoïque	0,7	0,2
stéarique	5,7	5,6
oléique	20,5	14,8
asclépique	0,9	-
linoléique	29,8	15,9
linolénique	2,1	1,8
malvalique	5,8	5,1
dihydrosterculique	0,9	0,5
sterculique	11,3	30,2
arachidique	0,5	0,9
béhénique	0,3	0,6

référence : MIRALLES J. *et al*, 1993

STERCULIA villosa   *(Sterculiaceae)*

origine : Inde
20,5 % huile/graine
acides gras (% poids) :

palmitique	44,3
palmitoléique	2,2
stéarique	4,4
oléique	19,4
linoléique	24,0
malvalique	2,5
sterculique	3,2

référence : BADAMI R.C. *et al*, 1980 b

STIZOLOBIUM attericum   *(Fabaceae)*

origine : Tanzanie
5 % huile/graine
acides gras (% poids) :

palmitique	26
stéarique	9
oléique	13
linoléique	46
autres	6

référence : GUNSTONE F.D. *et al*, 1972

STOCKSIA brahuica   *(Sapindaceae)*

acides gras (% poids) :

palmitique	5
stéarique	1
oléique	25
linoléique	21
linolénique	1
arachidique	1
gondoïque	40
éicosadiénoïque	1
béhénique	1
érucique	3
docosadiénoïque	1

référence : MIKOLAJCZAK K.L. *et al*, 1970 b

STROBILANTHES callosces   *(Acanthaceae)*

origine : Inde
4,7 % huile/graine
acides gras (% poids) :

palmitique	21,8
stéarique	6,2
oléique	16,4
linoléique	46,2
linolénique	9,3

référence : AHMAD M.S. *et al*, 1978

STROPHANTHUS   *(Apocynaceae)*

	1	2	3	4	5
acides gras (% poids) :					
saturés	24	24	21	27	22
oléique	43	39	36	27	36
linoléique	24	27	33	32	32
isoricinoléique	9	10	10	14	10

1 = STROPHANTHUS amboensis   4 = STROPHANTHUS eminii
2 = STROPHANTHUS congoensis   5 = STROPHANTHUS gratus
3 = STROPHANTHUS courmontii

référence : GUNSTONE F.D. *et al*, 1959

STROPHANTHUS hispidus   *(Apocynaceae)*

33 % huile/graine
acides gras (% poids) :

saturés	21 - 21,7
oléique	35 - 38,0
linoléique	29 - 29,3
linolénique	0 - 0,1
isoricinoléique	10,3 - 15
autres	0 - 0,6

références : GUNSTONE F.D. *et al*, 1959
POWELL R.G. *et al*, 1969

STROPHANTHUS   *(Apocynaceae)*

	1	2	3	4	5	6	7
ac.gras (% poids) :							
saturés	24	25	25	24	25	22	24
oléique	38	29	38	43	37	44	39
linoléique	28	37	30	21	28	26	27
isoricinoléique	10	9	7	12	10	8	10

1 = STROPHANTHUS intermedius   5 = STROPHANTHUS thollonii
2 = STROPHANTHUS nicholsonii   6 = STROPHANTHUS verrucosus
3 = STROPHANTHUS sarmentosus   7 = STROPHANTHUS welwitschii
4 = STROPHANTHUS schuchardtii

référence : GUNSTONE F.D. *et al*, 1959

STRYCHNOS spinosa   *(Loganiaceae)*

origine : Madagascar
5,3 % huile/graine
3,5 % insaponifiable/huile
acides gras (% poids) :

laurique	1,4
myristique	0,7
palmitique	11,5
palmitoléique	0,5
stéarique	8,0
oléique	54,0
linoléique	18,0
linolénique	0,7
arachidique	1,6
gondoïque	0,4
béhénique	2,1
lignocérique	1,1

référence : Bianchini J.P. *et al*, 1981

SUAEDA setigera   *(Chenopodiaceae)*

acides gras (% poids) :

palmitique	8,5
palmitoléique	0,2
5 - hexadécénoïque	4,6
stéarique	2,7
oléique	21,0
5 - octadécénoïque	1,2
linoléique	53,0
5,9 - octadécadiénoïque	0,5
linolénique	3,5
5,9,12 - octadécatriénoïque	0,9
autres	3,9

référence : Kleiman R. *et al*, 1972 a

SWIETANA macrophylla   *(Meliaceae)*

origine : Inde
65,7 % huile/graine
acides gras (% poids) :

palmitique	11,6
palmitoléique	0,3
stéarique	14,4
oléique	29,4
asclépique	1,0
linoléique	29,3
linolénique	11,9
arachidique	1,5

gondoïque	0,1
béhénique	0,1
autres	0,3

référence : KLEIMAN R. *et al*, 1984

SWIETANA mahogani   *(Meliaceae)*

origine : Inde
63 - 64,9 % huile/graine
acides gras (% poids) :

myristique	0 - 0,1
myristoléique	0 - 0,1
palmitique	12,0 - 12,1
palmitoléique	0,3 - 0,4
hexadécadiénoïque	0 - 0,2
heptadécanoïque	0 - 0,2
stéarique	12,3 - 14,4
oléique	27,4 - 29,3
asclépique	0 - 0,9
linoléique	30,5 - 30,8
linolénique	10,7 - 12,5
arachidique	1,5 - 2,6
gondoïque	0 - 0,1
béhénique	0,1 - 0,2
lignocérique	0 - 0,3
pentacosanoïque	0 - 0,1
cérotique	0 - 0,2
autres	0,2 - 0,5

références : SAHA S. *et al*, 1972
KLEIMAN R. *et al*, 1984

SWINTONIA schwenckii   *(Anacardiaceae)*

origine : Malaisie
3,4 % huile/graine
acides gras (% poids) :

myristique	0,3
palmitique	36,6
palmitoléique	0,7
heptadécanoïque	0,4
stéarique	5,2
oléique	22,9
asclépique	1,4
linoléique	27,1
linolénique	2,8
arachidique	1,2
béhénique	0,6
lignocérique	0,8

référence : SHUKLA V.K.S. *et al*, 1993

SYMPHITUM officinalis   *(Boraginaceae)*

21 % huile/graine
acides gras (% poids) :

palmitique	8
stéarique	2
oléique	15
linoléique	43
linolénique	1
γ - linolénique	27
stéaridonique	0,5
gondoïque	2
érucique	1

référence : KLEIMAN R. *et al*, 1964

SYMPHONIA   *(Hypericaceae)*

origine : Madagascar

	S.fasciculata	S.louveli	S.pauciflora	S.verucosa
% huile/graine : ac.gras (% poids) :	34,4	15,2	14,8	11,9
laurique	-	0,6	-	-
myristique	0,1	0,2	0,8	0,5
palmitique	13,8	30,5	28,4	2,4
stéarique	19,7	18,7	18,1	6,9
oléique	61,3	44,6	40,0	62,9
linoléique	3,3	3,0	0,6	16,5
linolénique	0,2	0,4	0,6	1,4
arachidique	0,3	0,2	1,7	0,9
gondoïque	0,3	0,8	-	0,9
autres	6,3	1,0	4,2	7,6

référence : GAYDOU E.M. *et al*, 1983 a

SYNELCOSIADIUM carmelii   *(Apiaceae)*

origine : Israël
8,7 % huile/graine
acides gras (% poids) :

palmitique	4,4
stéarique	2,5
oléique	5,1
pétrosélinique	78,6
linoléique	7,9
linolénique	0,1
autres	0,9

référence : KLEIMAN R. *et al*, 1982

SYRENIA   *(Brassicaceae)*

	S.cana	**S.siliculosa**
% huile/graine :	26	26
acides gras (% poids) :		
palmitique	4,0	5,2
stéarique	1,0	1,4
oléique	8,9	8,0
linoléique	25	29
linolénique	27	25
arachidique	2,2	1,7
gondoïque	5,1	6,3
érucique	22	18
nervonique	2,2	2,3

référence : JART A., 1978

SYZYGIUM cuminii   *(Myrtaceae)*

origine : Inde
3 % huile/graine
1,9 % insaponifiable/huile
acides gras (% poids) :

laurique	2,8
myristique	31,7
palmitique	6,5
stéarique	4,7
oléique	32,2
linoléique	16,1
malvalique	1,2
sterculique	1,8
vernolique	3,0

référence : DAULATABAD C.M.J.D. *et al*, 1988 b

TABEBUIA argentia   *(Bignoniaceae)*

origine : Inde
24 % huile/graine
acides gras (% poids) :

palmitique	21,7
stéarique	3,8
oléique	9,8
linoléique	52,7
linolénique	3,0
vernolique	9,0

référence : DAULATABAD C.D. *et al*, 1991 d

TABEBUIA rosea   *(Bignoniaceae)*

acides gras (% poids) :

palmitique	18
stéarique	12
oléique	36
linoléique	30
linolénique	1

référence : CHISHOLM M.J. *et al*, 1965 b

TAMARINDUS indica   *(Caesalpiniaceae)*

nom commun : tamarin
origine : Inde, Egypte, Madagascar, Réunion
4 - 22,3 % huile/graine
2,5 - 3,6 % insaponifiable/huile
acides gras (% poids) :

laurique	0 - 28,2
myristique	0 - 0,4
palmitique	6,3 - 17,4
palmitoléique	0 - 0,3
stéarique	0 - 6,7
oléique	14,1 - 27,0
linoléique	7,5 - 55,4
linolénique	0 - 5,6
arachidique	2,6 - 4,5
gondoïque	0 - 1,0
béhénique	0 - 12,2
lignocérique	0 - 22,3

références : PITKE P.M. *et al*, 1977
MORAD M.M. *et al*, 1978
ADRIAMANANTENA R.W. *et al*, 1983
GUERERE M. *et al*, 1985

TARAKTOGENOS kurzii   *(Flacourtiaceae)*

origine : Inde
acides gras (% poids) :

pentadécanoïque	0,1
palmitique	6,4
palmitoléique	4,2
hydnocarpique	33,9
stéarique	0,3
oléique	1,9
asclépique	1,5
linoléique	1,1
chaulmoogrique	27,6
gorlique	21,2

hormélique	0,1
oncobique	0,2

référence : CHRISTIE W.W. *et al*, 1989

TARAKTOGENOS merrilliana   *(Flacourtiaceae)*

origine : Chine
45,5 % huile/graine
acides gras (% poids) :

aleprique	0,2
palmitique	6,7
palmitoléique	2,8
hydnocarpique	42,8
stéarique	0,5
oléique	1,6
asclépique	0,7
linoléique	1,2
chaulmoogrique	20,3
gorlique	19,7

référence : ZHANG J.Y. *et al*, 1989 a

TARRIETA utilis   *(Sterculiaceae)*

29,7 % huile/graine
acides gras (% poids) :

palmitique	29,2
palmitoléique	0,7
heptadécanoïque	0,1
heptadécénoïque	0,2
stéarique	2,0
oléique	20,3
linoléique	18,9
arachidique	0,6
malvalique	6,8
dihydrosterculique	0,2
sterculique	20,2

référence : BOHANNON M.B. *et al*, 1978

TAUSCHIA hartwegii   *(Apiaceae)*

16,3 % huile/graine
acides gras (% poids) :

palmitique	3,0
stéarique	0,5
oléique	5,3
pétrosélinique	80,6
linoléique	9,9
autres	0,4

référence : KLEIMAN R. *et al*, 1982

TAXODIUM districhum   *(Taxodiaceae)*

origine : Japon
2 % huile/graine
acides gras (% poids) :

laurique	0,2
tridécanoïque	0,2
myristique	0,5
pentadécanoïque	1,1
palmitique	13,3
palmitoléique	1,0
heptadécanoïque	0,3
stéarique	3,5
oléique	11,7
asclépique	0,5
linoléique	23,6
linolénique	16,5
arachidique	0,4
gondoïque	0,9
éicosadiénoïque	2,5
éicosatriénoïque	5,0
5, 11, 14, 17 - éicosatetraénoïque	7,1
béhénique	0,3
autres	11,4

référence : TAKAGI T. *et al*, 1982

TAXUS baccata   *(Taxaceae)*

nom commun : if
24,6 % huile/graine
acides gras (% poids) :

palmitique	4,1
stéarique	3,1
oléique	59,3
linoléique	16,8
5,9 -octadécadiénoïque	12,2
linolénique	1,0
gondoïque	1,5
éicosadiénoïque	0,7
éicosatriénoïque	1,2

référence : MADRIGAL R.V. *et al*, 1975

TAXUS   *(Taxaceae)*

	T.canadensis	T.cuspidata
origine : Canada Japon		
% huile/graine :	28,5	14
acides gras (% poids) :		

palmitique	2,4	2,6
stéarique	1,9	0,8
oléique	46,8	36,5
asclépique	0,2	0,5
linoléique	27,9	32,9
5,9 - octadécadiénoïque	13,7	16,0
linolénique	1,5	1,6
5, 9, 12 - octadécatriénoïque	1,5	3,4
gondoïque	1,5	1,4
éicosadiénoïque	0,7	1,0
éicosatriénoïque	2,0	2,8

référence : TAKAGI T. *et al*, 1982

TECTONA grandis *(Verbenaceae)*

nom commun : teck
origine : Inde
43 % huile/graine
1,4 % insaponifiable/huile
acides gras (% poids) :

myristique	0,4
palmitique	13,1
stéarique	7,8
oléique	21,3
linoléique	55,9
arachidique	1,5

référence : RAO K.V.S.A. *et al*, 1979

TEESDALIA nudicaulis *(Brassicaceae)*

origine : Suède
acides gras (% poids) :

palmitique	3,4
stéarique	1,4
oléique	20,4
linoléique	7,2
linolénique	6,8
gondoïque	56,1
érucique	1,4
autres	3,3

référence : APPLEQVIST L.A., 1971

TELFAIRIA occidentalis *(Cucurbitaceae)*

origine : Nigeria
33 - 47 % huile/graine
acides gras (% poids) :

myristique	0 - 0,1
palmitique	13,4 - 16,3
stéarique	18,5 - 13,5
oléique	33,0 - 29,8
linoléique	30,2 - 39,6
arachidique	0 - 1,5
béhénique	0 - 3,0

références : ASIEGBU J.E., 1987
BADIFU G.I.O., 1991

TELOPEA   *(Proteaceae)*

origine : Australie

	T.speciosissima	**T.truncata**
acides gras (% poids) :		
myristique	0,2	1,0
palmitique	5,2	6,6
palmitoléique	33,1	21,0
11 - hexadécénoïque	-	10,0
15 - hexadécénoïque	-	14,0
stéarique	0,6	tr
oléique	53,8	20,6
8 - octadécénoïque	-	14,0
linoléique	7,1	12,4
gondoïque	-	0,3

référence : VICKERY J.R., 1971

TEPHROSIA noctifera   *(Fabaceae)*

origine : Tanzanie
9 % huile/graine
acides gras (% poids) :

palmitique	10
stéarique	3
oléique	25
linoléique	39
autres	23

référence : GUNSTONE F.D. *et al*, 1972

TEPHROSIA purpurea   *(Fabaceae)*

origine : Inde
11 % huile/graine
acides gras (% poids) :

palmitique	22,4
stéarique	4,7
oléique	35,5
linoléique	20,7
linolénique	16,7

référence : HUSAIN S.K. *et al*, 1978

TERMINALIA bellirica   *(Combretaceae)*

origine : Inde
41 % huile/graine
8,2 % insaponifiable/huile
acides gras (% poids) :

palmitique	35,6
palmitoléique	2,0
stéarique	8,2
oléique	23,5
linoléique	30,7

référence : RUKMINI C. *et al*, 1986

TERMINALIA catappa   *(Combretaceae)*

nom commun : badamier
origine : Zaïre, Madagascar, Nigeria, Somalie, Fidji
21 - 56,5 % huile/graine
acides gras (% poids) :

myristique	0 - 0,2
palmitique	29,3 - 35,2
palmitoléique	0 - 0,7
stéarique	4,4 - 7,1
oléique	27,5 - 41,5
asclépique	0 - 0,6
linoléique	19,1 - 34,8
linolénique	0 - 0,8
arachidique	0 - 1,3
béhénique	0 - 0,2
érucique	0 - 0,1
lignocérique	0 - 0,1
autres	0 - 3,9

références : KABELE NGIEFU C. *et al*, 1976 a
GAYDOU E.M. *et al*, 1983 a
BALOGUN A.M. *et al*, 1985
SOSULSKI F.W. *et al*, 1988
SOTHEEESWARAN S. *et al*, 1994

TERMINALIA glucausens   *(Combretaceae)*

origine : Nigeria
17,5 % huile/graine
acides gras (% poids) :

caprique	0,3
myristique	0,1
palmitique	35,0
palmitoléique	0,4
stéarique	4,8
oléique	32,7
linoléique	26,7

référence : BALOGUN A.M. *et al*, 1985

TERMINALIA paniculata   *(Combretaceae)*

origine : Inde
1 % huile/graine
2,5 % insaponifiable/huile
acides gras (% poids) :

laurique	5,8
myristique	6,2
palmitique	25,5
stéarique	6,6
oléique	16,0
linoléique	32,4
arachidique	3,3
béhénique	4,2

référence : DAULATABAD C.D. *et al*, 1983

TERMINALIA phellocarpa   *(Combretaceae)*

origine : Singapour
42 % huile/graine
acides gras (% poids) :

palmitique	28
stéarique	4
oléique	20
linoléique	47

référence : GUNSTONE F.D. *et al*, 1972

TERMINALIA superba   *(Combretaceae)*

origine : Nigeria
14,5 % huile/graine
acides gras (% poids) :

laurique	0,6
myristique	3,0
palmitique	33,6
palmitoléique	0,7
stéarique	5,6
oléique	25,8

linoléique	28,4
linolénique	0,5
arachidique	2,5
béhénique	1,2

référence : BALOGUN A.M. *et al*, 1985

TERNSTROEMIA panangiana   *(Theaceae)*

origine : Malaisie
13,6 % huile/graine
acides gras (% poids) :

palmitique	23,8
heptadécénoïque	1,1
stéarique	4,4
oléique	14,1
asclépique	0,3
linoléique	45,2
linolénique	8,9
arachidique	1,4
béhénique	0,5
lignocérique	0,3

référence : SHUKLA V.K.S. *et al*, 1993

TERRANUS labialis   *(Fabaceae)*

origine : Inde
3,8 % huile/graine
acides gras (% poids) :

myristique	1,4
palmitique	18,2
stéarique	16,5
oléique	60,5
linoléique	3,2

référence : HUSAIN S.K. *et al*, 1978

TETRACLEA coulteri   *(Lamiaceae)*

origine : Etats-Unis
8,4 % huile/graine
acides gras (% poids) :

palmitique	9,2
stéarique	3,5
oléique	48
linoléique	32
linolénique	3,9
autres	3,5

référence : HAGEMANN J.M. *et al*, 1967

TEUCRIUM   *(Lamiaceae)*

origine : Etats-Unis

	T.almeriense	T.capitatum
% huile/graine :	13	16
acides gras (% poids) :		
palmitique	6,0	8,1
stéarique	2,6	2,7
oléique	14	14
linoléique	37	34
linolénique	23	25
autres	17	16

référence : HAGEMANN J.M. *et al*, 1967

TEUCRIUM chamaedrys   *(Lamiaceae)*

origine : Etats Unis, Yougoslavie
10 - 18,2 % huile/graine
acides gras (% poids) :

palmitique	5,2 - 6,6
stéarique	0,7 - 2,9
oléique	12,1 - 20
linoléique	32 - 45,5
linolénique	33 - 36,5
autres	0 - 5,7

références : HAGEMANN J.M. *et al*, 1967
MARIN P.D. *et al*, 1991

TEUCRIUM   *(Lamiaceae)*

origine : Etas-Unis

	T.creticum	T.cubense ssp.laevigatum
% huile/graine :	8,4	15
acides gras (% poids) :		
palmitique	6,7	7,8
stéarique	1,8	4,0
oléique	30	26
linoléique	43	45
linolénique	0,4	1,0
autres	18	17

référence : HAGEMANN J.M. *et al*, 1967

TEUCRIUM depressum   *(Lamiaceae)*

origine : Etats-Unis
24 - 25 % huile/graine
acides gras (% poids) :

palmitique	7,9 - 8,8
stéarique	4,4 - 5,9
oléique	22 - 25,6
linoléique	48,3 - 52
linolénique	0,5 - 0,8
pinoléique	0 - 6,7
columbinique	0 - 6,7
autres	0 - 13

références : HAGEMANN J.M. *et al*, 1967
SMITH C.R. *et al*, 1969

TEUCRIUM   *(Lamiaceae)*

origine : Etats-Unis

	T.expansum	T.flavum	T.graphalodes
% huile/graine :	16	11	13
acides gras (% poids) :			
palmitique	5,3	6,9	5,6
stéarique	2,3	3,0	1,8
oléique	16	22	16
linoléique	32	27	34
linolénique	29	34	30
autres	16	7	13

référence : HAGEMANN J.M. *et al*, 1967

TEUCRIUM hircanicum   *(Lamiaceae)*

origine : Yougoslavie
15,1 % huile/graine
acides gras (% poids) :

palmitique	6,4
stéarique	1,3
oléique	11,2
linoléique	51,5
linolénique	29,6

référence : MARIN P.D. *et al*, 1991

TEUCRIUM polium   *(Lamiaceae)*

origine : Etats-Unis, Yougoslavie
11 - 17 % huile/graine
acides gras (% poids) :

palmitique	6,2 - 6,7
stéarique	2,1 - 2,7
oléique	15,7 - 18
linoléique	35 - 37,7
linolénique	21 - 38,3
autres	0 - 16

références : HAGEMANN J.M. *et al*, 1967
MARIN P.D. *et al*, 1991

TEUCRIUM   *(Lamiaceae)*

origine : Etats-Unis

	T.pseudochamaepitum	T.scordioides
% huile/graine :	10	19
acides gras (% poids) :		
palmitique	8,8	6,3
stéarique	4,0	3,3
oléique	37	14
linoléique	41	50
linolénique	0,6	24
autres	8,7	2,8

référence : HAGEMANN J.M. *et al*, 1967

TEUCRIUM scorodonia   *(Lamiaceae)*

origine : Etats-Unis, Yougoslavie
10,7 - 13 % huile/graine
acides gras (% poids) :

palmitique	6,1 - 6,7
stéarique	3,0 - 3,5
oléique	18 - 20,3
linoléique	27 - 27,4
linolénique	39 - 42,6
autres	0 - 6,8

références : HAGEMANN J.M. *et al*, 1967
MARIN P.D. *et al*, 1991

THALICTRUM   *(Ranunculaceae)*

origine : Bulgarie

	1	2	3	4	5
% huile/graine :	17,8	29,3	15,0	21,0	15,0
ac.gras (% poids) :					
myristique	0,2	-	0,2	0,1	0,3
palmitique	6,7	3,7	3,2	4,8	5,4
palmitoléique	7,8	3,3	4,6	2,8	3,7

stéarique	2,2	2,7	3,2	1,5	3,0
oléique	13,0	4,3	10,0	12,6	7,6
(5E) - octadécénoïque	20,1	6,6	10,0	15,0	10,7
linoléique	17,6	21,3	20,0	18,5	22,0
(5E, 9Z) - octadécadiénoïque	4,4	1,4	5,3	4,0	4,6
columbinique	44,9	56,7	43,9	40,7	42,6
arachidique	-	-	0,1	0,1	0,1

1 = THALICTRUM adiantifolium   **4 = THALICTRUM glaucum**
2 = THALICTRUM aquilegifolium   **5 = THALICTRUM minus**
3 = THALICTRUM foetidum

référence : RANKOFF D. *et al*, 1971

THALICTRUM polycarpum   *(Ranunculaceae)*

origine : Etats-Unis
acides gras (% poids) :

myristique	0,3
palmitique	4,6
palmitoléique	3,4
oléique	23,6
columbinique	35,2
gondoïque	2,4
non-identifié	26,5

référence : BAGBY M.O. *et al*, 1962

THAPSIA villosa   *(Apiaceae)*

origine : Espagne
16,8 % huile/graine
acides gras (% poids) :

palmitique	3,9
stéarique	0,4
oléique	3,4
pétrosélinique	77,5
linoléique	14,3
linolénique	0,2
autres	0,2

référence : KLEIMAN R. *et al*, 1982

THEOBROMA bicolor   *(Sterculiaceae)*

origine : Equateur
38 % huile/graine
acides gras (% poids) :

palmitique	6,6
stéarique	42,9

oléique	45,1
linoléique	3,0
arachidique	2,0

référence : JEE M.H., 1984

THEOBROMA cacao   *(Sterculiaceae)*

nom commun : cacao
origine : Afrique
55 % beurre/graine
acides gras (% poids) :

myristique	0 - 0,2
palmitique	25,8 - 35,5
palmitoléique	0 - 0,2
stéarique	35,5 - 35,9
oléique	33,3 - 35,2
linoléique	3,2
arachidique	0 - 1,0

références : BANERJI R. *et al*, 1984
JEE M.H., 1984

THESPESIA   *(Malvaceae)*

origine : Madagascar

	T.gummiflua	T.polpunea
% huile/graine :	2,7	7,6

acides gras (% poids) :

	T.gummiflua	T.polpunea
laurique	-	0,1
myristique	0,7	0,5
pentadécanoïque	0,3	-
pentadécénoïque	0,3	0,3
palmitique	15,5	21,5
palmitoléique	0,7	1,3
hexadécadiénoïque	0,4	0,2
heptadécénoïque	0,4	0,4
heptadécadiénoïque	1,0	0,9
stéarique	0,8	1,2
oléique	18,7	15,8
asclépique	1,0	1,2
linoléique	45,6	39,1
linolénique } dihydrosterculique	1,8	0,9
malvalique	1,2	2,5
sterculique	-	1,6
arachidique	0,8	0,9
béhénique	1,3	1,3
érucique	1,4	1,2
autres	7,5	6,4

référence : GAYDOU E.M. *et al*, 1984

THEVETIA neriifolia   *(Apocynaceae)*

origine : Sénégal
60,6 % huile/graine
1,1 % insaponifiable/huile
acides gras (% poids) :

myristique	0,1
palmitique	20,2
palmitoléique	1,8
stéarique	6,5
oléique	48,8
linoléique	20,5
arachidique	2,1

référence : MIRALLES J. *et al*, 1980

THEVETIA peruviana   *(Apocynaceae)*

origine : Singapour, Nigeria
7 - 65,5 % huile/graine
acides gras (% poids) :

myristique	0 - 4,1
palmitique	18,3 - 20
stéarique	2,2 - 7
oléique	31,5 - 48
linoléique	23 - 43,5
autres	0 - 2

références : GUNSTONE F.D. *et al*, 1972
ODERINDE R.A. *et al*, 1990 a

THLASPI alpestre   *(Brassicaceae)*

30 % huile/graine
acides gras (% poids) :

palmitique	4
stéarique	1
oléique	8
linoléique	15
linolénique	14
arachidique	1
gondoïque	12
éicosadiénoïque	2
béhénique	1
érucique	38
nervonique	2
autres	1,7

référence : MILLER R.W. *et al*, 1965

THLASPI arvense   *(Brassicaceae)*

origine : Etats-Unis
20 - 32 % huile/graine
acides gras (% poids) :

myristique	0 - 0,3
palmitique	3 - 5
palmitoléique	0 - 0,2
stéarique	0,5 - 1
oléique	10 - 13
linoléique	9 - 20
linolénique	14 - 38
arachidique	0 - 1
gondoïque	7 - 10
éicosadiénoïque	0,2 - 1
béhénique	0 - 2
érucique	19 - 38
nervonique	0 - 3
autres	0 - 3,1

références : MIKOLAJCZAK K.L. *et al*, 1961
MILLER R.W. *et al*, 1965

THLASPI perfoliatum   *(Brassicaceae)*

31 % huile/graine
acides gras (% poids) :

palmitique	4
stéarique	0,2
oléique	14
linoléique	20
linolénique	5
gondoïque	7
éicosadiénoïque	0,7
érucique	29
nervonique	19
autres	0,2

référence : MILLER R.W. *et al*, 1965

THOMASIA   *(Sterculiaceae)*

origine : Australie

	T.angustifolia	**T.glutinosa**
% huile/graine :	18,5	33,3
acides gras (% poids) :		
palmitique	10,7	12,2
palmitoléique	0,5	-
stéarique	2,0	0,3

oléique	9,7	13,4
linoléique	76,2	72,5
linolénique	0,6	1,6
arachidique	0,1	-

référence : RAO K.S. *et al*, 1992 a

THUNBERGIA alata   *(Acanthaceae)*

20 % huile/graine
acides gras (% poids) :

myristique	0,1
myristoléique	0,4
pentadécénoïque	0,1
palmitique	5,8
(6Z) - hexadécénoïque	82,2
(7Z) - hexadécénoïque	1,8
heptadécénoïque	0,2
stéarique	0,6
oléique	4,4
(8Z) - octadécénoïque	1,8
linoléique	2,2
linolénique	0,1
arachidique	0,1
béhénique	0,1

référence : SPENGER G.F. *et al*, 1971

THYMBRA spicata   *(Lamiaceae)*

origine : Etats-Unis
6,4 % huile/graine
acides gras (% poids) :

palmitique	7,2
stéarique	2,5
oléique	12
linoléique	22
linolénique	55
autres	0,9

référence : HAGEMANN J.M. *et al*, 1967

THYMUS   *(Lamiaceae)*

origine : Etats-Unis

	T.capitatus	T.chaubardii
% huile/graine :	37	38
acides gras (% poids) :		
palmitique	6,4	5,3
stéarique	3,0	2,8

oléique	12	13
linoléique	21	17
linolénique	55	56
autres	2,3	6,2

référence : HAGEMANN J.M. *et al*, 1967

THYMUS serpyllum   *(Lamiaceae)*

nom commun : serpolet
origine : Yougoslavie
23,2 % huile/graine
acides gras (% poids) :

palmitique	5,6
stéarique	1,7
oléique	9,4
linoléique	20,2
linolénique	63,1

référence : MARIN P.D. *et al*, 1991

THYMUS vulgaris   *(Lamiaceae)*

nom commun : thym
31,9 - 37 % huile/graine
acides gras (% poids) :

palmitique	1,6 - 4,8
heptadécatriénoïque	0 - 2,1
stéarique	1,8
oléique	7 - 7,7
linoléique	12,4 - 14
linolénique	54 - 57,4
α - hydroxy - octadécatriénoïque	0 - 13,3
autres	0 - 21

références : HAGEMANN J.M. *et al*, 1967
SMITH C.R. *et al*, 1969

THYMUS zygis   *(Lamiaceae)*

origine : Etats-Unis
30 % huile/graine
acides gras (% poids) :

palmitique	4,6
stéarique	2,4
oléique	2,6
linoléique	14
linolénique	56
autres	14

référence : HAGEMANN J.M. *et al*, 1967

THYSANOCARPUS radians   *(Brassicaceae)*

10 % huile/graine
acides gras (% poids) :

palmitique	8
stéarique	3
oléique	8
linoléique	8
linolénique	26
arachidique	3
gondoïque	32
éicosadiénoïque	2
béhénique	0,4
érucique	5
nervonique	0,9
autres	2,5

référence : MILLER R.W. *et al*, 1965

TITHONIA tagetifolia   *(Asteraceae)*

origine : Mexique
18,3 % huile/graine
acides gras (% poids) :

myristique	0,2
palmitique	17,6
palmitoléique	2,4
stéarique	13,7
oléique	4,2
linoléique	55,7
linolénique	1,2
arachidique	1,5
béhénique	2,8
lignocérique	0,8

référence : UCCIANI E. *et al*, 1988

TODDALIA asiatica   *(Rutaceae)*

origine : Inde
5,7 % huile/graine
0,7 % insaponifiable/huile
acides gras (% poids) :

palmitique	1,4
stéarique	19,7
oléique	37,5
linoléique	38,9
linolénique	1,3
arachidique	0,7
béhénique	0,5

référence : BADAMI R.C. *et al*, 1984 b

TOONA sinensis   *(Meliaceae)*

origine : Inde
35,8 % huile/graine
acides gras (% poids) :

myristique	0,1
palmitique	9,9
palmitoléique	0,4
stéarique	3,6
oléique	9,1
asclépique	1,5
linoléique	43,3
linolénique	27,1
arachidique	1,6
gondoïque	0,5
autres	1,8

référence : KLEIMAN R. *et al*, 1984

TORDYLIUM   *(Apiaceae)*

	T.aegyptiacum	T.maximum
origine :	Turquie	Yougoslavie
% huile/graine :	21,8	18,9
acides gras (% poids) :		
palmitique	3,0	3,8
stéarique	0,5	0,8
oléique	5,3	10,0
pétrosélinique	76,8	70,8
linoléique	13,7	13,7
autres	0,7	0,5

référence : KLEIMAN R. *et al*, 1982

TORILIS   *(Apiaceae)*

	T.arvensis	T.japonica	T.leptophylla	T.nodosa
% huile/graine :	20,5 - 23	22,8	14,4	11,2
ac.gras (% poids) :				
palmitique	4,0 - 4,6	3,5	4,5	5,0
stéarique	0,6 - 0,7	1,3	0,7	0,6
oléique	7,2 - 7,8	5,7	3,1	3,4
pétrosélinique	73,6 - 73,8	73,8	81,7	79,2
linoléique	13,3 - 13,7	14,4	9,7	11,6
linolénique	-	0,7	-	-
autres	0,2 - 0,3	0,4	0,1	0,1

référence : KLEIMAN R. *et al*, 1982

TORREYA nucifera   *(Taxaceae)*

origine : Corée, Japon
49,5 % huile/graine
acides gras (% poids) :

palmitique	6,0 - 7,1
palmitoléique	0 - 0,1
heptadécanoïque	0 - 0,1
heptadécénoïque	0 - 0,1
stéarique	0,3 - 2,5
oléique	30,4 - 34
asclépique	0 - 0,6
linoléique	43 - 51,3
linolénique	0,3 - 0,6
arachidique	0 - 0,3
gondoïque	0 - 0,2
éicosadiénoïque	1,3 - 1,8
5, 11, 14 - éicosatriénoïque	6,7 - 9,3
lignocérique	0 - 0,1
autres	0 - 0,2

références : SEHER A. *et al*, 1977
TAKAGI T. *et al*, 1982

TORULARIA torulosa   *(Brassicaceae)*

origine : Algérie
23,7 - 34 % huile/graine
acides gras (% poids) :

palmitique	7 - 12,3
stéarique	1,8 - 2
oléique	12,5 - 13
linoléique	9,4 - 22
linolénique	17 - 64,1
arachidique	0 - 1
gondoïque	0 - 7
béhénique	0 - 2
érucique	0 - 25
nervonique	0 - 2
autres	0 - 2,2

références : MILLER R.W. *et al*, 1965
KUMAR P.R. *et al*, 1978

TRACHYLOBIUM verrucosum   *(Caesalpiniaceae)*

origine : Singapour
4 % huile/graine
acides gras (% poids) :

palmitique	8
stéarique	4

oléique	23
linoléique	49
béhénique	7
lignocérique	9

référence : GUNSTONE F.D. *et al*, 1972

TRACHYMENE caerulea   *(Apiaceae)*

37,4 % huile/graine
acides gras (% poids) :

palmitique	4,8
stéarique	1,8
oléique	6,6
pétrosélinique	76,3
linoléique	8,4
linolénique	0,5
autres	1,5

référence : KLEIMAN R. *et al*, 1982

TRACHYSPERMUM ammi   *(Apiaceae)*

origine : Ethiopie
28,5 % huile/graine
acides gras (% poids) :

palmitique	4,5
stéarique	1,6
oléique	9,7
pétrosélinique	61,4
linoléique	22,7
autres	0,1

référence : KLEIMAN R. *et al*, 1982

TRAGIA incana   *(Euphorbiaceae)*

28 % huile/graine
acides gras (% poids) :

palmitique	6
stéarique	3
oléique	14
linoléique	33
linolénique	44
gondoïque	0,5
autres	0,5

référence : KLEIMAN R. *et al*, 1965

TRAGIA involucrata   *(Euphorbiaceae)*

origine : Inde
27 % huile/graine
acides gras (% poids) :

myristique	2,4
palmitique	10,6
stéarique	2,4
oléique	15,8
linoléique	61,7
linolénique	7,3

référence : NASIRULLAH *et al*, 1980

TRECULIA africana   *(Moraceae)*

origine : Nigeria, Zaïre
11,8-36 % huile/graine
acides gras (% poids) :

palmitique	18,8 - 25,7
palmitoléique	0 - 1,6
stéarique	9,8 - 16,5
oléique	13,1 - 35,2
linoléique	25,8 - 44,0
linolénique	0 - 13,2

références : GIRGIS P. *et al*, 1972
KABELE NGIEFU C. *et al*, 1976 a
IKEDIOBI C.O., 1981
FOMA M. *et al*, 1985

TRICHILIA connaroides   *(Meliaceae)*

origine : Inde
48,9 % huile/graine
acides gras (% poids) :

palmitique	6,7
palmitoléique	0,2
stéarique	7,3
oléique	77,4
asclépique	1,8
linoléique	4,5
linolénique	1,0
arachidique	0,5
gondoïque	0,3
autres	0,3

référence : KLEIMAN R. *et al*, 1984

TRICHILIA emetica   *(Meliaceae)*

nom commun : suif mafura
origine : Afrique de l'Est
60 % huile/graine
acides gras (% poids) :

palmitique	38,3
stéarique	2,2
oléique	48,5
linoléique	10,4
linolénique	1,0

référence : BANERJI R. *et al*, 1984

TRICHILIA gilletii   *(Meliaceae)*

origine : Zaïre
33 % huile/graine
acides gras (% poids) :

myristique	0,1
palmitique	38,9
palmitoléique	0,5
stéarique	2,5
oléique	38,0
linoléique	19,5
linolénique	0,2
arachidique	0,2

référence : KABELE NGIFU C. *et al*, 1976 a

TRICHILIA   *(Meliaceae)*

origine : Ghana

	1	2	3	4	5
% huile/graine : ac.gras (% poids) :	50,7	11,5	49,8	57,8	24,7
myristique	1,5	0,6	0,2	0,1	-
palmitique	39,3	25,2	60,9	49,0	35,5
palmitoléique	1,0	0,2	2,1	1,6	3,9
stéarique	1,8	7,6	1,3	2,5	38,6
oléique	32,9	21,5	20,4	26,0	2,3
asclépique	1,7	1,3	2,7	2,0	-
linoléique	19,2	28,7	11,4	18,6	16,9
linolénique	-	7,9	0,7	-	0,2
arachidique	1,2	0,7	-	0,2	0,1
autres	1,4	0,3	-	-	1,6

1 = TRICHILIA hendelotti   **4 = TRICHILIA rubescens**
2 = TRICHILIA prieureana   **5 = TRICHILIA triphyllaria**
3 = TRICHILIA roka

référence : KLEIMAN R. *et al*, 1984

TRICHODESMA indica   *(Boraginaceae)*

origine : Etats-Unis
26 % huile/graine
acides gras (% poids) :

palmitique	8
stéarique	4
oléique	26
linoléique	28
linolénique	29
γ - linolénique	2
stéaridonique	1
gondoïque	0,7
autres	0,9

référence : MILLER R.W. *et al*, 1968

TRICHODESMA zeylanica   *(Boraginaceae)*

31,9 % huile/graine
acides gras (% poids) :

palmitique	9,5
palmitoléique	0,2
stéarique	6,2
oléique	28,6
linoléique	20,5
linolénique	24,3
γ- linolénique	4,3
stéaridonique	5,0
arachidique	0,6
gondoïque	0,8

référence : WOLF R.B. *et al*, 1983 b

TRICHOSANTHES anguina   *(Cucurbitaceae)*

origine : Japon
35 % huile/graine
acides gras (% poids) :

palmitique	5,3
stéarique	8,2
oléique	16,4
linoléique	17,2
punicique	48,5

α - éléostéarique   3,4
ß-éléostéarique   0,4

référence : TAKAGI T. *et al*, 1981

TRICHOSANTHES bracteata   *(Cucurbitaceae)*

origine : Inde
31,6 % huile/graine
acides gras (% poids) :

palmitique	13,1
stéarique	5,3
oléique	8,6
linoléique	30,0
punicique	41,8

référence : LAKSHMINARAYANA G. *et al*, 1988

TRICHOSANTHES kirilowii   *(Cucurbitaceae)*

origine : Corée
acides gras (% poids) :

myristique	0,1
palmitique	4,0
heptadécanoïque	0,1
stéarique	3,0
oléique	13,9
linoléique	37,6
punicique	40,2
arachidique	0,3
gondoïque	0,5
lignocérique	0,2

référence : SEHER A. *et al*, 1977

TRICHOSANTHES nervifolia   *(Cucurbitaceae)*

origine : Inde
27,9 % huile/graine
acides gras (% poids) :

palmitique	5,6
stéarique	7,1
oléique	17,5
linoléique	16,8
punicique	51,7
arachidique	1,3

référence : LAKSHMINARAYANA G. *et al*, 1988

TRICUSPIDARIA lanceolata   *(Elaeocarpaceae)*

origine : Grande Bretagne
10 % huile/graine
acides gras (% poids) :

palmitique	13,4
palmitoléique	15,1
heptadécénoïque	0,6
stéarique	3,4
oléique	39,2
linoléique	27,2
gondoïque	1,1

référence : RAJU P.K. *et al*, 1968

TRICYRTIS affinis   *(Liliaceae)*

22 % huile/graine
1,8 % insaponifiable/huile
acides gras (% poids) :

myristique	0,2
palmitique	5,3
stéarique	1,4
oléique	11,4
linoléique	80,2
linolénique	1,4
béhénique	0,1

référence : KATO M.Y. *et al*, 1981

TRIGONELLA foenum-graecum   *(Fabaceae)*

origine : France, Maroc, Inde, Syrie, Australie
5,3-7,5 % huile/graine
acides gras (% poids) :

myristique	0,1 - 0,2
pentadécanoïque	0,1 - 0,2
palmitique	9,7 - 11,5
heptadécanoïque	0,3 - 0,5
stéarique	4,0 - 5,4
oléique	12,5 - 17,0
linoléique	32,0 - 43,3
linolénique	23,0 - 32,2
arachidique	1,4 - 3,5
gondoïque	0,2 - 1,3
béhénique	0,3 - 1,3
érucique	0,1 - 0,6

référence : BACCOU J.C. *et al*, 1978

TRIMEZA martinicensis   *(Iridaceae)*

origine : Singapour
4 % huile/graine
acides gras (% poids) :

myristique	18
palmitique	16
stéarique	17
oléique	17
linoléique	29
autres	3

référence : GUNSTONE F.D. *et al,* 1972

TRISTELLATEIA australasica   *(Malpighiaceae)*

origine : Singapour
19 % huile/graine
acides gras (% poids) :

palmitique	9
stéarique	12
oléique	26
linoléique	23
arachidique	12
gondoïque	14

référence : GUNSTONE F.D. *et al,* 1972

TRITICUM sativum   *(Poaceae)*

nom commun : blé
origine : Egypte
10,7 % huile/germe
acides gras (% poids) :

myristique	10,5
palmitique	16,5
oléique	27,8
linoléique	41,9
linolénique	2,4
éicosatriénoïque	0,9

référence : GABRIAL G.N. *et al,* 1983

TROPAELUM majus   *(Tropaeolaceae)*

nom commun : capucine
origine : Etats-Unis, Inde
5,9-10,5 % huile/graine
acides gras (% poids) :

palmitique	0,7 - 3,8
palmitoléique	0 - 0,1
stéarique	0,1 - 0,2
oléique	1,3 - 17,5
linoléique	0,2 - 0,8
linolénique	0 - 0,8
arachidique	0,1 - 0,4
gondoïque	13,2 - 21,1
béhénique	0,2 - 0,7
érucique	62,3 - 72
lignocérique	0 - 0,3
nervonique	0 - 2,9
hexacosénoïque	0 - 0,3

références : MIKOLAJCZAK K.L. *et al*, 1961
AHMAD M.S. *et al*, 1978
CARLSON K.D. *et al*, 1993

TROPAELUM speciosum *(Tropaeolaceae)*

origine : Etats Unis
26-28 % huile/graine
acides gras (% poids) :

palmitique	0,7 - 0,9
palmitoléique	0,1
heptadécénoïque	0 - 0,1
stéarique	tr
oléique	24,6 - 29,7
linoléique	1,4 - 1,7
linolénique	0,5
gondoïque	0,4 - 0,6
béhénique	0,2
érucique	16,8 - 17,3
lignocérique	0,2 - 0,4
nervonique	41,6 - 42,5
(17Z)-hexacosénoïque	7,6 - 9,8
octacosénoïque	0,7 - 1,5

références : LITCHFIELD C., 1970
CARLSON K.D. *et al*, 1993

TURGENIA latifolia *(Apiaceae)*

36,4 % huile/graine
acides gras (% poids) :

palmitique	3,8
stéarique	1,0
oléique	13,3
pétrosélinique	56,0
linoléique	24,7
linolénique	0,5
autres	0,7

référence : KLEIMAN R. *et al*, 1982

ULMUS   *(Ulmaceae)*

origine : Danemark

	1	**2**	**3**	**4**	**5**
% huile/graine :	31,5	17,7	39,1	36,4	42,1
ac.gras (% poids) :					
caprylique	5,5	1,8	3,7	6,2	5,0
caprique	68,5	54,4	64,2	72,4	68,9
laurique	5,1	3,3	6,4	5,3	4,0
myristique	3,2	3,0	4,1	5,0	5,2
autres	12,3	30,9	14,6	7,8	13,9

1 = ULMUS carpinifolia   **4 = ULMUS glabra**
  var.cornubiensis   **5 = ULMUS glabra**
2 = ULMUS carpinifolia   **var.pendula**
  var.propendens
3 = ULMUS fulva

	6	**7**	**8**	**9**
% huile/graine :	30,6	34,4	30,8	47,8
ac.gras (% poids) :				
caprylique	3,2	0,8	3,0	3,2
caprique	58,2	66,2	65,6	68,1
laurique	4,4	5,1	3,5	5,3
myristique	3,5	2,8	3,9	4,0
palmitique	7,6	5,5	8,1	7,0
autres	23,1	19,6	15,9	12,4

6 = ULMUS glabra   **8 = ULMUS pumila**
  var.cornuta   **9 = ULMUS procera**
7 = ULMUS laevis   **var.purpurea**

référence : Sorensen I.B. *et al*, 1958

UMBELLULARIA californica   *(Lauraceae)*

origine : Etats-Unis
56,8 % huile/graine
acides gras (% poids) :

caprique	21
laurique	70
myristique	2
oléique	5
linoléique	2

référence : Hopkins C.Y. *et al*, 1966

UNGNADIA speciosa *(Sapindaceae)*

origine : Espagne
57,5 % huile/graine
acides gras (% poids) :

palmitique	8,1
stéarique	0,7
oléique	40,6
linoléique	7,3
linolénique	0,2
arachidique	5,9
gondoïque	35,1
béhénique	0,4
érucique	1,0
autres	0,7

référence : UCCIANI E. *et al*, 1988

URENA lobata *(Malvaceae)*

origine : Inde, Madagascar
7,4-18 % huile/graine
3,1 % insaponifiable/huile
acides gras (% poids) :

myristique	0,1 - 9,5
palmitique	16,4 - 34,7
palmitoléique	1,0 - 5,4
stéarique	2,7 - 4,4
oléique	16,7 - 20,2
asclépique	0 - 1,7
linoléique	14,9 - 58,1
linolénique dihydrosterculique }	0 - 1,0
malvalique	1,0 - 4,8
sterculique	1,0 - 6,0

références : AHMAD M.U. *et al*, 1978
GAYDOU E.M. *et al*, 1984

VACCINIUM corymbosum *(Ericaceae)*

origine : Etats-Unis
3 % huile/graine
acides gras (% poids) :

myristique	2,0
palmitique	7,0
stéarique	2,7
oléique	23,0
linoléique	36,9
linolénique	23,8

référence : WANG L.L. *et al*, 1990

VALENZUELA trinervis   *(Sapindaceae)*

origine : Chili
30 % huile/graine
0,8 % insaponifiable/huile
acides gras (% poids) :

palmitique	9,6
oléique	62,3
linoléique	10,1
gondoïque	12,9
autres	4,1

référence : AQUILLEA J.M. *et al*, 1986

VATERIA indica   *(Dipterocarpaceae)*

origine : Inde
22,5-25 % huile/graine
acides gras (% poids) :

palmitique	9,7 - 16,2
palmitoléique	0 - 0,2
stéarique	40,7 - 46,5
oléique	34,6 - 42,2
linoléique	1,7 - 2,3
linolénique	0,1 - 0,5
arachidique	0,7 - 4,6

références : SREENIVASAN B. *et al*, 1968
BANERJI R. *et al*, 1984

VATICA micrantha   *(Dipterocarpaceae)*

origine : Malaisie
9,1 % huile/graine
acides gras (% poids) :

myristique	0,6
pentadécanoïque	0,3
palmitique	5,4
stéarique	48,0
oléique	32,4
linoléique	0,4
arachidique	5,5
13-éicosénoïque	1,7
éicosadiénoïque	3,5
béhénique	0,2
lignocérique	0,9
non-identifié	1,8

référence : SHUKLA V.K.S. *et al*, 1993

VELLA annua   *(Brassicaceae)*

origine : Maroc
13-14,7 % huile/graine
acides gras (% poids) :

palmitique	9 - 10,6
stéarique	0,5 - 1
oléique	5,8 - 6
linoléique	17,5 - 21
linolénique	15,2 - 16
arachidique	0 - 0,7
gondoïque	3,5 - 4
éicosadiénoïque	0 - 0,7
béhénique	0 - 0,7
érucique	38 - 47,5
nervonique	0 - 0,5
autres	0 - 2,5

références : MILLER R.W. *et al*, 1965
KUMAR P.R. *et al*, 1978

VENTILAGO calyculata   *(Rhamnaceae)*

origine : Inde
40 % huile/graine
1,6 % insaponifiable/huile
acides gras (% poids) :

caprylique	0,5
laurique	1,2
palmitique	15,9
stéarique	1,1
oléique	63,1
linoléique	4,5
linolénique	13,6

référence : GROVER G.S. *et al*, 1981

VERBASCUM thapsus   *(Scrophulariaceae)*

nom commun : bouillon-blanc
origine : France
32,6 % huile/graine
1,3 % insaponifiable/huile
acides gras (% poids) :

palmitique	6,0
palmitoléique	0,4
stéarique	4,5
oléique	17,8
asclépique	0,6
linoléique	69,7

linolénique	0,6
arachidique	0,2
gondoïque	0,2

référence : FERLAY V. *et al*, 1993

VERNONIA anthelmintica   *(Asteraceae)*

origine : Pakistan
36,6 % huile/graine
2,6 % insaponifiable/huile
acides gras (% poids) :

myristique	0,2
palmitique	2,8
palmitoléique	0,2
heptadécanoïque	0,3
stéarique	1,7
oléique	4,2
linoléique	6,7
arachidique	0,3
gondoïque	0,3
béhénique	0,2
lignocérique	0,2
cérotique	3,4
hexacosénoïque	0,1
vernolique	76,8
hydroxy-vernolique	2,6

référence : RAIE M.Y. *et al*, 1985 b

VERNONIA galamensis   *(Asteraceae)*

origine : Zimbabwe
38,6 % huile/graine
acides gras (% poids) :

palmitique	2 - 4
stéarique	2 - 3
oléique	4 - 6
linoléique	10 - 12
vernolique	79 - 81

référence : AYORINDE F.O. *et al*, 1990

VERNONIA volkameriaefolia   *(Asteraceae)*

20 % huile/graine
acides gras (% poids) :

palmitique	3,4
stéarique	1,3
oléique	3,9

linoléique	22,5
linolénique	4,1
vernolique	63,5
dihydroxy-stéarique	1,5

référence : SIDDIQI S.F. *et al*, 1984

VIBURNUM tinus *(Caprifoliaceae)*

origine : France

	pulpe	**graine**
% huile/graine	16,4	14,0
acides gras (% poids) :		
myristique	1,4	-
palmitique	27,7	9,0
palmitoléique	4,4	tr
stéarique	1,7	3,0
oléique	24,9	33,2
asclépique	2,9	0,7
linoléique	35,4	52,1
linolénique	1,6	0,6
arachidique	-	0,6
gondoïque	-	0,5
béhénique	-	0,3

référence : MALLET G. *et al*, 1988

VICIA sativa *(Fabaceae)*

origine : Inde
1,5 % huile/graine
acides gras (% poids) :

palmitique	17,4
stéarique	1,3
oléique	19,5
linoléique	53,7
linolénique	8,1

référence : HUSAIN S.K. *et al*, 1978

VIGNA aconitefolia *(Fabaceae)*

origine : Inde
2,5 % huile/graine
acides gras (% poids) :

laurique	0,8
palmitique	40,8
stéarique	9,0

oléique	13,9
linoléique	26,8
linolénique	7,9

référence : SHET M.S. *et al*, 1986

VIGNA sinensis   *(Fabaceae)*

origine : Madagascar
1,4 % huile/graine
2,4 % insaponifiable/huile
acides gras (% poids) :

myristique	0,3
palmitique	31,5
heptadécanoïque	0,4
stéarique	6,4
oléique	5,5
asclépique	0,6
linoléique	30,9
linolénique	17,3
arachidique	1,7
gondoïque	0,9
béhénique	3,4
lignocérique	1,0

référence : GAYDOU E.M. *et al*, 1983 b

VINCA rosea   *(Apocynaceae)*

origine : Inde
31,5 % huile/graine
1,0 % insaponifiable/huile
acides gras (% poids) :

laurique	0,2
myristique	1,0
palmitique	1,4
stéarique	6,8
oléique	73,6
linoléique	15,1
arachidique	1,3
béhénique	0,6

référence : DAULATABAD C.D. *et al*, 1985 b

VIROLA   *(Myristicaceae)*

	V. bicuhyba	**V. otoba**
origine :	Brésil	Colombie
% huile/graine :	60	67
acides gras (% poids) :		

laurique	13,3	21,1
myristique	66,6	73,1
palmitique	8,9	0,3
stéarique	1,6	-
oléique	6,6	5,5
linoléique	3,0	-

référence : BANERJI R. *et al*, 1984

VIROLA surinamensis   *(Myristicaceae)*

origine : Brésil
60-70 % huile/graine
acides gras (% poids) :

caprique	0,5 - 0,9
laurique	13,3 - 20,0
myristique	71,3 - 76,6
myristoléique	0 - 0,9
palmitique	3,5 - 5,0
palmitoléique	0 - 0,6
stéarique	0 - 0,7
oléique	2,4 - 6,3
linoléique	0 - 0,8

références : CULP T.W. *et al*, 1965
BANERJI R. *et al*, 1984
GOMES DA SILVA W. *et al*, 1985

VITIS vinifera   *(Vitaceae)*

nom commun : raisin
14-16 % huile/pépins
acides gras (% poids) :

myristique	0 - 0,2
palmitique	6,4 - 9,7
palmitoléique	0 - 0,1
stéarique	3,7 - 6,8
oléique	12,7 - 20,5
linoléique	63,0 - 75,7
linolénique	0 - 0,4
arachidique	0 - 0,2

références : FREGA N. *et al*, 1982 a
SEHER A. *et al*, 1982
YAZICIOGLU T. *et al*, 1983

VOACANGA africana   *(Apocynaceae)*

origine : Cameroun
13-20 % huile/graine
0,5-1,0 % insaponifiable/huile
acides gras (% poids) :

palmitique	15 - 20
palmitoléique	0,1
heptadécanoïque	0,1
stéarique	8 - 10
oléique	50 - 55
linoléique	16 - 20
arachidique	0,4
gondoïque	0,2

référence : RAFIDISON P. *et al*, 1987

VOANDZEIA subterranea   *(Fabaceae)*

origine : Sénégal, Zaïre, Madagascar
6,4-7,3 % huile/graine
1,3-2,4 % insaponifiable/huile
acides gras (% poids) :

myristique	0 - 0,2
palmitique	19,4 - 24,1
palmitoléique	0 - 0,3
stéarique	5,2 - 11,8
oléique	19,1 - 24,4
asclépique	0 - 1,7
linoléique	34,2 - 42,3
linolénique	0 - 2,2
arachidique	1,2 - 5,3
gondoïque	0 - 0,6
béhénique	2,5 - 4,9
lignocérique	0 - 0,5

références : UCCIANI E. *et al*, 1963 c
            KABELE NGIEFU C. *et al*, 1976 b
            GAYDOU E.M. *et al*, 1983 b

VONITRA   *(Arecaceae)*

origine : Madagascar

acides gras (% poids) :	V. thouarsii		V. utilis	
	pulpe	amande	pulpe	amande
caprique	-	-	-	0,5
laurique	0,4	0,5	0,4	25,8
myristique	0,9	0,5	1,0	17,3
palmitique	24,6	50,6	22,8	13,6
stéarique	8,1	9,7	5,0	0,7
oléique	34,8	18,2	29,0	7,2
linoléique	16,9	15,2	28,4	32,7
linolénique	3,2	0,5	3,6	-
autres	11,1	4,8	9,8	2,2

référence : RABARISOA I. *et al*, 1993

WASHINGTONIA filifera *(Arecaceae)*

origine : Inde
5 % huile/graine
1,3 % insaponifiable/huile
acides gras (% poids) :

laurique	25,8
myristique	10,9
palmitique	38,2
stéarique	6,6
oléique	5,6
linoléique	10,8
arachidique	1,0
béhénique	1,1

référence : DAULATABAD C.D. *et al*, 1985 a

WELWITSCHIA mirabilis *(Welwitschiaceae)*

origine : Afrique du Sud
13,5 % huile/graine
2 % insaponifiable/huile
acides gras (% poids) :

caprique	5,1
laurique	5,0
myristique	5,0
palmitique	11,3
stéarique	7,2
oléique	43,7
linoléique	18,7
arachidique	1,6
béhénique	2,0

référence : DAULATABAD C.D. *et al*, 1985

WIEDEMANNIA orientalis *(Lamiaceae)*

26 % huile/graine
acides gras (% poids) :

palmitique	5,1
stéarique	2,5
oléique	23
linoléique	50
linolénique	8,7
allène-non identifié	7,0
autres	2,4

référence : HAGEMANN J.M. *et al*, 1967

WIKSTROEMIA viridiflora   *(Thymeleaceae)*

origine : Singapour
28 % huile/graine
acides gras (% poids) :

palmitique	13
stéarique	6
oléique	45
linoléique	35

référence : GUNSTONE F.D. *et al*, 1972

WISTERIA sinensis   *(Fabaceae)*

origine : Inde
11,4 % huile/graine
acides gras (% poids) :

palmitique	24,1
oléique	42,6
linoléique	9,4
arachidique	23,8

référence : KAUL S.L. *et al*, 1990

WRIGHTIA coccinea   *(Apocynaceae)*

origine : Philippines, Inde
23 % huile/graine
acides gras (% poids) :

palmitique	6 - 8
stéarique	1,5 - 3
oléique	6 - 8
linoléique	6,5 - 9
arachidique }	0 - 2
béhénique }	
isoricinoléique	74 - 77

références : SIDDIQI S.F. *et al*, 1980
AHMAD F. *et al*, 1986

WRIGHTIA tinctoria   *(Apocynaceae)*

origine : Inde
30 % huile/graine
acides gras (% poids) :

palmitique	6 - 8,4
stéarique	3 - 5,8
oléique	8 - 11,3
linoléique	8,9 - 11

linolénique	0 - 1
arachidique)	
béhénique)	0 - 2
isoricinoléique	65,6 - 69

références : ANSARI F.H. *et al*, 1971
AHMAD F. *et al*, 1986

WRIGHTIA tomentosa *(Apocynaceae)*

22 % huile/graine
acides gras (% poids) :

palmitique	10,7
stéarique	4,3
oléique	10,9
linoléique	12,8
isoricinoléique	61,3

référence : ANSARI F.H. *et al*, 1971

XANTHIUM stumarium *(Asteraceae)*

origine : Inde
25 % huile/graine
2,6 % insaponifiable/huile
acides gras (% poids) :

myristique	1,7
palmitique	11,6
stéarique	6,1
oléique	22,9
linoléique	57,7

référence : KAPOOR V.K. *et al*, 1976

XANTHOCERAS sorbifolia *(Sapindaceae)*

50,3 % huile/amande
acides gras (% poids) :

palmitique	6
stéarique	1
oléique	33
linoléique	48
gondoïque	8
béhénique	4

référence : HOPKINS C.Y. *et al*, 1967

XERANTHEMUM annuum *(Asteraceae)*

22 % huile/graine
acides gras (% poids) :

palmitique	9
stéarique	3
oléique	16
linoléique	36
linolénique	1
pinoléique	5
9,10 - époxy-stéarique	3
coronarique	8
vernolique	2
hydroxy-octadécadiénoïque	11
autres	6

référence : POWELL R.G. *et al*, 1967

XEROCHLAMYS diospyroidea   *(Sarcolaenaceae)*

origine : Madagascar
3,4 % huile/graine
acides gras (% poids) :

pentadécanoïque	0,1
palmitique	21,6
palmitoléique	0,3
7-hexadécénoïque	0,1
heptadécénoïque	0,2
heptadécadiénoïque	0,2
stéarique	3,6
oléique	27,2
asclépique	1,5
linoléique	40,5
linolénique)	
dihydrosterculique)	1,0
arachidique	2,1
gondoïque	1,0
autres	0,6

référence : GAYDOU E.M. *et al*, 1983 c

XYLOMELUM pyriforme   *(Proteaceae)*

origine : Australie
acides gras (% poids) :

palmitique	21,0
palmitoléique	2,4
stéarique	2,1
oléique	69,8
linoléique	2,7
gondoïque	2,0

référence : VICKERY J.R., 1971

XYLOOLAENA   *(Sarcolaenaceae)*

origine : Madagascar

	X. perrieri	**X. richardii**
% huile/graine :	1,9	5,1
acides gras (% poids) :		
myristique	0,4	0,4
pentadécanoïque	0,2	0,1
palmitique	20,9	19,5
palmitoléique	0,7	0,5
7 - hexadécénoïque	0,4	0,3
heptadécénoïque	0,2	-
heptadécadiénoïque	0,3	0,5
stéarique	2,9	2,2
oléique	17,4	24,0
asclépique	1,7	1,3
linoléique	46,7	41,1
linolénique } dihydrosterculique	1,0	1,3
malvalique	-	0,3
arachidique	2,6	1,7
gondoïque	1,0	1,5
autres	3,6	5,3

référence : GAYDOU E.M. *et al*, 1983

XYMENIA americana   *(Olacaceae)*

62 % huile/graine
acides gras (% poids) :

palmitique	1,0
palmitoléique	0,2
stéarique	0,7
oléique	48,7
linoléique	0,3
linolénique	0,5
xyméninique	6,3
lignocérique	1,7
nervonique	3,5
cérotique	2,7
hexacosénoïque	3,9
montanique	1,2
octacosénoïque	12,8
triaconténoïque	5,5

référence : MIKOLAJCZAK K.L. *et al*, 1963 a

ZANTHOXYLUM alatum   *(Rutaceae)*

origine : Inde
20 % huile/graine
acides gras (% poids) :

palmitique	19,9
palmitoléique	15,4
stéarique	2,4
oléique	22,7
linoléique	19,1
linolénique	20,3

référence : AHMAD F. *et al,* 1980

ZEA mays   *(Poaceae)*

nom commun : maïs
17-37,8 % huile/graine
acides gras (% poids) :

palmitique	12,2 - 13,5
palmitoléique	0 - 0,1
heptadécanoïque	0 - 0,1
stéarique	2,3 - 2,7
oléique	28,4 - 36,9
linoléique	45,9 - 55,5
linolénique	0 - 0,9
arachidique	0 - 0,5
gondoïque	0 - 0,3
béhénique	0 - 0,1
lignocérique	0 - 0,2
autres	0 - 0,5

références : YAZICIOGLU T. *et al,* 1983
VAN NIEKERK P.J. *et al,* 1985

ZELKOVA serrata   *(Ulmaceae)*

origine : Japon
21 % huile/graine
1,4 % insaponifiable/huile
acides gras (% poids) :

caprylique	7,3
caprique	76,5
laurique	3,3
myristique	1,0
palmitique	2,8
stéarique	0,4
oléique	3,9
linoléique	3,3
linolénique	0,5

référence : IHARA S. *et al,* 1978

ZILLA spinosa   *(Brassicaceae)*

origine : Algérie
25-35 % huile/graine
acides gras (% poids) :

palmitique	6 - 7,5
stéarique	1 - 1,7
oléique	21 - 24,8
linoléique	16 - 19,3
linolénique	10,1 - 16
arachidique	0 - 0,2
gondoïque	7 - 8,9
éicosadiénoïque	0 - 0,7
érucique	27,6 - 29
nervonique	0 - 0,8
autres	0 - 1,4

références : MILLER R.W. *et al*, 1965
KUMAR P.R. *et al*, 1978

ZIZIPHORA   *(Lamiaceae)*

origine : Etats-Unis

	Z. capitata	**Z. tenuior**
% huile/graine :	34	32
acides gras (% poids) :		
palmitique	5,9	5,2
stéarique	2,1	2,0
oléique	6,5	7,0
linoléique	14	14
linolénique	71	70
autres	0,7	1,3

référence : HAGEMANN J.M. *et al*, 1967

ZIZYPHUS jujuba   *(Rhamnaceae)*

nom commun : jujube
origine : Inde
22 % huile/amande
acides gras (% poids) :

palmitique	18,0
palmitoléique	3,8
stéarique	11,0
oléique	53,0
linoléique	6,6
arachidique	3,8
béhénique	1,6

référence : DEVI Y.U. *et al*, 1984

ZIZYPHUS jujuba var. inermis   (Rhamnaceae)

origine : Japon
0,8 % huile/pulpe
acides gras (% poids) :

laurique	7,0
myristique	1,8
myristoléique	19,5
palmitique	4,8
palmitoléique	17,2
11 - hexadécénoïque	33,3
stéarique	0,5
oléique	2,0
asclépique	2,6
13 - octadécénoïque	1,6
linoléique	4,1
linolénique	3,2
autres	2,4

référence : YAMAMOTO K. *et al*, 1990

ZOSIMA absinthiifolia   *(Apiaceae)*

origine : Pakistan
20 % huile/graine
acides gras (% poids) :

palmitique	5,9
stéarique	0,6
oléique	21,7
pétrosélinique	45,5
linoléique	25,2
linolénique	0,3
autres	0,9

référence : KLEIMAN R. *et al*, 1982

Deuxième partie

ACIDES GRAS ET
PRINCIPALES SOURCES

> AVERTISSEMENT : *la configuration des doubles liaisons est définie par les symboles Z (cis) et E (trans), celle des centres chiraux par R et S.*

ALCHORNEIQUE - acide (11Z) - 14, 15 - cis époxy - 11 - éicosénoïque

$$C_{20} H_{36} O_3$$

principale source : ALCHORNEA cordifolia, 51 %

ALEPRIQUE - acide 9 - (cyclopent - 2 - ényl) - nonanoïque

$$C_{14} H_{24} O_2$$

acide gras mineur

ALLENE-NON-IDENTIFIE - $C_{18} H_{32} O_2$

principales sources : EREMOSTACHYS SPECIOSA, 22 %
PHLOMIS austro-anatolica, 20 %
BRAZONIA scutellarioides, 19 %

ALPHA-ELEOSTEARIQUE - acide (Z, E, E) - 9, 11, 13 - octadécatriénoïque

$$C_{18} H_{30} O_2$$

principales sources : ALEURITES fordii, 85,5 %
ALEURITES montana, 67 %
PARINARUM excelsum, 61 %
RICINOCARPUS bowmanii, 61 %

ALVARADIQUE - acide octadéc - 17 - én - 6 - ynoïque

$$C_{18} H_{30} O_2$$

principale source : ALVARADOA amorphoides, 15 %

ARACHIDIQUE - acide éicosanoïque

$$C_{20} H_{40} O_2$$

principales sources : NEPHELIUM maingayi, 37 %
NEPHELIUM lappaceum, 34,5 %
NEPHELIUM daedalium, 34 %

NEPHELIUM ramboutan-ake, 33 %
SALVIA spinosa, 27 %

ARGEMONIQUE - acide 6 - hydroxy - 6 - méthyl - 9 - oxo - octacosanoïque

$$C_{28} H_{57} O_4$$

principale source : ARGEMONE mexicana, 2 %

ASCLEPIQUE - acide (11 E) - octadécénoïque

$$C_{18} H_{34} O_2$$

principales sources : ENTANDROPHRAGMA cylindricum, 49,5 %
ENTANDROPHRAGMA angolense, 39,5 %
PARTHENOCISSUS tricuspidata, 35,5 %
ENTANDROPHRAGMA utile, 31 %
HEDERA helix, 27 %

AURICOLIQUE - acide (11Z, 17Z) - 14 - hydroxy - 11, 17 - éicosadiénoïque

$$C_{20} H_{36} O_3$$

principale source : LESQUERELLA auriculata, 32 %

BEHENIQUE - acide docosanoïque

$$C_{22} H_{44} O_2$$

principales sources : LOPHIRA alata, 34 %
LOPHIRA procera, 21 %
PSOPHOCARPUS tetragonolobus, 20 %

BETA-ELEOSTEARIQUE - acide (9E, 11E, 13E) - octadécatriénoïque

$$C_{18} H_{30} O_2$$

principale source : CENTRANTHUS ruber, 17 %

CALEIQUE - acide (3E, 9Z, 12Z) - octadécatriénoïque

$$C_{18} H_{30} O_2$$

principales sources : STENACHAENIUM macrocephalum, 49 %
CALEA urticaefolia, 31 %

CALENDIQUE - acide (8E, 10E, 12Z) - octadécatriénoïque

$$C_{18} H_{30} O_2$$

principale source : CALENDULA officinalis, 60%

CAPRIQUE - acide décanoïque

$$C_{10} H_{20} O_2$$

principales sources : CUPHEA koehneana, 91,5 %
CUPHEA paucipetala, 88 %
CUPHEA ignea, 87 %
CUPHEA llavea, 82,5 %
CUPHEA ferrisiae, 82 %

CAPROIQUE - acide hexanoïque

$$C_6 H_{12} O_2$$

acide gras mineur

CAPRYLIQUE - acide octanoïque

$$C_8 H_{16} O_2$$

principales sources : CUPHEA painteri, 73 %
CUPHEA hookeriana, 65 %

CATALPIQUE - acide (9E, 11E, 13Z) - octadécatriénoïque

$$C_{18} H_{30} O_2$$

principales sources : CATALPA ovata, 42 %
CATALPA bignoniodes, 31 %
CHILOPSIS linearis, 22 %

CEROTIQUE - acide hexacosanoïque

$$C_{26} H_{52} O_2$$

principales sources : PENTACHLETRA macrophylla, 5 %
RUMEX pseudonatronatus, 3,5 %
VERNONIA anthelmintica, 3,5 %

CHAULMOOGRIQUE - acide 13 - (cyclopent - 2 - ényl) - tridécanoïque

$$C_{18} H_{32} O_2$$

principales sources : CALONCOBA echinata, 75 %
TARAKTOGENOS kurzii, 27,5 %

CIS-VACCENIQUE - voir ASCLEPIQUE

COLUMBINIQUE - acide (5E, 9Z, 12Z) - octadécatriénoïque

$$C_{18} H_{30} O_2$$

principales sources : AQUILEGIA vulgaris, 60 %

AQUILEGIA longissima, 59 %
THALICTRUM aquilegifolium, 56,5 %
THALICTRUM adiantifolium, 45 %
THALICTRUM foetidum, 44 %

CORONARIQUE - acide (12Z) - 9,10 - cis époxy - 12 - octadécénoïque

$$C_{18} H_{32} O_3$$

principales sources : HELICHRYSUM bracteatum, 14 %
SIDA cordifolia, 11 %

CREPENYNIQUE - acide (9Z) - octadéc - 9 - én - 12 - ynoïque

$$C_{18} H_{30} O_2$$

principales sources : CREPIS thomsonii, 65 %
CREPIS foetida, 60 %
CREPIS rubra, 55 %
SAUSSUREA candicans, 33 %
AFZELIA cuanzensis, 31 %

12 - (CYCLOPENT - 2 - ENYL) - DODECENOIQUE - $C_{17} H_{28} O_2$

acide gras mineur

14 - (CYCLOPENT - 2 - ENYL) - TETRADECENOIQUE - $C_{19} H_{32} O_2$

acide gras mineur

18 - (CYCLOPENT - 2 - ENYL) - 4 - OCTADECENOIQUE - $C_{23} H_{40} O_2$

principale source : HYDNOCARPUS alpina, 3,5 %

18 - (CYCLOPENT - 2 - ENYL) - 9 - OCTADECENOIQUE - $C_{23} H_{40} O_2$

principale source : HYDNOCARPUS hainanensis, 4,5 %

DEHYDROCREPENYNIQUE - acide (9Z, 14Z) - octadéca - 9,14 - dién - 12 - ynoïque

$$C_{18} H_{28} O_2$$

principales sources : AFZELIA bipendensis, 36 %
AFZELIA cuanzensis, 29 %
AFZELIA africana, 22 %

DIHYDROMALVALIQUE - acide 8,9 - méthylène - heptadécanoïque

$$C_{18} H_{34} O_2$$

principale source : BYRSOCARPUS coccineus, 13 %

DIHYDROSTERCULIQUE - acide 9,10 - méthylène - octadécanoïque

$$C_{19} H_{36} O_2$$

principales sources : LITCHI chinensis, 32 %
EUPHORIA longana, 17 %

13,14 - DIHYDROXY - DOCOSANOIQUE - $C_{22} H_{44} O_4$

principale source : CARDAMINE impatiens, 6 %

11,12 - DIHYDROXY - EICOSANOIQUE - $C_{20} H_{40} O_4$

acide gras mineur

9,10 - DIHYDROXY - OCTADECANOIQUE - $C_{18} H_{36} O_4$

acide gras mineur

15,16 - DIHYDROXY - TETRACOSANOIQUE - $C_{24} H_{48} O_4$

principale source : CARDAMINE impatiens, 16,5 %

DIMORPHECOLIQUE - acide (9S, 10E, 12E) - 9 - hydroxy - 10,12 - octadécadiénoïque

$$C_{18} H_{32} O_3$$

principale source : DIMORPHOTECA sinuata, 66,5 %

DOCOSADIENOIQUE - $C_{22} H_{40} O_2$

- docosadiénoïque

principale source : DIPLOTAXIS tenuifolia, 22,5 %

- (5Z, 13Z)-docosadiénoïque

principales sources : LIMNANTHES alba, 20 %
LIMNANTHES montana, 17 %
LIMNANTHES striata, 16 %

DOCOSATRIENOIQUE - $C_{22} H_{38} O_2$

acide gras mineur

DOCOSENOIQUE - $C_{22} H_{42} O_2$

- 11-docosénoïque

acide gras mineur

- 17-docosénoïque

acide gras mineur

(4Z)-DODECENOIQUE - $C_{12} H_{22} O_2$

principale source : LINDERA umbellata, 47 %

EICOSADIENOIQUE - $C_{20} H_{36} O_2$

- éicosadiénoïque

principales sources : GREVILLEA floribunda, 9,5 %
                                    GEVUINA avellana, 7,5 %
                                    MALCOMIA flexuosa, 6,5 %
                                    MALCOMIA maritima, 6 %

- 11, 14-éicosadiénoïque

principale source : PODOCARPUS nagi, 12,5 %

EICOSAPENTAENOIQUE - $C_{20} H_{30} O_2$

principale source : SANTALUM obtusifolium, 4,5 %

EICOSATETRAENOIQUE - $C_{20} H_{32} O_2$

- éicosatétraénoïque
principales sources : CALLITRIS oblonga, 12 %
                                    CALLITRIS columellaris, 10 %
                                    CALLITRIS endlicheri, 9,5 %

- 5, 11, 14, 17 - éicosatétraénoïque

principales sources : BIOTA orientalis, 10,5 %
                                    JUNIPERUS rigida, 8,5 %
                                    TAXODIUM districhum, 7 %

- (5Z, 11Z, 14Z, 17Z) - éicosatétraénoïque

principales sources : CHAMAECYPARIS pisifera, 7 %
                                    CRYPTOMERIA japonica, 5 %

EICOSATRIENOIQUE - $C_{20} H_{34} O_2$

- éicosatriénoïque

principales sources : PODOCARPUS lawrencei, 5,5 %
                                    TAXODIUM districhum, 5 %
                                    CALLITRIS endlicheri, 4,5 %

- 5, 11, 14 - éicosatriénoïque

principales sources : PODOCARPUS nagi, 20,5 - 24 %
                                    SCIADOPITYS verticillata, 15 %
                                    TORREYA nucifera, 6,5 - 9,5 %

- (5Z, 11Z, 14Z) - éicosatriénoïque

principales sources : PINUS thunbergii, 4 %
                                    PINUS densiflora, 3,5 %
                                    CHAMAECYPARIS pisifera, 3 %

- 11, 14, 17 - éicosatriénoïque

principales sources : JUNIPERUS rigida, 14 %
                     JUNIPERUS chinensis, 12,5 %

EICOSENOIQUE - $C_{20} H_{38} O_2$

- (5Z) - éicosénoïque

principales sources : LIMNANTHES douglasii,var.rosea, 72 %
                     LIMNANTHES douglasii, 65 %
                     LIMNANTHES douglasii,var.nivea, 65 %
                     LIMNANTHES striata, 65 %
                     LIMNANTHES alba, 61 %

- (13Z) - éicosénoïque

                              acide gras mineur

- 15 - éicosénoïque

                              acide gras mineur

ELEOSTEARIQUE - voir ALPHA- et BETA - ELEOSTEARIQUE

EPOXY - OLEIQUE - $C_{18} H_{32} O_3$

principales sources : PTERYGOTA alata, 2,5 %
                     MALVA tournefortiana, 2,5 %

EPOXY - STEARIQUE - $C_{18} H_{34} O_3$

principales sources : XERANTHEMUM annuum, 3 %
                     MATTHIOLA bicornis, 2,5 %

ERUCIQUE - acide (13Z) - docosénoïque

$$C_{22} H_{42} O_2$$

principales sources : CRAMBE abyssinica, 59 %
                     CRAMBE hispanica, 55 %
                     SINAPIS alba, 54,5 %
                     ERUCASTRUM cardaminoides, 51,5 %
                     IBERIS umbellata, 50 %

GAMMA - LINOLENIQUE - acide (6Z, 9Z, 12Z) - octadécatriénoïque

$$C_{18} H_{30} O_2$$

principales sources : BORAGO pygmea, 28 %
                     BORAGO officinalis, 25 %
                     ONOSMODIUM hispidissimum, 20 %
                     ANEMONE cylindrica, 20 %
                     ONOSMODIUM molle, 20 %

GONDOIQUE - acide (11Z) - éicosénoïque

$$C_{20} H_{38} O_2$$

principales sources : KOELREUTARIA bipinnata, 60 %
                     SELENIA grandis, 58,5 %
                     TEESDALIA nudicaulis, 56 %
                     LEAVENWORTHIA torulosa, 53 %
                     BLIGHIA sapida, 52 %

GORLIQUE - acide 13 - (cyclopent - 2 - ényl) - (6Z) - tridécénoïque

$$C_{18} H_{30} O_2$$

principales sources : HYDNOCARPUS kurzii, 22,5 %
                     TARAKTOGENOS kurzii, 21 %
                     TARAKTOGENOS merilliana, 19,5 %

HENEICOSENOIQUE - $C_{21} H_{40} O_2$

acide gras mineur

HEPTADECADIENOIQUE - $C_{17} H_{30} O_2$

principales sources : HILDEGARDIA erythrosiphon, 4,5 %
                     HIBISCUS palmifidus, 2,5 %
                     PERRIERODENDRON boinense, 2,5 %

HEPTADECANOIQUE - $C_{17} H_{34} O_2$

principales sources : SOPHORA tomentosa, 3 %
                     MILLETIA ovalifolia, 2 %

HEPTADECENOIQUE - $C_{17} H_{32} O_2$

principales sources : NESOGORDONIA macrophylla, 2,5 %
                     NESOGORDONIA thouarsii, 2,5 %

HEXACOSENOIQUE - $C_{26} H_{50} O_2$

- hexacosénoïque

principale source : XYMENIA americana, 4 %

- (17Z) - hexacosénoïque

principale source : TROPAELUM speciosum, 7,5 - 10 %

- 21 - hexacosénoïque

principale source : GREVILLEA decora, 11 %

HEXADECADIENOIQUE - $C_{16} H_{28} O_2$

- hexadécadiénoïque

principales sources : SALVIA polystachya, 3 %
                                PARTHENOCISSUS tricuspidata, 2 %

- (7Z, 10Z) - hexadécadiénoïque

principales sources : RANUNCULUS sericeus, 4 %
                                RANUNCULUS constantinopolitanus, 3 %
                                RANUNCULUS sardous, 3 %
                                RANUNCULUS arvensis, 2,5 %

HEXADECATRIENOIQUE - $C_{16} H_{26} O_2$

acide gras mineur

HEXADECENOIQUE - $C_{16} H_{30} O_2$

- 3 - hexadécénoïque

principale source : ASTER alpinus, 7 %

- (3E) - hexadécénoïque

principales sources : GRINDELIA oxylepis, 14 %
                                CALLISTEPHUS chinensis, 10,5 %

- 5 - hexadécénoïque

principales sources : BASSIA hyssopifolia, 5 %
                                SUAEDA setigera, 4,5 %

- (5Z) - hexadécénoïque

principales sources : KOCHIA prostrata, 12 %
                                ORITES diversifolia, 5,5 %
                                KOCHIA scoparia, 5 %

- (6Z) - hexadécénoïque

principale source : THUNBERGIA alata, 82 %

- (7Z) - hexadécénoïque

principales sources : HICKSBEACHIA pinnatifolia, 12 %
                                KERMADECIA sinuata, 6 %

- 11 - hexadécénoïque

principales sources : ZIZYPHUS jujuba,var.inermis, 33,5 %
                                GREVILLEA decora, 21,5 %
                                TELOPEA truncata, 10 %

- (11Z) - hexadécénoïque

principales sources : KERMADECIA sinuata, 40 %
                                ORITES revoluta, 35,6 %
                                HICKSBEACHIA pinnatifolia, 28,5 %
                                GEVUINA avellana, 25,5 %

- 15 - hexadécénoïque

principale source : TELOPEA truncata, 14 %

HORMELIQUE - acide 15 - (cyclopent - 2 - ényl) - pentadécanoïque

$$C_{20} H_{36} O_2$$

acide gras mineur

HYDNOCARPIQUE - acide 11 - (cyclopent - 2 - ényl) - undécanoïque

$$C_{16} H_{28} O_2$$

principales sources : HYDNOCARPUS anthelmintica, 68 %
HYDNOCARPUS hainanensis, 57 %
HYDNOCARPUS alpina, 56 %
HYDNOCARPUS wightiana, 48,5 %
CARPOTROCHE brasiliensis, 45,5 %

7 - HYDROXY - 17 - DOCOSENOIQUE - $C_{22} H_{42} O_3$

acide gras mineur

HYDROXY - EICOSENOIQUE - $C_{20} H_{38} O_3$

principale source : LESQUERELLA auriculata, 10 %

11 - HYDROXY - 21 - HEXACOSENOIQUE - $C_{26} H_{50} O_3$

principale source : GREVILLEA decora, 2 %

HYDROXY - HEXADECENOIQUE - $C_{16} H_{30} O_3$

principales sources : LESQUERELLA lescurii, 2 %
LESQUERELLA lyrata, 2 %
LESQUERELLA perforata, 2 %
LESQUERELLA stonensis, 2%

13 - HYDROXY - 23 - OCTACOSENOIQUE - $C_{28} H_{54} O_3$

principale source : GREVILLEA decora, 2 %

HYDROXY - OCTADECADIENOIQUE - $C_{18} H_{32} O_3$

principales sources : LESQUERELLA stonensis, 39 %
LESQUERELLA perforata, 37 %
LESQUERELLA lyrata, 36 %

HYDROXY - OCTADECATRIENOIQUE - $C_{18} H_{30} O_3$

principale source : THYMUS vulgaris, 13,5 %

HYDROXY - OCTADECENOIQUE - $C_{18} H_{34} O_3$

principales sources : LESQUERELLA densipila, 50 %
LESQUERELLA lescurii, 44 %
LESQUERELLA perforata, 10 %

HYDROXY - STERCULIQUE - $C_{19} H_{34} O_3$

principale source : PACHIRA aquatica, 6,5 - 13 %

9 - HYDROXY - 19 - TETRACOSENOIQUE - $C_{24} H_{46} O_3$

acide gras mineur

HYDROXY - VERNOLIQUE - $C_{18} H_{32} O_4$

principale source : VERNONIA anthelmintica, 2,5 %

ISANIQUE - acide octadéc - 17 - ène - 9,11 - diynoïque

$$C_{18} H_{26} O_2$$

principale source : ONGOKEA gore, 45,5 %

ISOGORLIQUE - acide 13 - (cyclopent - 2 - ényl) - (4Z) - tridécénoïque

$$C_{18} H_{30} O_2$$

principale source : CALONCOBA echinata, 23 %

ISORICINOLEIQUE - acide (9R, 12Z) - 9 - hydroxy - 12 - octadécénoïque

$$C_{18} H_{34} O_3$$

principales sources : WRIGHTIA coccinea, 75 - 77 %
HOLARRHENA antidysenterica, 73 %
WRIGHTIA tinctoria, 69 %
WRIGHTIA tomentosa, 61 %

KAMLOLENIQUE - acide 18 - hydroxy - (9Z, 11E, 13E) - octadécatriénoïque

$$C_{18} H_{30} O_3$$

principales sources : MALLOTUS philippinensis, 72 %
MALLOTUS claoxyloides, 70 %
MALLOTUS discolor, 65 %
TREWIA nudiflora, 40 %

LABALLENIQUE - acide 5,6 - octadécadiénoïque

$$C_{18} H_{32} O_2$$

principales sources : LEUCAS cephalotes, 28 %
LEUCAS urticaefolia, 24 %

LAMENALLENIQUE - acide 5,6 - (16E) - octadécatriénoïque

$$C_{18} H_{30} O_2$$

principale source : LAMIUM purpureum, 14 - 16 %
LAMIUM amplexicaulis, 12 %

LAURIQUE - acide dodécanoïque

$$C_{12} H_{24} O_2$$

principales sources : LITSEA sebifera, 96 %
ACTINODAPHNE hookeri, 96 %
CINNAMOMUM iners, 96 %
LITSEA cubeba, 96 %
LITSEA longifolia, 88 %
CUPHEA calophylla, 85 %

LAUROLEIQUE - acide (9Z) - dodécénoïque

$$C_{12} H_{22} O_2$$

acide gras mineur

LESQUEROLIQUE - acide 14 - hydroxy - (11Z) - éicosénoïque

$$C_{20} H_{38} O_3$$

principales sources : LESQUERELLA lindheimeri, 74 %
LESQUERELLA gracilis, 72 %
LESQUERELLA recurvata, 71 %
LESQUERELLA argyreia, 67 %
LESQUERELLA globosa, 66 %
LESQUERELLA angustifolia, 65 %

LICANIQUE - acide 4 - oxo - (9Z, 11E, 13E) - octadécatriénoïque

$$C_{18} H_{28} O_3$$

principales sources : LICANIA rigida, 55 %
COUEPIA longipendula, 22 %

LIGNOCERIQUE - acide tétracosanoïque

$$C_{24} H_{48} O_2$$

principales sources : ADENANTHERA pavonina, 29 - 31,5 %
ELEAGNUS angustifolia, 22,5 %
TAMARINDUS indica, 22,5 %

LINELAIDIQUE - acide (9E, 12E) - octadécadiénoïque

$$C_{18} H_{34} O_2$$

principale source : CHILOPSIS linearis, 16 %

LINOLEIQUE - acide (9Z, 12Z) - octadécadiénoïque

$$C_{18} H_{32} O_2$$

principales sources : MYRIANTHUS arboreus, 93,5 %
MYRIANTHUS libericus, 89 %
BETULA platyphylla, 87,5 %
APHANANTHE aspera, 85 %
OENOTHERA triloba, 84 %
BOEHMERIA spicata, 83,5 %

LINOLENIQUE - acide (9Z, 12Z, 15Z) - octadécatriénoïque

$$C_{18} H_{30} O_2$$

principales sources : ACACIA lenticularis, 80,5 %
EUPHORBIA glaerosa, 76,5 %
EUPHORBIA parryi, 76 %
EUPHORBIA niciciana, 74,5 %
SATUREJA pilosa, 74 %
MATTHIOLA parviflora, 73 %

MALVALIQUE - acide 8,9 - méthylène - 8 - heptadécénoïque

$$C_{18} H_{32} O_2$$

principales sources : HERITIERA littoralis, 53,5 %
GNETUM gnemon, 38,5 %
NESOGORDONIA thouarsii, 30 %
ERIOLAENA hookeriana, 26 %

METHYLENE - HEXADECANOIQUE - $C_{17} H_{32} O_2$

principale source : LITCHI chinensis, 5 %

METHYLENE - PENTADECANOIQUE - $C_{16} H_{30} O_2$

acide gras mineur

MONTANIQUE - acide octacosanoïque

$$C_{28} H_{56} O_2$$

principale source : CURUPIRA tefeensis, 3 %
RUMEX pseudonatronatus, 2,5 %

MYRISTIQUE - acide tetradécanoïque

$$C_{14} H_{28} O_2$$

principales sources : GYMNACRANTHERA contracta, 86,5 %
SCYPHOCEPHALIUM ochocoa, 81,5 %
MYRISTICA cinnamomea, 74,5 %
MYRISTICA fragrans, 72 %
VIROLA surinamensis, 71,5 %

MYRISTOLEIQUE - acide (9Z) - tétradécénoïque

$$C_{14} H_{26} O_2$$

principale source : PYCNANTHUS kombo, 23,5 %

NERVONIQUE - acide (15Z) - tétracosénoïque

$$C_{24} H_{46} O_2$$

principales sources : CARDAMINE graeca, 54 %
TROPAEOLUM speciosum, 42,5 %
LUNARIA annua, 22,5 %

NONADECANOIQUE - $C_{19} H_{38} O_2$

- nonadécanoïque

principale source : CONVOLVULUS tricolor, 2 %

OCTACOSENOIQUE - $C_{28} H_{54} O_2$

- octacosénoïque

principale source : XYMENIA americana, 13 %

- 23 - octacosénoïque

principale source : GREVILLEA decora, 7 %

OCTADECADIENOIQUE - $C_{18} H_{32} O_2$

- 3,9 - octadécadiénoïque

principale source : ASTER alpinus, 3 %

- 5,9 - octadécadiénoïque

principales sources : TAXUS cuspidata, 16 %
TAXUS canadensis, 13,5 %
TAXUS baccata, 12 %

- (5Z, 9Z) - octadécadiénoïque

principales sources : CEDRUS deodra, 4 %
PINUS jeozensis, 3,5 %
PINUS pentaphylla, 3,5 %
PINUS densiflora, 3 %

- 6,9 - octadécadiénoïque

acide gras mineur

- (5Z, 11Z) - octadécadiénoïque

acide gras mineur

- octadécadiénoïque conjugué

principales sources : CHRYSANTHEMOIDES monilifera, 33 %
CHRYSANTHEMOIDES incana, 11 %
HELICHRYSUM bracteatum, 4,5 %

- (10E, 12E) - octadécadiénoïque

principale source : CHILOPSIS linearis, 10 %

OCTADECADIENYNOIQUE - $C_{18} H_{28} O_2$

- (9Z, 14Z) - octadécadiéne - 12 - ynoïque

principale source : PAHUDIA rhomboidea, 18 %

- 11, 17 - octadécadiéne - 9 - ynoïque

principale source : PYRULARIA edulis, 3 %

OCTADECADIYNOIQUE - $C_{18} H_{28} O_2$

9, 11 - octadécadiynoïque

principale source : ONGOKEA gore, 9,5 %

OCTADECATRIENOIQUE - $C_{18} H_{30} O_2$

- 5, 9, 12 - octadécatriénoïque

principale source : TAXUS cuspidata, 3,5 %

- octadécatriénoïque conjugué

principales sources : OSTEOSPERMUM spinescens, 34 %
OSTEOSPERMUM amplectans, 29 %
JACARANDA acutifolia, 28,5 %
OSTEOSPERMUM microphyllum, 20 %

- (8Z, 10E, 12Z) - octadécatriénoïque

principales sources : JACARANDA mimosifolia, 36 %
JACARANDA semiserrata, 33 %

OCTADECENOIQUE - $C_{18} H_{34} O_2$

- 3 - octadécénoïque

principale source : ASTER alpinus, 2 %

- (3E) - octadécénoïque

principales sources : CALLISTEPHUS chinensis, 3 %
                     GRINDELIA oxylepis, 2 %

- (5Z) - octadécénoïque

principales sources : DIOCOREOPHYLLUM cumminsii, 85 %
                     CARLINA acaulis, 24 %
                     CARLINA corymbosa, 21 %

- (5E) - octadécénoïque

principales sources : THALICTRUM adiantifolium, 20 %
                     THALICTRUM glaucum, 15 %
                     THALICTRUM minus, 10,5 %
                     THALICTRUM glaucum, 10 %

- (6E) - octadécénoïque

principale source : PICRAMNIA sellowii, 7,5 %

- (8Z) - octadécénoïque

principales sources : TELOPEA truncata, 14 %
                     ORITES revoluta, 6,5 %
                     STENOCARPUS sinuata, 5 %

- 13 - octadécénoïque

acide gras mineur

- (13Z) - octadécénoïque

principale source : ISOPOGON anemonifolius, 6 %

OCTADECENYNOIQUE - C18 H30 O2

- octadécénynoïque

principale source : HELICHRYSUM bracteatum, 7 %

- (9Z) - octadécéne - 11 - ynoïque

principale source : HELICHRYSUM bracteatum, 9,5 %

- 17 - octadécéne - 9 - ynoïque

principale source : PYRULARIA edulis, 3 %

OLEIQUE - acide (9Z) - octadécénoïque

$$C_{18} H_{34} O_2$$

principales sources : AMARANTHUS tricolor, 90,5 %
                     GARCINIA multiflora, 88,5 %
                     CORYLUS avellana, 86 %
                     EUPHORBIA lathyris, 84 %

ONCOBIQUE - acide 15 - (cyclopent - 2 - ényl) - (8Z) - pentadécénoïque

$$C_{20} H_{34} O_2$$

acide gras mineur

OXO - HEXACOSENOIQUE - $C_{26} H_{48} O_3$

17 - oxo - (20Z) - hexacosénoïque

principale source : CUSPIDARIA pterocarpa, 13,5 %

OXO - OCTACOSENOIQUE - $C_{28} H_{52} O_3$

19 - oxo - (22Z) - octacosénoïque

principale source : CUSPIDARIA pterocarpa, 3,5 %

OXO - OCTADECENOIQUE - $C_{18} H_{32} O_3$

9 - oxo - (12Z) - octadécénoïque

principale source : CRYPTOLEPSIS buchanii, 46 %

OXO - TETRACOSENOIQUE - $C_{24} H_{44} O_3$

15 - oxo - (18Z) - tétracosénoïque

principale source : CUSPIDARIA pterocarpa , 5,5 %

PALMITIQUE - acide hexadécanoïque

$$C_{16} H_{32} O_2$$

principales sources : MYRICA carolinensis, 77,5 %
OCHNA squarrosa, 73,5 %
RHUS succedanea, 67,5 %
SAPIUM sebiferum, 64,5 %
DACRYODES costata, 64 %

PALMITOLEIQUE - acide (9Z) - hexadécénoïque

$$C_{16} H_{30} O_2$$

principales sources : KERMADECIA sinuata, 69,5 %
DOXANTHA unguis - cati, 64 %
PLUMERIA alba, 58,5 %

PARINARIQUE - acide (9Z, 11E, 13E, 15Z) - octadécatétraénoïque

$$C_{18} H_{28} O_2$$

principales sources : PARINARIUM laurinum, 62 %
IMPATIENS balsamina, 30 %

PELARGONIQUE - acide nonanoïque

$$C_9 H_{18} O_2$$

acide gras mineur

PENTADECANOIQUE - $C_{15} H_{30} O_2$

acide gras mineur

PENTADECENOIQUE - $C_{15} H_{28} O_2$

acide gras mineur

PETROSELINIQUE - acide (6Z) - octadécénoïque

$$C_{18} H_{34} O_2$$

principales sources : APIUM leptophyllum, 86,5 %
                     DEVERRA aphylla, 84,5 %
                     DENDROPANAX trifidus, 83 %
                     FATSIA japonica, 83 %
                     PEUCEDANUM capense, 83 %
                     LIMNOSCIADIUM pumilum, 83 %

PINOLEIQUE - acide (5Z, 9Z, 12Z) - octadécatriénoïque

$$C_{18} H_{30} O_2$$

principales sources : LARIX leptolepis, 27 %
                     PINUS densiflora, 19 %
                     PINUS thunbergii, 18 %
                     PINUS pentaphylla, 18 %

PUNICIQUE - acide (9Z, 11E, 13Z) - octadécatriénoïque

$$C_{18} H_{30} O_2$$

principales sources : PUNICA granatum, 84 %
                     TRICHOSANTHES nervifolia, 51,5 %
                     MOMORDICA balsamina, 50,5 %

RICINOLEIQUE - acide (12R) - hydroxy - (9Z) - octadécénoïque

$$C_{18} H_{34} O_3$$

principale source : RICINUS communis, 83 - 90 %

SANTALBIQUE - voir XYMENINIQUE

STEARIDONIQUE - acide (6Z, 9Z, 12Z, 15Z) - octadécatétraénoïque

$$C_{18} H_{28} O_2$$

principales sources : LAPPULA echinata, 18,5 %
LAPPULA redowski, 17 %
LITHOSPERMUM tenuiflorum, 16 %
MOLTKIA aurea, 16 %

STEARIQUE - acide octadécanoïque

$$C_{18} H_{36} O_2$$

principales sources : CANARIUM schweinfurthii, 84 %
GARCINIA hombroniana, 64 %
GARCINIA indica, 60,5 %
PAYENA lancifolia, 58 %
PALAQUIUM oblongifolium, 57,5 %
ALLANBLACKIA floribunda, 57 %

STEAROLIQUE - acide 9 - octadécynoïque

$$C_{18} H_{32} O_2$$

principale source : PYRULARIA edulis, 54 %

STERCULIQUE - acide 9, 10 - méthylène - 9 - octadécénoïque

$$C_{19} H_{34} O_2$$

principales sources : STERCULIA foetida, 65 %
BOMBACOPSIS glabra, 34,5 %
STERCULIA tragacantha, 30 %

TARIRIQUE - acide 6 - octadécynoïque

$$C_{18} H_{32} O_2$$

principale source : ALVARADOA amorphoides, 57,5 %

TETRACOSENOIQUE - $C_{24} H_{46} O_2$

19 - tétracosénoïque

acide gras mineur

TRIDECANOIQUE - $C_{13} H_{26} O_2$

acide gras mineur

TRIACONTENOIQUE - $C_{30} H_{58} O_2$

principale source : XYMENIA americana, 5,5 %

VERNOLIQUE - acide 12, 13 - cis époxy - (9Z) - octadécénoïque

$$C_{18} H_{32} O_3$$

principales sources : VERNONIA galamensis, 79 - 81 %
VERNONIA anthelmintica, 77 %
CREPIS biennis, 68 %

XYMENINIQUE - acide (11Z) - octadécéne - 9 - ynoïque

$$C_{18} H_{30} O_2$$

principales sources : SANTALUM obtusifolium, 71,5 %
EXOCARPUS sparteus, 69,5 %
EXOCARPUS aphyllus, 67,5 %

Index 1

LISTE ALPHABÉTIQUE
DES FAMILLES ET DES ESPÈCES

SANICULA chinensis
SANICULA marilandica
SCALIGERIA aitchisonii
SCALIGERIA meifolia
SCANDIX iberica
SCANDIX macrorhynca
SCANDIX pecten-veneris
SELINUM carvifolium
SELINUM wallichianum
SESELI cantabricum
SESELI libanotis
SESELI tortuosum
SILAUM silaus
SIUM latifolium
SIUM sisarum
SMYRNIUM cordifolium
SMYRNIUM creticum
SMYRNIUM olusatrum
SMYRNIUM perforatum
SMYRNIUM rotundifolium
SPERMOLEPIS echinata
SPERMOLEPIS intermis
SYNECOSIADUM carmelii
TAUSCHIA hartwegii
THAPSIA villosa
TORDYLIUM aegyptiacum
TORDYLIUM maximum
TORILIS arvensis
TORILIS japonica
TORILIS leptophylla
TORILIS nodosa
TRACHYMENE caerulea
TRACHYSPERMUM ammi
TURGENIA latifolia
ZOSIMA absinthifolia

APOCYNACEAE

ALSTONIA verticillosa
CARISSA spinarum
HOLARRHENA antidysenterica
HOLARRHENA wulfsbergii
LANDOLPHIA awariensis
LOCHNERA pusilla
LOCHNERA rosea,var.alba
NERIUM indicum
NERIUM oleander
PICRALIMA nitida
PLUMERIA alba
RAUWOLFIA serpentina
RAUWOLFIA tetraphylla
STROPHANTHUS amboensis
STROPHANTHUS congoensis
STROPHANTHUS courmontii
STROPHANTHUS eminii
STROPHANTHUS gratus
STROPHANTHUS hispidus
STROPHANTHUS intermedius
STROPHANTHUS nicholsonii
STROPHANTHUS sarmentosus
STROPHANTHUS schuchardtii
STROPHANTHUS thollonii
STROPHANTHUS verrucosus
STROPHANTHUS welwitschii
THEVETIA neriifolia

THEVETIA peruviana
VINCA rosea
VOACANGA africana
WRIGHTIA coccinea
WRIGHTIA tinctoria
WRIGHTIA tomentosa

AQUIFOLIACEAE

ILEX pubescens

ARALIACEAE

ACANTHOPANAX spinosus
DENDROPANAX trifidus
FATSIA japonica
HEDERA helix
HEDERA nepalensis
HEDERA rhombea
KALOPANAX septemlobus

ARECACEAE

ACROCOMIA sclerocarpa
ACROCOMIA totai
ARECASTRUM romanzoffianum
ASTROCARYUM vulgare
ATTALEA cohune
ATTALEA macrocarpa
BACTRIS gasipaes
BECCARIOPHOENIX madagascariensis
BISMARCKIA nobilis
BORASSUS madagascariensis
BUTIA capitata
CARYOTA urens
CHRYSALIDOCARPUS decipiens
CHRYSALIDOCARPUS fibrosus
CHRYSALIDOCARPUS lutescens
CHRYSALIDOCARPUS madagascariensis,
    var.lucubensis
COCOS nucifera
DYPSIS gracilis
ELAEIS guineensis
ELAEIS guineensis,var.dura
ELAEIS melanococca
HYPHAENE shatan
JUBEA spectabilis
LICUALA grandis
LIVISTONIA chinensis
LOUVELIA madagascariensis
MAURITIA flexuosa
MEDEMIA nobilis
NEODYPSIS decaryi
NEODYPSIS lastelliana
ONCOSPERMA tigillarium
ORBIGNYA martiana
OREDOXA oleracea
OREODOXA regia
PHOENIX dactylifera
PHOENIX reclinata
PHOENIX rupicola
PTYCHOSPERMA macarthurii
RAPHIA ruffia
RAVENEA glauca

SALLACA edulis
VONITRA thouarsiana
VONITRA utilis
WASHINGTONIA filifera

ARISTOLOCHIACEAE

ARISTOLOCHIA elegans
ARISTOLOCHIA indica

ASCLEPIADACEAE

ASCLEPIAS syriaca
CALOTROPIS gigantea
CALOTROPIS procera
CRYPTOLEPTIS buchnani
CRYPTOSTEGIA grandiflora
PERGULARIA daemia
STEPHANOTIS floribunda

ASTERACEAE

ARCTIUM minus
ARTEMISIA biennis
ARTEMISIA caerulescens
ASPILLIA africana
ASTER alpinus
BIDENS engleri
CALEA urticaefolia
CALENDULA officinalis
CALLISTEPHUS chinensis
CALLIOPSIS elegans
CARDUUS acanthioides
CARLINA acaulis
CARLINA corymbosa
CARTHAMUS tinctorius
CENTRATHERUM anthelminticum
CENTRATHERUM ritchiei
CHAMAEPEUCE afra
CHRYSANTHEMOIDES incana
CHRYSANTHEMOIDES monilifera
CIRSIUM vulgare
COREOPSIS drummondii
COREOPSIS tinctoria
COSMOS bipinnatus
COSMOS sulphurens
CREPIS aurea,ssp.aurea
CREPIS biennis
CREPIS foetida
CREPIS foetida,ssp.rhoedifolia
CREPIS intermedia
CREPIS occidentalis
CREPIS rubra
CREPIS thomsonii
CREPIS vesicaria,ssp.taraxacifolia
CYNARA cardunculus
DIMORPHOTECA sinuata
ERLANGEA tomentaosa
GRINDELIA oxylepis
GUIZOTIA abyssinica
GUNDELIA tournefortii
HELIANTHUS annuus
HELICHRYSUM bracteatum
HYMENANTHERUM tenuifolium

IXIOLAENA brevicompta
LACTUCA sativa
LACTUCA scariola
MADIA sativa
MARSHALLIA caespitosa
ONOPORDON acanthium
PARTHENIUM argentatum
SAUSSUREA candicans
SCORZONERA hispanica
SIEGESBECKIA orientalis
SILYBUM marianum
SONCHUS oleraceus
STENACHAENIUM macrocephalum
TITHONIA tagetifolia
VERNONIA anthelmintica
VERNONIA galamensis
VERNONIA volkameriaefolia
XANTHIUM stumarium
XERANTHEMUM annuum

BALSAMINACEAE

IMPATIENS balsamina

BASELLACEAE

BASELLA alba

BETULACEAE

BETULA platyphylla
CORYLUS avellana

BIGNONIACEAE

BIGNONIA capreolata
BIGNONIA tweediana
CAMPSIS grandiflora
CAMPSIS radicans
CATALPA bignonioides
CATALPA ovata
CHILOPSIS linearis
CRESCENTIA alata
CUSPIDARIA pterocarpa
DOXANTHA unguis-cati
ECCREMOCARPUS scaber
INCARVILLEA delavayi
JACARANDA acutifolia
JACARANDA mimosifolia
JACARANDA semiserrata
KIGELIA africana
KIGELIA pinnata
MILLINGTONIA hortensis
PANDORA jasminoides
SPATHODEA campanulata
STENOLOBIUM stans
TABEBUIA argentia
TABEBUIA rosea

BIXACEAE

BIXA orellana

BURSERACEAE

BUXACEAE

CACTACEAE

CAESALPINIACEAE

PHYLLANTHUS niruri
REVERCHONIA arenaria
RICINOCARPUS bowmanii
RICINOCARPUS tuberculatus
RICINODENDRON heudelotii
RICINUS communis
SAPIUM montevidense
SAPIUM haematospermum
SAPIUM sebiferum
TRAGIA incana
TRAGIA involucrata

FABACEAE

ABRUS precatorius
ALYSICARPUS longifolius
BUTEA frondosa
BUTEA monosperma
CALOPOGONIUM coeruleum
CANAVALIA ensiformis
CERCIS siliquastrum
CLITORIA rubiginosa
CLITORIA ternatea
COUMARONA odorata
CROTALARIA heyneana
CYMOPSIS tetragonoloba
DALBERGIA melanoxylon
DESMODIUM gangeticum
DOLICHOS biflorus
ERYTHRINA fusca
ERYTHRINA indica
ERYTHRINA senegalensis
ERYTHRYNA suberosa
ERYTHROPHLEUM guineense
GLICIRIDIA maculata
GLICIRIDIA sepium
GLYCINE max
INDIGOFERA hirsuta
INDIGOFERA wightii
LATHYRUS odoratus
LENS esculentus
LESPEDEZA formosa
LONCHOCARPUS sepium
LUPINUS albus
LUPINUS angustifolius
LUPINUS luteus
LUPINUS mutabilis
LUPINUS termis
MELILOTUS alba
MELILOTUS indica
MILLETIA bussei
MILLETIA laurentii
MILLETIA ovalifolia
MILLETIA versicolor
MUCUNA flagellipes
MUCUNA monosperma
MUCUNA pruriens
MUCUNA solanei
MUCUNA utilis
MYROXYLON toluiferum
ORMOSIA semicastrata
OSTRYODERRIS lucida
PHASEOLUS aureus
PHASEOLUS lunatus
PONGAMIA glabra

PONGAMIA pinnata
PSOPHOCARPUS palustris
PSOPHOCARPUS tetragonolobus
PSORALIA coryfolia
PTEROCARPUS indicus
PTEROCARPUS marsupium
ROBINIA pseudoacacia
SESBANIA aculeata
SESBANIA aegyptiaca
SESBANIA javanica
SESBANIA paludosa
SESBANIA rostrata
SESBANIA sesban
SOPHORA mollis
SOPHORA tomentosa
SPARTIUM junceum
STIZOLOBIUM attericum
TEPHROSIA noctifera
TEPHROSIA purpurea
TERRANUS labialis
TRIGONELLA foenum-graecum
VICIA sativa
VIGNA aconitefolia
VIGNA sinensis
VOANDZEIA subterranea
WISTERIA sinensis

FAGACEAE

FAGUS orientalis
QUERCUS ilex
QUERCUS incana

FICOIDACEAE

MOLLUGO hirta

FLACOURTIACEAE

CALONCOBA echinata
CARPOTROCHE brasiliensis
HYDNOCARPUS alpina
HYDNOCARPUS anthelmintica
HYDNOCARPUS hainanensis
HYDNOCARPUS kurzii
HYDNOCARPUS wightiana
TARAKTOGENOS kurzii
TARAKTOGENOS merrilliana

GARRYACEAE

GARRYA congdonii
GARRYA fremontii
GARRYA lindheimeri
GARRYA veatchii

GENTIANACEAE

GENTIANA verna

LAURACEAE

LECYTHIDACEAE

LILIACEAE

LIMNANTHACEAE

LINACEAE

LINUM mucronatum
LINUM muelleri
LINUM narbonense
LINUM nervosum
LINUM pallescens
LINUM perenne
LINUM pratense
LINUM rigidum
LINUM rupestre
LINUM salsoloides
LINUM schiedeanum
LINUM strictum
LINUM sulcatum
LINUM tenue
LINUM tenuifolium
LINUM thracium
LINUM usitatissimum
LINUM vernale
LINUM viscosum

LOASACEAE

MENTZELIA lindleyi

LOGANIACEAE

STYCHNOS spinosa

LYTHRACEAE

CUPHEA calaminthifolia
CUPHEA calophylla
CUPHEA carthaginensis
CUPHEA diosmifolia
CUPHEA epilobiifolia
CUPHEA ferrisiae
CUPHEA flavovirens
CUPHEA fruticosa
CUPHEA glutinosa
CUPHEA hookeriana
CUPHEA ignea
CUPHEA infundibulum
CUPHEA jorullensis
CUPHEA koehneana
CUPHEA linarioides
CUPHEA lindmaniana
CUPHEA linifolia
CUPHEA llavea
CUPHEA llavea,var.miniata
CUPHEA lutescens
CUPHEA melvilla
CUPHEA painteri
CUPHEA palustris
CUPHEA parsonia
CUPHEA paucipetala
CUPHEA polymorphoides
CUPHEA pseudovaccinium
CUPHEA purpurescens
CUPHEA quaternata
CUPHEA racemosa
CUPHEA sclerophylla
CUPHEA sessilifolia
CUPHEA spectabilis
CUPHEA strigulosa,ssp.nitens

CUPHEA strigulosa,ssp.opaca
CUPHEA tetrapetala
CUPHEA thymoides
CUPHEA trochilus
CUPHEA vesiculigera
CUPHEA viscosa
CUPHEA viscosissima
CUPHEA wrightii
LAGERSTROMIA indica
LAGERSTROMIA thomsonii
LYTHRUM salicaria
NESAEA salicifolia

MALPIGHIACEAE

TRISTELLATEIA australasica

MALVACEAE

ABUTILON amplum
ABUTILON auritum
ABUTILON avicennae
ABUTILON crispum
ABUTILON indicum
ABUTILON muticum
ABUTILON pannosum
ABUTILON pseudocleitoganum
ABUTILON ramosum
ALTHAEA hirsuta
ALTHAEA officinalis
ALTHAEA rosea
ALYOGINE hakeifolia
ALYOGINE huegelii
GOSSYPIUM arboreum
GOSSYPIUM australe
GOSSYPIUM barbadense
GOSSYPIUM hirsutum
GOSSYPIUM robinsonii
GOSSYPIUM sturtianum
HIBISCUS abelmoschus
HIBISCUS bojeranus
HIBISCUS caesius
HIBISCUS cannabinus
HIBISCUS coatesii
HIBISCUS diversifolius
HIBISCUS ellisii
HIBISCUS esculentus
HIBISCUS ficulneus
HIBISCUS grandidieri
HIBISCUS grandiflorus
HIBISCUS hirtus
HIBISCUS irritans
HIBISCUS lasiococcus
HIBISCUS leptocladus
HIBISCUS magrogonus
HIBISCUS mandrarensis
HIBISCUS micranthus
HIBISCUS mutabilis
HIBISCUS palmifidus
HIBISCUS panduriformis
HIBISCUS punctatus
HIBISCUS sabdariffa
HIBISCUS solandra
HIBISCUS sturtii
HIBISCUS surattensis

HIBISCUS syriacus
HIBISCUS thespesianus
HIBISCUS tiliacus
HIBISCUS trionum
HIBISCUS vitifolius
HIBISCUS zeylanicus
KITAIBELIA vitifolia
KOSTELETZKYA diplocrata
KYDIA calycina
LAGUNARIA patersonii
LAVATERA kashmiriana
LAVATERA plebeia
LAWRENCIA viridigrisea
MALOPE trifida
MALVA montana
MALVA parviflora
MALVA rotundifolia
MALVA sylvestris
MALVA tournefortii
PAVONIA hastata
PAVONIA sepium
RADYERA farragei
SIDA acuta
SIDA cordifolia
SIDA echinocarpa
SIDA grewioides
SIDA humilis
SIDA mysorensis
SIDA ovata
SIDA rhombifolia
SIDA spinosa
SIDA veronicifolia
THESPESIA gummiflua
THESPESIA polpunea
URENA lobata

MELIACEAE

AGLAIA cordata
AGLAIA odoratissima
AMOORA rohitura
AZADIRACHTA indica
CARAPA guianensis
CARAPA procera
CEDRELA odorata
CEDRELA toona
CHICKRASSIA tabularis
DYSOXYLON malabaricum
DYSOXYLON reticulatum
DYSOXYLON spectabile
ENTANDROPHRAGMA angolense
ENTANDROPHRAGMA cylindricum
ENTANDROPHRAGMA utile
HEYNEA trijuga
KHAYA anthotheca
KHAYA grandiflora
KHAYA ivorensis
KHAYA nyasica
KHAYA senegalensis
LANSIUM domesticum
LOVOA trichilloides
MELIA azedarach
MELIA burmanica
MELIA dubia
MELIA umbraculiformis

PSEUDODOBERSAMA mossambicensis
SANDORICUM koetjape
SWIETANA macrophylla
SWIETANA mahogani
TOONA sinensis
TRICHILIA connaroides
TRICHILIA emetica
TRICHILIA gilletii
TRICHILIA hendelotii
TRICHILIA prieureana
TRICHILIA roka
TRICHILIA rubescens
TRICHILIA triphyllaria

MENISPERMACEAE

DIOSCOREOPHYLLUM cumminsii

MIMOSACEAE

ACACIA acradenia
ACACIA adsurgens
ACACIA aneura
ACACIA arabica
ACACIA auriculaeformis
ACACIA caesia
ACACIA cavenia
ACACIA concinna
ACACIA concurrens
ACACIA coriacea
ACACIA cowleana
ACACIA crassicarpa
ACACIA dealbata
ACACIA decurrens
ACACIA dictyophleba
ACACIA farnesiana
ACACIA holoserica
ACACIA kempeana
ACACIA latronum
ACACIA lenticularis
ACACIA leucophloea
ACACIA ligulata
ACACIA longifolia
ACACIA lysiphloia
ACACIA modesta
ACACIA mollissima
ACACIA montana
ACACIA murayana
ACACIA nilotica
ACACIA oswaldii
ACACIA planifrons
ACACIA senegal
ACACIA stipuligera
ACACIA suma
ACACIA tenuissima
ACACIA tetragonophylla
ACACIA torta
ACACIA tortilis
ACACIA victoriae
ADENANTHERA pavonina
ALBIZZIA lebbeck
ALBIZZIA lucida
ALBIZZIA richardiana
CATHORMIUM leptophyllum
ENTADA gigas

SAPINDUS drummondii
SAPINDUS emarginatus
SAPINDUS mukurossi
SAPINDUS saponaria
SAPINDUS trifoliatus
SCHLEICHERA trijuga
STOCKSIA brahuica
UNGNADIA speciosa
VALENZUELA trinervis
XANTHOCERAS sorbifolia

SAPOTACEAE

AFROSERSALISIA afzelii
AFROSERSALISIA cerasifera
ARGANIA spinosa
BAILLONELLA toxisperma
BASSIA latifolia
BUTYROSPERMUM parkii
CALOCARPUM mammosum
DUMORIA africana
LUCUMA caimita
LUCUMA salicifolia
MADHUCA butyracea
MADHUCA crassipes
MADHUCA latifolia
MADHUCA longifolia
MADHUCA mottleyana
MADHUCA pasquieri
MIMUSOPS commersonii
MIMUSOPS djave
MIMUSOPS elengi
MIMUSOPS heckelii
MIMUSOPS hexandra
MIMUSOPS manilkara
OMPHALOCARPUM mortehanii
PALAQUIUM oblongifolium
PAYENA lancifolia
PLANCHONELLA australis
PLANCHONELLA myrsinoides
POUTERIA caimita
POUTERIA wakere
PYRILUMA sphaerocarpum
SIDEROXYLON argania
SIDEROXYLON tomentosum

SARCOLAENACEAE

EREMOLAENA rotundifolia
LETPOLAENA multiflora
LEPTOLAENA pauciflora
MEDIUSELLA bernieri
PENTACHLAENA latifolia
PERRIERODENDRON boinense
PERRIERODENDRON orientale
RHODOLAENA altivola
SARCOLAENA codonochlamus
SARCOLAENA grandiflora
SARCOLAENA microphylla
SARCOLAENA multiflora
SARCOLAENA oblongifolia
SCHIZOLAENA elongata
SCHIZOLAENA exinvolucrata
SCHIZOLAENA hystrix
SCHIZOLAENA pertinata

SCHIZOLAENA rosea
SCHIZOLAENA viscosa
XEROCHLAMYS disopyroidea
XYLOOLAENA perrieri
XYLOOLAENA richardii

SAXIFRAGACEAE

HYDRANGEA petiolaris
RIBES alpinum
RIBES inebrians
RIBES montigenum
RIBES nigrum
RIBES orientale
SAXIFRAGA granulata
SAXIFRAGA nivalis
SAXIFRAGA nesacea
SAXIFRAGA oppositifolia

SCROPHULARIACEAE

SCROPHULARIA canina
SCROPHULARIA grayana
SCROPHULARIA koraiensis
SCROPHULARIA lanceolata
SCROPHULARIA marilandica
SCROPHULARIA michoniana
SOPUBIA delphinifolia
VERBASCUM thapsus

SIMARUBACEAE

AILANTHUS excelsa
ALVARADOA amorphoides
HANNOA undulata
IRVINGIA barteri
IRVINGIA gabonensis
IRVINGIA oliveri
IRVINGIA smithii
PICRAMNIA sellowii
QUASSIA amara
SIMARUBA glauca

SOLANACEAE

BRUNFELSIA americana
CAPSICUM annuum
CAPSICUM frutescens
CISTERNUM divernum
LYCIUM burbarum
LYCOPERSICUM esculentum
NICOTIANA tabacum
PHYSALIS maxima
PHYSALIS minima
SOLANUM indicum
SOLANUM khasianum
SOLANUM lycopersicum
SOLANUM marginatum
SOLANUM melongena
SOLANUM platanifolium

Index 2

LISTE ALPHABÉTIQUE
DES AUTEURS ET
RÉFÉRENCES BIBLIOGRAPHIQUES

ABDEL-MOETY E.M.
Fette, Seifen, Anstrichm., **83**, 65-70 (1981)

ABDEL-NABEY A.A. et A.A. SHEHATA
Riv. Ital. Sost. Grasse, **68**, 481-485 (1991)

ABDEL-RAHMAN A.H.J.
Grasas y Aceites, **35**, 119-121 (1984)

ACHENBACH H., U. HEFTER-BUBL, R. WAIBEL, M.A. CONSTENLA et H. HAHN
Fat Sci. Technol., **94**, 294-297 (1992)

ADEYEYE A.
J. Sci. Food Agric., **57**, 441-442 (1991)

ADRIAMANANTENA R.W., J. ARTAUD, E.M. GAYDOU, M.C. IATRIDES et J.L. CHEVALIER
J. Amer. Oil Chem. Soc., **60**, 1318-1321 (1983)

AFAQUE S., M.M. SIDDIQUI, I. AHMAD, M.S. SIDDIQUI et S.M. OSMAN
Fat Sci.Technol., **89**, 433-435 (1987)

AFOLABI O.A., B.A. OSHUNTOGUN, S.A. ADEWUSI, O.O. FAPOJUWO, F.O. AYORINDE, F.E. GRISOM et O.L. OKE
J. Agric. Food. Chem., **33**, 122-124 (1985)

AHMAD F., M.U. AHMAD, I. AHMAD, A.A. ANSARI et S.M. OSMAN
Fette, Seifen, Anstrichm., **80**, 190-192 (1978)

AHMAD F., I. AHMAD et S.M. OSMAN
J. Amer. Oil Chem. Soc., **57**, 224-225 (1980)

AHMAD F., H. SCHILLER et K.D. MUKHERJEE
Lipids, **21**, 486-490 (1986)

AHMAD M.S., M.U. AHMAD, A.A. ANSARI et S.M. OSMAN
Fette, Seifen, Anstrichm., **80**, 353-354 (1978)

AHMAD M.S., M.U. AHMAD, S.M. OSMAN et J.A. BALLANTINE
Chem. Phys. Lipids, **25**, 29-38 (1979)

AHMAD M.S., A. RAUF, M. HASHMI et S.M. OSMAN
Chem. and Ind., 199-200 (1982)

AHMAD M.U., S.K. HUSAIN, M. AHMAD, S.M. OSMAN et R. SUBBARAO
J. Amer. Oil Chem. Soc., **53**, 698-699 (1976)

AHMAD M.U., S.K. HUSAIN et S.M. OSMAN
J. Sci. Food Agric., **29**, 372-376 (1978)

AHMAD M.U., S.K. HUSAIN et S.M. OSMAN
J. Amer. Oil Chem. Soc., **58**, 673-674 (1981)

AHMAD R., I. AHMAD, A. MANNAN, F. AHMAD et S.M. OSMAN
Fette, Seife, Anstrichm., **88**, 147-148 (1986) a

AHMAD R., I. AHMAD, F. AHMAD et S.M. OSMAN
Fette, Seifen, Anstrichm., **88**, 490-492 (1986) b

AHMAD R., I. AHMAD et S.M. OSMAN
Fat Sci. Technol., **91**, 488-490 (1989)

AHMAD S., M.H. ANSARI, M. AHMAD et S.M. OSMAN
Fat Sci. Technol., **89**, 154-156 (1987)

AHMED A.W.K. et B.J.H. HUDSON
J. Sci. Food Agric., **33**, 1305-1309 (1982)

AKOH C.C. et C.V. NWOSU
J. Amer. Oil Chem. Soc., **69**, 314-316 (1992)

AKSOY H.A., N. YAVASOGLU, F. KARAOSMANOGLU et H. CIVELEKOGLU
J. Amer. Oil Chem. Soc., **65**, 1303-1306 (1988)

ALENCAR J.W., P.B. ALVES et A.A. CRAVEIRO
J. Agric. Food Chem., **31**, 1268-1271 (1983)

ALI M.L., M.S. AHMAD, F. AHMAD et S.M. OSMAN
Chem. and Ind., 237-238 (1980)

AL-WANDAWI H.
J. Agric.Food Chem., **31**, 1355-1358 (1983)

AMJAD A. et J.E. MC KAY
Food Chem., **8**, 225-227 (1982)

ANSARI F.H., G.A. QAZI, S.M. OSMAN et M.R. SUBBARAM
Indian J. Appl. Chem., **34**, 157-160 (1971)

ANSARI M.H., S. AFAQUE et M. AHMAD
J. Amer. Oil Chem. Soc., **62**, 1514 (1985)

ANSARI M.H. et M. AHMAD
Fette, Seifen, Anstrichm., **88**, 402-403 (1986)

ANSARI M.H., S. AHMAD, F. AHMAD, M. AHMAD et S.M. OSMAN
Fat Sci. Technol., **89**, 116-118 (1987)

APPLEQVIST L.A.
J. Amer. Oil Chem. Soc., **48**, 740-744 (1971)

AQUILLERA J.M., A. FRETES et R. SAN MARTIN
J. Amer. Oil Chem. Soc., **63**, 1568-1569 (1986)

ARTAUD J., M.C. IATRIDES et G. PEIFFER
Rev. Fr. Corps Gras, **33**, 217-221 (1986)

ASIEGBU J.E.
J. Sci. Food Agric., **40**, 151-155 (1987)

ASIF M., S.H. AFAQ, M. TARIQ et A.R. MASOODI
Fette, Seifen, Anstrichm., **81**, 473-474 (1979)

ASSUNCAO F.P., M.H.S. BENTES et H. SERRUYA
J. Amer. Oil Chem. Soc., **61**, 1031-1036 (1984)

AYORINDE F.O., M.O. OLOGUNDE, E.Y. NANA, B.N. BERNARD, O.A. AFOLABI, O.L. OKE et
R.L. SHEPARD
J. Amer. Oil Chem. Soc., **66**, 1812-1814 (1989)

AYORINDE F.O., B.D. BUTTER et M.T. CLAYTON
J. Amer. Oil Chem. Soc., **67**, 844-845 (1990)

BABU M, S. HUSAIN, M.U. AHMAD et S.M. OSMAN
Fette, Seifen, Anstrichm., **82**, 63-66 (1980)

BACCOU J.C., Y. SAUVAIRE, M. OLLE et J. PETIT
Rev. Fr. Corps Gras, **25**, 353-359 (1978)

BADAMI R.C. et K.B. PATIL
Fette, Seifen, Anstrichm., **82**, 278-279 (1980) a

BADAMI R.C., K.B. PATIL, Y.V. SUBBARAO, G.S.R. SASTRI et G.K. VISHVANATHRAO
Fette, Seifen, Anstrichm., **82**, 317-318 (1980) b

BADAMI R.C. et K.R. ALAGAWADI
Fette, Seifen, Anstrichm., **85**, 197-198 (1983)

BADAMI R.C. et J. THAKKAR
Fette, Seifen, Anstrichm., **86**, 115-117 (1984) a

BADAMI R.C. et J. THAKKAR
Fette, Seifen, Anstrichm., **86**, 165-167 (1984) b

BADAMI R.C. et J. THAKKAR
Fette, Seifen, Anstrichm., **86**, 203-204 (1984) c

BADAMI R.C., K.B. PATIL, K. GAYATHRI et K.R. ALAGAWADI
J. Food Sci. Technol., **22**, 74 (1985)

BADIFU G.I.O.
J. Amer. Oil Chem. Soc., **68**, 428-429 (1991)

BAGBY M.O., C.R. SMITH, K.L. MIKOLAJCZAK et I.A. WOLFF
Biochemistry, **1**, 632-639 (1962)

BAGBY M.O., W.O. SIEGL et I.A. WOLFF
J. Amer. Oil Chem. Soc., **42**, 50-53 (1965)

BAILEY A.V., J.A. HARRIS, E.L. SKAU et T. KERR
J. Amer. Oil Chem. Soc., **43**, 107-110 (1966)

BALOGUN A.M. et B.L. FETUGA
J. Amer. Oil Chem. Soc., **62**, 529-531 (1985)

BANERJEE A. et M. JAIN
Fitoterapia, **59**, 406 (1988)

BANERJI R., A.R. CHOWDHURY, G. MISRA et S.K. NIGAM
Fette, Seifen, Anstrichm., **86**, 279-284 (1984)

BANERJI R., A.R. CHOWDHURY, G. MISRA et S.K. NIGAM
J. Amer. Oil Chem. Soc., **65**, 1959-1960 (1988)

BAT S. et U. TANNERT
Seife, Ole, Fette, Wachse, **119**, 29-31 (1993)

BATRA A., B.K. MEHTA et M.M. BOKADIA
Fette, Seifen, Anstrichm., **85**, 230-232 (1983)

BEKAERT A., V. DELAGE, J. ANDRIEUX et M. PLAT
Rev. Fr. Corps Gras, **34**, 463-464 (1987)

BEMIS W.P., J.W. BERRY, M.J. KENNEDY, D. WOODS, M. MORAN et A.J. DEUTSCHMAN
J. Amer. Oil Chem. Soc., **44**, 429-430 (1967) a

BEMIS W.P., M. MORAN, J.W. BERRY et A.J. DEUTSCHMAN
J. Can. Chem., **45**, 2637 (1967) b

BERINGER H. et W.U. DOMPERT
Fette, Seifen, Anstrichm., **78**, 228-231 (1976)

BERRY S.K.
J. Amer. Oil Chem. Soc., **55**, 340-341 (1978)

BERRY S.K.
Lipids, **15**, 452-455 (1980) a

BERRY S.K.
J. Sci. Food Agric., **31**, 657-662 (1980) b

BERRY S.K.
J. Amer. Oil Chem. Soc., **59**, 57-58 (1982)

BIANCHINI J.P., E.M. GAYDOU et I. RABARISOA
Fette, Seifen, Anstrichm., **83**, 302-304 (1981)

BINDER R.G., T.H. APPLEWHITE, M.J. DIAMOND et L.A. GOLDBLATT
J. Amer. Oil Chem. Soc., **41**, 108-111 (1964)

BODGER D., J.B. DAVIS, D. FARMERY, T.W. HAMMONDS, A.J. HARPER, R.V. HARRIS, L. HEBB, N. Mc FARLANE, P. SHANKS et K. SOUTHWELL
J. Amer. Oil Chem. Soc., **59**, 523-530 (1982)

BODY D.R.
J. Amer. Oil Chem. Soc., **60**, 1894-1895 (1983)

BOHANNON M.B. et R. KLEIMAN
Lipids, **10**, 703-706 (1975)

BOHANNON M.B. et R. KLEIMAN
Lipids, **11**, 157-159 (1976)

BOHANNON M.B. et R. KLEIMAN
Lipids, **13**, 270-273 (1978)

BOURELY J.
Rev. Fr. Corps Gras, **30**, 399-404 (1983)

BROWN A.J., V. CHERIKOFF et D.C.K. ROBERTS
Lipids, **22**, 490-493 (1987)

BUSHWAY A.A., P.R. BELYEA et R.J. BUSHWAY
J. Food Sci., **46**, 1349-1350 (1981)

BUSHWAY A.A., A.M. WILSON, L. HOUSTON et R.J. BUSHWAY
J. Food Sci., **49**, 555-557 (1984)

CANELLA M., F. CARDINALI, G. CASTRIOTTA et R. NAPUCCI
Riv. Ital. Sost. Grasse, **56**, 8-11 (1979)

CARLSON K.D., A. CHAUDRY et M.O. BAGBY
J. Amer. Oil Chem. Soc., **67**, 438-442 (1990)

CARLSON K.D. et R. KLEIMAN
J. Amer. Oil Chem. Soc., **70**, 1145-1148 (1993)

CAS M. et J. ESTIENNE
Rev. Fr. Corps Gras, **18**, 696-701 (1971)

CHANTEGREL P., E. UCCIANI, M. LANZA et F. BUSSON
Ann. Nutr. Alim., **17**, 127-131 (1963)

CHARLES D., Q.G. ALI et S.M. OSMAN
Chem. and Ind., 275-276 (1977)

CHISHOLM M.J. et C.Y. HOPKINS
Can. J. Chem., **38**, 805-812 (1960)

CHISHOLM M.J. et C.Y. HOPKINS
J. Amer. Oil Chem. Soc., **42**, 49-50 (1965) a

CHISHOLM M.J. et C.Y. HOPKINS
Can. J. Chem., **43**, 2566-2570 (1965) b

CHOWDHURY A.R., R. BANERJI, G. MISRA et S.K. NIGAM
J. Amer. Oil Chem. Soc., **61**, 1023-1024 (1984) a

CHOWDHURY A.R., R. BANERJI, G. MISRA et S.K. NIGAM
Fette, Seifen, Anstrichm., **86**, 237-239 (1984) b

CHOWDHURY A.R., R. BANERJI, S.R. TEWARI, G. MISRA et S.K. NIGAM
Fette, Seifen, Anstrichm., **88**, 144-146 (1986) a

CHOWDHURY A.R., S. R. TEWARI, R. BANERJI, G. MISRA et S.K. NIGAM
Fette, Seifen, Anstrichm., **88**, 99-100 (1986) b

CHRISTIE W.W., E.Y. BRECHANY et V.K.S. SHUKLA
Lipids, **24**, 116-120 (1989)

COCALLEMEN S., M. FARINES, H. FAILL et J. SOULIER
Rev. Fr. Corps Gras, **35**, 105-109 (1988)

COLE E.R., G. CRANK et A.S. SHEIKH
J. Amer. Oil Chem. Soc., **57**, 23-25 (1980)

COMES F., M. FARINES, A. AUMELAS et J. SOULIER
J. Amer. Oil Chem. Soc., **69**, 1224-1227 (1992)

COXWORTH E.C.M.
J. Amer. Oil Chem. Soc., **42**, 891-894 (1965)

CRAIG B.M. et M.K. BHATTY
J. Amer. Oil Chem. Soc., **41**, 209-211 (1964)

CULP T.W., R.D. HARLOW, C. LITCHFIELD et R. REISER
J. Amer. Oil Chem. Soc., **42**, 974-978 (1965)

DAMBROTH M., H. KLUDING et R. SEEHUBER
Fette, Seifen, Anstrichm., **84**, 173-178 (1982)

DANESHRAD A.
Oléagineux, **29**, 153-154 (1974)

DANESHRAD A. et Y. AYNEHCHI
J. Amer. Oil Chem. Soc., **57**, 280-281 (1980)

DA SILVA RAMOS L.C., J.S. TANGO, A. SALVI et N.R. LEAL
J. Amer. Oil Chem. Soc., **61**, 1841-1843 (1984)

DAULATABAD C.D. et R.F. ANKALGI
Fette, Seifen, Anstrichm., **84**, 408-409 (1982) a

DAULATABAD C.D., R.F. ANKALGI et J.S. KULKARNI
J. Food Sci.Technol., **19**, 110-111 (1982) b

DAULATABAD C.D. et R.F. ANKALGI
J. Food Sci.Technol., **19**, 112-113 (1982) c

DAULATABAD C.D. et R.F. ANKALGI
J. Amer. Oil Chem. Soc., **59**, 439 (1982) d

DAULATABAD C.D. et R.F. ANKALGI
Fette, Seifen, Anstrichm., **85**, 404-406 (1983)

DAULATABAD C.D. et R.F. ANKALGI
Fette, Seifen, Anstrichm., **87**, 126-128 (1985) a

DAULATABAD C.D. et R.F. ANKALGI
Fette, Seifen, Anstrichm., **87**, 247-249 (1985) b

DAULATABAD C.D., S.C. HIREMATH et R.F. ANKALGI
Fette, Seifen, Anstrichm., **87**, 171-172 (1985) c

DAULATABAD C.D., K.M. HOSAMANI et V.A. DESAI
Chem. and Ind., 695-696 (1987) a

DAULATABAD C.D., K.M. HOSAMANI, V.A. DESAI et K.R. ALAGAWADI
J. Amer. Oil Chem. Soc., **64**, 1423 (1987) b

DAULATABAD C.D., K.M. HOSAMANI et A.M. MIRAJKAR
J. Amer. Oil Chem. Soc., **65**, 952-953 (1988) a

DAULATABAD C.D., A.M. MIRAJKAR, K.M. HOSAMANI et G.M. MULLA
J. Sci. Food Agric., **43**, 91-94 (1988) b

DAULATABAD C.D., R.F. ANKALGI et V.A. DESAI
Fat Sci. Technol., **91**, 184-185 (1989) a

DAULATABAD C.D., R.F. ANKALGI et V.A. DESAI
   Fat Sci. Technol., **91**, 237-238 (1989) b

DAULATABAD C.D. et A.M. MIRAJKAR
   J. Amer. Oil Chem. Soc., **66**, 1631 (1989) c

DAULATABAD C.D., R.F. ANKALGI et V.A. DESAI
   Fat Sci. Technol., **92**, 131-132 (1990)

DAULATABAD C.D. et K.M. HOSAMANI
   J. Amer. Oil Chem. Soc., **68**, 608-609 (1991) a

DAULATABAD C.D., V.A. DESAI, K.M. HOSAMANI et A.M. JAMKHANDI
   J. Amer. Oil Chem. Soc., **68**, 978-979 (1991) b

DAULATABAD C.D., G.M. MULLA et A.M. MIRAJKAR
   J. Oil Technol. Assoc. India, **23**, 53-54 (1991) c

DAULATABAD C.D., V.A. DESAI, K.M. HOSAMANI et V.B. HIREMATH
   J. Amer. Oil Chem. Soc., **69**, 190-191 (1992) a

DAULATABAD C.D., G.M. MULLA, A.M. MIRAJKAR et K.M. HOSAMANI
   J. Amer. Oil Chem. Soc., **69**, 188-189 (1992) b

DAUN J.K. et R. TKACHUK
   J. Amer. Oil Chem. Soc., **53**, 661-662 (1976)

DAUN J.K., L.D. BURCH, R. TKACHUK et H.H. MUNDEL
   J. Amer. Oil Chem. Soc., **64**, 880-881 (1987)

DAVE G.R., R.M. PATEL et R.J. PATEL
   Fette, Seifen, Anstrichm., **87**, 111-112 (1985)

DEMIBURKER M., L.G. BLOMBERG, N.U. OLSSON, M. BERGQUIST, B.G. HERSLOF et F.A. JACOBS
   Lipids, **27**, 436-441 (1992)

DERBESY M. et F. BUSSON
   Oléagineux, **23**, 191-193 (1968)

DEVI Y.U. et H.R. ZAIDI
   Fette, Seifen, Anstrichm., **79**, 91-92 (1977)

DEVI Y.U., H.R. ZAIDI et P.K. SAIPRAKASH
   Fette, Seifen, Anstrichm., **85**, 486-487 (1983)

DEVI Y.U., H.R. ZAIDI et P.K. SAIPRAKASH
   Fette, Seifen, Anstrichm., **86**, 74-76 (1984)

DEVSHONY S., E. ETESHOLA et A. SHANI
   J. Amer. Oil Chem. Soc., **69**, 595-597 (1992)

EARLE F.R., K.L. MIKOLAJCZAK et I.A. WOLFF
   J. Amer. Oil Chem. Soc., **41**, 345-347 (1964)

EARLE F.R., A.S. BARCLAY et I.A. WOLFF
   Lipids, **1**, 325-327 (1966)

EGUAVOEN O.I. et M. PARVEZ
   Riv. Ital. Sost. Grasse, **67**, 417-418 (1990)

EKPENYONG T.E. et R.L. BORCHERS
   J. Amer. Oil Chem. Soc., **57**, 147-149 (1980)

ERCIYES A.T., F. KARAOSMANOGLU et H. CIVELEKOGLU
   J. Amer. Oil Chem. Soc., **66**, 1459-1464 (1989)

ESTILAI A.
   J. Amer. Oil Chem. Soc., **70**, 547-549 (1993)

FARINES M., J. SOULIER, M. CHARROUF et R. SOULIER
Rev. Fr. Corps Gras, **31**, 283-286 (1984)

FARINES M., J. SOULIER et F. COMES
Rev. Fr. Corps Gras, **33**, 115-117 (1986)

FAROOQI J.A., S. JAMAL et I. AHMAD
J. Amer. Oil Chem. Soc., **62**, 1702-1703 (1985) a

FAROOQI J.A. et M. AHMAD
Chem. and Ind. 483-484 (1985) b

FAROOQI J.A.
Chem. and Ind., 328 (1986) a

FAROOQI J.A.
Fette, Seifen, Anstrichm., **88**, 94-95 (1986) b

FARROHI F. et M. MEHRAN
J. Amer. Oil Chem. Soc., **52**, 526-527 (1975)

FAULKNER H., A. BONFAND et M. NAUDET
Rev. Fr. Corps Gras, **25**, 125-133 (1978)

FERLAY V., G. MALLET, A. MASSON, E. UCCIANI et M. GRUBER
Oléagineux, **48**, 91-97 (1993)

FERNANDO T. et G. BEAN
J. Amer. Oil Chem. Soc., **62**, 89-91 (1985)

FILSOOF M., M. MEHRAN et F. FARROHI
Fette, Seifen, Anstrichm., **78**, 150-151 (1976)

FOMA M. et T. ABDALA
J. Amer. Oil Chem. Soc., **62**, 910-911 (1985)

FORD G.L., F.B. WHITFIELD et K.H. WALKER
Lipids, **18**, 103-105 (1983)

FRANZKE C., D.T. PHUOC et E. HOLLSTEIN
Fette, Seifen, Anstrichm., **73**, 639-641 (1971)

FREGA N., L.S. CONTE, G. LERCKER et R. ZIRONI
Rev. Fr. Corps Gras, **23**, 363-368 (1982) a

FREGA N., L.S. CONTE, G. LERCKER et P. CAPELLA
Riv. Ital. Sost. Grasse, **59**, 329-333 (1982) b

FREGA N., F. BOCCI, L.S. CONTE et F. TESTA
J. Amer. Oil Chem. Soc., **68**, 29-33 (1991)

GABRIAL G.N., A. SEDKI et S.M. HEGAZI
Grasas y Aceites, **34**, 332-334 (1983)

GALLINA-TOSCHI T., M.F. CARBONI, G. PENAZZI, G. LERCKER et P. CAPELLA
J. Amer. Oil Chem. Soc., **70**, 1017-1020 (1993)

GARCIA V.V., J.K. PALMER et R.W. YOUNG
J. Amer. Oil Chem. Soc., **56**, 931-932 (1979)

GASPARRI F., R. LEONARDI, A. TEGLIA et G. LERCKER
Riv. Ital. Sost. Grasse, **69**, 201-204 (1992)

GAYDOU E.M., J.P. BIANCHINI et A. RALAIMANARIVO
Rev. Fr. Corps Gras, **26**, 447-448 (1979)

GAYDOU E.M., J.P. BIANCHINI, I. RABARISOA et G. RAVELLOJANOA
Oléagineux, **35**, 413-416 (1980)

GAYDOU E.M. et A.R.P. RAMANOELINA
  Rev. Fr. Corps Gras, **30**, 21-25 (1983) a

GAYDOU E.M., J.P. BIANCHINI et J.V. RATOVOHERY
  J. Agric. Food Chem., **31**, 833-836 (1983) b

GAYDOU E.M. et A.R.P. RAMANOELINA
  Phytochemistry, **22**, 1725-1728 (1983) c

GAYDOU E.M. et A.R.P. RAMANOELINA
  Fette, Seifen, Anstrichm., **86**, 82-84 (1984)

GAYDOU E.M., J. MIRALLES et V. RASOASANAKOLONA
  J. Amer. Oil Chem. Soc., **64**, 997-1000 (1987)

GAYDOU E.M., J. VIANO et P.J.L. BOURREIL
  J. Amer. Oil Chem. Soc., **69**, 495-497 (1992)

GAYDOU E.M., A.R.P. RAMANOELINA, J.R.R. RASOARAHONA et A. COMBRES
  J. Agric. Food Chem., **41**, 64-66 (1993)

GEORGES A.N., C.K. OLIVIER et R.E. SIMARD
  J. Amer. Oil Chem. Soc., **69**, 317-320 (1992)

GHALEB M.L., M. FARINES et J. SOULIER
  Rev. Fr. Corps Gras, **38**, 17-22 (1991)

GIRGIS P. et T.D. TURNER
  J. Sci. Food Agric., **23**, 259-262 (1972)

GOMES DA SILVA W. et E. FEDELI
  Riv. Ital. Sost. Grasse, **62**, 137-140 (1985)

GOWRIKUMAR G., V.V.S. MANI et G. LAKSHMINARAYANA
  Phytochemistry, **15**, 1566-1567 (1976)

GOWRIKUMAR G., V.V.S. MANI, T.C. RAO, T.N.B. KAIMAL et G. LAKSHMINARAYANA
  Lipids, **16**, 558-559 (1981)

GRAHAM S.A. et R. KLEIMAN
  J. Amer. Oil Chem. Soc., **62**, 81-82 (1985)

GREEN A.G.
  J. Amer. Oil Chem. Soc., **61**, 939-940 (1984)

GROMPONE M.A.
  Rev. Fr. Corps Gras, **32**, 117-120 (1985)

GROVER G.S. et J.T. RAO
  J. Amer. Oil Chem. Soc., **58**, 544-545 (1981)

GUERERE M., J.M. MONDON et A. PAJANIAYE
  Ann. Fals. Exp. Chim., **77**, 523-529 (1984)

GUERERE M., J.M. MONDON et A. PAJANIAYE
  Ann. Fals. Exp. Chim., **78**, 281-286 (1985)

GUNSTONE F.D. et L.J. MORRIS
  J. Sci. Food Agric., **25**, 522-526 (1959)

GUNSTONE F.D. et M.I. QURESHI
  J. Amer. Oil Chem. Soc., **42**, 961-965 (1965)

GUNSTONE F.D. et R. SUBBAROO
  Chem. Phys. Lipids, **1**, 349-359 (1967)

GUNSTONE F.D., S.R. STEWARD, J.A. CORNELIUS et T.W. HAMMONDS
  J. Sci. Food Agric., **25**, 53-60 (1972)

HAGEMANN J.M., F.R. EARLE, I.A. WOLFF et A.S. BARCLAY
Lipids, **2**, 371-380 (1967)

HAMMOND E.G., W.P. PAN et J. MORA-URPI
Rev. Biol. Trop., **30**, 91-93 (1982)

HARLOW R.D., C. LITCHFIELD, H. CHOUNG FU et R. REISER
J. Amer. Oil Chem. Soc., **42**, 747-750 (1965)

HASAN S.Q., I. AHMAD, M.R.K. SHERWANI, A.A. ANSARI et S.M. OSMAN
Fette, Seifen, Anstrichm. **82**, 204-205 (1980)

HATT H.H. et A.H. REDCLIFFE
Austral. J. Chem., **14**, 321-324 (1961)

HEINZ M., J. GREGOIRE et D. LEFORT
Oléagineux, **20**, 603-608 (1965)

HEMAVATHY J. et J.V. PRABHAKAR
J. Amer. Oil Chem. Soc., **64**, 1016-1019 (1987)

HEMAVATHY J. et J.V. PRABHAKAR
J. Amer. Oil Chem. Soc., **67**, 955-957 (1990)

HEMAVATHY J.
J. Amer. Oil Chem. Soc., **68**, 651-652 (1991)

HONDELMANN W. et W. RADATZ
Fette, Seifen, Anstrichm., **84**, 457-459 (1982)

HONDELMANN W. et S. GRUNER
Fette, Seifen, Anstrichm., **86**, 284-286 (1984)

HOPKINS C.Y., M.J. CHISHOLM et L. PRINCE
Lipids, **1**, 118-122 (1966)

HOPKINS C.Y. et R. SWINGLE
Lipids, **2**, 258-260 (1967)

HUESA LOPE J. et J. LOPEZ PESET
Alimentacion, 161-168 (1984)

HUSAIN S.K., M.U. AHMAD, S. SINHA, A.A. ANSARI et S.M. OSMAN
Fette, Seifen, Anstrichm., **80**, 225-227 (1978)

HUSAIN S., M. BABU, M.U. AHMAD, A.A. ANSARI et S.M. OSMAN
Fette, Seifen, Anstrichm., **82**, 29-31 (1980)

HUSAIN S.R., M.S. AHMAD, F. AHMAD, M. AHMAD et S.M. OSMAN
Fat Sci.Technol., **91**, 167-168 (1989)

HUYGHEBAERT A. et H. HENDRIKX
Oléagineux, **29**, 29-31 (1974)

IHARA S. et T. TANAKA
J. Amer. Oil Chem. Soc., **55**, 471-472 (1978)

IHARA S. et T. TANAKA
J. Amer. Oil Chem. Soc., **57**, 421-422 (1980)

IKEDIOBI C.O.
J. Amer. Oil Chem. Soc., **58**, 30-31 (1981)

ITABASHI Y. et T. TAKAGI
Yukagaku, **31**, 574-579 (1982)

JAIN R. et R.K. GHUPTA
Indian J. Pharm. Sci., 171-172 (1985)

JAMAL S., J.A. FAROOQI, M.S. AHMAD et A. MANNAN
J. Sci. Food Agric., **39**, 203-206 (1987)

JART A.
J. Amer. Oil Chem. Soc., **55**, 873-875 (1978)

JAVED M.A., M. SALEEM, N. SHAKIR et S.A. KHAN
Fette, Seifen, Anstrichm., **86**, 160-161 (1984)

JAYAPPA V., P.K. SHANBHAG, S. AMMINALLY et K.B. PATIL
Fette, Seifen, Anstrichm., **85**, 472-474 (1983)

JEE M.H.
J. Amer. Oil Chem. Soc., **61**, 751-753 (1984)

JONES A.C., J.M. ROBINSON et K.H. SOUTHWELL
J. Sci. Food Agric., **40**, 189-194 (1987)

JOSHI S.S., R.K. SHRIVASTAVA et D.K. SHRIVASTAVA
J. Amer. Oil Chem. Soc., **58**, 714-715 (1981)

KABELE NGIEFU C., C. PAQUOT et A. VIEUX
Oléagineux, **31**, 336-338 (1976) a

KABELE NGIEFU C., C. PAQUOT et A. VIEUX
Oléagineux, **31**, 545-547 (1976) b

KABELE NGIEFU C., A. VIEUX, M. LISIKA et C. PAQUOT
Rev. Fr. Corps Gras, **24**, 99-102 (1977) a

KABELE NGIEFU C., C. PAQUOT et A. VIEUX
Oléagineux, **32**, 535-537 (1977) b

KAMAL-ELDIN A., G. YOUSIF, G.M. ISKANDER et L.A. APPELQVIST
Fat Sci. Technol., **94**, 254-259 (1992)

KAMEL B.S., H. DAWSON et Y. KATUDAN
J. Amer. Oil Chem. Soc., **62**, 881-883 (1985)

KANNAN R., A.J. PANTULU, M.R. SUBRARAM et K.T. ACHAYA
J. Oil Technol. Assoc. India, **1**, 2-7 (1969)

KAPOOR V.K., A.S. CHAWLA, A.K. GUPTA et K.L. BEDI
J. Amer. Oil Chem. Soc., **53**, 524 (1976)

KARAKOLTSIDIS P.A. et S.M. CONSTANTINIDES
J. Agric. Food Chem., **23**, 1204-1207 (1975)

KATO M.Y. et T. TANAKA
J. Amer. Oil Chem. Soc., **58**, 866-867 (1981)

KAUFMANN H.P. et J. BARVE
Fette, Seifen, Anstrichm., **67**, 14-16 (1965)

KAUL S.L., M.M. BOKAGIA, B.K. MEHTA et S. JAIN
Grasas y Aceites, **41**, 224-226 (1990)

KHAN S.A., M.I. QURESHI, M.K. BHATTY et KARIMULLAH
J. Amer. Oil Chem. Soc., **38**, 452-453 (1961)

KITTUR M.H., C.S. MAHAJANSHETTI, K.V.S.A. RAO et PG. LAKSHMINARAYANA
J. Amer. Oil Chem. Soc., **59**, 123-124 (1982)

KITTUR M.H., C.S. MAHAJANSHETTI et G. LAKSHMINARAYANA
Fat Sci. Technol., **89**, 269-271 (1987)

KLEIMAN R., F.R. EARLE, I.A. WOLFF et Q. JONES
J. Amer. Oil Chem. Soc., **41**, 459-460 (1964)

KLEIMAN R., C.R. SMITH, S.G. YATES et Q. JONES
J. Amer. Oil Chem. Soc., **42**, 169-172 (1965)

KLEIMAN R., F.R. EARLE et I.A. WOLFF
Lipids, **1**, 301-304 (1966)

KLEIMAN R., R.W. MILLER, F.R. EARLE et I.A. WOLFF
Lipids, **2**, 473-478 (1967)

KLEIMAN R., F.R. EARLE et I.A. WOLFF
Lipids, **4**, 317-320 (1969)

KLEIMAN R., G.F. SPENCER, L.W. TJARKS et F.R. EARLE
Lipids, **6**, 617-622 (1971) a

KLEIMAN R. et G.F. SPENCER
Lipids, **6**, 962-963 (1971) b

KLEIMAN R., M.H. RAWLS et F.R. EARLE
Lipids, **7**, 494-495 (1972) a

KLEIMAN R., G.F. SPENCER, F.R. EARLE, H.J. NIESCHLAG et A.S. BARCLAY
Lipids, **7**, 660-665 (1972) b

KLEIMAN R., R.D. PLATNER et G.F. SPENCER
Lipids, **12**, 610-612 (1977)

KLEIMAN R. et G.F. SPENCER
J. Amer. Oil Chem. Soc., **59**, 29-38 (1982)

KLEIMAN R. et K.L. PAYNE-WAHL
J. Amer. Oil Chem. Soc., **61**, 1836-1838 (1984)

KLEIMAN R., R.B. WOLF et R.D. PLATNER
Lipids, **20**, 373-377 (1985)

KOLAROVA B., G. DIMITROV et M. BOJADZIEVA
Grasas y Aceites, **29**, 329-331 (1978)

KREWSON C.F. et W.E. SCOTT
J. Amer. Oil Chem. Soc., **43**, 171-174 (1966)

KUMAR P.R. et S. TSUNODA
J. Amer. Oil Chem. Soc., **55**, 320-323 (1978)

LAKSHMINARAYANA G., K.V.S.A. RAO, K.S. DEVI et T.N.B. KAIMAL
J. Amer. Oil Chem. Soc., **58**, 838-839 (1981)

LAKSHMINARAYANA G., T.C. RAO et P.A. RAMALINGASWAMY
J. Amer. Oil Chem. Soc., **60**, 88-89 (1983)

LAKSHMINARAYANA G., K.S. RAO, M.H. KITTUR et C.S. MAHJANSHETTY
J. Amer. Oil Chem. Soc., **65**, 347-348 (1988)

LANDMANN W. et V.L. FRAMPTON
J. Amer. Oil Chem. Soc., **45**, 584 (1968)

LERCKER G., L.S. CONTE, P. CAPELLA et N. FREGA
Riv. Ital. Sost. Grasse, **60**, 753-756 (1983)

LERCKER G., M. COCCHI et E. TURCHETTO
Riv. Ital. Sost. Grasse, **65**, 1-6 (1988)

LIE KEN JIE M.S.F., H.B. LAO et Y.F. ZHENG
J. Amer. Oil Chem. Soc., **65**, 597-599 (1988)

LITCHFIELD C., M. FARQUHAR et R. REISER
J. Amer. Oil Chem. Soc., **41**, 588-592 (1964)

LITCHFIELD C.
  Lipids, **5**, 144-146 (1970)

LOGNAY G., E. TRVEJO, E. JORDAN, M. MARLIER, M. SEVERIN et I. ORTIZ DE ZARATE
  Grasas y Aceites, **38**, 303-307 (1987)

LOGNAY G., M. MARLIER, E. BAUDART, M. SEVERIN et J. CASIMIR
  Riv. Ital. Sost. Grasse, **65**, 291-293 (1988)

LOGNAY G., M. MARLIER, E. HAUBRUGE, E. TREVEJO et M. SEVERIN
  Grasas y Aceites, **40**, 351-355 (1989)

LONGVAH T. et Y.G. DEOSTHALE
  J. Amer. Oil Chem. Soc., **68**, 781-784 (1991)

LOZANO Y.
  Rev. Fr. Corps Gras, **30**, 333-346 (1983)

LYON C.K. et R. BECKER
  J. Amer. Oil Chem. Soc., **64**, 233-236 (1987)

MACKENZIE S.L., E.M. GIBLIN et G. MAZZA
  J. Amer. Oil Chem. Soc., **70**, 629-631 (1993)

MADRIGAL R.V. et C.R. SMITH
  Lipids, **10**, 502-504 (1975)

MAITY C.R. et B. MANDAL
  J. Amer. Oil Chem. Soc., **67**, 433-434 (1990)

MALEC L.S., M.S. VIGO et P. CATTANEO
  An. Asoc. Quim. Argentina, **74**, 311-320 (1986)

MALIK M.S., M. RAFIQUE, A. SATTAR et S.A. KHAN
  Pakistan J. Sci. Ind. Res., **30**, 369-371 (1987)

MALLET G., C. DIMITRIADES et E. UCCIANI
  Rev. Fr. Corps Gras, **35**, 479-483 (1988)

MANDAL B., S.G. MAJUMDAR et C.R. MAITY
  J. Amer. Oil Chem. Soc., **61**, 1447-1449 (1984)

MANNAN A., J.A. FAROOQI et M. ASIF
  Chem. and Ind., 851 (1984)

MANNAN A., J.A. FAROOQI, I. AHMAD et M. ASIF
  Fette, Seifen, Anstrichm., **88**, 301-302 (1986)

MARIN P.D., V. SADL, S. KAPOR, B. TATIC et B. PETROVIC
  Phytochemistry, **30**, 2979-2982 (1991)

MARION J.E. et A.H. DEMPSEY
  J. Amer. Oil Chem. Soc., **41**, 548-549 (1964)

MARQUARD R. et A. VOMEL
  Fette, Seifen, Anstrichm., **84**, 54-59 (1982)

MARTRET J.M., M. FARINES et J. SOULIER
  Rev. Fr. Corps Gras, **39**, 195-199 (1992)

MAURICE A. et J. BARAUD
  Oléagineux, **23**, 35-38 (1968)

MAZA M.P., F. MILLAN, M. ALAIZ, R. ZAMORA, F.J. HIDALGO et E. VIOQUE
  Grasas y Aceites, **39**, 102-105 (1988)

MAZUELOS VELA F., F. RAMOS AYERBE et J.A.F. ROS DE URSINO
  Oléagineux, **22**, 169-171 (1967)

MEHRAN M. et M. FILSOOF
J. Amer. Oil Chem. Soc., **51**, 433-434 (1974)

MIKOLAJCZAK K.L., T.K. MIWA, F.R. EARLE, I.A. WOLFF et Q. JONES
J. Amer. Oil Chem. Soc., **38**, 678-681 (1961)

MIKOLAJCZAK K.L., F.R. EARLE et I.A. WOLFF
J. Amer. Oil Chem. Soc., **39**, 78-80 (1962)

MIKOLAJCZAK K.L., F.R. EARLE et I.A. WOLFF
J. Amer. Oil Chem. Soc., **40**, 342-343 (1963) a

MIKOLAJCZAK K.L., C.R. SMITH et I.A. WOLFF
J. Amer. Oil Chem. Soc., **40**, 294-295 (1963) b

MIKOLAJCZAK K.L., C.R. SMITH et I.A. WOLFF
J. Amer. Oil Chem. Soc., **42**, 939-941 (1965)

MIKOLAJCZAK K.L. et C.R. SMITH
Lipids, **2**, 261-265 (1967) a

MIKOLAJCZAK K.L., M.F. ROGERS, C.R. SMITH et I.A. WOLFF
Biochem. J., **105**, 1245-1249 (1967) b

MIKOLAJCZAK K.L., C.R. SMITH et L.W. TJARKS
Lipids, **5**, 672-677 (1970) a

MIKOLAJCZAK K.L., C.R. SMITH et L.W. TJARKS
Biochem. Biophys. Acta, **210**, 305-314 (1970) b

MILLER R.W., M.E. DAXENBICHLER, F.R. EARLE et H.S. GENTRY
J. Amer. Oil Chem. Soc., **41**, 167-169 (1964) a

MILLER R.W., F.R. EARLE, I.A. WOLFF et Q. JONES
J. Amer. Oil Chem. Soc., **41**, 279-280 (1964) b

MILLER R.W., F.R. EARLE, I.A. WOLFF et Q. JONES
J. Amer. Oil Chem. Soc., **42**, 817-821 (1965)

MILLER R.W., F.R. EARLE, I.A. WOLFF et S. BARCLAY
Lipids, **3**, 43-45 (1968)

MILLER R.W., C.R. SMITH, D. WEISLEDER, R. KLEIMANN et W.K. ROHWEDDER
Lipids, **9**, 928-936 (1974)

MILLER R.W., D. WEISLEDER, R.D. PLATTNER et C.R. SMITH
Lipids, **12**, 669-675 (1977)

MIRALLES J. et Y. PARES
Rev. Fr. Corps Gras, **27**, 393-396 (1980)

MIRALLES J. et E.M. GAYDOU
Rev. Fr. Corps Gras, **33**, 381-384 (1986)

MIRALLES J., R. NONGONIERMA, C. SAGNA, J.M. KORNPROBST et E.M. GAYDOU
Rev. Fr. Corps Gras, **35**, 13-16 (1988)

MIRALLES J., N. DIALLO, E.M. GAYDOU et J.M. KORNPROBST
J. Amer. Oil Chem. Soc., **66**, 1321-1322 (1989)

MIRALLES J., M.O. SY, M.M. SPENCER-BARRETO, N. DIALLO, E.M. GAYDOU et A.T. BA
Phytochemistry, **31**, 855-858 (1992)

MIRALLES J., E. BASSENE et E.M. GAYDOU
J. Amer. Oil Chem. Soc., **70**, 205-206 (1993)

MIRALLES J., E. BASSENE, E.M. GAYDOU, P.J.L. BOURREIL, F. NNDIAYE, PJ. RASOARAHONA et J.M. KORNPROBST
Fat Sci. Technol., **96**, 64-66 (1994)

MISHRA P., S.C. GARG et C.S. CHAUHAN
Seifen, Ole, Fette, Wachse, **113**, 84-85 (1987)

MISRA G., S.K. NIGAM et C.R. MITRA
Planta Medica, **26**, 155-156 (1974)

MIWA T.K.
J. Amer. Oil Chem.S oc., **61**, 407-410 (1984)

MOHIUDDIN M.M. et H.R. ZAIDI
Fette, Seifen, Anstrichm., **77**, 488-489 (1975)

MOHR E. et G. WICHMANN
Fat Sci. Technol., **89**, 128-129 (1987)

MORAD M.M., S.B. EL MAGOLI et K.A. SEDKY
Fette, Seifen, Anstrichm., **80**, 357-359 (1978)

MOREAU J.P., R.L. HOLMES, T.L. WARD et J.H. WILLIAMS
J. Amer. Oil Chem. Soc., **43**, 352-354 (1966)

MORRIS L.J., M.O. MARSHALL et E.W. HAMMOND
Lipids, **3**, 91-95 (1968)

MOTL O., K. STRANSKY, L. NOVOTNY et K. UBIK
Fette, Seifen, Anstrichm., **79**, 28-32 (1977)

MUKARRAM M., I. AHMAD et M. AHMAD
J. Amer. Oil Chem. Soc., **61**, 1060 (1984)

MUKARRAM M., I. AHMAD et J.A. FAROOQI
Fette, Seifen, Anstrichm., **86**, 182-183 (1986)

MUNAVU R.M.
J. Amer. Oil Chem. Soc., **60**, 1653 (1983)

MUNSHI S.K. et P.S. SUKHIJA
J. Sci. Food Agric., **35**, 689-697 (1984)

MURUGISWAMY B., H.M. VAMADEVAIAH et M. MADAIAH
Fette, Seifen, Anstrichm., **85**, 121-122 (1983)

MUSTAFA J., A. GUPTA, R. AGARWAL et S.M. OSMAN
J. Amer. Oil Chem. Soc., **63**, 671-672 (1986) a

MUSTAFA J., A. GUPTA, M.S. AHMAD, F. AHMAD et S.M. OSMAN
J. Amer. Oil Chem. Soc., **63**, 1191-1192 (1986) b

NASIRULLAH, S.F. SIDDIQI, F. AHMAD, A.A. ANSARI et S.M. OSMAN
Fette,Seifen,Anstrichm., 82, 241-243 (1980)

NASIRULLAH, N.F. AHMAD et S.M. OSMAN
Fette, Seifen, Anstrichm., **85**, 314-315 (1983)

NASIRULLAH, G. WERNER et A. SEHER
Fette, Seifen, Anstrichm., **86**, 264-268 (1984)

NASIRULLAH et A. SEHER
J. Food Sci. Technol., **24**, 138-139 (1987)

NAZIR M., S.A. KHAN et M.K. BHATTY
Pakistan J. Sci. Ind. Res., **29**, 135-137 (1986)

NIGAM S.K. et C.R. MITRA
Fette, Seifen, Anstrichm., **70**, 67-69 (1968)

NOLASCO S.N., M.H. BERTONI, L. MALEC et P. CATTANEO
An. Asoc. Quim. Argent., **75**, 29-34 (1987)

OBASI N.B.B. et K.N. NDELLE
J. Amer. Oil Chem. Soc., **68**, 649-650 (1991)

OBOH F.O.J. et R.O DERINDE
Riv. Ital. Sost. Grasse, **65**, 387-390 (1988)

ODERINDE R.A. et G.R. OLADIMEJI
Riv. Ital. Sost. Grasse, **67**, 635-637 (1990) a

ODERINDE R.A., O. TAIRU, F. AWOFALA et D. AYEDIRAN
Riv. Ital. Sost. Grasse, **67**, 259-261 (1990) b

OGBOBE O.
Riv. Ital. Sost. Grasse, **69**, 285-286 (1992)

OGBOBE O., V.I. AKANO et N.G. OZOH
Riv. Ital. Sost. Grasse, **70**, 253-254 (1993)

OMOTI U. et D.A. OKIY
J. Sci. Food Agric., **38**, 67-72 (1987)

OSAGIE A.U. et M. KATES
Lipids, **19**, 958-965 (1984)

OSWAL V.B. et S.C. GARG
Seifen, Ole, Fette, Wachse, **110**, 577 (1984)

PAMBOU-TCHIVOUNDA H., B. KOUDOGBO, Y. POUET et E. CASADEVALL
Rev. Fr. Corps Gras, **39**, 147-151 (1992)

PARIMOO P. et R.N. BARUAH
J. Amer. Oil Chem. Soc., **52**, 357 (1975)

PATEL R.G. et V.S. PATEL
Fette, Seifen, Anstrichm., **87**, 7-9 (1985)

PEARL M.B., R. KLEIMAN et F.R. EARLE
Lipids, **8**, 627-630 (1973)

PHILLIPS B.E., C.R. SMITH et J.W. HAGEMANN
Lipids, **4**, 473-477 (1969)

PINA M., J. GRAILLE, P. GRIGNAC, A. LACOMBE, O. QUENOT et P. GARNIER
Oléagineux, **39**, 593-596 (1984)

PITKE P.M., P.P. SINGH et H.C. SRIVASTAVA
J. Amer. Oil Chem. Soc., **54**, 592 (1977)

PLATTNER R.D., G.F. SPENCER et R. KLEIMAN
Lipids, **10**, 413-416 (1975)

PLATTNER R.D., K. PAYNE-WAHL, L.W. TJARKS et R. KLEIMAN
Lipids, **14**, 576-579 (1979)

POURRAT H. et A.P. CARNAT
Rev. Fr. Corps Gras, **28**, 477-479 (1981)

POWELL R.G., C.R. SMITH et I.A. WOLFF
J. Amer. Oil Chem. Soc., **42**, 165-169 (1065)

POWELL R.G., C.R. SMITH et I.A. WOLFF
Lipids, **2**, 172-177 (1967)

POWELL R.G., R. KLEIMAN et C.R. SMITH
Lipids, **4**, 450-453 (1969)

PREVOT A. et F. CABEZA
Rev. Fr. Corps Gras, **9**, 149-152 (1962)

PREVOT A.
  Rev. Fr. Corps Gras, **34**, 183-195 (1987)

PURI R.K. et J.K. BHATNAGAR
  J. Amer. Oil Chem. Soc., **53**, 168 (1976)

PYRIADI T.M. et M.E. MASON
  J.Amer.Oil Chem.Soc., 45, 437-440 (1968)

RABARISOA I., E.M. GAYDOU et J.P. BIANCHINI
  Oléagineux, **48**, 251-255 (1993)

RADUNZ A., W. GROSSE E et J. MEVISCHUTZ
  J. Amer. Oil Chem. Soc., **62**, 1251-1252 (1985)

RAFIDISON P., A. BAILLET, D. BAYLOCQ et F. PELLERIN
  Oléagineux, **42**, 299-302 (1987)

RAFIQUE M., M. HANIF, F.M. CHADHARY et S.A. KHAN
  Pakistan J. Sci. Ind. Res., **30**, 367-368 (1987)

RAHANITRINIAINA D., J. ARTAUD, M.C. IATRIDES et E.M. GAYDOU
  Rev. Fr. Corps Gras, **31**, 249-252 (1984)

RAHMAN A. et M.S. KHAN
  J. Amer. Oil Chem. Soc., **38**, 281-282 (1961)

RAIE M.Y., A. MANZOOR, S.A. KHAN et A.H. CHAUDHRY
  Fette, Seifen, Anstrichm., **85**, 238-239 (1983) a

RAIE M.Y., S. ZAKA, S. IQBAL, A.W. SABIR ET S.A. KHAN
  Fette, Seifen, Anstrichm., **85**, 359-362 (1983) b

RAIE M.Y., D. MUHAMMAD ET S.A. KHAN
  Fette, Seifen, Anstrichm., **87**, 282-283 (1985) a

RAIE M.Y., S. ZAKA, S. KHAN ET S.A. KHAN
  Fette, Seifen, Anstrichm., **87**, 324-326 (1985) b

RAJIAH A., M.R. SUBBARAM ET K.T. ACHAYA
  Lipids, **11**, 87-92 (1976)

RAJU P.K. ET R. REISER
  J. Amer. Oil Chem. Soc., **45**, 583 (1968)

RALAIMANARIVO A., J.P. BIANCHINI et E.M. GAYDOU
  Rev. Fr. Corps Gras, **28**, 315-317 (1981)

RALAIMANARIVO A., E.M. GAYDOU et J.P. BIANCHINI
  Lipids, **17**, 1-10 (1982)

RALAIMANARIVO A., J.P. BIANCHINI et E.M. GAYDOU
  Riv. Ital. Sost. Grasse, **60**, 747-751 (1983)

RANKOFF D., A. POPOV, P. PANOV et M. DALEVA
  J. Amer. Oil Chem. Soc., **48**, 700-701 (1971)

RAO K.S., A.J. PANTULU et G. LAKSHMINARAYANA
  J. Amer. Oil Chem. Soc., **60**, 1259-1261 (1983)

RAO K.S. et G. LAKSHMINARAYANA
  J. Amer. Oil Chem. Soc., **61**, 1345-1346 (1984)

RAO K.S. et G. LAKSHMINARAYANA
  J. Amer. Oil Chem. Soc., **62**, 714-715 (1985)

RAO K.S. et G. LAKSHMINARAYANA
  Fat Sci. Technol., **89**, 324-326 (1987)

RAO K.S., G.P. JONES, D.E. RIVETT et D.J. TUCKER
J. Amer. Oil Chem. Soc., **66**, 360-361 (1989)

RAO K.S.
J. Amer. Oil Chem. Soc., **68**, 518-519 (1991) a

RAO K.S., C. KALUWIN, G.P. JONES, D.E. RIVETT et D.J. TUCKER
J. Sci. Food Agric., **57**, 427-429 (1991) b

RAO K.S., G.P .JONES, D.E. RIVETT et D.J. TUCKER
Fat Sci. Technol., **94**, 37-38 (1992) a

RAO K.S., G.P. JONES, D.E. RIVETT et D.J. TUCKER
Oléagineux, **47**, 91-92 (1992) b

RAO K.V.S.A. et G. LAKSHMINARAYANA
J. Oil Technol. Assoc. India, **11**, 47-48 (1979)

RAO K.V.S.A. et G. LAKSHMINARAYANA
J. Food Sci. Technol., **20**, 176-177 (1983)

RAO R.E., V.K. DIXIT et K.C. VARMA
J. Amer. Oil Chem. Soc., **50**, 168-169 (1973)

RAO R.P., G. AZEEMODDIN, D.A. RAMAYYA, S.D.T. RAO, K.S. DEVI, A.J. PANTULU et G. LAKSHMI-
NARAYANA

Fette,Seifen,Anstrichm., 82, 119-121 (1980)

RAO T.C., G. LAKSHMINARAYANA, N.B.L. PRASAD, S.J. RAO, PG. AZEEMODDIN, D.A. RAMAYYA et
S.D. RAO

J. Amer. Oil Chem. Soc., **61**, 1472-1473 (1984)

RAO Y.N., R.B.N. PRASAD et S.V. RAO
Fette, Seifen, Anstrichm., **86**, 107-109 (1984)

REDDY P.N. et G. SAROJINI
J. Amer. Oil Chem. Soc., **64**, 1419-1422 (1987)

REDDY P.N., G. AZEEMODDIN et S.D.T. RAO
J. Amer. Oil Chem. Soc., **66**, 365 (1989)

ROBBELEN G.
Fette, Seifen, Anstrichm., **86**, 373-378 (1984)

ROBERTS J.B. et R. STEVENS
Chem. and Ind., 608-609 (1963)

RODRIGUEZ A., G. SOTO et J. VALLADARES
Grasas y Aceites, **38**, 20-22 (1987)

ROSSELL J.B., B. KING et M.J. DOWNES
J. Amer. Oil Chem. Soc., **62**, 221-229 (1985)

RUKMINI C.
J. Amer. Oil Chem. Soc., **52**, 171-173 (1975)

RUKMINI C. et P.U. RAO
J. Amer. Oil Chem. Soc., **63**, 360-363 (1986)

SAHA S., A. GHOSH et J. DUTTA
Fette, Seifen, Anstrichm., **74**, 462-463 (1972)

SAHASRABUDHE M.R. et K. GENEST
J. Amer. Oil Chem. Soc., **42**, 814 (1965)

SAROJINI G., K.C. RAO, P.G. TULPULE et G. LAKSHMINARAYANA
J. Amer. Oil Chem. Soc., **62**, 728-730 (1985)

SAWAYA W.N., N.J. DAGHIR et P. KHAN
J. Food Sci., **48**, 104-106 (1983)

SCHILLER H.
Fat Sci. Technol., **91**, 66-68 (1989)

SCHUCH R., R. BARUFFALDI et L.A. GIOIELLI
J. Amer. Oil Chem. Soc., **61**, 1207-1208 (1984)

SCHUCH R., F. AHMAD et K. MUKHERJEE
J. Amer. Oil Chem. Soc., **63**, 778-783 (1986)

SCRIMGEOUR C.M.
Lipids, **11**, 877-879 (1976)

SEEHUBER R.
Fette, Seifen, Anstrichm., **86**, 177-180 (1984)

SEHER A., M. KROHN et Y. SU KO
Fette, Seifen, Anstrichm., **79**, 203-206 (1977)

SEHER A. et U. GUNDLACH
Fette, Seifen, Anstrichm., **84**, 342-349 (1982)

SENGUPTA A., C. SENGUPTA et P.K. DAS
Lipids, **6**, 666-669 (1971)

SENGUPTA A., S.K. ROYCHOUDHURY et S. SAHA
J. Sci. Food Agric., **25**, 401-408 (1974)

SENGUPTA A., S.B. BASSU et S. SAHA
Lipids, **10**, 33-40 (1975)

SENGUPTA A. et U.K. MAZUMDER
J. Amer. Oil Chem. Soc., **53**, 478-479 (1976)

SENGUPTA A. et S.P. BASU
J. Amer. Oil Chem. Soc., **55**, 533-535 (1978) a

SENGUPTA A. et S.K. ROYCHOUDHURY
J. Amer. Oil Chem. Soc., **55**, 621-624 (1978) b

SENGUPTA A., C. SENGUPTA et U.K. MAZUMDER
Fat Sci. Technol., **89**, 119-123 (1987)

SHERWANI M.R.K., S.Q. HASAN, I. AHAMD, F. AHMAD et S.M. OSMAN
Chem. and Ind., 523-524 (1979)

SHET M.S., R. MURUGISWANY et M. MADAIAH
Fette, Seifen, Anstrichm., **88**, 264-266 (1986)

SHIBARA A., K. YAMAMOTO, T. NAKYANA et G. KAJIMOTO
Lipids, 388-394 (1986)

SHUKLA V.K.S. et U. BLICHER-MATHIESEN
Fat Sci. Technol., **95**, 367-369 (1993)

SIDDIQI S.F., F. AHMAD, M.S. SIDDIQI et S.M. OSMAN
Chem. and Ind., 115-116 (1980)

SIDDIQI S.F., F. AHMAD, M.S. SIDDIQI, S.M. OSMAN et G.R. FENWICK
J. Amer. Oil Chem. Soc., **61**, 798-800 (1984)

SIETZ F.G.
Fette, Seifen, Anstrichm., **74**, 72-79 (1972)

SINDHU KANYA T.C. et M. KANTHARAJURS
J. Amer. Oil Chem. Soc., **66**, 139-140 (1989)

SINGH S.P. et B.K. MISRA
J. Agric. Food Chem., **29**, 907-908 (1981)

SINGHAI R.S. et P.R.KULKARNI
  J. Amer. Oil Chem. Soc., **67**, 952-954 (1990)

SINHA S., A.A. ANSARI et S.M. OSMAN
  Chem. and Ind., 67 (1978)

SMITH C.R., J.W. HAGEMANN et I.A. WOLFF
  J. Amer. Oil Chem. Soc., **41**, 290-291 (1964)

SMITH C.R.
  Lipids, **1**, 268-273 (1966)

SMITH C.R., R. KLEIMAN et I.A. WOLFF
  Lipids, **3**, 37-42 (1968)

SMITH C.R. et I.A.WOLFF
  Lipids, **4**, 9-14 (1969)

SMITH G.R., R.M. FREIDINGER, J.W. HAGEMANN et G.F. SPENCER
  Lipids, **4**, 462-465 (1969)

SMITH C.R.
  Lipids, **9**, 640-641 (1974)

SOMALI M.A., M.A. BAJNEID et S.S. AL FHAIMANI
  J. Amer. Oil Chem. Soc., **61**, 85-86 (1984)

SORENSEN I.B. et P. SOLTOFT
  Acta Chem.Scan., **12**, 814-822 (1958)

SOSULSKI F.W., A.H. ABDULLAH et K. SOSULSKI
  Riv. Ital. Sost. Grasse, **65**, 21-23 (1988)

SOTHEESWARAN S., M.R. SHARIF, R.A. MOREAU et G. PIAZZA
  Food Chemistry, **49**, 11-13 (1994)

SOULIER P., J.C. LECERF, M. FARINES et J. SOULIER
  Rev. Fr. Corps Gras, **36**, 361-365 (1989)

SPENCER G.F., R. KLEIMAN, F.R. EARLE et I.A. WOLFF
  Lipids, **4**, 99-101 (1969)

SPENCER G.F., R. KLEIMAN, F.R. EARLE et I.A. WOLFF
  Lipids, **5**, 277-278 (1970) a

SPENCER G.F., R. KLEIMAN, F.R. EARLE et I.A. WOLFF
  Lipids, **5**, 285-287 (1970) b

SPENCER G.F., R. KLEIMAN, R.W. MILLER et F.R. EARLE
  Lipids, **6**, 712-714 (1971)

SPENCER G.F. et F.R. EARLE
  Lipids, **7**, 435-436 (1972)

SPENCER G.F. et R. KLEIMAN
  J. Amer. Oil Chem. Soc., **55**, 689 (1978)

SPENCER G.F., K. PAYNE-WAHL, R.D. PLATTNER et R. KLEIMAN
  Lipids, **14**, 72-74 (1979)

SPITZER V., F. MARX, J.G.S. MAIA et K. PFEILSTICKER
  J. Amer. Oil Chem. Soc., **68**, 183-189 (1991) a

SPITZER V., F. MARX, J.G.S. MAIA et K. PFEILSTICKER
  J. Amer. Oil Chem. Soc., **68**, 440-442 (1991) b

SPITZER V.
  J. Amer. Oil Chem. Soc., **68**, 963-969 (1991) c

SPITZER V., F. MARX, J.G.S. MAIA et K. PFEILSTICKER
Fat Sci. Technol., **94**, 58-60 (1992)

SREENIVASAN B.
J. Amer. Oil Chem. Soc., **45**, 259-265 (1968)

SRI KANTHA S. et J.W. ERDMAN
J. Amer.Oil Chem. Soc., **61**, 515-523 (1984)

SWISHER H.E.
J. Amer. Oil Chem. Soc., **65**, 1704-1706 (1988)

TAGA M.S., E.E. MILLER et D.E. PRATT
J. Amer. Oil Chem. Soc., **61**, 928-931 (1984)

TAKAGI T.
J. Amer. Oil Chem. Soc., **41**, 516-519 (1964)

TAKAGI T. et Y. ITABASHI
Lipids, **16**, 546-551 (1981)

TAKAGI T. et Y. ITABASHI
Lipids, **17**, 716-723 (1982)

TAKAGI T., Y. ITABASHI, M. KANENIWA et M. MIZUKAMI
Yukagaku, **32**, 367-374 (1983)

TANAKA T., S. IHARA et Y. KOYAMA
J. Amer. Oil Chem. Soc., **54**, 269 (1977)

TANG L., E. BAYER et R. ZHUANG
Fat Sci. Technol., **95**, 23-25 (1993)

TANG T.S. et P.K. TEOH
J. Amer. Oil Chem. Soc., **62**, 254-258 (1985)

TARANDJIISKA R. et H. NGUYEN
Riv. Ital. Sost. Grasse, **66**, 99-102 (1989)

TRAITLER H., H. WINTER, U. RICHLI et Y. INGENBLECK
Lipids, **19**, 923-928 (1984)

TSEVEGSUREN N. et K. AITZETMULLER
Lipids, **28**, 841-846 (1993)

TULLOCH A.B. et L. BERGTER
Lipids, **4**, 996-1002 (1979)

TULLOCH A.P.
Lipids, **17**, 544-550 (1982)

UCCIANI E. et F. BUSSON
Rev. Fr. Corps Gras, **10,** 393-398 (1963) a

UCCIANI E. et F. BUSSON
Oléagineux, **18**, 253-255 (1963) b

UCCIANI E., J.P. DEFRETIN, M. BONTOUX et F. BUSSON
Oléagineux, **19**, 563-569 (1964)

UCCIANI E. et J.G RAILLE
Observations non-publiées (1985)

UCCIANI E. et G. MALLET
Observations non-publiées (1988)

UCCIANI E., G. MALLET et S. CHEVOLLEAU
Rev. Fr. Corps Gras, **38**, 109-115 (1991)

UCCIANI E., G. MALLET et J. GAMISANS
Rev. Fr. Corps Gras, **39**, 135-138 (1992)

UCCIANI E., J.F. MALLET et J.P. ZAHRA
Fat Sci. Technol., **96**, 69-71 (1994)

USTUN G., L. KENT, N. CEKIN et H. CIVELEKOGLU
J. Amer. Oil Chem. Soc., **67**, 958-960 (1990)

VAN NIEKERK P.J. et A.E.C. BURGER
J. Amer. Oil Chem. Soc., **62**, 531-538 (1985)

VAN SEVEREN M.L.
J. Amer. Oil Chem. Soc., **37**, 402-403 (1960)

VASCONCELLOS J.A., J.W. BERRY, C.W. WEBER, W.P. BEMIS et PJ.C. SCHEERENS
J. Amer. Oil Chem. Soc., **57**, 310-313 (1980)

VIANO J. et E.M. GAYDOU
Rev. Fr. Corps Gras, **31**, 195-197 (1984)

VICKERY J.R.
Phytochemistry, **10**, 123-130 (1971)

VICKERY J.R.
J. Amer. Oil Chem. Soc., **57**, 87-91 (1980)

VICKERY J.R., F.B. WHITFIELD, G.L. FORD et B.H. KENETT
J. Amer. Oil Chem. Soc., **61**, 573-575 (1984) a

VICKERY J.R., F.B. WHITFIELD, G.L. FORD ET B.H. KENETT
J. Amer. Oil Chem. Soc., **61**, 890-891 (1984) b

VIEUX A. et F. RUMAFYIKA
Oléagineux, **22**, 463-467 (1967)

VIOCQUE E J., J.E. PASTOR et E. VIOCQUE
J. Amer. Oil Chem. Soc., **70**, 1157-1158 (1993)

VOGEL P.
Fette, Seifen, Anstrichm., **80**, 315-317 (1978)

WANG L.L., A.C. PENG et A. PROCTOR
J. Amer. Oil Chem. Soc., **67**, 499-502 (1990)

WHIPKEY A., J.E. SIMON et J. JANICK
J. Amer. Oil Chem. Soc., **65**, 979-984 (1988)

WILSON T.L., T.K. MIWA et C.R. SMITH
J. Amer. Oil Chem. Soc., **37**, 675-676 (1960)

WILSON T.L., C.R. SMITH et I.A. WOLFF
J. Amer. Oil Chem. Soc., **39**, 104-105 (1962)

WOLF R.B., S.A. GRAHAM et R. KLEIMAN
J. Amer. Oil Chem. Soc., **60**, 103-104 (1983) a

WOLF R.B., R. KLEIMAN et R.E. ENGLAND
J. Amer. Oil Chem. Soc., **60**, 1858-1860 (1983) b

YAMAMOTO K., A. SHIBAHARA, A. SAKUMA, T. NAKAYAMA et G. KAJIMOTO
Lipids, 25, 602-605 (1990)

YAZICIOGLU T. et A. KARAALI
Fette, Seifen, Anstrichm., **85**, 23-29 (1983)

YERMANOS D.M.
J. Amer. Oil Chem. Soc., **43**, 546-549 (1966)

ZAKA S., M. SALEEM, N. SHAKIR et S.A. KHAN
  Fette, Seifen, Anstrichm., **85,** 169-170 (1983)

ZAKA S., B. ASGHAR, M.Y. RAIE, S.A. KHAN et M.K. BHATTY
  Pakistan J.Sci.Ind.Res., 29, 427-428 (1986)

ZAKA S., B. ASGHAR, M.Y. RAIE, S.A. KHAN et M.K. BHATTY
  Fette Wissensch. Technol., **91,** 205-207 (1989)

ZHANG J.Y., H.Y. WANG, Q.T. YU, X.J. YU, B.N. LIU et Z.H. HUANG
  J. Amer. Oil Chem. Soc., **66,** 242-246 (1989) a

ZHANG J.Y., X.J. YU, H.Y. WANG, B.N. LIU, Q.T. YU et Z.H. HUANG
  J. Amer. Oil Chem. Soc., **66,** 256-259 (1989) b

Imprimé en France. - JOUVE, 18, rue Saint-Denis, 75001 PARIS
N° 229635K. - Dépôt légal : Septembre 1995 - N° 9-VR80°